普通高等教育“十四五”系列教材

面向对象程序设计

主　编 ◎ 梁文斌　赵志鹏　李登辉
副主编 ◎ 欧少敏　罗珍珍　王　涛

华中科技大学出版社
http://press.hust.edu.cn
中国·武汉

内容简介

C＋＋是近年来国内外广泛使用的高级计算机语言，它既包含了面向过程的程序设计，也包含了面向对象的程序设计，国内外许多大中专院校都开设了“C＋＋面向对象程序设计”这门课程。但是，C＋＋中概念较多、知识面覆盖较广、需要C语言作为基础等特点，使得基础薄弱的学生在学习过程中吃力，掌握起来难度较大。

本书从初学者的需求出发，配合高校应用型人才的培养目标，培养嵌入式专业的学生掌握交互式界面开发的基础知识，以及解决专业领域实际问题的能力。同时，本书注重教材的可读性和实用性，以理论讲解结合案例分析和编程实例的方式组织内容，循序渐进，符合读者的认知过程。本书内容全面细致，构架清晰完整，实用性强，特别适合编程的初学者，可作为大中专应用型电子、计算机类相关专业教材和学习参考资料。

为了方便教学，本书还配有电子课件等相关教学资源包，任课教师可以发邮件至 hustpeiit@163.com 索取。

图书在版编目(CIP)数据

面向对象程序设计/梁文斌，赵志鹏，李登辉主编.—武汉：华中科技大学出版社，2020.8(2024.7重印)
ISBN 978-7-5680-6434-7

Ⅰ.①面… Ⅱ.①梁… ②赵… ③李… Ⅲ.①C＋＋语言-程序设计-高等学校-教材 Ⅳ.①TP312.8

中国版本图书馆CIP数据核字(2020)第152183号

面向对象程序设计
Mianxiang Duixiang Chengxu Sheji

梁文斌　赵志鹏　李登辉　主编

策划编辑：康　序
责任编辑：史永霞
封面设计：孢　子
责任监印：朱　玢
出版发行：华中科技大学出版社(中国·武汉)　电话：(027)81321913
　　　　　武汉市东湖新技术开发区华工科技园　邮编：430223
录　　排：武汉三月禾文化传播有限公司
印　　刷：武汉邮科印务有限公司
开　　本：787mm×1092mm　1/16
印　　张：27.25
字　　数：700千字
版　　次：2024年7月第1版第2次印刷
定　　价：78.00元

前言

PREFACE

面向对象程序设计以其显著的优势成为计算机软件领域的主流技术。产业界需要大量掌握面向对象方法和技术的人才，这些人才不仅能够使用面向对象语言进行编程，更重要的是能运用面向对象方法进行系统建模。集合面向对象方法之长，使用最多的就是 MFC 技术，这是一种定义良好、易于表达、功能强大、随时代发展且适用于各种应用领域的面向对象的编程技术。掌握 MFC 编程，不仅有助于理解面向对象的分析与设计方法，也有助于理解软件开发全过程。

本书在系统地介绍面向对象技术的基本概念和方法的基础上，重点介绍 MFC 及其技术、方法与应用，以及得到业界广泛认同的软件设计模式，软件开发的过程、规程与实践。本书是作者多年来进行软件系统开发实践和教学的一次经验总结。教材中的诸多实际问题和应用案例，都取材于软件系统开发的实践，并按照教学的要求进行了模型简化与规范。显然，这些源于实践的工程问题，对提高软件系统分析与设计的教学的实践性和实用性，将具有很好的示范效应。

我们希望本书不仅可以作为高等院校计算机或软件工程专业的大中专的教学参考读物，而且可以作为从事软件系统的研制、开发、管理和维护的软件人员的参考书。

全书共 18 章，由基础篇、提高篇和实践篇三大部分组成，基础篇包括第 1 章到第 7 章，提高篇包括第 8 章到第 13 章，实践篇包括第 14 章到第 18 章。各章节主要内容如下：

基础篇

第 1 章　C++的初步认识，主要介绍了 C++的概述、使用 C++编写的第一个程序和 C++上机实践入门。

第 2 章　数据类型和运算规则，主要介绍了数据与数据类型、常量与变量、C++中的运算符等。

第 3 章　基础的程序设计结构，主要介绍了程序设计和算法，C++程序结构、语句和注释，C++的输入和输出，顺序、选择、循环结构程序设计。

第 4 章　数组的使用，主要介绍了一维数组、二维数组和字符数组的使用。

第 5 章　函数的使用，主要介绍了函数的定义和调用、函数间的参数传递、函数的嵌套调用和递归调用、函数模板、函数重载等内容。

第 6 章　指针的使用，主要介绍了地址和指针的概念、const 指针、指针变量的引用等内容。

第7章　结构体和共用体，主要介绍了结构体类型、共用体类型、枚举类型和自定义类型。

提高篇

第8章　类和对象，主要介绍了类的声明和对象的定义、类的成员、对象成员的引用，类的封装性和隐蔽性。

第9章　类和对象的使用，主要介绍了构造函数和析构函数、常对象、new和delete的使用、静态成员、友元等内容。

第10章　继承与派生，主要介绍了派生类的构成和声明、多重继承、赋值兼容性规则等内容。

第11章　多态性与虚函数，主要介绍了多态性的概念、虚函数的使用、纯虚函数和抽象类。

第12章　运算符重载，主要介绍了运算符重载的方法和规则，重载单目、双目运算符。

第13章　输入输出流，主要介绍了C++的输入输出流、文件流和对数据文件的操作等内容。

实践篇

第14章　MFC编程概述，主要介绍了MFC的设计运行原理、Visual C++常用操作、MFC的Hello World程序等内容。

第15章　窗口和对话框，主要介绍了框架窗口、通用对话框和消息对话框等内容。

第16章　常用控件，主要介绍了静态控件和按钮、编辑框和旋转按钮控件、列表框、进度条和日历控件、滚动条和滑动条等内容。

第17章　基本界面元素，主要介绍了图标和光标、菜单、交互对象的动态更新等内容。

第18章　基于对话框的编程，主要介绍了创建基于对话框的应用、应用界面的可视化设计、菜单的创建和应用，并设计了一个简单的计算器程序。

本书由桂林航天工业学院梁文斌、桂林电子科技大学信息科技学院赵志鹏和李登辉担任主编。其中第1章由王涛老师编写，第2～4章由罗珍珍老师编写，第5～8章由欧少敏老师编写，第9～12章由梁文斌老师编写，第13～16章由赵志鹏老师编写，第17、18章由李登辉老师编写。在编写过程中得到了许多专家和同事的指导，在此表示衷心的感谢！

为了方便教学，本书配有电子课件等相关教学资源包，任课教师可以发邮件至hustpeiit@163.com索取。

由于时间仓促，编者水平有限，书中难免存在不足及疏漏之处，欢迎读者批评指正，提出宝贵的意见。

编　者

2024年6月

目录

CONTENTS

第1篇

基础篇

第 1 章　C++的初步认识

1.1　关于面向对象程序设计

面向对象程序设计作为一种新方法，其本质是以建立模型体现出来的抽象思维过程和面向对象的方法。模型是用来反映现实世界中事物特征的。任何一个模型都不可能反映客观事物的一切具体特征，只能是对事物特征和变化规律的一种抽象，且在它所涉及的范围内更普遍、更集中、更深刻地描述客体的特征。通过建立模型而达到的抽象是人们对客体认识的深化。

面向对象程序设计又称为C++程序设计，是由C语言发展而来且对其兼容的。从C++的名字可以看出它是C的超集。面向对象出现以前，结构化程序设计是程序设计的主流，结构化程序设计又称为面向过程的程序设计。在面向过程程序设计中，问题被看作一系列需要完成的任务，函数(在此泛指例程、函数、过程)用于完成这些任务，解决问题的焦点集中于函数。其中函数是面向过程的，即它关注如何根据规定的条件完成指定的任务。

在多函数程序中，许多重要的数据被放置在全局数据区，这样它们可以被所有的函数访问。每个函数都可以具有它们自己的局部数据。这种结构很容易造成全局数据在无意中被其他函数改动，因而程序的正确性不易保证。面向对象程序设计的出发点之一就是弥补面向过程程序设计中的一些缺点：对象是程序的基本元素，它将数据和操作紧密地联结在一起，并保护数据不会被外界的函数意外地改变。

读者在学习面向对象程序设计的过程中，应着重理解其新引入的一些基本概念，这些基本概念大致如下：

对象：要研究的任何事物。从一本书到一家图书馆，单的整数到整数列庞大的数据库、极其复杂的自动化工厂、航天飞机都可看作对象，它不仅能表示有形的实体，也能表示无形的(抽象的)规则、计划或事件。对象由数据(描述事物的属性)和作用于数据的操作(体现事物的行为)构成一独立整体。从程序设计者来看，对象是一个程序模块；从用户来看，对象为他们提供所希望的行为。对内的操作通常称为方法。

类：对象的模板，即对一组有相同属性和相同操作的对象的定义，一个类所包含的方法和数据描述一组对象的共同属性和行为。类是在对象之上的抽象，对象则是类的具体化，是类的实例。类可有其子类，也可有其他类，形成类层次结构。

消息：对象之间进行通信的一种规格说明。一般它由三部分组成，即接收消息的对象、消息名及实际变元。

封装性：封装是一种信息隐蔽技术，它体现于类的说明，是对象的重要特性。封装使数据和加工该数据的方法(函数)封装为一个整体,以实现独立性很强的模块,使得用户只能见到对象的外特性(对象能接收哪些消息,具有哪些处理能力),而对象的内特性(保存内部状态的私有数据和实现加工能力的算法)对用户是隐蔽的。封装的目的在于把对象的设计者和对象的使用者分开,使用者不必知晓行为实现的细节,只需用设计者提供的消息来访问该对象。

继承性:子类自动共享父类之间数据和方法的机制。它由类的派生功能体现。一个类直接继承其他类的全部描述,同时可修改和扩充。继承具有传递性。继承分为单继承(一个子类只有一个父类)和多重继承(一个类有多个父类)。类的对象是各自封闭的,如果没继承性机制,则类对象中数据、方法就会出现大量重复。继承不仅支持系统的可重用性,而且还促进系统的可扩充性。

多态性:对象根据所接收的消息而做出动作。同一消息为不同的对象接收时可产生完全不同的行动,这种现象称为多态性。利用多态性用户可发送一个通用的信息,而将所有的实现细节都留给接收消息的对象自行决定,如此,同一消息即可调用不同的方法。例如:Print 消息被发送给一图或表时调用的打印方法与将同样的 Print 消息发送给一正文文件而调用的打印方法会完全不同。多态性的实现受到继承性的支持,利用类继承的层次关系,把具有通用功能的协议存放在类层次中尽可能高的地方,而将实现这一功能的不同方法置于较低层次,这样,在这些低层次上生成的对象就能给通用消息以不同的响应。在面向对象中可通过在派生类中重定义基类函数(定义为重载函数或虚函数)来实现多态性。

综上可知,在面向对象方法中,对象和传递消息分别表现事物及事物间相互联系的概念。类和继承是适应人们一般思维方式的描述范式。方法是允许作用于该类对象上的各种操作。这种对象、类、消息和方法的程序设计范式的基本点在于对象的封装性和类的继承性。通过封装能将对象的定义和对象的实现分开,通过继承能体现类与类之间的关系,以及由此带来的动态联编和实体的多态性,从而构成了面向对象的基本特征。面向对象设计是一种把面向对象的思想应用于软件开发过程中,指导开发活动的系统方法,是建立在“对象”概念基础上的方法学。对象是由数据和容许的操作组成的封装体,与客观实体有直接对应关系,一个对象类定义了具有相似性质的一组对象。而类继承性是对具有层次关系的类的属性和操作进行共享的一种方式。所谓面向对象就是基于对象概念,以对象为中心,以类和继承为构造机制,来认识、理解、刻画客观世界和设计、构建相应的软件系统。

比较面向对象程序设计和面向过程程序设计,还可以得到面向对象程序设计的其他优点:

(1) 数据抽象的概念可以在保持外部接口不变的情况下改变内部实现,从而减少甚至避免对外界的干扰;

(2) 通过继承大幅减少冗余的代码,既可以方便地扩展现有代码,提高编码效率,也减低了出错概率,降低软件维护的难度;

(3) 面向对象分析、面向对象设计,允许将问题域中的对象直接映射到程序中,减少了软件开发过程中中间环节的转换过程;

(4) 通过对对象的辨别、划分可以将软件系统分割为若干相对独立的部分,在一定程度上更便于控制软件复杂度;

(5) 以对象为中心的设计可以帮助开发人员从静态(属性)和动态(方法)两个方面把握

问题，从而更好地实现系统；

(6) 通过对象的聚合、联合可以在保证封装与抽象的原则下实现对象在内在结构和外在功能上的扩充，从而实现对象由低到高的升级。

面向对象程序设计，是针对开发较大规模的程序而提出来的，目的是提高软件开发的效率。不要把面向对象和面向过程对立起来，面向对象和面向过程不是矛盾的，而是各有用途、互为补充的。学习面向对象程序设计，既要会利用面向对象程序设计进行面向过程的结构化程序设计，也要会利用其进行面向对象的程序设计。

本书所使用的开发环境是 Microsoft Visual C++ 6.0(本书中统一简称为 VC6.0)，使用 VC6.0 是因为其开发环境简单易上手，并且能满足初学者对于编程的学习和使用。读者在学习过程中可以根据自身学习情况，在掌握了本门课程后使用其他开发环境，亦可达到触类旁通的效果。

1.2 第一个程序

在学习每一个新语言的过程中，第一个实现的程序便是输出一句“Hello world!”，那么如何实现在开发环境中，编译输出一句“Hello world!”呢？接下来将带领同学们一起学习。

例 1.1 输出一行字符：“Hello world!”。

首先运行编译软件 VC6.0，在打开 VC6.0 后能够看到图 1.1 所示的界面。

接着单击 File(文件)→新建，弹出图 1.2 所示的对话框，在左边区域选择工程类型“Win 32 Console Application”，在右边“工程名称”栏中输入自定义工程名字，“位置”选择计算机中的具体文件夹(注意位置路径尽量全是英文路径)，单击“确定”按钮，这样就可以一起新建工程文件和工作区了。

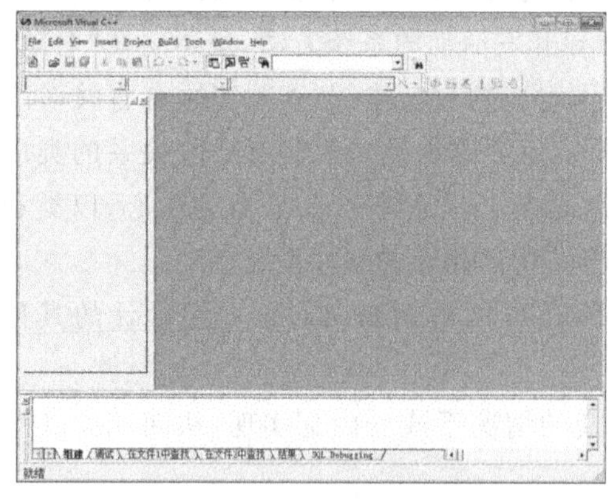

图 1.1 VC6.0 开发环境

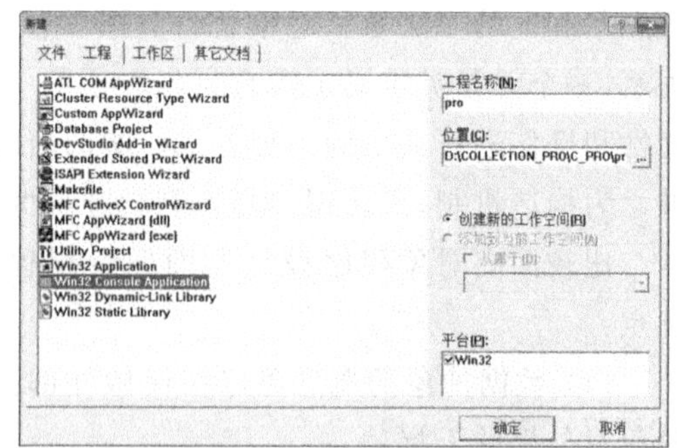

图 1.2 新建工程

在弹出的图 1.3 所示的对话框中选择默认选项“一个空工程”，并单击“完成”按钮，系统会弹出相应的工程窗口。

新建好的工程窗口如图 1.4 所示，在完成工程新建后，再次单击 File(文件)→新建，弹出图 1.5 所示的对话框，在左边区域的文件类型中选择“C++ Source File”，在右边“文件名”栏中输入自定义文件名字，后缀为.cpp 或.C(注意文件名尽量全是英文)，接着单击“确定”按钮，这样就完成了文件的新建。

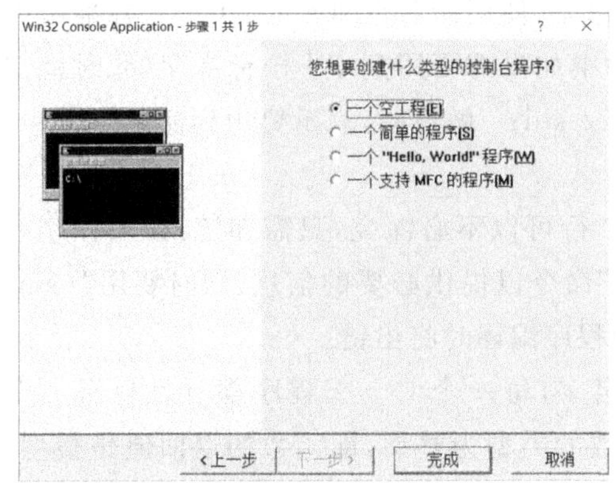

图 1.3　控制台类型选择

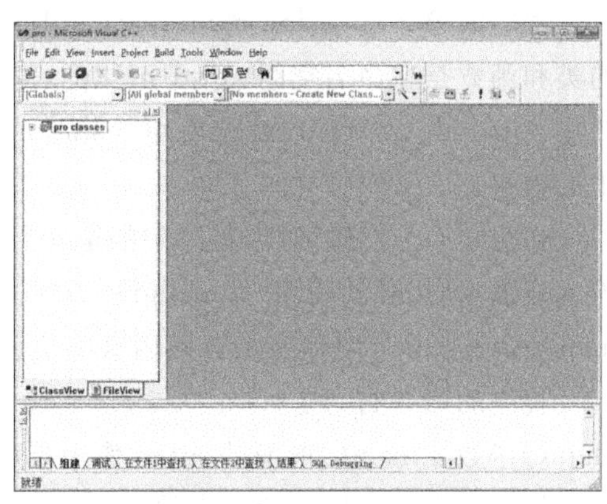

图 1.4　新建完成的工程

在新建的工程文件中输入图 1.6 所示的程序，并依次单击 Build 中的编译→组建→执行，即可运行程序得到结果。

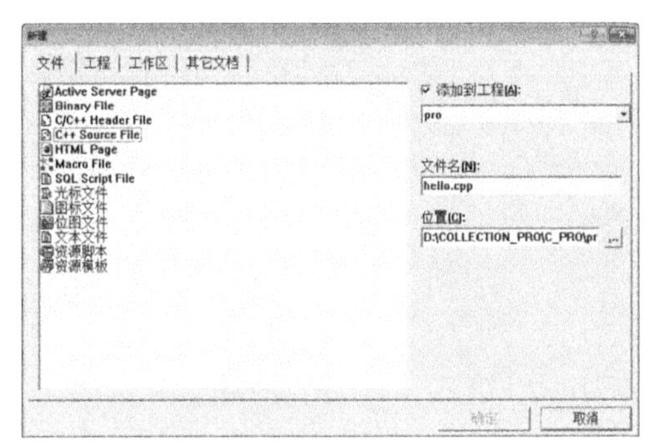

图 1.5　新建文件

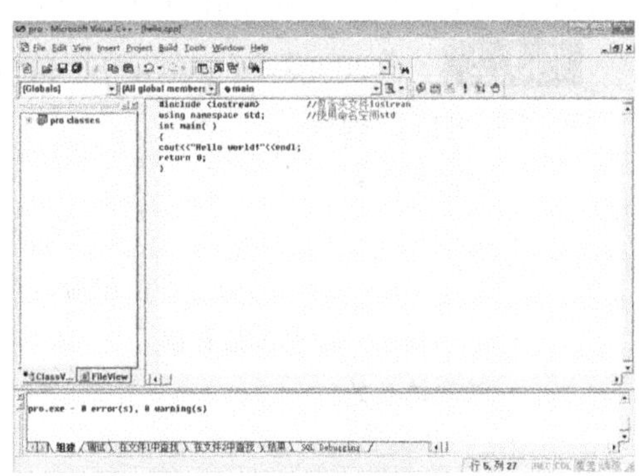

图 1.6　输入程序的文件

在运行时会在屏幕上出现图 1.7 所示的信息。

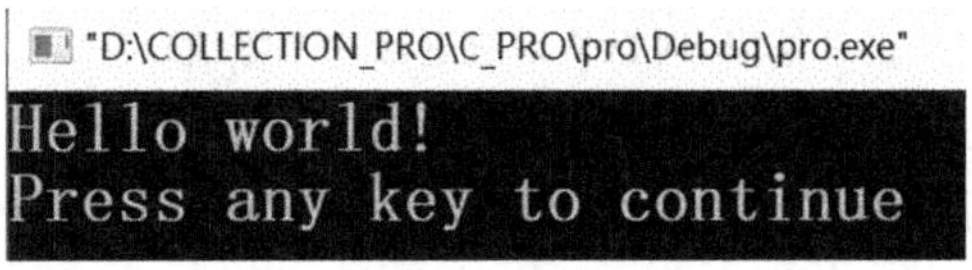

"D:\COLLECTION_PRO\C_PRO\pro\Debug\pro.exe"
Hello world!
Press any key to continue

图 1.7　输入程序的运行结果

接下来解读一下程序中的内容：

程序的第 1 行“＃include ＜iostream＞”，这不是 C＋＋的语句，而是 C＋＋的一个预处理命令，它以“＃”开头是为了与 C＋＋语句相区别，行的末尾没有分号。＃include ＜iostream＞是一个“包含命令”，它的作用是将文件 iostream 的内容包含到该命令所在的程序文件中，代替该命令行。文件 iostream 的作用是向程序提供输入或输出时所需要的一些信息。iostream 是 in、out、stream 3 个词的组合，从它的形式就可以知道它代表“输入输出流”的意思。由于这类文件都放在程序单元的开头，所以称为“头文件”(head file)。在程序进行编译时，先对所有的预处理命令进行处理，将头文件的具体内容代替＃include 命令行，然后再对该程序单元进行整体编译。

程序的第 2 行“using namespace std；”的意思是“使用命名空间 std”。C++标准库中的类和函数是在命名空间 std 中声明的，因此程序中如果需要用到 C++标准库(此时就需要用#include 命令行)，就需要用“using namespace std；”做声明，表示要用到命名空间 std 中的内容。

在初学 C++时，对本程序中的第 1 行和第 2 行可以不必深究，只需知道：如果程序有输入或输出时，必须使用“#include <iostream>”命令以提供必要的信息，同时要用“using namespace std;”，使程序能够使用这些信息，否则程序编译时将出错。

程序的第 3 行，用 main()代表“主函数”的名字，每一个 C++程序都有且只有一个 main()函数。main()前面的 int 的作用是声明函数的类型为整型，即函数的返回值是整型，函数体是由大括号{ }括起来的。

程序第 5 行“cout”语句的作用是在执行框内输出一句“Hello world!”。

程序第 6 行“return 0”语句的作用是向操作系统返回一个零值，如果程序不能正常执行，则会自动向操作系统返回一个非零值，一般为-1。本例中主函数内只有一个以 cout 开头的语句。注意 C++所有语句最后都应当有一个分号。

例 1.2 求 num1 和 num2 两个数之和。

可以写出以下程序：

```
//求两数之和
# include <iostream>    //预处理命令
using namespace std;  //使用命名空间 std
int main()  //主函数首部
//函数体开始
{
int num1,num2,sum;  //定义变量
cin>>num1>>num2;  //输入语句
sum=num1+num2;  //赋值语句
cout<<"num1+num2="<<sum<<endl;  //输出语句
return 0;  //如程序正常结束,向操作系统返回一个零值
}                    //函数结束
```

本程序的作用是求两个整数 num1 和 num2 之和 sum。第 1 行“//求两数之和”是一个注释行，C++规定在一行中如果出现“//”，则从它开始到本行末尾之间的全部内容都作为注释。

在程序运行时从键盘输入：

```
111   222
```

则输出结果为：

```
num1+num2=333
```

由以上两个简单的程序，不难看出 C++和 C 语言在编程上风格相似，所以同学们在学习 C++的过程中，应该注重补充 C 语言的学习基础。如果同学们未学习过 C 语言，或者 C 语言的基础还不够扎实，也不用担心，只要同学们将本书中“基础篇”认真学习、耐心实践，零基础也可以学好 C++程序设计。

1.3 C++程序的构成和书写形式

C++程序的结构和书写格式归纳如下：

(1) 一个C++程序可以由一个程序单位或多个程序单位构成。每一个程序单位作为一个文件。在程序编译时，编译系统分别对各个文件进行编译，因此，一个文件是一个编译单元。

(2) 在一个程序单位中，可以包括以下几个部分。

预处理命令：上节的程序中都包括#include命令。

全局声明部分(在函数外的声明部分)：在这部分中包括对用户自己定义的数据类型的声明和程序中所用到的变量的定义。

函数：实现操作的部分，因此函数是程序中必须有的和最基本的组成部分。每一个程序必须包括一个或多个函数，其中必须有一个(而且只能有一个)主函数(main函数)。

但是并不要求每一个程序文件都必须具有以上3个部分，可以缺少某些部分(包括函数)。

(3) 一个函数由两部分组成。

函数首部：函数的第一行，包括函数名、函数类型、函数属性、函数参数(形参)名、参数类型，一个函数名后面必须跟一对圆括号，函数参数可以缺省，如int main()。

函数体：函数首部下面的大括号内的部分，如果在一个函数中有多个大括号，则最外层的一对{ }为函数体的范围。

局部声明部分(在函数内的声明部分)包括对本函数中所用到的类型、函数的声明和变量的定义；对数据的声明既可以放在函数之外(其作用范围是全局的)，也可以放在函数内(其作用范围是局部的，只在本函数内有效)；执行部分，由若干个执行语句组成，用来进行有关的操作，以实现函数的功能。

(4) 语句包括两类，一类是声明语句，另一类是执行语句。C++对每一种语句赋予一种特定的功能。语句是实现操作的基本成分，没有语句的函数是没有意义的。C++语句必须以分号结束。

(5) 一个C++程序总是从main函数开始执行的，而不论main函数在整个程序中的位置如何。

(6) 类(class)是C++新增加的重要的数据类型，是C++对C的最重要的发展。有了类，就可以实现面向对象程序设计方法中的封装、信息隐蔽、继承、派生、多态等功能。在一个类中可以包括数据成员和成员函数，它们可以被指定为私有的(private)和公用的(public)属性。私有的数据成员和成员函数只能被本类的成员函数所调用。

(7) C++程序书写格式自由，一行内可以写几个语句，一个语句可以分写在多行上。

(8) 一个好的、有使用价值的源程序都应当加上必要的注释，以增加程序的可读性。C++还保留了C语言的注释形式，可以用“/*……*/”对C++程序中的任何部分做注释。在“/*”和“*/”之间的全部内容都为注释。

用“//”做注释时，有效范围只有一行，即本行有效，不能跨行。而用“/*……*/”做注释时有效范围为多行。只要在开始处有一个“/*”，在最后一行结束处有一个“*/”即可。

因此，一般习惯是：内容较少的简单注释常用“//”，内容较长的注释常用“/ * …… * / ”。

1.4 C++程序的编写和实现

一个程序从编写到最后得到运行结果如图 1.8 所示，要经历以下一些步骤。

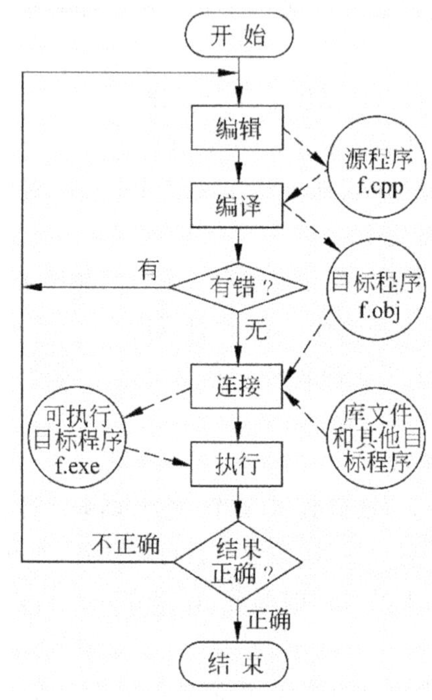

图 1.8 程序的编写过程

1）用 C++语言编写程序

用高级语言编写的程序称为源程序(source program)。C++的源程序是以.cpp 作为后缀的(cpp 是 c plus plus 的缩写)。

2）对源程序进行编译

为了使计算机能执行高级语言源程序，必须先用一种称为“编译器”(complier)的软件(也称编译程序或编译系统)，把源程序翻译成二进制形式的“目标程序”(object program)。

编译是以源程序文件为单位分别编译的。目标程序一般以.obj 或.o(object 的缩写)作为后缀。编译的作用是对源程序进行词法检查和语法检查。编译时对文件中的全部内容进行检查，编译结束后会显示出所有的编译出错信息。一般编译系统给出的出错信息分为两种，一种是错误(error)，一种是警告(warning)。

3）将目标文件连接

在改正所有的错误并全部通过编译后，得到一个或多个目标文件。此时要用系统提供的“连接程序”(linker)将一个程序的所有目标程序和系统的库文件以及系统提供的其他信息连接起来，最终形成一个可执行的二进制文件，它的后缀是.exe，是可以直接执行的。

4）运行程序

运行最终形成的可执行的二进制文件(.exe 文件)，得到运行结果。

5）分析运行结果

如果运行结果不正确，应检查程序或算法是否有问题。

1.5 关于C++上机实践

C++程序设计是一门实践性较强的课程，注重上机实践操作，在了解了C++语言的初步知识后，读者最好尽快在计算机上编译和运行C++程序，以加深对C++程序的认识，并初步掌握C++的上机操作。

读者在学习的过程中，应该基于三个步骤进行学习：

（1）理解课本基础知识。特别是课本中的每一个例题，读者都应该仔细研读，在某些程序不能理解的时候，应该主动上网查询资料、向老师答疑、与同学交流，以达到学习本门课程的目的。课本中所有出现的例题，都建议同学们手动将程序输入VC6.0中进行程序的编译和运行，在录程序代码的过程中，一边理解记忆，一边熟悉拓展。在读完本书时，相信读者的编程能力必然有所提高。

（2）独立完成课本习题。本教材是侧重于应用实践教学类的，因此同学们在学习了每一章课程内容后，应主动完成本章节的所有习题，以达到理论实践相结合的目的。所谓"好记性不如烂笔头"，而本门课程所需要用到的"笔"便是上机的操作和实践，相信只要勤加学习，刻苦钻研，定能在"程序员"道路上有所建树。

（3）结合项目应用提高实践。面向对象程序设计是一门应用性非常强的课程，可以在许多工程领域广泛应用，其中最常见的项目应用是使用MFC编程实现的交互式界面。交互式界面可以广泛应用在嵌入式、人工智能、物联网等诸多领域，读者在学习掌握了基本语法后，应该以项目引导进行实践，通过项目实践来加深C++的语法知识，真正达到产教融合、产学结合的目的。

习题1

1. 请阅读程序并分析下面程序的运行结果，写出程序运行时应输出的结果，然后上机运行程序，验证自己分析的结果是否正确。

[源程序]

```
# include <iostream>
using namespace std;
int main()
{

    cout<<"welcome"<<"\t"<<"to";
    cout<<"the C++ world!"<<endl;
    cout<<"I wish you success in your studies.\n";
    return 0;
}
```

2. 请编写一个学籍输入程序，要求有提示语句“请输入学号和名字拼音”，在接收数据后，提示框能显示该学生的学号和名字拼音，并输出一句话“我热爱编程”，回车换行后再输出一句话“我热爱 C++程序设计”。

3. 如下为计算圆形周长和面积的程序。

试输入以下程序进行编译，并观察编译情况，如有错误请修改程序，再进行编译，直到没有错误，然后进行连接和运行，并分析运行结果，其正确的运行结果要求：

```
[测试数据]
输入：2
输出：
The perimeter of the circle:12.56
The area of the circle:12.56
[源程序]
# include <iostream.h>
# include <math.h>
using namespace std;
const double PI=3.14;
int main()
{
    int nradius;
    double nperimeter;
    double narea;
    cout<<"please input the radius:";
    cin>>radius;
    perimeter=2 * PI * radius; // 周长=2πr
    area=PI * pow(radius,2); // 面积=π r²
    cout<<"the perimeter of the circle:"<<perimeter<<endl;
    cout<<"the area of the circle:"<<area<<endl;
    return 0;
}
```

4. 如下为对两个数进行求和的程序。

试输入以下程序进行编译，并观察编译情况，如有错误请修改程序，再进行编译，直到没有错误，然后进行连接和运行，并分析运行结果，其正确的运行结果要求：

```
[测试数据]
输入：
2 3
输出：
sum=5
[源程序]
# include <iostream>
using namespace std;
```

```
int main()
    {
        int x,y;
        cout<<"please input two numbers:";
        cin>>x>>y>>"\n";
        sum=add(x,y)
        cout<<"sum="<<sum<<endl;
        return 0;
    }
    int add(int a,int b)
    {
        c=a+b;
        return c;
    }
```

第2章 数据类型和运算规则

2.1 数据与数据类型

C++语言包含了C语言的全部特性,从某种程度上说,所有使用C++语言的人都在使用C语言。计算机处理的对象是数据,而数据类型是一组性质相同的值的集合以及定义在这个值集合上的一组操作的总称。对于计算机系统和硬件来说,数据类型的概念其实是不存在的,而数据类型的出现是为了有效地组织数据,把数据分成所需内存大小不同的数据。因此,编程的时候可以充分利用内存,在需要用小数据时申请小内存,而需要大数据的时候就申请大内存,例如大胖子必须睡双人床,就给他双人床,而对于瘦的人单人床就够了,以此规范数据的使用,进而提高程序的可读性,方便用户使用。

C++可以使用的数据类型如图2.1所示。

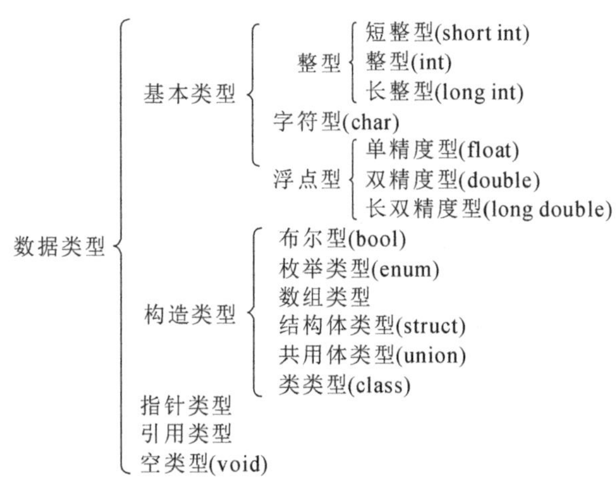

图2.1 数据类型

任何数据对用户呈现的形式有两种:常量或变量。无论是常量还是变量都有着不同的数据类型,由以上这些数据类型还可以构成更复杂的数据结构,例如利用指针和结构体类型可以构成表、树、栈等复杂的数据结构。

此外,C++并没有统一规定各类数据的精度、数值范围和在内存中所占的字节数,各C++编译系统根据自己的情况做出安排。表2.1列出了Visual C++数值型和字符型数据的情况。

表 2.1 数值型和字符型数据的字节数和数值范围

类　　型	类型标识符	字 节 数	数 值 范 围
整型	[signed] int	4	－2147483648～＋2147483647
无符号整型	unsigned [int]	4	0～4294967295
短整型	short [int]	2	－32768～＋32767
无符号短整型	unsigned short [int]	2	0～65535
长整型	long [int]	4	－2147483648～＋2147483647
无符号长整型	unsigned long [int]	4	0～4294967295
字符型	[signed] char	1	－128～＋127
无符号字符型	unsigned char	1	0～255
单精度型	float	4	$3.4\times10^{38}\sim-3.4\times10^{38}$
双精度型	double	8	$1.7\times10^{-308}\sim1.7\times10^{308}$
长双精度型	long double	8	$1.7\times10^{-308}\sim1.7\times10^{308}$

说明：

(1) 整型数据分为长整型(long int)、一般整型(int)和短整型(short int)。在 int 前面加 long 和 short 分别表示长整型和短整型。

(2) 整型数据的存储方式为按二进制数形式存储，例如十进制整数 98 的二进制形式为 1100010，则在内存中的存储形式如图 2.2 所示。

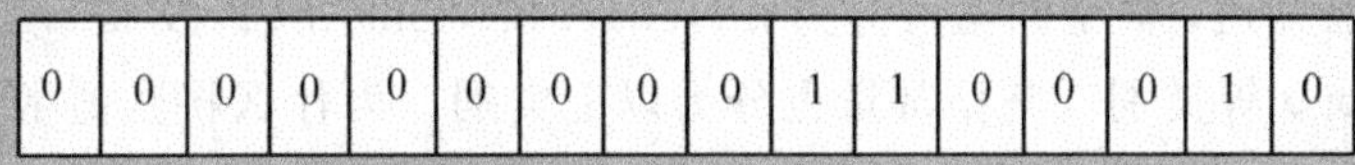

图 2.2 十进制整数 98 在内存中的存储形式

(3) 计算机中的整数分为两类：不带符号位的整数(unsigned integer，称为无符号整数)和带符号位的整数(signed integer)。若无特殊声明，默认带符号位类型。其中，前者一定是正整数，后者可以是正整数，也可以是负整数。例如短整型数据占两个字节，如果指定为 signed，则数值以补码形式存放，即存储单元中的最高位(bit) 用来表示数值的符号，0 表示正整数，1 表示负整数。此情况下计算机能存储的最大值为 $2^{15}-1$，即 32767，最小值为－32768，因此，有符号整数的表示范围为－32768～32767。反之，如果指定为 unsigned，则表示数值为无符号类型，意味着全部二进制位都用来表示数值本身，它存储正数的范围比用 signed 时要大一倍，表示范围为 0～65535。具体如图 2.3 所示。

(4) 字符类型：在各种不同系统中，字符类型 char 都占一个字节(8 位)。定义例如 char c＝'a'；可以用字符对应的 ASCII 码赋值，如“char c＝97；”。

此外，字符类型也可以加修饰符 signed(表示“有符号”)与 unsigned(表示“无符号”)。signed char 的取值范围是－128 到 127，而 unsigned char 的取值范围是 0 到 255。

(5) 浮点型(又称实型)数据分为单精度(float)、双精度(double)和长双精度(long double)3 种。在 Visual C＋＋ 6.0 中，对 float 提供 6 位有效数字，对 double 提供 15 位有效数字，并且 float 和 double 的数值范围不同。对 float 分配 4 个字节，对 double 和 long double 分配 8 个字节。

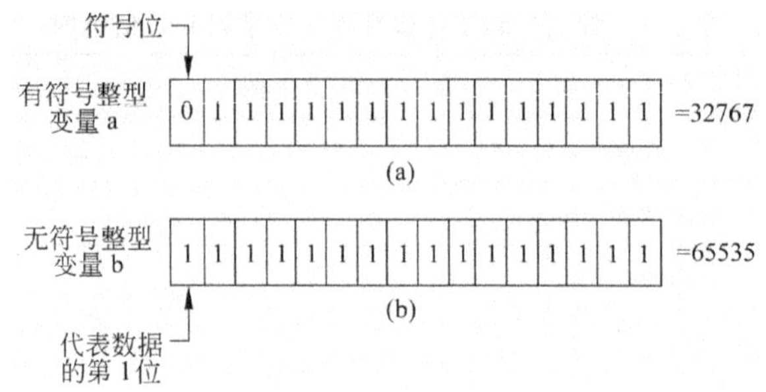

图 2.3 有符号整型与无符号整型数据的区别

2.2 常量

在程序运行过程中，其值不能被改变的量称为常量。常量分为数值常量(即常数)和字符常量两大类。其中:数值常量又分为整型常量和浮点型常量;字符常量分为字符型常量和字符串常量。

2.2.1 数值常量

顾名思义，数值常量就是由数字构成的常量，也称为常数。数值常量分为整型常量和浮点型(实型)常量两种。如 5，1，－3 为整型常量，7.6，－1.53 这种带有小数点的则为实型常量。

1. 整型常量

在上一节中已知道，整型数据可分为 int，short int，long int 以及 unsigned int，unsigned short，unsigned long 等类别。整型常量也分为以上类别。为什么将数值常量区分为不同的类别呢？因为在进行赋值或函数的参数虚实结合时要求数据类型匹配。

那么，一个整型常量怎样从字面上区分为以上的类别呢？

(1) 一个整数，如果其值在－32768～＋32767 范围内，认为它是 short int 型，它可以赋值给 short int 型、int 型和 long int 型变量。

(2) 一个整数，如果其值超过了上述范围，而在－2147483648～＋2147483647 范围内，则认为它是 long int 型，可以将它赋值给一个 int 或 long int 型变量。

(3) 如果某一计算机系统的 C＋＋版本(例如 Visual C＋＋)确定 int 与 long int 型数据在内存中占据的长度相同，则它们能够表示的数值范围相同。因此，一个 int 型常量也同时是一个 long int 型常量，可以赋给 int 型或 long int 型变量。

(4) 常量无 unsigned 型。但一个非负值的整数可以赋值给 unsigned 整型变量，只要它的范围不超过变量的取值范围即可。

整数常量可以根据情况在其数码前面加前缀，也可以加后缀，其中前缀一般代表进制，后缀代表类型。此外，一个整型常量共有 3 种不同进制表示方法。

前缀：

整型常量中，不同进制的数，使用不同进制的前缀。

(1) 十进制整数：十进制整数没有前缀。其数码为阿拉伯数字 0～9，注意不能用 0 做数字开头。如 657，－432，162 等均为合法的十进制整数。

(2) 八进制整数：以数字 0 作为八进制前缀。其数码为阿拉伯数字 0～7。如 020 表示这是八进制数 20，即(20)8，它相当于十进制数 16。

(3) 十六进制整数：以 0x 或 0X 作为十六进制前缀。其数码为阿拉伯数字 0～9，以及英文 a～f 或 A～F。如 0X20 表示这是十六进制数 20，即(20)16，它相当于十进制数 32。

后缀：

整型常量的后缀用来表示整数的类型。

(1) 字母 L 或 l，代表 long 型常量。

在一个整型常量后面加一个字母 l 或 L，则认为是 long int 型常量。

例如：123L 为十进制长整数 123；

021L 为八进制长整数(十进制数 17)；

0x15L 为十六进制长整数(十进制数 21)。

如果函数的形参为 long int，则要求实参也为 long int 型，此时用 123 做实参不行，而要用 123L 做实参。

(2) 字母 u 或者 U 代表 unsigned(无符号型)常量。

例如：358u，0x236U 分别为无符号十进制整型常量，无符号十六进制整型常量。

2. 浮点型常量

浮点型常量可以用两种形式表现：

(1) 十进制小数形式：这是我们经常用的形式，如 123.456、23.56 等，它一般由整数部分和小数部分组成，可以省略其中之一，如 78. 或 .06，但是不能二者均省略。C++编译系统把用这种形式表示的浮点数一律按双精度常量处理，在内存中占 8 个字节。如果在实数的数字之后加字母 F 或 f，表示此数为单精度浮点数，如 1234F，-43f，占 4 个字节。如果加字母 L 或 l，表示此数为长双精度数(long double)，在 GCC 中占 12 个字节，在 Visual C++ 6.0 中占 8 个字节。

(2) 由于计算机的内存限制和计算规则以及工程科学中对于数值计算的要求，经常会用科学计数法来表示实数，也就是指数形式。此外，在 C 语言中规定合法的指数形式中，用 e/E 来代表以 10 为底的指数，而且在 e 的前面必须有数字，e 的后面必须为整数，如 12.34e3 是合法的，用来表示 12.34×10^3，而 e3、2.1e3.5、.e3、e 等都不是合法的指数形式。

浮点型常量的一般形式如图 2.4 所示。

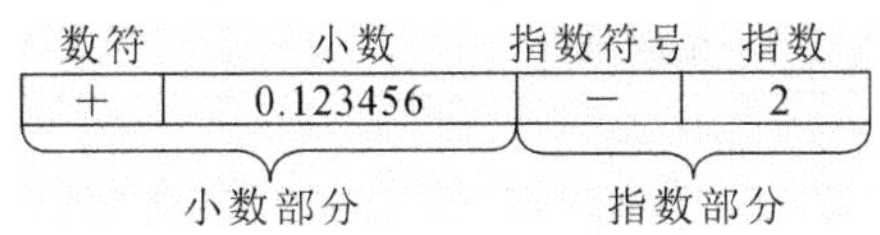

图 2.4 浮点型的指数形式

存储单元主要分为两部分，一部分用来存放小数部分，一部分用来存放指数部分。究竟用多少位表示小数部分，多少位表示指数部分，标准 C 并无具体规定，由各 C 编译系统自定。图 2.4 所示是用十进制表示的，实际上在存储单元中是用二进制数来表示小数部分，用 2 的幂次来表示指数部分的。其中，小数部分占的位数愈多，数的有效数字愈多，精度愈高。指数部分占的位数愈多，则能表示的数值范围愈大。

一个实数可以有多种指数表示形式。例如 123.456 可以表示为 123.456e0，12.3456e1、

1.23456e2、0.123456e3、0.0123456e4、0.00123456e5 等。但是，用指数形式输出一个实数，是按规范化的指数形式输出的，即在字母 e(或 E)之前的小数部分中，小数点左边应有一位(且只能有一位)非零的数字。所以，123.456 按指数形式(%e 格式)输出时，输出的形式只能是 1.23456e2。

2.2.2 字符常量

1. 普通的字符常量

包含在两个单撇号之间的字符为字符常量，如'a'，'x'都是合法的。字符常量储存在计算机的储存单元中时，一般采用 ASCII 代码储存，且在内存中占 1 个字节。

使用字符常量需要注意以下几点：

(1) 字符常量只能用单撇号括起来，不能使用单引号或其他括号。

(2) 字符常量中只能包括一个字符，不能是字符串。如'a'是合法的，而'ab'是非法的。

(3) 字符常量是区分大小写的，如'a'与'A'是两个不一样的字符常量。

(4) 单撇号(')只是界限符，不属于字符常量中的一部分，字符常量只能是一个字符，不包括单撇号。如 cout<<'a'；输出的是一个字母"a"，而不是"'a'"。

2. 转义字符常量

除了以上形式的字符常量外，C++还允许用一种特殊形式的字符常量，就是以"\"开头的字符序列，称之为转义字符，即特殊字符常量。转义字符是 C++中表示字符的一种特殊形式，其含义是将反斜杠后面的字符转换成另外的意义。

还可以用字符的 ASCII 码表示，即用反斜杠(\)开头，后跟字符的 ASCII 码，这种方法也称为转义序列表示法，具体有两种形式：一种是用字符的八进制 ASCII 码值，表示为\0dd，这里 0dd 是八进制值(0 可以省略)；另一种使用字符的十六进制 ASCII 码值，表示为\xhh 或 Xhh，这里 hh 是两位十六进制值。如：'A'，'\101'和'\x41'都表示同一个字符常量。

常用的以"\"开头的特殊字符如表 2.2 所示。

表 2.2 转义字符表

转义字符	字符值	输出结果
\'	一个单撇号'	输出此字符
\"	一个双撇号"	输出此字符
\?	一个问号	输出此字符
\\	一个反斜线	输出此字符
\a	警告(alert)	产生声音或视觉信号
\b	退格	将当前位置后字符退一个
\f	换页	将当前位置移至下一页开头
\n	换行	将当前位置移至下一行开头
\r	回车	将当前位置移至本行的开头
\t	水平制表符	将当前位置移至下一个 tab 位置
\v	垂直制表符	将当前位置移至下一个垂直制表对齐点

3. 字符串常量

字符串常量是用双引号括起来的，系统会在每个字符串的最后自动加入一个'\0'作为字符串的结束标志。如"abc"，"a+b"，"hello" 都是字符串常量。字符串常量"abc"在内存中占 4 个字节(而不是 3 个字节)，如图 2.5 所示。

编译系统会在字符串最后自动加一个'\0'作为字符串结束标志，但'\0'并不是字符串的一部分，它只作为字符串的结束标志。如：

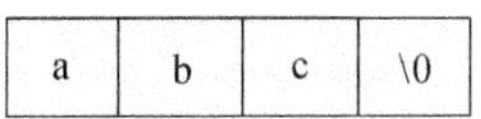

a	b	c	\0

图 2.5　字符串"abc"所占字节

```
cout<<"abc"<<endl;
```

输出 3 个字符 abc，而不包括'\0'。

> **注意：**
>
> "a"和'a'代表不同的含义，"a"是字符串常量，'a'是字符常量。前者占两个字节，后者占 1 个字节。请分析下面的程序片段：
>
> ```
> char c;   //定义一个字符变量
> c='a';    //正确
> c="a";    //错误，c 只能容纳一个字符
> ```

字符串常量要用字符数组来存放，见第 4 章。

> **思考：**
>
> 字符串常量"abc\n"包含几个字符？不是 5 个字符，而是 4 个字符，其中"\n"是一个转义字符。但它在内存中占 5 个字节(包括一个"\0"字符)。编译系统遇到"\"时就会把它认作转义字符的标志，把它和其后的字符一起作为一个转义字符。

如果"\"后面的字符不能与"\"组成一个合法的转义字符(如"\c")，则在编译时显示出错信息。如果希望将"\"字符也作为字符串中的一个字符，则应写为"abc\\n"，此时字符包括 5 个字符，即 a，b，c，\，n。如果有以下输出语句：

```
cout<<"abc\\\n"<<endl;
```

则会输出：abc\，然后换行。同理执行

```
cout<<"I say \"How are you? \"\n";
```

的输出是：I say "How are you?"

如果在一个字符串中最后一个字符为"\"，则表示它是续行符，下一行的字符是该字符串的一部分，且在两行字符串间无空格。如

```
cout<<"I am f\      //本行最后的"\"后面的空格和换行均不起作用
ine!";              //本行的字符紧连在上一行最后的"\"前面字符之后
```

则输出：

```
I am fine!
```

既然字符串常量的字符数据是以 ASCII 码存储的，它的存储形式就与整数的存储形式类似。这样，在 C++中字符型数据和整型数据之间就可以通用。一个字符数据可以赋给一个整型变量，一个整型数据也可以赋给一个字符变量。同时，还可以对字符数据进行算术运算，此时相当于对它们的 ASCII 码进行算术运算。

例 2.1　字符数据与整数进行算术运算。下面程序的作用是将小写字母转换为大写

例 2.1▶

字母。

```
# include <iostream>
using namespace std;
int main()
{char c1,c2;
c1='a';
c2='b';
c1=c1-32;
c2=c2-32;
cout<<c1<<''<<c2<<endl;
return 0;
}
```

运行结果为:

```
A B
```

'a'的 ASCII 码为 97,而'A'的 ASCII 码为 65,'b'为 98,'B'为 66。从 ASCII 代码表中可以看到每一个小写字母比它相应的大写字母的 ASCII 码值大 32。C++中字符数据与数值直接进行算术运算,'a'－32 得到整数 65,'b'－32 得到整数 66。将 65 和 66 存放在 c1,c2 中,由于 c1,c2 是字符变量,因此用 cout 输出 c1,c2 时,得到字符 A 和 B。

2.2.3 符号常量

在 C++中,可以用一个标识符来表示一个常量,这个标识符称为符号常量。其特点是编译后写在代码区,不可寻址,不可更改,属于指令的一部分。

符号常量在使用之前必须先定义,其一般形式为:

```
# define 标识符 常量
```

其中＃define 也是一条预处理命令(预处理命令都以"＃"开头),称为宏定义命令,其功能是把该标识符定义为其后的常量值。一经定义,以后在程序中所有出现该标识符的地方均代之以该常量值。习惯上符号常量的标识符用大写字母,变量标识符用小写字母,以示区别。

例 2.2 符号常量的使用。

```
# define PRICE 30   //注意这不是语句,末尾不要加分号
int main ()
{ int num,total;
num=10;
total=num * PRICE;
cout<<"total="<<total<<endl;
return 0;
}
```

程序中,用预处理命令＃define 来定义 PRICE 这个标识符的值为 30,此后在该程序单位中出现的 PRICE 都代表 30,可以和常量一样进行运算,程序运行结果为:

```
total=300
```

◀例 2.2

> **注意：**
> 这里的＃define 命令并不是程序中的一条语句，它只是起说明作用。

符号常量虽然有名字，但它不是变量，它的值在作用域内不能改变，也不能再被赋值。如本例中用赋值语句“PRICE＝40;”给 PRICE 赋值，就是错误的。当然，在需要改变一个常量时，能做到“一改全改”。如果上例要改变 PRICE 的值，只需要改动一处即可，如：

```
# define PRICE 50
```

那么程序中所有 PRICE 的值就会一律自动改成 50，并改变与之相关计算后的值。

2.3 变量

2.3.1 变量的定义

与常量不同，其值可以改变的量称为变量。在程序运行期间，随时可能产生一些临时数据，应用程序会将这些数据保存在一些内存单元中，每个内存单元都用一个标识符来标识。这些内存单元我们称之为变量，定义的标识符就是变量名，内存单元中存储的数据就是变量的值。在变量的学习中，请特别注意变量名与变量值这两个不同的概念，如图 2.6 所示。

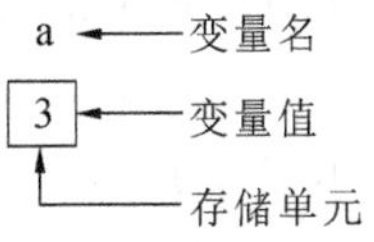

a ←—变量名
[3] ←—变量值
└—存储单元

图 2.6 变量的表示

在 C＋＋语言中，要求所有的变量必须“先定义，后使用”。定义变量的格式非常简单，即

```
变量类型　变量名表列;
```

首先要强调的一点是：最后的分号千万不要丢了。变量的定义是一个语句，我们说过，语句都是以分号结尾的。

“变量类型”表示存储变量的数据类型。如果希望存储整数类型的变量就定义成 int 型；而小数则定义成 float 型或 double 型；想要存储字符就定义成 char 型。而“变量名表列”指的是一个或多个变量名的序列。它是标识符的一种，变量的名字必须遵循标识符的命名规则。C＋＋规定标识符只能由字母、数字和下划线 3 种字符组成，且第一个字符必须为字母或下划线。如 sum，total，student_name 等是合法的标识符，而 D. John，C＋＋，5G 等则为非法的标识符。

> **注意：**
> 在 C＋＋中，大写字母和小写字母被认为是两个不同的字符。因此，sum 和 SUM 是两个不同的变量名。一般地，变量名用小写字母表示，与人们日常习惯一致，以增加可读性。应注意变量名不能与 C＋＋的关键字、系统函数名和类名相同。

变量的定义举例如下：

```
float a,b,c,d,e;
```

定义了 a，b，c，d，e 为单精度型变量名。注意各变量间以逗号分隔，最后是分号。

C＋＋要求对变量做强制定义的目的是：

（1）凡未被事先定义的，不作为变量名，这就能保证程序中的变量名使用正确。例如，如果在声明部分写了

```
int student;
```

而在执行语句中错写成 statent，即

```
statent=30;
```

在编译时检查出 statent 未经定义，作为错误处理。输出"变量 statent 未经声明"的信息，便于用户发现错误，避免变量名使用时出错。

(2) 每一个变量被指定为一确定类型，在编译时就能为其分配相应的存储单元。如指定 a 和 b 为 int 型，一般的编译系统对其各分配 4 个字节，并按整数方式存储数据。

(3) 指定每一变量属于一个特定的类型，这就便于在编译时，据此检查该变量所进行的运算是否合法。例如，整型变量 a 和 b，可以进行求余运算：

```
a%b
```

%是"求余"，得到 a/b 的余数。如果将 a 和 b 指定为实型变量，则不允许进行"求余"运算，在编译时会给出有关的出错信息。

2.3.2 变量的初始化

允许在定义变量时对它赋予一个初值，这称为变量初始化。初值可以是常量，也可以是一个有确定值的表达式。如变量可以在定义的同时对变量进行初始化：

```
float a=83.5,b,c=64.5,d=81.2;
```

表示定义了 a,b,c 为单精度浮点型变量，对 a 初始化为 83.5，对 c 初始化为 64.5，对 d 初始化为 81.2，因此变量 a,c,d 有确定的初值。变量 b 未初始化。如果对变量未赋初值，则该变量的初值是一个不可预测的值，即该存储单元中当时的内容是不知道的。例如，若未对 a 和 b 赋值，执行输出语句：

```
cout<<a<<""<<b<<""<<c<<endl;
```

输出结果可能为：

```
1.48544e-38 15 1.81858(每次运行情况可能不同)
```

初始化不是在编译阶段完成的，而是在程序运行时执行本函数时赋予初值的，相当于执行一个赋值语句。例如：

```
int a=3;
```

相当于以下两个语句：

```
int a;  //指定 a 为整型变量
a=3;  //赋值语句，将 3 赋给 a
```

对多个变量赋予同一初值，必须分别指定，不能写成

```
float a=b=c=4.5;
```

而应写成

```
float a=4.5,b=4.5,c=4.5;
```

或

```
float a,b,c=4.5;
a=b=c;
```

此外，C 语言要求变量的定义应该放在所有的执行语句之前，而 C++则放松了限制，只要求在第一次使用该变量之前进行定义即可。也就是说，它可以出现在语句的中间，如：

```
int a;  //定义变量 a(在使用 a 之前定义)
```

```
a=3;  //执行语句,对 a 赋值
float b; //定义变量 b(在使用 b 之前定义)
b=4.67;  //执行语句,对 b 赋值
```

2.3.3 常变量

在定义变量时,如果加上关键字 const,声明时必须给出初始化值,并且该变量的值不能被修改。这种变量称为常变量(constant variable)。例如:

```
const int a=3; //用 const 来声明这种变量为常变量,指定其值不能改变,始终为 3
```

在定义常变量时必须同时对它初始化(即指定其值),此后它的值不能再改变。常变量不能出现在赋值号的左边。例如上面一行不能写成:

```
const int a;
a=3;  //常变量不能被赋值
```

可以用表达式对常变量初始化,如:

```
const int b=3+6,c=3*cos(1.5);//b 的值被指定为 9,c 的值被指定为 3*cos(1.5)
```

但应注意,由于使用了系统标准数学函数 cos,必须将包含该函数有关信息的头文件"cmath"(或 math.h)包含到本程序单位中来,可以在本程序单位的开头加上以下 #include 命令:

```
# include <cmath>//或  # include <math.h>
```

此外,指向 const 型变量的指针的一般定义格式如下:

```
const 数据类型 *指针标示符
```

例如:const int * q;

q 被声明为指向 const 类型的变量,意味着,无论指针 q 是普通变量地址还是 const 类型变量地址,程序无法通过 q 改变变量的值。

变量的值应该是可以变化的,怎么值是固定的量也称变量呢?其实,从计算机实现的角度看,变量的特征是存在一个以变量名命名的存储单元,在一般情况下,存储单元中的内容是可以变化的。对于常变量来说,无非在此变量的基础上加上一个限定:存储单元中的值不允许变化。因此,常变量又称为只读变量(read-only-variable)。

此外,请区别用 # define 命令定义的符号常量和用 const 定义的常变量。符号常量只是用一个符号代替一个字符串,在预编译时把所有符号常量替换为所指定的字符串,它没有类型,在内存中并不存在以符号常量命名的存储单元。而常变量具有变量的特征,它具有类型,在内存中存在着以它命名的存储单元,可以用 sizeof 运算符测出其长度。与一般变量唯一的不同是指定变量的值不能改变。用 # define 命令定义符号常量是 C 语言所采用的方法,C++把它保留下来是为了和 C 兼容。C++的程序员一般喜欢用 const 定义常变量。虽然二者实现的方法不同,但从使用的角度看,都用了一个标识符代表了一个常量。有些书上把用 const 定义的常变量也称为定义常量,但读者应该了解它和符号常量的区别。

2.4 C++中的运算符

C++的运算符十分丰富,使得 C++的运算十分灵活方便。例如把赋值号(=)也作为运算符处理,这样,a=b=c=4 就是合法的表达式,这是与其他语言不同的。C++提供了以下运算符:

(1) 算术运算符：

+(加)　-(减)　*(乘)　/(除)　%(整除求余)　++(自加)　--(自减)

(2) 关系运算符：

>(大于)　<(小于)　==(等于)　>=(大于或等于)　<=(小于或等于)　!=(不等于)

(3) 逻辑运算符：

&&(逻辑与)　||(逻辑或)　!(逻辑非)

(4) 位运算符：

<<(按位左移)　>>(按位右移)　&(按位与)　|(按位或)　∧(按位异或)　~(按位取反)

(5) 赋值运算符(=及其扩展赋值运算符)。

(6) 条件运算符(?:)。

(7) 逗号运算符(,)。

(8) 指针运算符(*)。

(9) 引用运算符和地址运算符(&)。

(10) 求字节数运算符(sizeof)。

(11) 强制类型转换运算符((类型)或类型())。

(12) 成员运算符(.)。

(13) 指向成员的运算符(->)。

(14) 下标运算符([ ])。

(15) 其他(如函数调用运算符())。

2.5 算术运算符与算术表达式

2.5.1 基本的算术运算符

在本章中主要介绍算术运算符与算术表达式、赋值运算符与赋值表达式、逗号运算符与逗号表达式，其他运算符将在以后各章中陆续介绍。

+:加法运算符，或正值运算符，如 3+5，+3。

-:减法运算符，或负值运算符，如 5-2，-3。

*:乘法运算符，如 3*5。

/:除法运算符，如 5/3。

%:模运算符，或称求余运算符，%两侧均应为整型数据，如 7%4 的值为 3。

特别说明，两个整数相除的结果为整数，如 5/3 的结果为 1，舍去小数部分。但是，如果除数或被除数中有一个为负值，则舍入的方向是不固定的。例如，-5/3 在有的 C++系统上得到结果-1，有的 C++系统则给出结果-2。多数编译系统采取“向零取整”的方法，即 5/3 的值等于 1，-5/3 的值等于-1，取整后向零靠拢。

2.5.2 自增和自减运算符

自增 1 运算符记为“++”，其功能是使变量的值自增 1。自减 1 运算符记为“--”，其功能是使变量值自减 1。此外，自增 1 和自减 1 运算符均为单目运算符，都具有右结合性。可有以下几种形式：

＋＋i　　i 自增 1 后再参与其他运算；

－－i　　i 自减 1 后再参与其他运算；

i＋＋　　i 参与运算后，i 的值再自增 1；

i－－　　i 参与运算后，i 的值再自减 1。

在理解和使用上容易出错的是 i＋＋和 i－－。特别是当它们出现在较复杂的表达式或语句中时，常常难于弄清，因此应仔细分析。

注意：

(1) 自增运算符(＋＋)和自减运算符(－－)只能用于变量，而不能用于常量或表达式。

(2) ＋＋和－－的结合方向是“自右至左”。

(3) 自增运算符(＋＋)和自减运算符(－－)使用十分灵活，但在很多情况下可能出现歧义，产生“意想不到”的副作用。

(4) 自增(减)运算符在 C＋＋程序中是经常见到的，常用于循环语句中，使循环变量自动加(减)1，也用于指针变量，使指针指向下(上)一个地址。

2.5.3　算术表达式和算术运算符的优先级与结合性

表达式是由常量、变量、函数和运算符组合起来的式子。一个表达式有一个值及其类型，它们等于计算表达式所得结果的值和类型。表达式求值按运算符的优先级和结合性规定的顺序进行。而算术表达式则指的是：用算术运算符和括号将运算对象(也称操作数)连接起来的、符合 C＋＋语法规则的式子。

运算符的优先级：在表达式中，优先级较高的先于优先级较低的进行运算。例如先乘除后加减。而在一个运算量两侧的运算符优先级相同时，则按运算符的结合性所规定的结合方向处理。

运算符的结合性：C＋＋中各运算符的结合性分为两种，即左结合性(自左至右)和右结合性(自右至左)。例如算术运算符的结合性是自左至右，即先左后右。如有表达式 a－b＋c，则 b 应先与“－”号结合，执行 a－b 运算，然后再执行＋c 的运算。这种自左至右的结合方向就称为“左结合性”。而自右至左的结合方向称为“右结合性”。最典型的右结合性运算符是赋值运算符。如 a＝b＝c，由于“＝”的右结合性，应先执行 b＝c 再执行 a＝(b＝c)运算。C＋＋中有不少运算符为右结合性，应注意区别，以避免理解错误。

2.5.4　表达式中各类数值型数据间的混合运算

C＋＋遇到两种不同数据类型进行运算时，会将两个数做适当的类型转换，再进行计算。类型转换分为两种：隐式转换和强制类型转换。当系统将数值自动转换时，也就是数值总是朝表达数据能力更强的方向时，称为隐式转换。例如，系统可以将 char 型变量转换为 short，float 类型自动转换为 double。强制类型转换又叫显式转换。其语法是在一个数值或变量前加上带括号的类型名，也可以在类型名后跟带括号的数值或表达式。

先以隐式转换为例，在表达式中常遇到不同类型数据之间进行运算，如：

10＋'a'＋1.5－8765.1234＊'b'

在进行运算时，不同类型的数据要先转换成同一类型，然后进行运算。转换的规则按图2.7所示。

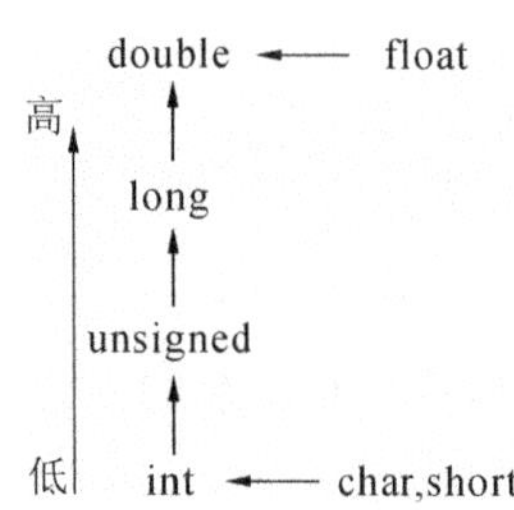

图 2.7 不同类型的数据转换规则

假设已指定 i 为整型变量，f 为 float 型变量，d 为 double 型变量，e 为 long 型变量，则表达式 10+'a'+i*f-d/e 的运算次序为：

① 进行 10+'a'的运算，先将'a'转换成整数 97，运算结果为 107。

② 进行 i*f 的运算。先将 i 与 f 都转换成 double 型，运算结果为 double 型。

③ 整数 107 与 i*f 的积相加。先将整数 107 转换成双精度数(小数点后加若干个 0，即 107.000…00)，结果为 double 型。

④ 将变量 e 转换成 double 型，d/e 结果为 double 型。

⑤ 将 10+'a'+i*f 的结果与 d/e 的商相减，结果为 double 型。

上述的各种数据类型，它们的常量和变量之间可以混合运算。两个量运算时，在计算机内部首先将它们转换成相同数据类型的量，然后进行运算。虽然这种转换是 C++ 内部自动完成的，但是若编程者知道了转换机理，对掌握及灵活运用 C++ 表达式是有帮助的。此类型转换是由系统自动进行的，称为隐式转换。

2.5.5 强制类型转换运算符

在表达式中不同类型的数据会自动地转换类型，以进行运算。有时程序编制者还可以利用强制类型转换运算符将一个表达式转换成所需类型，这就是所谓的强制转换。例如：

```
(double)a  //将 a 转换成 double 类型
(int)(x+y)  //将 x+y 的值转换成整型
(float)(5%3)  //将 5%3 的值转换成 float 型
```

强制类型转换的一般形式为：

```
(类型名)(表达式)
```

注意：

如果要进行强制类型转换的对象是一个变量，该变量可以不用括号括起来。如果要进行强制类型转换的对象是一个包含多项的表达式，则表达式应该用括号括起来。如果写成 (int)x+y，则只将 x 转换成整型，然后与 y 相加。

以上强制类型转换的形式是原来 C 语言使用的形式，C++ 把它保留了下来，以利于兼容。C++ 还增加了以下形式：

```
类型名(表达式)
```

如 int(x)或 int(x+y)。

类型名不加括号，而变量或表达式用括号括起来。这种形式类似于函数调用。但许多人仍习惯于用第一种形式，把类型名括在括号内，这样比较清楚。

需要说明的是：在进行强制类型转换时，将产生一个临时数据，这个临时数据的类型是指定的类型，而原始数据的类型并不会发生变化。例如：

```
(int) i
```

如果 i 原指定为 float 型，值为 3.6，进行强制类型运算后得到一个 int 型的中间变量 j，它的值等于 3，而 i 原来的类型和值都不变。

例 2.3 强制类型转换。

例 2.3▶

```
# include <iostream>
using namespace std;
int main()
{ float i;
  int j;
  i=3.6;
  j=(int)i;
  cout<<"i="<<i<<",j="<<j<<endl;
  return 0;
}
```

运行结果如下：

```
i=3.6,j=3
```

i 的类型仍为 float 型，值仍等于 3.6，而 j 的类型为 int。

由上可知，有两种类型转换：一种是在运算时不必用户指定，系统自动进行的类型转换，如 3+6.5；第二种是强制类型转换。当自动类型转换不能实现目的时，可以用强制类型转换。此外，在函数调用时，有时为了使实参与形参类型一致，可以用强制类型转换运算符得到一个所需类型的参数。

2.6 赋值运算符与赋值表达式

2.6.1 赋值运算符

赋值符号“＝”就是赋值运算符，它的作用是将一个数据赋值给一个变量，也可以将一个表达式的值赋给一个变量。

2.6.2 赋值过程中的类型转换

如果赋值运算符两侧的类型不一致，但都是数值型或字符型时，在赋值时会自动进行类型转换。

(1) 将浮点型数据(包括单、双精度)赋给整型变量时，舍弃其小数部分。

(2) 将整型数据赋给浮点型变量时，数值不变，但以指数形式存储到变量中。

(3) 将一个 double 型数据赋给 float 变量时，要注意数值范围不能溢出。

(4) 字符型数据赋给整型变量，将字符的 ASCII 码赋给整型变量。

(5) 将一个 int、short 或 long 型数据赋给一个 char 型变量，只将其低 8 位原封不动地送到 char 型变量(发生截断)。

例 2.4 数据的截断。

```
short int i=289;
char c;
```

例 2.4▶

```
c=i;  //将一个 int 型数据赋给一个 char 型变量
```

具体截断情况如图 2.8 所示，最终 c 的值为 33。

(6) 将 signed(有符号)型数据赋给长度相同的 unsigned(无符号)型变量，将存储单元内容原样照搬(连原有的符号位也作为数值一起传送)。

例 2.5 将有符号数据传送给无符号变量。

```
# include <iostream>
using namespace std;
int main()
{ unsigned short a;
  short int b=-1;
  a=b;
  cout<<"a="<<a<<endl;
  return 0;
}
```

运行结果为：

65535

赋给 b 的值是−1，怎么会得到 65535 呢？由于 b 默认为有符号短整型，即−1 以补码形式存在，为 1111111111111111(即全部 16 个二进制位均为 1)，将它传送给 a，而 a 是无符号型变量，16 个位全 1 是十进制的 65535。如果 b 为正值，且在 0～32767 之间，则赋值后数值不变。具体请看图 2.9 所示的赋值情况。

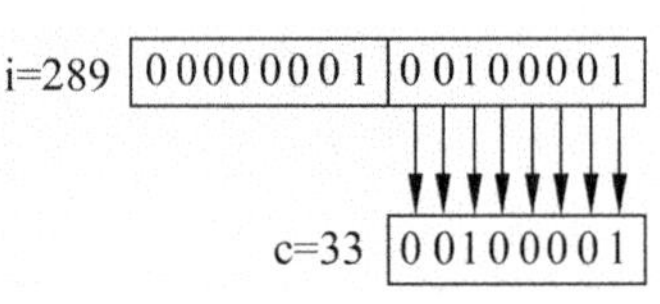

图 2.8 数据截断示例

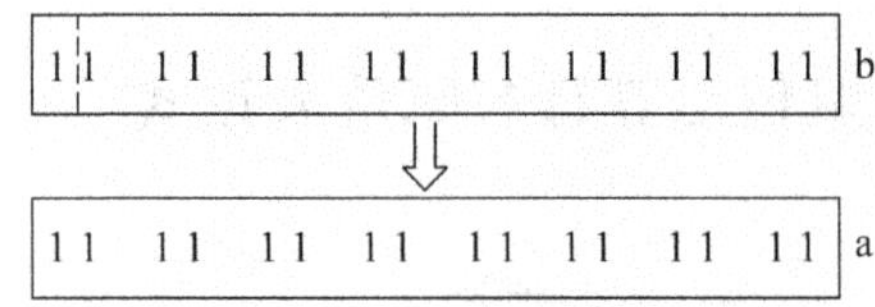

图 2.9 数据赋值图

不同类型的整型数据间的赋值归根结底就是一条：按存储单元中的存储形式直接传送。

C 和 C++使用灵活，在不同类型数据之间赋值时，常常会出现意想不到的结果，而编译系统并不提示出错，全靠程序员的经验来找出问题。这就要求编程人员对出现问题的原因有所了解，以便迅速排除故障。

2.6.3 复合的赋值运算符

在赋值运算符"="之前加上其他运算符，可以构成复合的运算符，如+=，−=，*=，/=，%=。采用这种复合运算符，一是为了简化程序，使程序精炼，二是为了提高编译效率，能产生质量较高的目标代码。

以"a+=3"为例来说明，它相当于使 a 进行一次自加 3 的操作，即先使 a 加 3，再赋给 a。同样，"x*=y+8"的作用是使 x 乘以 y+8，再赋给 x。

C++之所以采用这种复合运算符，一是为了简化程序，使程序精炼，二是为了提高编译效率(这种写法与"逆波兰"式一致，有利于编译，能产生质量较高的目标代码)。专业的程序员在程序中常用复合运算符，初学者可能不习惯，可以不用或少用。

◀例 2.5

2.6.4 赋值表达式

由赋值运算符或复合赋值运算符将一个变量和一个表达式连接起来的表达式，称为赋值表达式。

一般格式为：

```
变量=表达式
```

任何一个表达式都有一个值，赋值表达式也不例外。被赋值变量的值，就是赋值表达式的值。例如，“a＝5”这个赋值表达式，变量 a 的值“5”就是它的值，且赋值表达式中的“表达式”，也可以是一个赋值表达式，如 a＝(b＝5)。

使用赋值运算符时，注意优先级与结合性为自右向左，如在 b＝c＝d＝a＋5 中，如果 a 初值为 2，表达式结果为 7。当然，赋值表达式也可以包含复合的赋值运算符。如：

```
a+=a-=a*a
```

也是一个赋值表达式。如果 a 的初值为 2，此赋值表达式的求解步骤如下：

① 进行“a－＝a＊a”的运算，它相当于 a＝a－a＊a＝2－4＝－2。

② 进行“a＋＝－2”的运算，它相当于 a＝a＋(－2)＝－2－2＝－4。

此外，C＋＋将赋值表达式作为表达式的一种，使赋值操作不仅可以出现在赋值语句中，而且可以以表达式形式出现在其他语句(如输出语句、循环语句等)中。这是 C＋＋语言灵活性的一种表现。

> **注意：**
> 用 cout 语句输出一个赋值表达式的值时，要将该赋值表达式用括号括起来，如果写成“cout＜＜a＝b;”将会出现编译错误。

2.7 关系运算、逻辑运算和位运算

2.7.1 关系运算符

C＋＋的关系运算符有：

＜　　(小于)

＜＝　(小于或等于)

＞　　(大于)

＞＝　(大于或等于)

＝＝　(等于)

！＝　(不等于)

关于优先次序：

① 前 4 种关系运算符(＜，＜＝，＞，＞＝)的优先级别相同，后两种也相同。前 4 种高于后两种。例如，“＞”优先于“＝＝”，而“＞”与“＜”优先级相同。

② 关系运算符的优先级低于算术运算符。

③ 关系运算符的优先级高于赋值运算符。

例如：

c>a+b 等价于 c>(a+b)

a>b==c 等价于(a>b)==c

a>b！=c 等价于(a>b)！=c

a==b<c 等价于 a==(b<c)

a=b>c 等价于 a=(b>c)

用关系运算符将两个表达式连接起来的式子，称为关系表达式。关系表达式的一般形式可以表示为：

表达式 关系运算符 表达式

其中的"表达式"可以是算术表达式或关系表达式、逻辑表达式、赋值表达式、字符表达式。关系表达式是一种最简单的逻辑表达式，结果类型是 bool，值只能为 true(非零，用"1"表示)或 false(零，用"0"表示)。如：关系表达式"5==3"的值为"假"，"5>=0"的值为"真"。

请问：

5>4>3 是正确的表达式吗？

首先可以肯定地回答是正确的。但对于这个表达式，按照优先级先计算 5>4，结果为 true，也就是 1，接着再来计算 1>3 的结果，很显然为假。当然，这个计算过程与原式在数学中的含义(5>4 并且 4>3)是不一样的，这一点请大家注意。

2.7.2 逻辑运算符

C 语言没有提供逻辑型数据，关系表达式的值(真或假)分别用数值 1 和 0 代表。C++增加了逻辑型数据。逻辑型常量只有两个，即 false(假)和 true(真)。

逻辑型变量要用类型标识符 bool 来定义，它的值只能是 true 和 false 之一。如：

```
bool found,flag=false; //定义逻辑型变量 found 和 flag,并使 flag 的初值为 false
found=true;    //将逻辑型常量 true 赋给逻辑变量 found
```

设逻辑类型是为了看程序时直观易懂。由于逻辑型变量是用关键字 bool 来定义的，因此又称为布尔变量。逻辑型常量又称为布尔常量。所谓逻辑型，就是布尔型。

在编译系统处理逻辑型数据时，将 false 处理为 0，将 true 处理为 1。因此，逻辑型数据可以与数值型数据进行算术运算。

如果将一个非零的整数赋给逻辑型变量，则按"真"处理，如：

```
flag=123; //赋值后 flag 的值为 true
cout<<flag;
```

输出为数值 1。

逻辑表达式的一般形式可以表示为：

表达式 逻辑运算符 表达式

C++提供 3 种逻辑运算符，即逻辑与(&&)、逻辑或(||)、逻辑非(!)，而逻辑表达式的值是一个逻辑量"真"或"假"。前面已说明，在给出逻辑运算结果时，以数值 1 代表"真"，以 0 代表"假"，但在判断一个逻辑量是否为"真"时，采取的标准是：如果其值是 0 就认为是"假"，如果其值是非 0 就认为是"真"。

1. 逻辑与(&&)

只有参与运算的两个表达式都为真时，结果才为真，否则均为假。真值表如表 2.3

所示。

表 2.3　逻辑“与”真值表

表达式 A	表达式 B	A&&B
0	0	0
0	1	0
1	0	0
1	1	1

逻辑运算的值只有“真”“假”两种，分别用“1”和“0”来表示。其规则举例如下：

(1) 若 a=4，则！a 的值为 0。因为 a 的值为非 0，被认作“真”，对它进行“非”运算，得“假”，“假”以 0 代表。

(2) 若 a=4，b=5，则 a && b 的值为 1。因为 a 和 b 均为非 0，被认为是“真”。

(3) 若 5>0&&4>2，由于 5>0 为真，4>2 也为真，所以相与后的结果也就为真。

2. 逻辑或(||)

参与运算的两个表达式只要有一个为真，结果就为真；两个表达式都为假时结果才为假。真值表如表 2.4 所示。

表 2.4　逻辑“或”真值表

表达式 A	表达式 B	A||B
0	0	0
0	1	1
1	0	1
1	1	1

3. 逻辑非(!)

参与运算的表达式为真时，结果为假；参与运算的表达式为假时，结果为真。例如：

(1) ！0=1，因为 0 为假，非运算的结果为真，也就是 1。

(2) 若 a=5，则 ！a 的值为 0。因为 a 的值为非 0，被认为“真”。

4. 优先级

在一个逻辑表达式中如果包含多个逻辑运算符，则按以下的优先次序：！(非)→ &&(与)→ ||(或)，即“!”为三者中最高的。

此外，若上述逻辑运算符和其他运算符一起参与计算，优先级关系可表示如下：

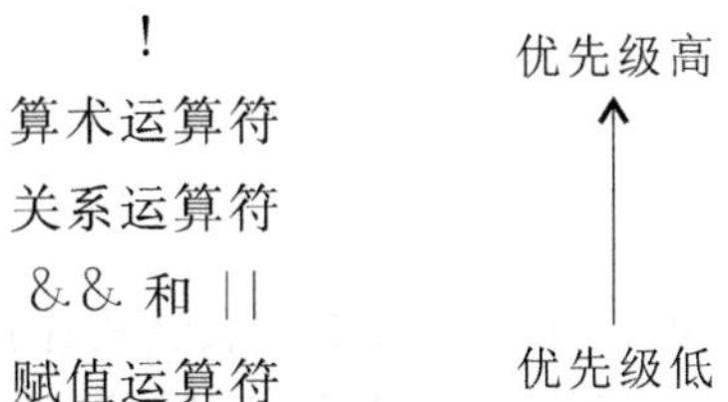

其中，逻辑与运算符和逻辑或运算符均为双目运算符，结合方向为自左至右。逻辑非运算符为单目运算符，结合方向为自右向左。

例如：

(a>b) && (x>y)　　等价于　　a>b && x>y

(a==b)||(x==y)　　等价于　　a==b || x==y

(! a)||(a>b)　　等价于　　! a||a>b

! b==c || d<a　　等价于　　((! b)==c)||(d<a)

2.7.3 位运算

所谓位运算是指按二进制进行的运算。在系统软件中，常常需要处理二进制位的问题。所以我们在弄清楚字节和位、原码、反码和补码等这些基本的概念后，需要熟记各个运算符的运算规则。C++提供了6个位操作运算符。这些运算符只能用于整型操作数，即只能用于带符号或无符号的char，short，int与long类型。6个运算符的含义描述如下：

& 按位与　　如果两个相应的二进制位都为1，则该位的结果值为1，否则为0；

| 按位或　　两个相应的二进制位中只要有一个为1，该位的结果值为1；

^ 按位异或　　若参加运算的两个二进制位值相同则为0，否则为1；

~ 取反　　~是一元运算符，用来对一个二进制数按位取反，即将0变1，将1变0；

<< 左移　　用来将一个数的各二进制位全部左移n位，右补0；

>> 右移　　将一个数的各二进制位右移n位，移到右端的低位被舍弃，对于无符号数，高位补0。

注意：

(1) 相同整数相^的结果是0。

(2) 一个数^另一数两次结果不变。

(3) 整数相^跟顺序无关。

(4) ~ 取反运算：对整数的各二进位进行取反，包括符号位(0变1,1变0,真假互换)。

(5) << 左移：把整数的各二进位全部左移n位，高位丢弃(包括符号位)，低位补0。左移n位其实就是乘以2的n次方(但移动后符号位变化除外，符号位改变则正负改变)。

(6) >> 右移：把整数的各二进位全部右移n位，符号位不变。高位的空缺是正数补0；是负数高位是补0或是补1取决于编译系统的规定；右移n位其实就是除以2的n次方。

运算符优先级：

C语言中位运算符之间，按优先级顺序排列为：~、<<、>>、&、^、|、&=、^=、|=、<<=、>>=。

2.8 其他运算

2.8.1 逗号运算符

C++提供一种特殊的运算符——逗号运算符，它的作用是将若干个表达式连接起来。其优先级别在所有的运算符中是最低的，结合方向是从左往右。逗号表达式又称为顺序求值运算符。逗号表达式的一般形式为：

表达式1,表达式2,表达式3,...,表达式n

逗号表达式的求解过程是：从左到右逐个计算每个表达式，最后整个逗号表达式的值就是最后一个表达式(表达式 n)的值。如逗号表达式 a=(3+5,6+8)，其求解过程是先计算表达式 1，后计算表达式 2，最后整个表达式的值是表达式 2 的值，所以 a 的值为 6+8=14，最后把 14 的值赋给 a。

需要注意的是，由于逗号运算符是所有运算符中级别最低的，甚至低于赋值运算符，因此表达式 a=(3+5,6+8)与 a=3+5,6+8 作用是不一样的。在 a=3+5,6+8 中，先计算第一个表达式，结果为 a=8，此时，a 被赋值为 8，不同于上式 a=14，请注意区分。

此外，一个逗号表达式又可以与另一个表达式组成一个新的逗号表达式。例如：

(1) a=(a=3*5,a*4)，其中(a=3*5,a*4)的值是 60，a 的值在逗号表达式里一直是 15，最后被逗号表达式赋值为 60，a 的值最终为 60。

(2) (x=2*5, x*4), x+15，该逗号表达式的运算次序为：将 2*5 的结果 10 赋给变量 x，再计算括号内的第二个表达式 x*4 的值，结果为 40，虽然该整数 40 作为所构成的表达式的值，但是 x 的值仍为 10，因此最后计算 x+15 时，结果为 25。

有时使用逗号表达式仅仅是为了得到各个表达式的值，而不是一定要得到和使用整个表达式的值，例如：

```
t=x, x=y, y=t;
```

此逗号表达式的目的是实现变量 x，y 值的互换，而不是使用整个表达式的值。

最后，在 C++中如果使用 cout 输出一个逗号表达式的值，需要将该逗号表达式用括号括起来，如：

```
cout<<(3*5,43-6*5,67/3)<<endl;
```

2.8.2 ->运算符

“->”称为指向运算符，一般用于结构体、类、共同体等取成员的运算，如 p->n 表示 p 指向的结构体变量中的成员 n 的值。详细用法在本书第 6 章介绍。

C 和 C++语言表达能力强，其中一个重要方面就在于它的表达式类型丰富，运算符功能强，因而使用灵活，适应性强。

本章总结

本章主要介绍了 C++语言中有关的数据与数据类型的基本概念。关于数据的主要内容有：数据类型；常量与变量；各种类型数据的表示方法、数据的取值范围。关于计算的主要内容有：运算符与运算对象、表达式及其表示、运算符优先级与结合性；算术运算(包括自加、自减运算)；关系运算；逻辑运算；条件运算；位运算；赋值运算；逗号运算以及->运算等。

本章重点：

(1) 各种数据类型及其类型说明，其中涉及的重要概念有整型、实型、字符型数据的表示、存储以及存储范围。需要注意的是：数值型数据都是用补码表示的；字符常数用单引号括起来，每个字符只占一个字节，而字符串常数用双引号括起来。

(2) 各种运算符与表达式，其中涉及的重要概念有：运算对象的个数、运算符优先级、结合性、类型转换等。例如，基本运算符中单目运算符、双目运算符和三目运算符的使用，运算符的优先级和结合性，赋值表达式、逗号表达式、条件表达式和逗号表达式的值，以及运算时的类型转换。

本章难点：一些特殊运算符的使用，例如自增、自减与加一、减一的区别，数据的类型转换以及逗号运算符与 ->运算符。

习题2

1. 字符常量与字符串常量有什么区别?

2. 设计一个程序输入一个三位数,分别输出个位、十位和百位上的数。

3. 写出以下程序运行的结果。请先阅读程序,分析应输出的结果,然后上机验证。

```
#include <iostream>
using namespace std;
int main()
{
    char c1='a',c2='b',c3='c',c4='\101',c5='\116';
    cout<<c1<<c2<<c3<<'\n';
    cout<<"\t\b"<<c4<<'\t'<<c5<<'\n';
    return 0;
}
```

4. 写出以下程序运行的结果。请先阅读程序,分析应输出的结果,然后上机验证。

```
#include <iostream>
using namespace std;
int main()
{
    char c1='C',c2='+',c3='+';
    cout<<"I say:\""<<c1<<c2<<c3<<'\"';
    cout<<"\t\t"<<"He says:\"C++ is very interesting! \""<<"<<'\n';
    return 0;
}
```

5. 写出以下程序运行的结果。请先阅读程序,分析应输出的结果,然后上机验证。

```
#include <iostream>
using namespace std;
int main()
{   int i,j,m,n;
    i=8;
    j=10;
    m=++i+j++;
    n=(++i)+(++j)+m;
    cout<<i<<'\t'<<j<<'\t'<<m<<'\t'<<n<<endl;
    return 0;
}
```

6. 使用 for 循环计算 1～10 的和。请阅读程序并分析下面程序的运行结果，写出程序运行时应输出的结果，然后上机运行程序，验证自己分析的结果是否正确。

程序如下：

```
#include <iostream>
using namespace std;
int main()
{
    int sum;
    for (int v=1; v<10; ++v)
        sum+=v;
    cout <<"sum of 1 to 10 is"<<sum <<endl;
    return 0;
}
```

第3章 基础的程序设计结构

3.1 程序设计和算法

在面向过程的程序设计中，程序设计者必须指定计算机执行的具体步骤。程序设计者不仅要考虑程序要"做什么"，还要解决"怎么做"的问题，根据程序要"做什么"的要求，写出一条条语句，安排好它们的执行顺序。怎样设计这些步骤，怎样保证它的正确性和具有较高的效率，这就是算法需要解决的问题。

3.1.1 算法的概念

什么是算法？当代著名计算机科学家 D. E. Knuth 在他撰写的 *The Art of Computer Programming* 一书中写道：一个算法，就是一个有穷规则的集合，其中之规则规定了一个解决某一特定类型的问题的运算序列。广义地说，为解决一个问题而采取的方法和步骤，就称为算法。

一个面向过程的程序应包括以下两个方面的内容：

(1) 对数据的描述。在程序中要指定数据的类型和数据的组织形式，即数据结构(data structure)。

(2) 对操作的描述，即操作步骤，也就是算法(algorithm)。

对于面向过程的程序，可以用下面的公式表示：

程序＝算法＋数据结构

程序设计人员必须认真考虑和设计数据结构和操作步骤(即算法)。

算法是解题方案的准确而完整的描述，是一系列解决问题的清晰指令，算法代表着用系统的方法描述解决问题的策略机制，是独立存在的一种解决问题的方法和思想。所以，算法必须具体地指出在执行时每一步应当怎样做。对于算法而言，实现的语言并不重要，重要的是思想。当然，算法可以有不同的语言描述实现版本(如 C 描述、C＋＋描述、Python 描述等)。

C＋＋既支持面向过程的程序设计，又支持面向对象的程序设计。无论面向过程的程序设计还是面向对象的程序设计，都离不开算法设计。

一个有效算法应该具有以下特点：

(1) 有穷性。一个算法应包含有限的操作步骤，而不能是无限的。

(2) 确定性。算法中的每一个步骤都应当是确定的，而不应当是含糊的、模棱两可的。

(3) 有零个或多个输入。所谓输入是指在执行算法时需要从外界取得必要的信息。

(4) 有一个或多个输出。算法的目的是求解,"解"就是输出。没有输出的算法是没有意义的。

(5) 有效性。算法中的每一个步骤都应当能有效地执行,并得到确定的结果。

3.1.2 算法的表示

1. 自然语言

用中文或英文等自然语言描述算法。但容易产生歧义性,在程序设计中一般不用自然语言表示算法。

2. 流程图

可以用传统的流程图或结构化流程图。用图的形式表示算法,比较形象直观,但修改算法时显得不大方便,也可以用三种基本结构和改进的流程图,以及用 N-S 流程图表示算法。

在这里,统称为流程图表示。

3. 伪代码

伪代码(pseudo code)是用介于自然语言和计算机语言之间的文字和符号来描述算法。如:

```
if x is positive then
  print x
else
  print -x
```

用伪代码写算法并无固定的、严格的语法规则,只需把意思表达清楚,并且书写的格式要写成清晰易读的形式。它不用图形符号,因此书写方便,格式紧凑,容易修改,便于向计算机语言算法(即程序)过渡。

4. 用计算机语言表示算法

用一种计算机语言去描述算法,这就是计算机程序。

3.2 C++程序结构、语句和注释

由前面的学习已知,一个程序包含一个或多个程序单位(每个程序单位构成一个程序文件)。每一个程序单位由以下几个部分组成:

(1) 预处理命令,如 #include 命令和 #define 命令。

(2) 声明部分,例如对数据类型和函数的声明,以及对变量的定义。

(3) 函数,包括函数首部和函数体,在函数体中可以包含若干声明语句和执行语句。

下面是一个完整的 C++程序:

```
# include <iostream>        //预处理命令
using namespace std;    //在函数之外的声明部分
int a=3;        //在函数之外的声明部分
int main()        //函数首部
{ float b;          //函数内的声明部分
  b=4.5;       //执行语句
```

```
    cout<<a<<b;  //执行语句
    return 0;    //执行语句
}
```

注意：

如果一个变量在函数之外进行声明，此变量是全局变量，它的有效范围是从该行开始到本程序单位结束。如果一个变量在函数内声明，此变量是局部变量，它的有效范围是从该行开始到本函数结束。

此外，C++程序结构可以用图3.1表示。

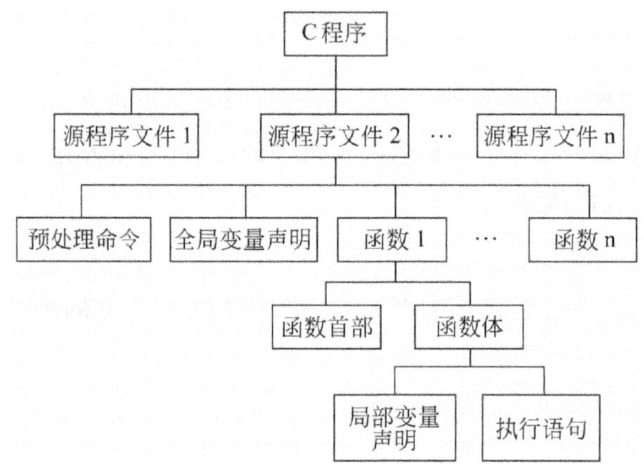

图3.1　C++程序结构图

程序应该包括数据描述(由声明语句来实现)和数据操作(由执行语句来实现)。数据描述主要包括数据类型的声明、函数和变量的定义、变量的初始化等。数据操作的任务是对已提供的数据进行加工。

C++程序中最小的独立单位是语句(statement)。它相当于一篇文章中的一个句子。句子是用句号结束的。语句一般是用分号结束的(复合语句是以右花括号结束的)。

C++语句可以分为以下4种：

1. 声明语句

声明语句如int a,b;在C语言的学习中，只有产生实际操作的才称为语句，对变量的定义不作为语句，而且要求对变量的定义必须出现在本块中所有程序语句之前。但是，在今后C++的学习中，变量(以及其他对象)的定义被认为是一条语句，并且可以出现在函数中的任何行，这样更加灵活。

2. 执行语句

执行语句的作用是通知计算机完成一定的操作。执行语句包括：

(1) 控制语句，完成一定的控制功能。C++有以下9种控制语句：

① if-else(条件语句)；

② for(循环语句)；

③ while(循环语句)；

④ do-while(循环语句)；

⑤ continue(结束本次循环语句)；

⑥ break(中止执行 switch 或循环语句);

⑦ switch(多分支选择语句);

⑧ goto(转向语句);

⑨ return(从函数返回语句)。

(2) 函数和流对象调用语句。函数调用语句由一次函数调用加一个分号构成一个语句,例如:

```
sort(x,y,z);   //假设已定义了 sort 函数,它有 3 个参数
cout<<x<<endl;  //流对象调用语句
```

(3) 表达式语句:由一个表达式加一个分号构成一个语句。最典型的是由赋值表达式构成一个赋值语句。

```
i=i+1  //是一个赋值表达式
i=i+1;  //是一个赋值语句
```

任何一个表达式的最后加一个分号都可以成为一个语句。一个语句必须在最后出现分号。

表达式能构成语句是 C 和 C++语言的一个重要特色。C++程序中大多数语句是表达式语句(包括函数调用语句)。

3. 空语句

下面是一个空语句:

```
;
```

即只有一个分号的语句,它什么也不做。有时用来做被转向点,或循环语句中的循环体。

4. 复合语句

可以用{ }把一些语句括起来形成复合语句。下面是一个复合语句:

```
{ z=x+y;
if(z>100) z=z-100;
cout<<z;
}
```

注意:

复合语句中最后一个语句后的分号不能省略。

在本章中将介绍几种顺序执行的语句,在执行这些语句的过程中不会发生流程的控制转移。

5. 赋值语句

(1) C++的赋值语句具有其他高级语言的赋值语句的功能。但不同的是,C++中的赋值号"="是一个运算符,可以写成:

```
a=b=c=d;
```

而在其他大多数语言中赋值号不是运算符,上面的写法是不合法的。

(2) 关于赋值表达式与赋值语句的概念。在 C++中,赋值表达式可以包括在其他表达式之中,例如:

```
if((a=b)>0) cout<<"a>0"<<endl;
```

按语法规定 if 后面的()内是一个条件。现在在 x 的位置上换上一个赋值表达式“a=b”，其作用是：先进行赋值运算(将 b 的值赋给 a)，然后判断 a 是否大于 0，如大于 0，执行 cout＜＜“a＞0”＜＜endl;。if 语句中的“a=b”不是赋值语句，而是赋值表达式，这样写是合法的。不能写成：

```
if((a= b;)>0) cout<<"a>0"<<endl;
```

因为在 if 的条件中不能包含赋值语句。C++把赋值语句和赋值表达式区别开来，增加了表达式的种类，能实现其他语言中难以实现的功能。

3.3 C++的输入与输出

在 C 语言中，输入和输出的功能是通过调用 scanf 函数和 printf 函数来实现的。而 C++文件是一种流式文件，对文件的存取是以字节为单位进行的，输入数据时字节从输入设备流向内存，输出数据时字节从内存流向输出设备。程序在执行期间，接收外部信息的操作称为程序的输入；而把程序向外部发送信息的操作称为程序的输出。在 C++中没有专门的输入输出语句，所有输入输出是通过输入输出流来实现的。我们知道，键盘输入是标准输入，显示器输出是标准输出，C++对标准流可以直接操作，不需要打开文件和关闭文件。所以，C++的输入输出除了仍然保留用 scanf 函数和 printf 函数外，还增加了标准输入流对象 cin 和输出流对象 cout，输入时需要使用到流提取运算符“＞＞”，输出时需要用到流插入运算符“＜＜”。图 3.2 和图 3.3 表示 C++通过流进行输入输出的过程。

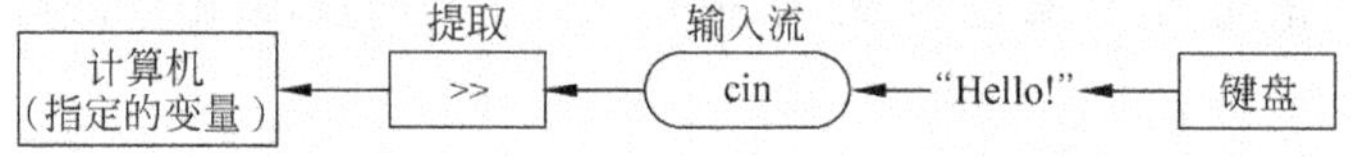

图 3.2 C++通过流进行输入的过程

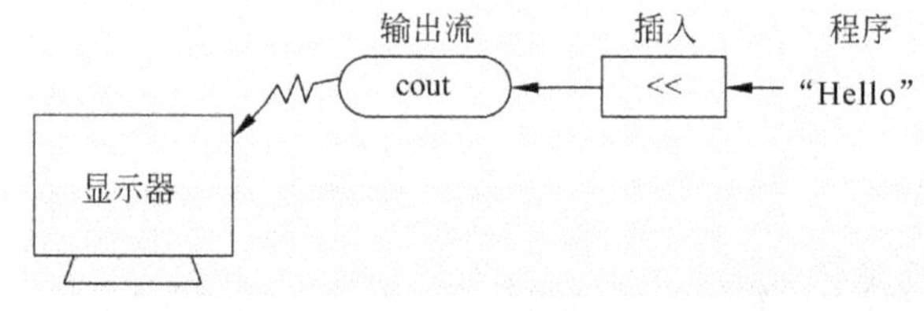

图 3.3 C++通过流进行输出的过程

由于 cin 和 cout 使用格式简单，使用时不像 scanf()和 printf()有多种格式要求，因此在 C++中这两个标准流使用十分广泛，而 scanf()和 printf()却用得较少。

此外，有关流对象 cin、cout 和流运算符的定义等信息是存放在 C++的输入输出流库中的，而这两个标准流在头文件“iostream.h”中有定义。因此，如果在程序中使用 cin、cout 和流运算符，就必须在程序的开头加上一行：

```
# include <iostream.h>
```

即包含输入输出流的头文件“iostream.h”。尽管 cin 和 cout 不是 C++本身提供的语句，但是在不致混淆的情况下，为了叙述方便，常常把由 cin 和流提取运算符“＞＞”实现输入的语句称为输入语句或 cin 语句，把由 cout 和流插入运算符“＜＜”实现输出的语句称为输出语句或 cout 语句。根据 C++的语法,凡是能实现某种操作而且最后以分号结束的都是语句。

3.3.1 输入流与输出流的基本操作

输入语句的作用是从默认的输入设备(键盘)的输入流中提取各种不同类型的数据,给相应的变量赋值。输入语句的一般格式为:

```
cin>>变量 1>>变量 2>>…>>变量 n;
```

输出语句的一般格式为:

```
cout<<表达式 1<<表达式 2<<…<<表达式 n;
```

在定义流对象时,系统会在内存中开辟一段缓冲区,用来暂存输入输出流的数据。在执行 cout 语句时,先把插入的数据顺序存放在输出缓冲区中,直到输出缓冲区满或遇到 cout 语句中的 endl(或'\n',ends,flush)为止,此时将缓冲区中已有的数据一起输出,并清空缓冲区。输出流中的数据在系统默认的设备(一般为显示器)输出。

一个 cout 语句可以分写成若干行。如:

```
cout<<"This is a C++ program."<<endl;
```

可以写成

```
cout<<"This is"  //注意行末尾无分号
<<"a C++"
<<"program."
<<endl;          //语句最后有分号
```

也可写成多个 cout 语句,即

```
cout<<"This is";     //语句末尾有分号
cout<<"a C++";
cout<<"program.";
cout<<endl;
```

以上 3 种情况的输出均为

```
This is a C++ program.
```

注意:

不能用一个插入运算符"<<"插入多个输出项:

```
cout<<a,b,c;    //错误,不能一次插入多项
cout<<a+b+c;    //正确,这是一个表达式,作为一项
```

在用 cout 输出时,用户不必通知计算机按何种类型输出,系统会自动判别输出数据的类型,使输出的数据按相应的类型输出。如已定义 a 为 int 型,b 为 float 型,c 为 char 型,则

```
cout<<a<<"<<b<<"<<c<<endl;
```

会以下面的形式输出:

```
4 345.789 a
```

与 cout 类似,一个 cin 语句可以分写成若干行。如

```
cin>>a>>b>>c>>d;
```

可以写成:

```
cin>>a   //注意行末尾无分号
```

```
    >>b     //这样写可能看起来清晰些
    >>c
    >>d;
```

也可以写成

```
cin>>a;
cin>>b;
cin>>c;
cin>>d;
```

以上 3 种情况均可以从键盘输入：

```
1  2  3  4↙
```

也可以分多行输入数据：

```
1↙
2  3↙
4↙
```

在用 cin 输入时，系统也会根据变量的类型从输入流中提取相应长度的字节。如有

```
char c1,c2;
int a;
float b;
cin>>c1>>c2>>a>>b;
```

如果输入：

```
1234 56.78↙
```

注意：

34 后面应该有空格以便和 56.78 分隔开。

也可以按下面格式输入：

```
1 2 34 56.78↙ (在 1 和 2 之间有空格)
```

不能用 cin 语句把空格字符和回车换行符作为字符输入给字符变量，它们将被跳过。如果想将空格字符或回车换行符(或任何其他键盘上的字符)输入给字符变量，可以用 3.3.3 节介绍的 getchar 函数。

在组织输入流数据时，要仔细分析 cin 语句中变量的类型，按照相应的格式输入，否则容易出错。

3.3.2 在输入流与输出流中使用控制符

上面介绍的是使用 cout 和 cin 时的默认格式。但有时人们在输入输出时有一些特殊的要求，如在输出实数时规定字段宽度，只保留两位小数，数据向左或向右对齐等。C++提供了在输入输出流中使用的控制符(有的书中称为操纵符)，如表 3.1 所示。

表 3.1 标准输入输出流的控制符

控制符	作用
dec	设置数值的基数为 10
hex	设置数值的基数为 16

续表

控制符	作用
oct	设置数值的基数为 8
setfill(c)	设置填充字符 c,c 可以是字符常量或字符变量
setprecision(n)	设置浮点数的精度为 n 位。在以十进制小数形式输出时,n 代表有效数字。在以 fixed(固定小数位数)形式和 scientific(指数)形式输出时,n 为小数位数
setw(n)	设置字段宽度为 n 位
setiosflags(ios::fixed)	设置浮点数以固定的小数位数显示
setiosflags(ios::scientific)	设置浮点数以科学记数法(即指数形式)显示
setiosflags(ios::left)	输出数据左对齐
setiosflags(ios::right)	输出数据右对齐
setiosflags(ios::skipws)	忽略前导的空格
setiosflags(ios::uppercase)	数据以十六进制形式输出时字母以大写表示
setiosflags(ios::lowercase)	数据以十六进制形式输出时字母以小写表示
setiosflags(ios::showpos)	输出正数时给出"+"号

需要注意的是:如果使用了控制符,在程序单位的开头除了要加 iostream 头文件外,还要加 iomanip 头文件。

读者可能对表 3.1 中的控制符表示方式不习惯,不容易记住。其实,可以从英文字面上记忆。例如 setfill,其中,set 是"设置",fill 是"填充",setprecision 中的 precision 是"精度",而 setw 中的 w 是"宽度"(width 的缩写),setiosflags 中的 ios 是 iostream(输入输出流)的缩写,flags 的含义是"标志",此外,fixed 是"固定的"。scientific 是"科学的(记数法)",showpos 是 show positive(显示正号)等。

举例：输出双精度数。

```
double a=123.456789012345;  //对 a 赋初值
cout<<a;  //输出：123.456
cout<<setprecision(9)<<a;  //输出：123.456789
cout<<setprecision(6);  //恢复默认格式(精度为 6)
cout<<setiosflags(ios::fixed);  //输出：123.456789
cout<<setiosflags(ios::fixed)<<setprecision(8)<<a;  //输出：123.45678901
cout<<setiosflags(ios::scientific)<<a;  //输出：1.234568e+02
cout<<setiosflags(ios::scientific)<<setprecision(4)<<a;  //输出：1.2346e02
```

下面是整数输出的例子：

```
int b=123456;  //对 b 赋初值
cout<<b;  //输出：123456
cout<<hex<<b;  //输出：1e240
cout<<setiosflags(ios::uppercase)<<b;  //输出：1E240
cout<<setw(10)<<b<<','<<b;  //输出：    123456,123456
cout<<setfill('*')<<setw(10)<<b;  //输出：****123456
```

```
cout<<setiosflags(ios::showpos)<<b;  //输出：+123456
```

其中，使用 setw()应注意以下三点：

(1) 在程序的开始位置必须包含头文件 iomanip.h，即在程序的开头增加：

```
# include <iomanip.h>
```

(2) 括号中必须给出一个表达式(值为正整数)，它指明紧跟其后输出项的宽度。

(3) 该设置仅对其后的一个输出项有效。按指定的宽度输出其后的输出项后，又回到原来的缺省输出方式。

如果在多个 cout 语句中使用相同的 setw(n)，并使用 setiosflags(ios::right)，可以实现各行数据右对齐，如果指定相同的精度，可以实现上下小数点对齐。

例 3.1 各行小数点对齐。

```
# include <iostream>
# include <iomanip>
using namespace std;
int main()
{
double a=123.456,b=3.14159,c=-3214.67;
cout<<setiosflags(ios::fixed)<<setiosflags(ios::right)<<setprecision(2);
cout<<setw(10)<<a<<endl;
cout<<setw(10)<<b<<endl;
cout<<setw(10)<<c<<endl;
return 0;
}
```

输出如下：

```
    123.46 (字段宽度为 10,右对齐,取两位小数)
      3.14
  -3214.67
```

先统一设置定点形式输出、取两位小数、右对齐。这些设置对其后的输出均有效(除非重新设置)，而 setw 只对其后一个输出项有效，因此必须在输出 a,b,c 之前写 setw(10)。

3.3.3 用 getchar 和 putchar 函数进行字符的输入和输出

C++还保留了 C 语言中用于输入和输出单个字符的函数，使用很方便。其中最常用的有 getchar 函数和 putchar 函数。

1. putchar 函数(字符输出函数)

putchar 函数的作用是在系统约定的输出设备上输出一个字符。

函数调用格式为：

```
putchar(参数);
```

参数可以是一个字符变量或者一个整型变量，也可以是一个字符型常量。例如：

```
putchar(c);
```

它输出字符变量 c 的值。

◀例 3.1

例 3.2 输出单个字符。

例 3.2▶

```
# include <iostream>   //或者包含头文件 stdio.h:# include <stdio.h>
using namespace std;
int main()
{char a,b,c;
a='B';b='O';c='Y';
putchar(a);putchar(b);putchar(c);putchar('\n');
putchar(66);putchar(79);putchar(89);putchar(10);
return 0;
}
```

运行结果为：

```
BOY
BOY
```

可以看到：用 putchar 可以输出转义字符，putchar('\n')的作用是输出一个换行符，使输出的当前位置移到下一行的开头。putchar(66)的作用是将 66 作为 ASCII 码转换为字符输出，66 是字母'B'的 ASCII 码，因此 putchar(66)输出字母'B'。其余类似。putchar(10)中的 10 是换行符的 ASCII 码，putchar(10)输出一个换行符，作用与 putchar('\n') 相同。

也可以输出其他转义字符，如：

```
putchar('\101')//输出字符'A',八进制的 101 是'A'的 ASCII 码
putchar('\'')//输出单引号字符'
putchar('\015')//输出回车,不换行,使输出的当前位置移到本行开头
```

2. getchar 函数

getchar 函数(字符输入函数)的作用是从终端(或系统隐含指定的输入设备)输入一个字符。

函数的调用形式为：

```
getchar();
```

本函数没有任何参数，函数返回值是输入的 ASCII 码。

例 3.3 输入单个字符。

```
# include <iostream>
using namespace std;
int main()
{char c;
c=getchar(); putchar(c+32); putchar('\n');
return 0;
}
```

在运行时，如果从键盘输入大写字母'A'并按回车键，就会在屏幕上输出小写字母'a'。

> **注意：**
> getchar()只能接收一个字符。getchar 函数得到的字符可以赋给一个字符变量或整型变量，也可以不赋给任何变量，作为表达式的一部分。

例如，例 3.3 第 5 行可以用下面一行代替：

```
putchar(getchar()+32);putchar('\n');
```

例 3.3▶

因为 getchar()读入的值为'A','A'+32 是小写字母'a'的 ASCII 码,因此 putchar 函数输出'a'。此时不必定义变量 c。

也可用 cout 输出 getchar 函数得到字符的 ASCII 码值:

```
cout<<getchar();
```

这时输出的是整数 97,因为用 getchar()读入的实际上是字符的 ASCII 码,现在并未把它赋给一个字符变量,cout 就按整数形式输出。如果改成:

```
cout<<(c=getchar());  //设 c 已定义为字符变量
```

则输出为字母'a',因为要求输出字符变量 c 的值。

可以看到,用 putchar 和 getchar 函数输出和输入字符十分灵活方便,由于它们是函数,所以可以出现在表达式中,例如:

```
cout<<(c=getchar()+32);
```

3.3.4 用 scanf 和 printf 函数进行输入和输出

在 C 语言中是用 printf 函数进行输出,用 scanf 函数进行输入的。C++保留了 C 语言的这一用法。在此只作很简单的介绍。

scanf 函数的一般格式是:

```
scanf(格式控制,输入表列)
```

printf 函数的一般格式是:

```
printf(格式控制,输出表列)
```

例 3.4 用 scanf 和 printf 函数进行输入和输出。

```
#include <iostream>
using namespace std;
int main()
{int a; float b; char c;
scanf("%d %c %f",&a,&c,&b);  //注意在变量名前要加地址运算符 &
printf("a=%d,b=%f,c=%c\n",a,b,c);
return 0;
}
```

运行情况如下:

```
12 A 67.98↙(本行为输入,输入的 3 个数据间以空格相间)
a=12,b=67.980003,c=A(本行为输出)
```

输入的整数 12 送给整型变量 a,字符'A'送给字符变量 c,67.98 送给单精度变量 b。

3.4 顺序结构程序设计

结构化程序由 3 种基本结构组成:顺序结构、选择结构和循环结构。

顺序结构是程序设计中最基本的结构,也是最简单常用的程序结构,其设计很简单。在顺序结构程序中,程序的执行是按照语句出现的先后次序顺序执行的,并且每个语句都会被执行到。只有在碰到某些控制语句和函数时,才会偏离原来的顺序,整个程序的执行呈流线形,如图 3.4 所示。

各执行语句之间的关系就是从上到下按顺序执行各语句,即先执行语句 1,再执行语句

◀例 3.4

2，然后执行语句 3……直到最后一个语句，这就是顺序结构的程序。

图 3.4　顺序结构

例 3.5　求一元二次方程式 $ax^2+bx+c=0$ 的根。a，b，c 的值在运行时由键盘输入，它们的值满足 $b^2-4ac\geqslant 0$。

根据求 x1，x2 的算法，可以编写出以下 C++程序：

```
# include <iostream>
# include <cmath>   //由于程序要用到数学函数 sqrt，故应包含头文件 cmath
using namespace std;
int main()
{float  a,b,c,x1,x2;
cin>>a>>b>>c;
x1=(-b+sqrt(b*b-4*a*c))/(2*a);
x2=(-b-sqrt(b*b-4*a*c))/(2*a);
cout<<"x1="<<x1<<endl;
cout<<"x2="<<x2<<endl;
return 0;
}
```

运行情况如下：

```
4.5  8.8  2.4↙
x1=-0.327612
x2=-1.17794
```

如果程序中要用到数学函数，都要包含头文件 cmath（也可以用老形式的头文件 math.h，但提倡使用 C++新形式的头文件，请参阅后面的章节）。在写程序时，一定要注意将数学表达式正确地转换成合法的 C++表达式。

可以看到：顺序结构的程序中的各执行语句是顺序执行的。这种程序最简单，最容易理解。

3.5　选择结构程序设计

生活中，常常面临各种选择。比如：早上起来去上学是踩单车还是坐公交车需要选择，那如何选择，由于时间有限那就要按照路程长短来选择，住宿的地方距离上课地方在三公里以内踩单车，再远些就必须坐公交车才不会迟到。从上述例子可以看出，我们“选择”的前提是要有分支（如上述例子的两种交通工具），如果没有分支就谈不上选择。其次，有了分支还要有选择的依据（例子中的距离）。

当然，程序设计中也存在各种选择，“选择”有两大要素：选择的分支结构和选择不同分支的依据（也就是条件）。

3.5.1　if 语句的形式

if 语句是用来判定所给定的条件是否满足，根据判定的结果（真或假）决定执行给出的两种操作之一。选择结构 if 语句有 3 种形式：单分支结构、双分支结构和多分支结构。

例 3.5▶

1. if(表达式) 语句——单分支结构

单分支结构没有 else 部分,例如:

```
if(x>y)
cout<<x<<endl;
```

这种 if 语句的执行过程为:先计算表达式的值,判断表达式的条件是否成立;若成立,则执行语句,否则跳过 if 语句,直接执行 if 语句的后续语句。具体流程如图 3.5(a)所示。

2. if(表达式)语句 1 else 语句 2——双分支结构

例如:

```
if (x>y) cout<<x;
else  cout<<y;
```

if-else 语句称为双分支结构选择语句,其执行过程如图 3.5(b)所示。

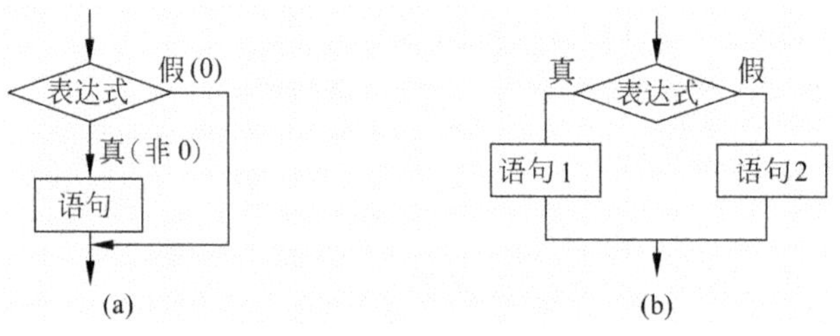

图 3.5 if 语句执行过程

3. 多分支结构

```
if(表达式 1) 语句 1
else if(表达式 2) 语句 2
else if(表达式 3) 语句 3
…
else if(表达式 m) 语句 m
else 语句 n
```

具体流程图如图 3.6 所示。

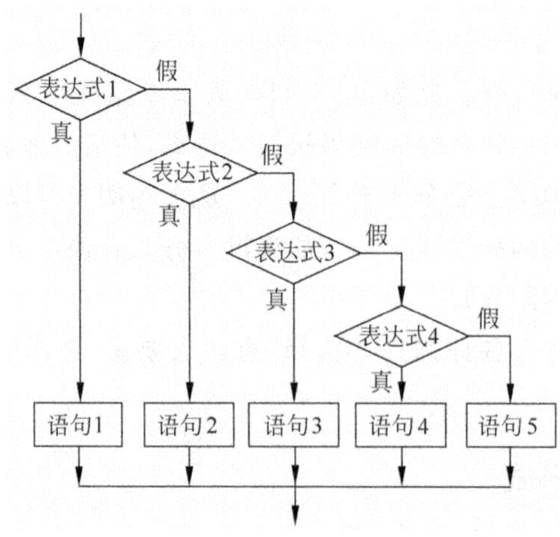

图 3.6 if 语句执行过程

例如：

```
if(number>500) cost=0.15;
else if(number>300) cost=0.10;
else if(number>100) cost=0.075;
else if(number>50) cost=0.05;
else cost=0;
```

说明：

(1) 从图 3.5 和图 3.6 可以看到，3 种形式的 if 语句都是由一个入口进来，经过对表达式的判断，分别执行相应的语句，最后归到一个共同的出口。这种形式的程序结构称为选择结构。在 C++ 中 if 语句是实现选择结构的主要语句。

(2) 3 种形式的 if 语句中在 if 后面都有一个用括号括起来的表达式，它是程序编写者要求程序判断的“条件”，一般是逻辑表达式或关系表达式。

(3) 第 2、3 种形式的 if 语句中，在每个 else 前面有一分号，整个语句结束处有一分号。

(4) 在 if 和 else 后面可以只含一个内嵌的操作语句（如上例），也可以有多个操作语句，此时用花括号“{}”将几个语句括起来成为一个复合语句。

例 3.6 求三角形的面积。

```
# include <iostream>
# include <cmath>//使用数学函数时要包含头文件 cmath
# include <iomanip>   //使用 I/O 流控制符要包含头文件 iomanip
using namespace std;
int main()
{
double a,b,c;
cout<<"please enter a,b,c:";
cin>>a>>b>>c;
if (a+b>c && b+c>a && c+a>b)
  {  //复合语句开始
double s,area;//在复合语句内定义变量
s=(a+b+c)/2;
area=sqrt(s*(s-a)*(s-b)*(s-c));
cout<<setiosflags(ios::fixed)<<setprecision(4); //指定输出的数包含 4 位小数
cout<<"area="<<area<<endl;  //在复合语句内输出局部变量的值
  } //复合语句结束
else cout<<"it is not a trilateral!"<<endl;
return 0;
}
```

运行情况如下：

```
please enter a,b,c:2.45 3.67 4.89↙
area= 4.3565
```

变量 s 和 area 只在复合语句内用得到，因此在复合语句内定义，它的作用范围为从定义变量开始到复合语句结束。如果在复合语句外使用 s 和 area，则会在编译时出错，系统认为

例 3.6▶

这两个变量未经定义。将某些变量局限在某一范围内，与外界隔离，可以避免在其他地方被误调用。

3.5.2 if 语句的嵌套

在 if 语句中又包含一个或多个 if 语句称为 if 语句的嵌套。一般形式如下：

```
if()
    if() 语句 1 }
    else 语句 2 }
else
    if() 语句 3 }
    else 语句 4 }
```

应当注意 if 与 else 的配对关系。else 总是与它上面最近的且未配对的 if 配对。假如写成

```
if()
    if() 语句 1
else
    if() 语句 2 }
    else 语句 3 } 内嵌 if
```

编程者把第一个 else 写在与第一个 if(外层 if)同一列上，希望 else 与第一个 if 对应，但实际上 else 是与第二个 if 配对的，因为它们相距最近，而且第二个 if 并未与任何 else 配对。为了避免误用，最好使每一层内嵌的 if 语句都包含 else 子句(如本节开头列出的形式)，这样 if 的数目和 else 的数目相同，从内层到外层一一对应，不致出错。

此外，如果 if 与 else 的数目不一样，为实现程序设计者的意图，可以加花括号来确定配对关系。例如：

```
if()
  { if () 语句 1} //这个语句是上一行 if 语句的内嵌 if
else 语句 2   //本行与第一个 if 配对
```

这时{ }限定了内嵌 if 语句的范围，{ }外的 else 不会与{ }内的 if 配对，关系清楚，不易出错。

3.5.3 条件运算符和条件表达式

条件运算符(?:)是一个三目运算符，由条件运算符组成的条件表达式的一般结构为：

表达式 1 ? 表达式 2 ：表达式 3

其求值规则为：若表达式 1 的值为真，则以表达式 2 的值作为条件表达式的值，否则以表达式 3 的值作为整个条件表达式的值。

条件表达式通常用于赋值语句之中，比如：

```
if (a>b) max=a;
else max=b;
```

可以用条件运算符(? :)来处理：

```
max=(a>b)?a:b;
```

其中“(a>b)? a:b”是一个条件表达式。它是这样执行的：如果(a>b)条件为真，则条

件表达式的值就取“?”后面的值，即条件表达式的值为 a，否则条件表达式的值为“:”后面的值，即 b。

注意：

(1) 条件运算符的运算优先级低于关系运算符和算术运算符，但高于赋值运算符。因此 max=(a>b)? a:b;可改为 max=a>b? a:b;

(2) 条件运算符? 和:是一对运算符，不能分开单独使用；

(3) 条件运算符的结合方向是自右向左。如:a>b? a:c>d? c:d 应理解为 a>b? a:(c>d? c:d)。

例 3.7 输入一个字符，判别它是否为大写字母，如果是，将它转换成小写字母；如果不是，不转换。然后输出最后得到的字符。

编写程序：

```
# include <iostream>
using namespace std;
int main()
{
char ch;
cin>>ch;
ch=(ch>='A'&&ch<='Z')?(ch+32):ch; //判别 ch 是否为大写字母，是则转换
cout<<ch<<endl;
return 0;
}
```

运行情况如下：

```
A↙
a
```

3.5.4 switch 语句

if 语句只有两个分支可供选择，而实际问题中常常需要用到多分支的选择。switch 语句常用于多分支选择语句，也称开关语句，可以实现多分支选择结构。

它的一般形式如下：

```
switch(表达式)
{  case 常量表达式 1:语句 1
   case 常量表达式 2:语句 2
   ...
   case 常量表达式 n:语句 n
   default: 语句 n+1
}
```

switch 语句的使用说明：

① 表达式可以是整型、字符型或枚举型。

② 各常量表达式的类型要与表达式的类型一致，且各常量表达式的值要互不相同。

③ 每个 case 分支可以有多条语句，但不必写成复合语句形式。

④ 每个 case 分支需要以 break 语句结束，否则会执行下面 case 分支中的语句。

例 3.7▶

⑤ 当几个分支需要相同操作时，可以使多个 case 分支共用一组语句。

例如，要求按照考试成绩的等级打印出百分制分数段，可以用 switch 语句实现：

```
switch(grade)
{  case'A':cout<<"85~100\n";
   case'B':cout<<"70~84\n";
   case'C':cout<<"60~69\n";
   case'D':cout<<"<60\n";
   default:cout<<"error\n";
}
```

此外，需要注意的是：

(1) 当 switch 表达式的值与某一个 case 子句中的常量表达式的值相匹配时，就执行此 case 子句中的内嵌语句，若所有的 case 子句中的常量表达式的值都不能与 switch 表达式的值匹配，就执行 default 子句的内嵌语句。

(2) 每一个 case 表达式的值必须互不相同，否则就会出现互相矛盾的现象(对表达式的同一个值，有两种或多种执行方案)。

(3) 各个 case 和 default 的出现次序不影响执行结果。例如，可以先出现“default：…”，再出现“case′D′：…”，然后是“case′A′：…”。

(4) 执行完一个 case 子句后，流程控制转移到下一个 case 子句继续执行。“case 常量表达式”只是起语句标号作用，并不是在该处进行条件判断。在执行 switch 语句时，根据 switch 表达式的值找到与之匹配的 case 子句，就从此 case 子句开始执行下去，不再进行判断。例如，上面的例子中，若 grade 的值等于′A′，则将连续输出：

```
85~100
70~84
60~69
<60
error
```

因此，应该在执行一个 case 子句后，就让流程跳出 switch 结构，即终止 switch 语句的执行。可以用一个 break 语句来达到此目的。将上面的 switch 结构改写如下：

```
switch(grade)
{  case'A':cout<<"85~100\n";break;
   case'B':cout<<"70~84\n";break;
   case'C':cout<<"60~69\n";break;
   case'D':cout<<"<60\n";break;
   default:cout<<"error\n";break;
}
```

最后一个子句(default)可以不加 break 语句。如果 grade 的值为′B′，则只输出“70～84”。流程图如图 3.7 所示。

在 case 子句中虽然包含一个以上执行语句，但可以不必用花括号括起来，会自动顺序执行本 case 子句中所有的执行语句。

(5) 多个 case 可以共用一组执行语句，如：

…

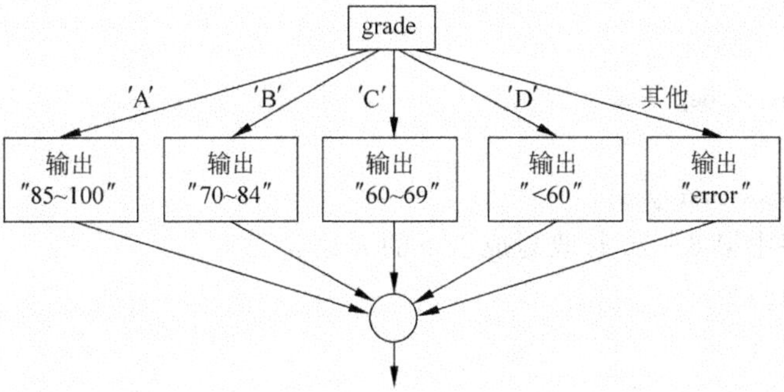

图 3.7　switch 流程图

```
  case'A':
  case'B':
  case'C':cout<<">60\n";break;
...
```

当 grade 的值为'A'、'B'或'C'时都执行同一组语句。

3.5.5　编写选择结构的程序

例 3.8　编写程序，判断某一年是否为闰年。

```
# include <iostream>
using namespace std;
int main()
{ int year;
  bool leap;
  cout<<"please enter year:";    //输出提示
  cin>>year;   //输入年份
  if (year% 4==0)   //年份能被 4 整除
{if(year% 100==0)    //年份能被 4 整除又能被 100 整除
{if (year% 400==0)    //年份能被 4 整除又能被 400 整除
leap=true;              //闰年，令 leap=true(真)
else leap=false;}  //非闰年，令 leap=false(假)
  else            //年份能被 4 整除但不能被 100 整除肯定是闰年
leap=true;}   //是闰年，令 leap=true
  else      //年份不能被 4 整除肯定不是闰年
leap=false;  //若为非闰年，令 leap=false
  if (leap)
  cout<<year<<"is";  //若 leap 为真，就输出年份和"是"
  else
  cout<<year<<"is not";    //若 leap 为假，就输出年份和"不是"
  cout<<"a leap year."<<endl;  //输出"闰年"
  return 0;
}
```

例 3.8▶

运行情况如下：

```
① 2005↙
2005 is not a leap year.
② 1900↙
1900 is not a leap year.
```

也可以将程序中第 8～16 行改写成以下的 if 语句：

```
if(year%4!=0)
leap=false;
else if(year%100!=0)
leap=true;
else if(year%400!=0)
leap=false;
else
leap=true;
```

也可以用一个逻辑表达式包含所有的闰年条件，将上述 if 语句用下面的 if 语句代替：

```
if((year%4==0 && year%100 !=0) || (year%400==0)) leap=true;
else leap=false;
```

例 3.9 运输公司对用户计算运费。路程(s)越远，每公里运费越低。标准如下：

s<250 km 没有折扣

250 km≤s<500 km 2%折扣

500 km≤s<1000 km 5%折扣

1000 km≤s<2000 km 8%折扣

2000 km≤s<3000 km 10%折扣

3000 km≤s 15%折扣

设每公里每吨货物的基本运费为 p(price 的缩写)，货物重为 w(weight 的缩写)，距离为 s，折扣为 d(discount 的缩写)，则总运费 f(freight 的缩写)的计算公式为：

$$f=p*w*s*(1-d)$$

运费曲线图如图 3.8 所示。

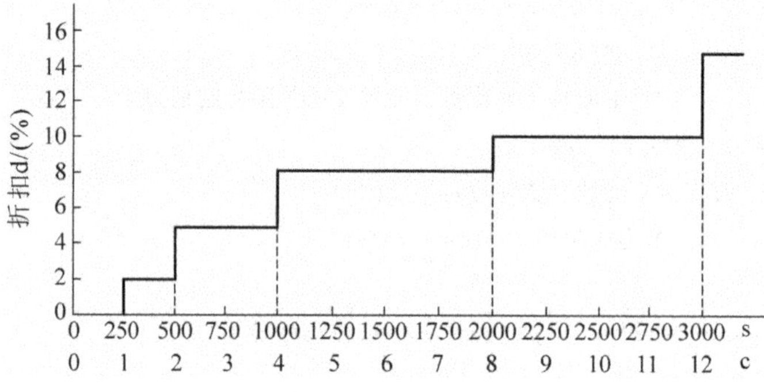

图 3.8 运费曲线图

据此编写程序如下：

```
# include <iostream>
```

◀例 3.9

```
using namespace std;
int main()
{int c,s;
float p,w,d,f;
cout<<"please enter p,w,s:";
cin>>p>>w>>s;
if(s>=3000) c=12;
else c=s/250;
switch (c)
{ case 0:d=0;break;
case 1:d=2;break;
case 2:
case 3:d=5;break;
case 4:
case 5:
case 6:
case 7:d=8;break;
case 8:
case 9:
case 10:
case 11:d=10;break;
case 12:d=15;break;
}
  f= p*w*s*(1-d/100.0);
  cout<<"freight="<<f<<endl;
  return 0;
}
```

运行情况如下：

```
please enter p,w,s:100 20 300↙
freight=588000
```

3.6 循环结构程序设计

在用程序处理问题时，仅使用前面介绍的顺序结构和选择结构往往不能满足我们的需求，还必须引入新的结构——循环结构。在现实生活中，常常遇到需要重复处理的问题，如教师要向计算机输入全班 40 个学生的成绩，检查学生的成绩是否及格，求 30 个整数之和，统计全班 40 个学生、各学生 3 门课的成绩等，都需要用到循环控制，尤其是应用程序。

循环过程有两种：一种是无止境的循环，称为死循环；一种是有条件的循环，循环执行到符合某个条件时为止。结构化的程序设计不使用死循环，这里只讨论有条件的循环。常用的可实现循环的语句有 4 种：while 语句、do-while 语句、for 语句，以及转移语句 break、continue 和 goto 语句。

3.6.1 用 while 语句构成循环

while 语句的一般形式如下：

```
while（表达式）语句
```

其作用是：当指定的条件为真(表达式为非 0)时，执行 while 语句中的内嵌语句。其流程图如图 3.9 所示。其特点是：先判断表达式，后执行语句。如果条件一开始就不成立(表达式的值为假)，则后面的语句一次都不执行。while 循环又称为当型循环。

例 3.10 求 1＋2＋3＋…＋100。

用流程图表示算法如图 3.10 所示。

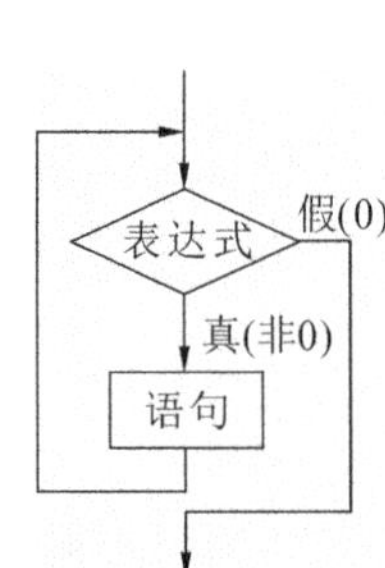

图 3.9 while 语句流程图

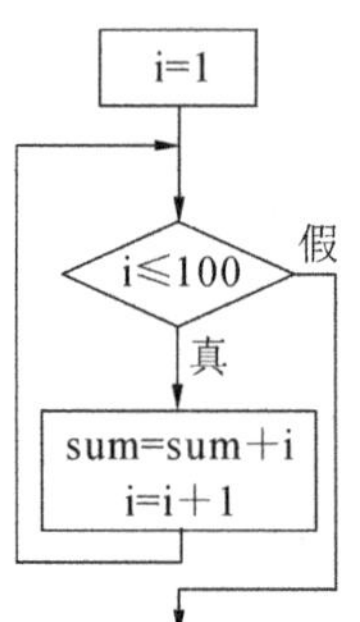

图 3.10 例 3.10 算法流程图

根据流程图写出程序：

```
# include <iostream>
using namespace std;
int main()
{int i=1,sum=0;
while (i<=100)
{ sum=sum+i;
  i++;
}
cout<<"sum="<<sum<<endl;
}
```

运行结果为

```
sum=5050
```

注意：

(1) 循环体如果包含一个以上的语句，应该用花括号括起来，以复合语句形式出现。如果不加花括号，则 while 语句的范围只到 while 后面第一个分号处。

(2) 在循环体中应有使循环趋向于结束的语句。

3.6.2 用 do-while 语句构成循环

do-while 语句的特点是先执行循环体，然后判断循环条件是否成立。其一般形式为：

```
do
```

◀例 3.10

```
语句
while(表达式);
```

它是这样执行的：先执行一次指定的语句(即循环体)，然后判别表达式，当表达式的值为非零("真")时，返回重新执行循环体语句，如此反复，直到表达式的值等于 0 为止，此时循环结束。可以用图 3.11 表示其流程。

例 3.11 用 do-while 语句求 1＋2＋3＋…＋100。

先画出流程图，如图 3.12 所示。

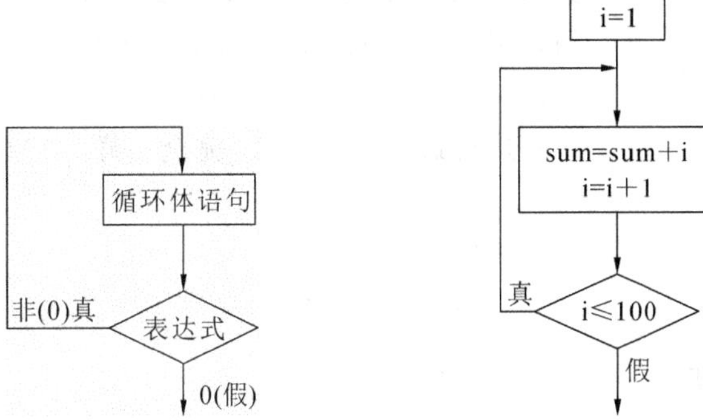

图 3.11 do-while 语句流程图 **图 3.12 例 3.11 算法流程图**

可编写出下面的程序：

```
#include <iostream>
using namespace std;
int main()
{int i=1,sum=0;
  do
  { sum=sum+i;
    i++;
  }while (i<=100);
cout<<"sum="<<sum<<endl;
return 0;
}
```

运行结果与例 3.10 相同。

可以看到：对同一个问题可以用 while 语句处理，也可以用 do-while 语句处理。do-while 语句结构可以转换成 while 结构。

3.6.3 用 for 语句构成循环

C++中的 for 语句使用最为广泛和灵活，不仅可以用于循环次数已经确定的情况，而且可以用于循环次数不确定而只给出循环结束条件的情况，它完全可以代替 while 语句。

for 语句的一般格式为：

```
for(表达式 1;表达式 2;表达式 3) 语句
```

它的执行过程如下：

(1) 求解表达式 1。

例 3.11▶

(2) 求解表达式 2,若其值为真(值为非 0),则执行 for 语句中指定的内嵌语句,然后执行下面第(3)步。若为假(值为 0),则结束循环,转到第(5)步。

(3) 求解表达式 3。

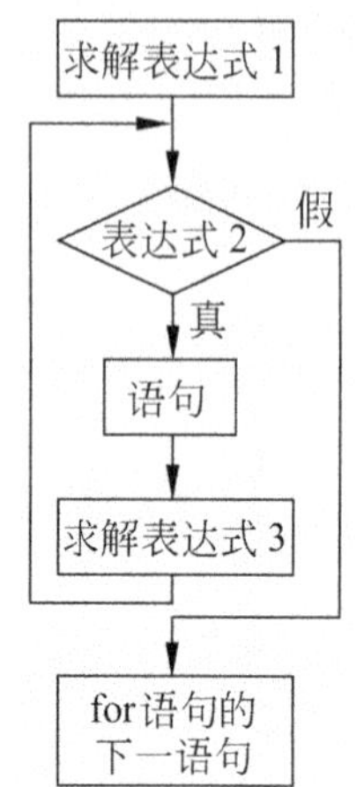

图 3.13 for 语句流程图

(4) 转回上面第(2)步继续执行。

(5) 循环结束,执行 for 语句下面的一个语句。

可以用图 3.13 来表示 for 语句的执行过程。

for 语句最简单的形式也是最容易理解的格式如下:

for(循环变量赋初值;循环条件;循环变量增值) 语句

例如求 100 个成绩的累加和并输出:

```
for(i=1;i<=100;i++) sum=sum+i;
```

它的执行过程与图 3.10 完全一样。它相当于以下语句:

```
i=1;
while (i<=100)
    {sum=sum+i;
    i++;
    }
```

显然,用 for 语句简单、方便。完整代码如下:

```
int main(){
    int i,num,sum;
    sum=0;
    for (i=1;i<=100; ++i){
      cout<<"请输入一个成绩值:"<<endl;
      cin>>num;
      sum=sum+num;
    }
    cout<<"总成绩="<<sum<<endl;
    return 0;
  }
```

for 语句的使用有许多技巧,如果熟练地掌握和运用 for 语句,可以使程序精炼简洁。

说明:

(1) for 语句的一般格式中的"表达式 1"可以省略,此时应在 for 语句之前给循环变量赋初值。例如:

```
for(; i<=100; i++) sum=sum+i;
```

(2) 如果表达式 2 省略,即不判断循环条件循环无终止地进行下去,也就是认为表达式 2 始终为真。例如:

```
for(i=1;  ; i++)   sum=sum+i;
```

(3) 表达式 3 也可以省略,但此时程序设计者应另外设法保证循环能正常结束。

(4) 可以省略表达式 1 和表达式 3,只有表达式 2,即只给循环条件。

(5) 3 个表达式都可省略,但分号不能省。例如 for(;;),表示陷入死循环。

(6) 表达式 1 可以是设置循环变量初值的赋值表达式,也可以是与循环变量无关的其他表达式。

(7) 表达式一般是关系表达式(如 i<=100)或逻辑表达式(如 a<b && x<y),但也可以是数值表达式或字符表达式,只要其值为非零,就执行循环体。

C++中的for语句比其他语言中的循环语句功能强得多。可以把循环体和一些与循环控制无关的操作作为表达式1或表达式3出现，这样程序可以短小简洁。但过分地利用这一特点会使for语句显得杂乱，可读性降低，建议不要把与循环控制无关的内容放到for语句中。

综上所述，比较上述三种循环可得：

(1) 3种循环都可以用来处理同一问题，一般情况下它们可以互相代替。

(2) while和do-while循环，是在while后面指定循环条件的，在循环体中应包含使循环趋于结束的语句(如i++，或i=i+1等)。

for循环可以在表达式3中包含使循环趋于结束的操作，甚至可以将循环体中的操作全部放到表达式3中。因此for语句的功能更强，凡用while循环能完成的，用for循环都能实现。

(3) 用while和do-while循环时，循环变量初始化的操作应在while和do-while语句之前完成。而for语句可以在表达式1中实现循环变量的初始化。

3.6.4 循环的嵌套

循环是可以嵌套的，即可以把一个循环语句嵌套在另一个循环语句内，形成二重循环。

三种循环(while循环、do-while循环和for循环)都可以相互嵌套，但要求一点：一个循环语句要完全嵌套在另一个循环语句之内。也可以进行多层的嵌套，形成多重循环。

例如，下面6种都是合法的形式：

(1)

```
while()
      {    ……
             while()
             {   ……
             }
           ……
      }
```

(2)

```
do
      {    ……
             do
             {   ……
             }while();
            ……
      }while();
```

(3)

```
while()
      {    ……
             do
             {   ……
             }while();
           ……
      }
```

(4)

```
for(;;)
        {      ……


for(;;)
                ……

}
```

(5)

```
for(;;)
  {      ……


        while ()
        {    ……
                }


  ……}
```

(6)

```
do
  {      ……
for(;;)
{    ……
        }
}while ();
```

3.6.5　转移语句

如果在某种条件下需要提前结束循环，这时可以用到转移语句：break、continue 和 goto 语句。

1. break 语句

break 语句的一般格式为：

```
break;
```

在 3.5 节中已经介绍过用 break 语句可以使流程跳出 switch 结构，继续执行 switch 语句下面的一个语句。实际上，break 语句还可以用于循环体内。其作用为使流程从循环体内跳出循环体，即提前结束循环，接着执行循环体下面的语句。break 语句只能用于循环语句和 switch 语句内，不能单独使用或用于其他语句中。

如用 break 语句实现上述统计 100 个人的成绩和并输出，同时要求输入无效成绩时退出程序，代码示例如下：

```
int num,sum=0;
    for (int i=1;i<=100; ++i)
{
    cout<<"请输入一个成绩值:"<<endl;
cin>>num;
```

```
        if (num<0 || num>100)
          break;
    sum=sum+num;
      }
    cout<<"总成绩="<<sum<<endl;
```

2. continue 语句

continue 语句的一般格式为：

```
continue;
```

其作用为结束本次循环，即跳过循环体中下面尚未执行的语句，接着进行下一次是否执行循环的判定。

continue 语句和 break 语句的区别是：continue 语句只结束本次循环，而不是终止整个循环的执行；而 break 语句则是结束整个循环过程，不再判断执行循环的条件是否成立。如果有以下两个循环结构：

(1)

```
while(表达式 1)
{ ⋮
if(表达式 2) break
 ⋮
}
```

(2)

```
while(表达式 1)
{ ⋮
if(表达式 2) continue;
 ⋮
}
```

程序(1)的流程图如图 3.14 所示，而程序(2)的流程图如图 3.15 所示。请注意图 3.14 和图 3.15 中当“表达式 2”为真时流程的转向。

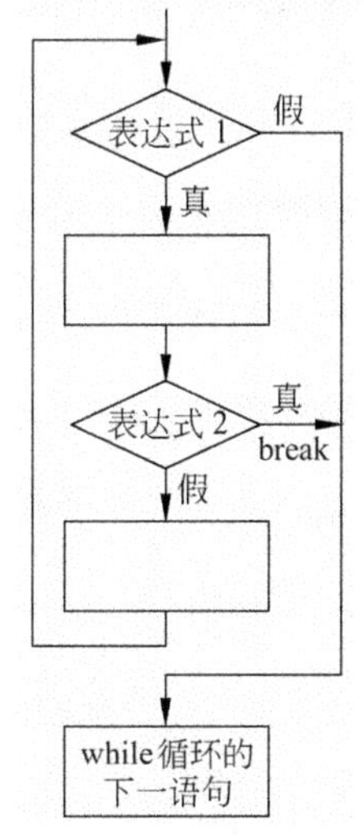

图 3.14　break 语句流程图

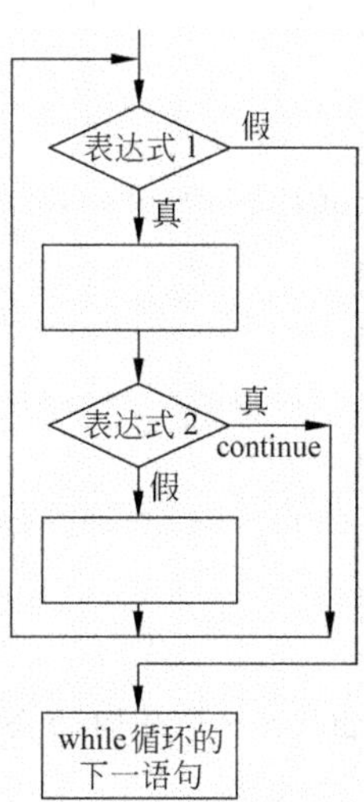

图 3.15　continue 语句流程图

3. goto 语句

goto 语句的语法格式为：

```
goto 语句标号;
```

功能：改变程序的现有执行顺序，转去执行语句标号代表的语句。

> 说明：
> 语句标号和 goto 必须在同一个函数内，语句标号的写法跟变量名一样，不能和关键字相同，后面必须带分号。当程序执行到 goto 这个语句时，程序就跳转到语句标号后面的语句。

此外，由于 goto 语句可以任意破坏程序的标准结构，所以不建议过多使用。

3.6.6 编写循环结构的程序

例3.12

例 3.12 从键盘输入 3 个数，按从大到小的顺序输出。

根据给定的算法很容易编写程序如下：

```
# include <iostream>
using namespace std;
int main()
{
int a,b,c;
    cin>>a>>b>>c;
    if (a>=b)
      if (b>=c)
        cout<<a<<"\t"<<b<<"\t"<<c;//a>=b 且 b>=c
      else
        if (a>=c)
          cout<<a<<"\t"<<c<<"\t"<<b;//a>=c 且 c>b
        else
          cout<<c<<"\t"<<a<<"\t"<<b;//c>a 且 a>=b
    else
      if (a>=c)
        cout<<b<<"\t"<<a<<"\t"<<c;//b>a 且 a>=c
      else
        if (b>=c)
          cout<<b<<"\t"<<c<<"\t"<<a;//b>=c 且 c>a
        else
          cout<<c<<"\t"<<b<<"\t"<<a;//c>b 且 b>a
    return 0;
}
```

例 3.13 找出 100～200 间的全部素数。

编写程序如下：

```
# include <iostream>
# include <cmath>
```

◀例 3.13

```
# include <iomanip>
using namespace std;
int main()
{int m,k,i,n=0;
bool prime;//定义布尔变量 prime
for(m=101;m<=200;m=m+2)  //判别 m 是否为素数,m 由 101 变化到 200,增量为 2
{prime=true;//循环开始时设 prime 为真,即先认为 m 为素数
k=int(sqrt(m)); //用 k 代表根号 m 的整数部分
for(i=2;i<=k;i++)
if(m%i==0) //如果能整除,表示 m 不是素数
{ prime=false; //使 prime 变为假
break; //终止执行本循环
}
if (prime)//如果 m 为素数
{cout<<setw(5)<<m;  //输出素数 m,字段宽度为 5
n=n+1; //n 用来累计输出素数的个数
}
if(n%10==0) cout<<endl;//输出 10 个数后换行
}
cout<<endl;//最后执行一次换行
return 0;
}
```

运行结果：

```
101  103  107  109  113  127  131  137  139  149
151  157  163  167  173  179  181  191  193  197
199
```

例 3.14 找出 100～999 之间的所有水仙花数。所谓水仙花数是指该数的各位数字的立方和等于该数本身，如 $153=1^3+5^3+3^3$。

程序如下：

```
# include <iostream>
using namespace std;
int main(){
      int m,n,p;
      for (int i=100;i<=999; ++i){
         m=i%10;//分解出个位数
         n=(i/10)%10;//分解出十位数
         p=i/100;//分解出百位数
         if (m*m*m+n*n*n+p*p*p==i)
             cout<<i<<"是一个水仙花数"<<endl;
      }
      return 0;
   }
```

例 3.14▶ 

运行结果：

```
153 是一个水仙花数
370 是一个水仙花数
371 是一个水仙花数
407 是一个水仙花数
```

本章总结

本章主要介绍了基础的程序设计结构，先对程序设计和算法进行简单介绍，然后阐述了 C++程序结构、语句和注释，以及 C++中的输入和输出；最后对 C++的三大结构化程序（顺序结构、选择结构和循环结构）分别进行了介绍。顺序结构中重点掌握输入输出流 cin 和 cout 的使用，以及字符输出函数 putchar 和输入函数 getchar 的使用形式和应用。选择结构中重点掌握 if 语句以及 switch 语句的应用，难点是 if 的嵌套使用。循环语句中主要介绍了 while、do-while、for、continue、break 以及 goto 语句的使用，重点是循环的嵌套使用以及 do-while 和 while 的区别。

习题3

1. 请使用 while 语句求 50～100 的和。试输入以下程序进行编译，并观察编译情况，如有错误请修改程序，再进行编译，直到没有错误，然后进行连接和运行，并分析运行结果。

```
# include <iostream>
using namespace std;
int main()
{
    int sum,v;
    while (v<=100){
        sum+=v;
        ++v;
    }
    cout <<"sum of 50 to 100 is"
        <<sum <<endl;
    return 0;
```

2. 设计一个控制台应用程序：实现计算和输出 3 到 100 之间的所有素数，以及素数的个数。

注：试输入以下程序进行编译，并观察编译情况，如有错误请修改程序，再进行编译，直到没有错误，然后进行连接和运行，并分析运行结果。

程序代码：

```
# include <iostream.h>
void main()
{
int n,j,s;
s=0;          // 素数个数初始为 0
```

```
    for (n=3; n<=100; n++)
      {
        for (j=2; j<n; j++)
          if (n%j=0) break;      //n被某数i整除,退出循环判断
        if (j>=n)
        { s++;
          cout<<n<<",";
        }
      }
    cout<<"共有"<<s<<"个素数\n";
  }
```

3.下面的程序使用了一个嵌套的 for 循环来查找 2 到 100 中的质数：试输入以下程序后进行编译，并观察编译情况，如有错误请修改程序，再进行编译，直到没有错误，然后进行连接和运行，最后分析运行结果。

程序如下：

```
# include <iostream>
int main ()
{ int i, j;
for(i=2; i<100; i++)
{
    for(j=2; j <=i; j++)
      {
        if((i%j))
         { break; }
        }
        if(j>(i/j))
          {
            cout <<i <<"是质数\n";
        }
      }
      return 0;
```

4.设计一个 C++控制台应用程序，运行时，输入两个正整数，计算并输出这两个数之间所有不能被 3 和 5 整除的数的和。

5.设计程序找出 100～200 间的所有素数，显示出来。用 while 或 do-while 循环语句实现。

6. 设计一个控制台应用程序：由键盘任意输入一串字符，统计这个字符串中字母字符、数字字符和其他字符的个数。

7.编写一个控制台应用程序，运行时输入一个字符串，然后逆序输出该字符串。

8.猴子吃桃子问题。猴子第一天摘下若干个桃子，当即吃了一半，还不过瘾，又多吃了一个。第二天早上又将剩下的桃子吃掉一半，又多吃了一个。以后每天早上都吃了前一天剩下的一半另加一个。到第 10 天早上想再吃时，就只剩一个桃子了。求第一天共摘了多少个桃子。

9.编写程序，输入一个三角形的 3 条边，判断是否为三角形：是的话则输出其面积并且判断三角形的类型，类型有等边三角形、等腰三角形、直角三角形、不规则三角形；如果不是三角形，则输出错误提示。

10.编写一个控制台应用程序，输出以下图案：

```
*
*   *   *
*   * *   *   *
*   *   *   *   *   *   *
*   *   *   *   *
*   *   *
*
```

第 4 章 数组的使用

4.1 使用数组的好处

实际生活中，如果要存储 100 个互不关联的数据，通常情况下，我们会分别把它们存放到 100 个变量中，但是如果这些数据是有内在联系、具有相同属性的（如 100 个学生的成绩），那么就可以把这批数据看作一个整体，称为数组（array）。所谓数组，是有序的元素序列。数组是在程序设计中，为了处理方便，把具有相同类型的若干元素按无序的形式组织起来的一种形式。这些无序排列的同类数据元素的集合称为数组。例如用 s 代表学生成绩这组数据，s 就是数组名，用 s_1，s_2，s_3 分别表示学生 1、学生 2、学生 3 的成绩，s 右下角的数字 1,2,3 用来表示该数据在数中的序号，称为下标。数组中的数据称为数组元素。

简单地说，数组是有序数据的集合。此外，由于数组是有类型属性的，也是构造数据类型的一种，而构造数据类型是由其基本类型按照一定规则组成的，同一数组中的每一个元素都必须属于同一数据类型。所以，概括地说，数组是具有相同类型的数据的有序集合。这个有序集合中的各个元素称为数组元素。要寻找一个数组中的某一个元素必须给出两个要素，即数组名和下标。数组名和下标唯一地标识一个数组中的一个元素。

一个数组在内存中占一片连续的存储单元。如果有一个整型数组 a，假设数组的起始地址为 2000，则该数组在内存中的存储情况如图 4.1 所示。其中，C++用方括号来表示下标，如用 a[1]，a[2]，a[3] 分别代表 a_1，a_2，a_3。

	数组 a
2000	a[0]
2002	a[1]
2004	a[2]
2006	a[3]
2008	a[4]
2010	a[5]
2012	a[6]
2014	a[7]
2016	a[8]
2018	a[9]

图 4.1 数据在数组内存中的存储情况

由此可见，引入数组就不需要在程序中定义大量的变量，大大减少了程序中变量的数量，使程序精炼，而且每个变量单独存储，独立存放，简洁、易修改。因此，许多好的算法都与数组有关。熟练地利用数组，可以大大地提高编程和解题的效率，加强程序的可读性。

4.2 一维数组的使用

4.2.1 定义一维数组

一维数组的一般格式为：

类型名　数组名[常量表达式]；

如 int a[8];表示此数组名为 a，有 8 个元素，即定义了一个长度为 8、数组元素为整型的一维数组变量 a。

说明：

(1) 类型名用来定义数组中各个数据元素的数据类型。

(2) 数组名的定名规则和变量名的相同，遵循标识符定名规则。

(3) 用方括号[ ]括起来的常量表达式表示下标值，如下面的写法是合法的：

```
int a[10];
    int a[2*5];
```

(4) 常量表达式的值表示元素的个数，即数组长度。例如，在“int a[10];”中，10 表示 a 数组有 10 个元素，下标从 0 开始，这 10 个元素是：a[0]，a[1]，a[2]，a[3]，a[4]，a[5]，a[6]，a[7]，a[8]，a[9]。注意最后一个元素是 a[9]，而不是 a[10]。

(5) 常量表达式中可以包括常量、常变量和符号常量，但不能包含变量。也就是说，C++不允许对数组的大小做动态定义，即数组的大小不依赖于程序运行过程中变量的值。例如，下面这样定义数组是不行的：

```
int n;
    cin>>n;  //输入 a 数组的长度
    int a[n]; //企图根据 n 的值决定数组的长度
```

如果把第 1,2 行改为下面一行就合法了：

```
const int n=5;
```

4.2.2 引用一维数组的元素

数组必须先定义，然后使用。只能逐个引用数组元素的值，而不能一次引用整个数组中的全部元素的值。

一维数组元素的使用格式如下：

数组名[下标]

下标可以是整型常量或整型表达式。例如 a[0]、a[1]、a[2]分别表示数组 a 的第 1、2、3 个元素。数组元素的下标从 0 开始。

数组使用说明：

(1) 数组名 a 代表数组第 1 个元素所在单元的地址。

(2) a[i-1]代表数组中第 i 个单元(从 1 开始计)。

(3) 一个单元是指一个 int 型单元，包括 4 个字节单元。

例 4.1　定义一个整型数组 a，把 0～9 共 10 个整数赋给数组元素 a[0]～a[9]，然后

◀例 4.1

按a[9],a[8],a[7],…,a[0]的顺序输出。

```
# include <iostream>
using namespace std;
int main()
{int i,a[10];
for (i=0;i<=9;i++)
a[i]=i;
for (i=9;i>=0;i--)
cout<<a[i]<<"";
cout<<endl;
return 0;
}
```

运行结果如下：

```
9 8 7 6 5 4 3 2 1 0
```

程序使 a[0]～a[9]的值为 0～9,然后按逆序输出。

4.2.3 一维数组的初始化

(1) 在定义数组时分别对数组元素赋予初值(数组不初始化,其元素值为随机数)。例如：

```
int a[10]={0,1,2,3,4,5,6,7,8,9};
```

(2) 可以只给一部分元素赋值。例如：

```
int a[10]={0,1,2,3,4};
```

(3) 如果想使一个数组中全部元素值为 1,可以写成：

```
int a[10]={1,1,1,1,1,1,1,1,1,1};
```

不能写成

```
int a[10]={1*10};
```

不能给数组整体赋初值。

(4) 在对全部数组元素赋初值时,可以不指定数组长度。例如：

```
int a[5]={1,2,3,4,5};
```

可以写成

```
int a[]={1,2,3,4,5};
```

4.2.4 一维数组程序举例

例 4.2 求 40 个成绩的平均成绩。

程序如下：

```
# include <iostream>
using namespace std;
int main()
{
   int sum=0,ave;
       int a[40];
```

例 4.2▶

```
        cout<<"请输入 40 个成绩:"<<endl;
        for (int i=0;i<40; ++i)
            cin>>a[i];
        for (int i=0;i<40; ++i)
            sum+=a[i];
        ave=sum/40;
        cout<<"平均成绩="<<ave<<endl;
        return 0;
}
```

例 4.3 编写程序,用冒泡法对 10 个数排序(按由小到大顺序)。

冒泡法的思路是:相邻两个数比较,将小的调到前头。假设有 6 个数(9,8,5,4,2,0)。第一次比较第 1 个数(8) 和第 2 个数(9) 的大小,如果第 1 个数大于第 2 个数,就把两个数的位置交换,然后,第二次将第 2 个数(9) 与第 3 个数(5) 进行比较和交换……如此共进行 5 次,得到顺序为 8,5,4,2,0,9 的结果,如图 4.2 所示。可以看到经过第一轮(共 5 次)比较后,最大的数 9 已"沉底",成为最下面一个数,而最小的数"上升",最小的 0 已经向上"浮起"一个位置。

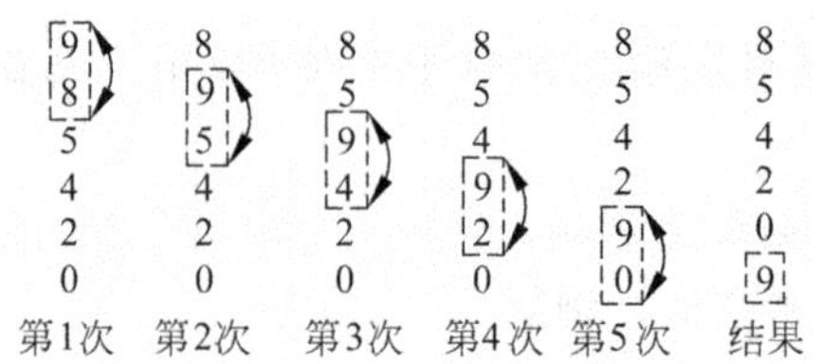

图 4.2 第一轮比较结果

然后进行第二轮比较,对余下的前面 5 个数按上法进行比较,如图 4.3 所示。经过 4 次比较后,得到次大的数 8(在 5 个数中最下面的位置)。再进行第 3 轮比较,对余下的前面 4 个数进行比较……如此进行下去。不难看出,对 6 个数要比较 5 轮,才能使 6 个数按大小顺序排列好。因此,在第 1 轮中要对两个数之间的比较进行 5 次,在第二轮中比较次数为 4 次,以此类推,直到第 5 轮为 1 次。

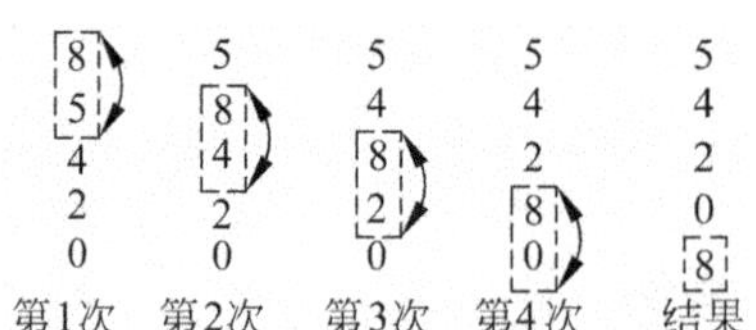

图 4.3 第二轮比较结果

可以推知,如果有 n 个数,则要进行 n−1 趟(或轮)比较(和交换)。在第 1 趟中要进行 n−1 次两两比较,在第 j 趟中要进行 n−j 次两两比较。

根据以上思路写出程序,今设 n=10,本例定义数组长度为 11,a[0]不用,只用 a[1]~a[10],以符合人们的习惯。从前面的叙述可知,应该进行 9 趟比较和交换。

```
# include <iostream>
using namespace std;
```

◀例 4.3

```
int main()
{ int a[11];
  int i,j,t;
  cout<<"input 10 numbers :"<<endl;
  for (i=1;i<11;i++)   //输入 a[1]~a[10]
cin>>a[i];
  cout<<endl;
  for (j=1;j<=9;j++)   //共进行 9 趟比较
for(i=1;i<=10-j;i++)  //在每趟中要进行 10-j 次两两比较
if (a[i]>a[i+1])   //如果前面的数大于后面的数
{t=a[i];a[i]=a[i+1];a[i+1]=t;}   //交换两个数的位置,使小数上浮
  cout<<"the sorted numbers :"<<endl;
  for(i=1;i<11;i++) //输出 10 个数
cout<<a[i]<<"";
  cout<<endl;
  return 0;
}
```

运行情况如下：

```
input 10 numbers:
3 5 9 11 33 6 -9 -76 100 123↙
the sorted numbers:
-76 -9 3 5 6 9 11 33 100 123
```

4.3 二维数组的使用

只有一个下标的数组,称为一维数组，其数组元素也称为单下标变量。在实际问题中,随着问题的深入,我们会发现有很多量是二维的或多维的,只靠一维数组很多问题无法解决,当数组的下标为两个或者两个以上时,称为多维数组。其中,我们以数组下标为两个的二维数组为例展开学习。

4.3.1 二维数组的定义

定义二维数组的一般形式为：

类型名 数组名[常量表达式 1][常量表达式 2]

与一维数组类似,类型名规定了这个数组所有元素的类型。其中常量表达式 1 表示第一维下标的长度,常量表达式 2 表示第二维下标的长度。例如 int a[3][4];说明了一个三行四列的数组,数组名为 a,其下标变量的类型为整型。该数组的下标变量共有 3×4 个,即：

```
a[0][0],  a[0][1],  a[0][2],  a[0][3]
a[1][0],  a[1][1],  a[1][2],  a[1][3]
a[2][0],  a[2][1],  a[2][2],  a[2][3]
```

从逻辑结构上看,二维数组元素间的关系相当于矩阵。二维数组在概念上是二维的,就是说其下标在两个方向上变化,下标变量在数组中的位置也处于一个平面之中，而不是像

一维数组只是一个方向。注意不能写成“int a[3,4]”。C++对二维数组采用这样的定义方式,使我们可以把二维数组看作一种特殊的一维数组:它的元素又是一个一维数组。一般采用行优先的方式来存储二维数组,即按行存储。例如,可以把 a 看作一个一维数组,它有 3 个元素,即 a[0],a[1],a[2],每个元素又是一个包含 4 个元素的一维数组,如图 4.4 所示。a[0],a[1],a[2]是 3 个一维数组的名字。

此外,C++中,二维数组中元素排列的顺序是:按行存放,即在内存中先顺序存放第一行的元素,再存放第二行的元素。图 4.5 表示对 a[3][4]数组存放的顺序。

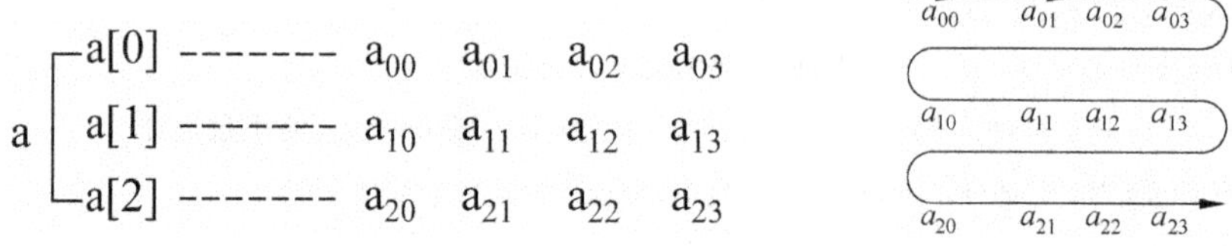

图 4.4 二维数组的表示形式 **图 4.5 数组存放顺序**

C++允许使用多维数组。有了二维数组的基础,再掌握多维数组是不困难的。例如,定义三维数组的方法是:

```
float a[2][3][4];
```

它定义 float 型三维数组 a,有 2×3×4=24 个元素。多维数组元素在内存中的排列顺序:第一维的下标变化最慢,最右边的下标变化最快。例如,上述三维数组的元素排列顺序为:

a[0][0][0]→a[0][0][1]→a[0][0][2]→a[0][0][3]→a[0][1][0]→a[0][1][1]→a[0][1][2]→a[0][1][3]→a[0][2][0]→a[0][2][1]→a[0][2][2]→a[0][2][3]→a[1][0][0]→a[1][0][1]→a[1][0][2]→a[1][0][3]→a[1][1][0]→a[1][1][1]→a[1][1][2]→a[1][1][3]→a[1][2][0]→a[1][2][1]→a[1][2][2]→a[1][2][3]

4.3.2 二维数组的引用

二维数组的元素的表示形式为:

数组名 [下标][下标]

如 a[2][3]。下标可以是整型表达式,如 a[2-1][2*2-1]。不要写成 a[2,3],a[2-1,2*2-1]形式。

数组元素是左值,可以出现在表达式中,也可以被赋值,例如:

```
b[1][2]=a[2][3]/2;
```

在使用数组元素时,应该注意下标值应在已定义的数组大小的范围内。常出现的错误是

```
int a[3][4];  //定义 3 行 4 列的数组
⋮
a[3][4]=15; //引用 a[3][4]元素
```

定义 a 为 3×4 的数组,它可用的行下标值最大为 2,列坐标值最大为 3。最多可以用到 a[2][3],a[3][4]就超过了数组的范围。

请严格区分在定义数组时用的 a[3][4]和引用元素时用的 a[3][4]的区别。前者 a[3]

[4]用来定义数组的维数和各维的大小；后者 a[3][4]中的 3 和 4 是下标值，a[3][4]代表某一个元素。

4.3.3 二维数组的初始化

可以用以下几种方法对二维数组初始化：

(1) 分行初始化，即分行给二维数组赋初值。如：

```
int a[3][4]={{1,2,3,4},{5,6,7,8},{9,10,11,12}};
```

这种赋初值方法比较直观，把第 1 个花括号内的数据赋给第 1 行的元素，把第 2 个花括号内的数据赋给第 2 行的元素……即按行赋初值。

(2) 线性初始化。这种初始化将所有数据写在一个花括号内，按数组排列的顺序对各元素赋初值。如：

```
int a[3][4]={1,2,3,4,5,6,7,8,9,10,11,12};
```

其效果与上一方法相同，但如果数据多，写成一大片，容易遗漏，也不够直观，不如第(1)种方法界限清楚，一行对一行。

(3) 只对部分元素赋初值。如：

```
int a[3][4]={{1},{5},{9}};
```

它的作用是只对各行第 1 列的元素赋初值，其余元素值自动置为 0。赋初值后数组各元素为：

```
1  0  0  0
5  0  0  0
9  0  0  0
```

也可以对各行中的某一元素赋初值：

```
int a[3][4]={{1},{0,6},{0,0,11}};
```

初始化后的数组元素如下：

```
1  0  0  0
0  6  0  0
0  0  11  0
```

这种方法对非 0 元素少时比较方便，不必将所有的 0 都写出来，只需输入少量数据。也可以只对某几行元素赋初值：

```
int a[3][4]={{1},{5,6}};
```

数组元素为：

```
1  0  0  0
5  6  0  0
0  0  0  0
```

第 3 行不赋初值。也可以对第 2 行不赋初值，如

```
int a[3][4]={{1},{},{9}};
```

(4) 如果对全部元素都赋初值(即提供全部初始数据)，则定义数组时对第一维的长度可以省略，但第二维的长度不能省。如：

```
int a[3][4]={1,2,3,4,5,6,7,8,9,10,11,12};
```

可以写成：

```
int a[][4]={1,2,3,4,5,6,7,8,9,10,11,12};
```

系统会根据数据总个数分配存储空间，一共 12 个数据，每行 4 列，当然可确定为 3 行。

在定义时也可以只对部分元素赋初值而省略第一维的长度，但应分行赋初值。如

```
int a[][4]={{0,0,3},{},{0,10}};
```

这样的写法，能通知编译系统：数组共有 3 行。数组各元素为：

```
0  0  3  0
0  0  0  0
0  10  0  0
```

C++在定义数组和表示数组元素时采用 a[][] 这种两个方括号的方式，对数组初始化时十分有用，它使概念清楚，使用方便，不易出错。

4.3.4 二维数组程序举例

例4.4

例 4.4 用二维数组存储 40 名学生 5 门课程的成绩。

编写程序如下：

```
#include <iostream>
using namespace std;
int main()
{
      int score[40][5],sum[40],ave[40];
      cout<<"请输入 40×5 个成绩:"<<endl;
      for (int i=0;i<40; ++i)
        for (int j=0;j<5; ++j)
          cin>>score[i][j];
          for (int i=0;i<40; ++i)
{
        sum[i]=0;
        for (int j=0;j<5; ++j)
          sum[i]+=score[i][j];
        ave[i]=sum[i]/5;
      }
cout<<"每个学生的平均成绩如下:"<<endl;
for (int i=0;i<40; ++i)
  cout<<ave[i]<<endl;
return 0;
}
```

例 4.5 将一个二维数组行和列元素互换，存到另一个二维数组中。例如：将 $a=\begin{bmatrix}1 & 2 & 3\\ 4 & 5 & 6\end{bmatrix}$ 转化为 $b=\begin{bmatrix}1 & 4\\ 2 & 5\\ 3 & 6\end{bmatrix}$。

程序如下：

```
#include <iostream>
using namespace std;
```

◀例 4.5

```
int main()
{
int a[2][3]={{1,2,3},{4,5,6}};
int b[3][2],i,j;
cout<<"array a:"<<endl;
for (i=0;i<=1;i++)
{
for (j=0;j<=2;j++)
{  cout<<a[i][j]<<"";
b[j][i]=a[i][j];
}
cout<<endl;
  }
  cout<<"array b:"<<endl;
for (i=0;i<=2;i++)
  {
for(j=0;j<=1;j++)
cout<<b[i][j]<<"";
cout<<endl;
}
return 0;
}
```

运行结果如下：

```
array a:
1  2  3
4  5  6
array b:
1  4
2  5
3  6
```

4.4 字符数组

C++给出了两种处理字符串数据的方式：一是沿袭C语言的字符数组方式。二是string类（字符串类）方式。第一种方式中，用字符类型的数组来表示字符串类型，而用来存放字符数据的数组就是字符数组，字符数组中的一个元素存放一个字符。第二种方式会在后续4.6节进行描述。本小节主要介绍字符数组。

一个字符串可以用一个一维字符数组来存放，若干个字符串可以用二维字符数组来存放，即每行存放一个字符串。字符数组具有数组的共同属性。

4.4.1 字符数组的定义和初始化

定义字符数组的方法与前面介绍的类似。例如：

```
char c[10];
c[0]='I';c[1]='';c[2]='a';c[3]='m';c[4]='';c[5]='h';c[6]='a';c[7]='p';
c[8]='p';c[9]='y';
```

上面定义了 c 为字符数组，包含 10 个元素。在赋值以后数组的状态如图 4.6 所示。

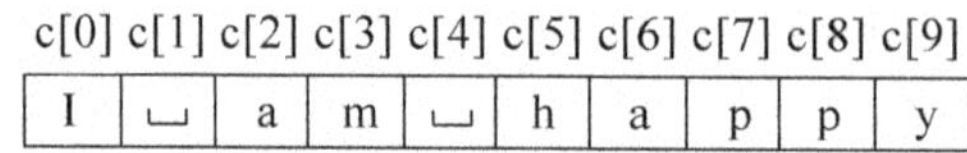

图 4.6 字符数组状态

对字符数组进行初始化，最容易理解的方式是逐个字符赋给数组中各元素。如：

```
char c[10]={'I','','a','m','','h','a','p','p','y'};
```

把 10 个字符分别赋给 c[0]～c[9]这 10 个元素。

如果花括号中提供的初值个数大于数组长度，则按语法错误处理。如果初值个数小于数组长度，则只将这些字符赋给数组中前面那些元素，其余的元素自动定为空字符。如果提供的初值个数与预定的数组长度相同，在定义时可以省略数组长度，系统会自动根据初值个数确定数组长度。如：

```
char c[]={'I','','a','m','','h','a','p','p','y'};
```

也可以定义和初始化一个二维字符数组，如：

```
char diamond[5][5]={{'','','*'},{'','*','','*'},{'*','','','','*'},{'','*',
'','*'},{'','','*'}};
```

用它代表一个钻石形的平面图形，完整的程序和运行结果见例 4.6。

4.4.2 字符数组的赋值与引用

只能对字符数组的元素赋值，而不能用赋值语句对整个数组赋值。如

```
char c[5];
c={'C','h','i','n','a'};    //错误，不能对整个数组一次赋值
c[0]='C'; c[1]='h';c[2]='i';c[3]='n';c[4]='a';   //对数组元素赋值，正确
```

如果已定义了 a 和 b 是具有相同类型和长度的数组，且 b 数组已被初始化，请分析：

```
a=b;  //错误，不能对整个数组整体赋值
a[0]=b[0];  //正确，引用数组元素
```

例 4.6 设计和输出一个钻石图形。

```
# include <iostream>
using namespace std;
void main()
{char diamond[][5]={{'','','*'},{'','*','','*'},{'*','','','','*'},
{'','*','','*'},{'','','*'}};
int i,j;
  for (i=0;i<5;i++)
{for (j=0;j<5;j++)
cout<<diamond[i][j]; //逐个引用数组元素，每次输出一个字符
cout<<endl;
}
}
```

◀例 4.6

运行结果为：

```
    *
  *   *
*       *
  *   *
    *
```

4.4.3 字符串和字符串结束标志

用一个字符数组可以存放一个字符串中的字符。如

```
char str[12]={'I','','a','m','','h','a','p','p','y'};
```

用一维字符数组 str 来存放一个字符串"I am happy"中的字符。字符串的实际长度(10)与数组长度(12)不相等，在存放上面 10 个字符之外，系统对字符数组最后两元素自动填补空字符'\0'(注意，ASCII 码值为 0，而不是空格字符)。

通常人们关心的往往是字符数组中有效字符串的长度，而不是整个字符数组的长度。

为了测定字符串的实际长度，C++规定了一个"字符串结束标志"，以字符'\0'代表。在上面的数组中，第 11 个字符为'\0'，就表明字符串的有效字符为其前面的 10 个字符。也就是说，遇到字符'\0'就表示字符串到此结束，由它前面的字符组成字符串。

对一个字符串常量，系统会自动在所有字符的后面加一个'\0'作为结束符，其 ASCII 码值为 0，对应空字符 NULL。然后再把它存储在字符数组中。例如字符串"I am happy"共有 10 个字符，但在内存中它共占 11 个字节，最后一个字节'\0'是由系统自动加上的。有了结束标志'\0'后，字符数组的长度就显得不那么重要了。在程序中往往依靠检测'\0'的位置来判定字符串是否结束，而不是根据数组的长度来决定字符串长度。

下面再对字符数组初始化补充一种方法：用字符串常量来初始化字符数组。例如：

```
char str[]={"I  am  happy"};
```

也可以省略花括号，直接写成：

```
char str[]="I am happy";
```

不是用单个字符作为初值，而是用一个字符串(注意字符串的两端是用双撇号而不是单撇号括起来的)作为初值。显然，这种方法直观、方便，符合人们的习惯。注意：数组 str 的长度不是 10，而是 11(因为字符串常量的最后由系统加上一个'\0')。因此，上面的初始化与下面的初始化等价：

```
char str[]={'I','','a','m','','h','a','p','p','y','\0'};
```

而不与下面的等价：

```
char str[]={'I','','a','m','','h','a','p','p','y'};
```

前者的长度为 11，后者的长度为 10。如果有：

```
char str[10]="China";
```

数组 str 的前 5 个元素为'C','h','i','n','a'，第 6 个元素为'\0'，后 4 个元素为空字符，如图 4.7 所示。

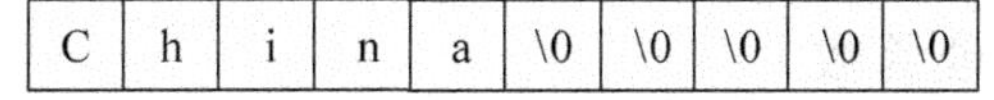

C	h	i	n	a	\0	\0	\0	\0	\0

图 4.7 字符数组元素

> **说明：**
> 字符数组并不要求它的最后一个字符为'\0'，甚至可以不包含'\0'。

例如以下这样写完全是合法的：

```
char str[5]={'C','h','i','n','a'};
```

是否需要加'\0'，完全根据需要决定。但是由于C++编译系统对字符串常量自动加一个'\0'，因此人们为了使处理方法一致，便于测定字符串的实际长度，就在程序中做相应的处理，在字符数组中有效字符的后面也人为地加上一个'\0'。如：

```
char str[6]={'C','h','i','n','a','\0'};
```

4.4.4 字符数组的输入输出

字符数组的输入输出可以有以下两种方法：

(1) 逐个字符输入输出，如例4.6。

(2) 将整个字符串一次性输入或输出。例如以下程序段：

```
char str[20];
cin>>str;      //用字符数组名输入字符串
cout<<str;  //用字符数组名输出字符串
```

在运行时输入一个字符串，如：

```
China↙
```

在内存中，数组str的状态如图4.8所示，在5个字符的后面自动加了一个结束符'\0'。

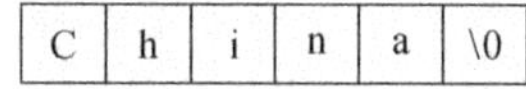

C	h	i	n	a	\0

图4.8 数组状态图

输出时，逐个输出字符直到遇结束符'\0'，就停止输出。输出结果为：

```
China
```

如前所述，字符数组名str代表字符数组第一个元素的地址，执行“cout<<str;”的过程是从str所指向的数组第一个元素开始逐个输出字符，直到遇到'\0'为止。

> **注意：**
> (1) 输出的字符不包括结束符'\0'。
> (2) 输出字符串时，cout流中用字符数组名，而不是数组元素名。
> (3) 如果数组长度大于字符串实际长度，也只输出到遇'\0'结束。
> (4) 如果一个字符数组中包含一个以上'\0'，则遇第一个'\0'时输出就结束。
> (5) 用cin从键盘向计算机输入一个字符串时，从键盘输入的字符串应短于已定义的字符数组的长度，否则会出现问题。
> C++提供了cin流中的getline函数，用于读入一行字符(或一行字符中前若干个字符)，使用安全又方便，请参阅第13章。

4.4.5 字符串处理函数

由于字符串使用广泛，为了简化程序设计，C和C++提供了一些字符串处理函数，需要时可以直接调用这些函数，继而大大减轻编程的负担。几乎所有版本的 C++ 都提供下面这些函数，它们是放在函数库中的，在 string 和 string.h 头文件中定义。如果程序中使用这些字符串函数，应该用 #include 命令把 string.h 或 string 头文件包含到本文件中。下面介绍几种常用的函数。

1. 字符串连接函数 strcat

函数的功能：将存放在字符数组 1 和字符数组 2 的两个字符串联起来，并存入字符数组 1（字符数组 1 要足够大），同时删去字符串 1 后的结束标志'\0'，组成新的字符串，函数调用后得到的函数值，就是第一个字符数组的地址。其中，第二个字符数组被指定为 const，以保证该数组中的内容不会在函数调用期间修改。其函数原型为：

```
strcat(char[ ],const char[ ]);
```

strcat 是 string catenate（字符串连接）的缩写。该函数有两个字符数组的参数，例如：

```
char str1[30]="People's Republic of";
char str2[]="China";
cout<<strcat(str1,str2));//调用 strcat 函数
```

输出：

```
People's Republic of China
```

连接前后的状况如图 4.9 所示。

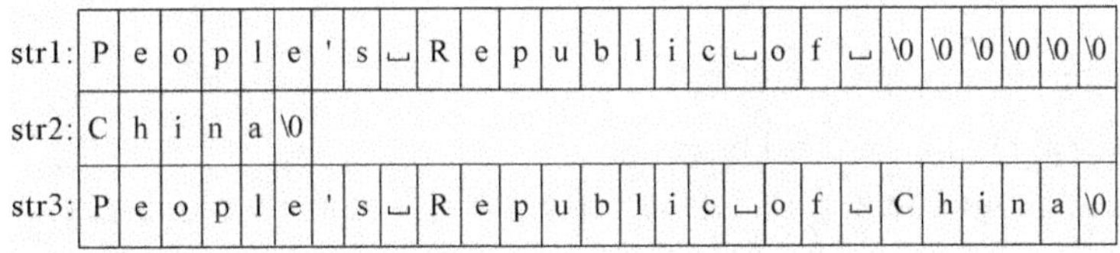

图 4.9　字符串连接图

2. 字符串复制函数 strcpy

函数的功能：将字符数组 2 中的字符串复制到字符数组 1 中去，结束标志'\0'也一起复制过去，即将第一个字符数组中的相应字符覆盖。其函数原型为：

```
strcpy(char[ ],const char[ ]);
```

strcpy 是 string copy（字符串复制）的缩写。例如：

```
char str1[10],str2[]="China";
strcpy(str1,str2);
```

执行后，str2 中的 5 个字符"China"和'\0'（共 6 个字符）复制到数组 str1 中。

说明：

（1）在调用 strcpy 函数时，第一个参数必须是数组名（如 str1），第二个参数可以是字符数组名，也可以是一个字符串常量。

（2）可以用 strcpy 函数将一个字符串中前若干个字符复制到字符数组中去。

（3）只能通过调用 strcpy 函数来实现将一个字符串赋给一个字符数组，而不能用赋值语句将一个字符串常量或字符数组直接赋给一个字符数组。

3. 字符串比较函数 strcmp

函数的功能：按照 ASCII 码顺序比较两个数组中的字符串，并返回比较结果。由于这两个字符数组只参加比较而不应改变其内容，因此两个参数都加上 const 声明。

其函数原型为：

```
strcmp(const char[ ],const char[ ]);
```

strcmp 是 string compare（字符串比较）的缩写。以下写法是合法的：

```
strcmp(str1,str2);
strcmp("China","Korea");
strcmp(str1,"Beijing");
```

比较的结果由函数值带回：

(1) 如果字符串 1＝字符串 2，函数值为 0。

(2) 如果字符串 1＞字符串 2，函数值大于 0。

(3) 如果字符串 1＜字符串 2，函数值小于 0。

字符串比较的规则与其他语言中的规则相同，即对两个字符串自左至右逐个字符相比（按 ASCII 码值大小比较），直到出现不同的字符或遇到'\0'为止。如全部字符相同，则认为相等；若出现不相同的字符，则以第一个不相同的字符的比较结果为准。

注意：

对两个字符串比较，不能用以下形式：

```
if(str1>str2) cout<<"yes";
```

字符数组名 str1 和 str2 代表数组地址，上面写法表示将两个数组地址进行比较，而不是对数组中的字符串进行比较。对两个字符串比较应该用：

```
if(strcmp(str1,str2)>0) cout<<"yes";
```

4. 字符串长度函数 strlen

函数的功能：测试指定字符串的实际长度（不含字符串结束标志'\0'），并返回字符串的实际长度。函数原型为：

```
strlen(const char[ ]);
```

strlen 是 string length（字符串长度）的缩写。如：

```
char str[10]="China";
cout<<strlen(str);
```

输出结果不是 10，也不是 6，而是 5。

```
cout<<strlen("abcd\0ef\0g");
```

输出结果是 4。

注意：

字符串中的'\0'，它在字符串中具有特殊的意义，字符'\0'标志字符串的结束。所以，在计算字符串长度时，只计算'\0'之前的字符数据，而不管'\0'之后是什么字符，因此上句调用后的返回值应为 4。

以上是几种常用的字符串处理函数，除此之外还有其他一些函数。

4.4.6 字符数组应用举例

例 4.7 有3个国家名，要求找出按字母顺序排在最前面的国家。要求用函数调用。

解题思路 此题可以用字符串比较函数处理。比较的结果"最小"的字符串就是按字母顺序排在最前面的字符串。用一个函数smallest_sring来找出n个字符串中"最小"的字符串。在main函数中设一个二维的字符数组str，大小为3×30，即有3行30列，每一行可以容纳30个字符。如前所述，可以把str[0]，str[1]，str[2]看作3个一维字符数组，它们各有30个元素。可以把它们如同一维数组那样进行处理。用cin分别读入3个字符串。然后调用smallest_sring函数，可得到"最小"的字符串，把它放在一维字符数组string中，在函数smallest_sring中输出"最小"的字符串。

程序如下：

```
# include <iostream>
# include <string>
using namespace std;
int main()
{ void smallest_sring(char str[][30],int i);   //函数声明
  int i;
  char country_name[3][30];
  for(i=0;i<3;i++)
  cin>>country_name[i];   //输入3个国家名
  smallest_sring(country_name,3); //调用 smallest_sring 函数
  return 0;
}
void smallest_sring(char str[][30],int n)
{
  int i;
  char string[30];
  strcpy(string,str[0]);   //使 string 的值为 str[0]的值
  for(i=0;i<n;i++)
  if(strcmp(str[i],string)<0)   //如果 str[i]<string
  strcpy(string,str[i]);//将 str[i]中的字符串复制到 string
  cout<<endl<<"the smallest string is:"<<string<<endl;
}
```

运行结果如下：

```
CHINA↙
GERMANY↙
FRANCH↙
the smallest string is:CHINA
```

本程序不仅可以处理国家名的比较，它是找"按字母排列在最前面"的字符串的通用程序，可以从多个字符串中找出"最小"的字符串。

例 4.7▶

4.5 用数组做函数参数

常量和变量可以用作函数实参,同样数组元素也可以做函数实参,其用法与变量相同。数组名可以做实参和形参,传递的是数组的起始地址。

4.5.1 用数组元素做函数实参

由于实参可以是表达式,而数组元素可以是表达式的组成部分,因此数组元素当然可以作为函数的实参。与用变量做实参一样,将数组元素的值传送给形参变量。

例 4.8 用函数处理。有一个 3×4 的矩阵,要求编程求出最大值,以及其所在的行号和列号。

算法为:开始时把 a[0][0]的值赋给变量 max,然后让下一个元素与它比较,将二者中值大者保存在 max 中,然后再让下一个元素与新的 max 比,直到最后一个元素比完为止。max 最后的值就是数组所有元素中的最大值。现设一函数 max_value,用来进行比较并返回结果。可编写程序如下:

```
# include <iostream>
using namespace std;
int main()
{ int max_value(int x,int max);   //函数声明
int i,j,row=0,colum=0,max
int a[3][4]={{5,12,23,56},{19,28,37,46},{-12,-34,6,8}};  //数组初始化
max=a[0][0];
for (i=0;i<=2;i++)
  for (j=0;j<=3;j++)
{ max=max_value(a[i][j],max);   //调用 max_value 函数
if(max==a[i][j])   //如果函数返回的是 a[i][j]的值
{row=i;      //记下该元素行号 i
colum=j;  //记下该元素列号 j
}
}
cout<<"max="<<max<<",row="<<row<<",colum="<<colum<<endl;
  }
int max_value(int x,int max)  //定义 max_value 函数
{if(x>max)
return x;  //如果 x>max,函数返回值为 x
else
return max;  //如果 x≤max,函数返回值为 max
  }
```

程序分析:

将 a[i][j]作为函数 max_value 的实参,传给形参 x,在函数 max_value 中将 x(即 a[i][j])与 max 进行比较,如果 x>max,就使函数返回值为 x,否则返回 max 的值。可以看到

◀例 4.8

max_value 函数的作用是将 max 和 a[i][j]比较后的大值返回。在主函数中，将得到的函数返回值赋给 max，如果该值等于 a[i][j]，表示 a[i][j]大于原来的 max，将 a[i][j]的行号和列号保存下来。

4.5.2 用数组名做函数参数

可以用数组名做函数参数，此时实参与形参都用数组名（也可以用指针变量，见第 6 章）。

例 4.9 用选择法对数组中 10 个整数按由小到大排序。

所谓选择法就是先将 10 个数中最小的数与 a[0]对换；再将 a[1]到 a[9]中最小的数与 a[1]对换……每比较一轮，找出一个未经排序的数中最小的一个。共比较 9 轮。

根据此思路编写程序如下：

```
# include <iostream>
using namespace std;
int main()
{void select_sort(int array[],int n);    //函数声明
int a[10],i;
cout<<"enter the originl array:"<<endl;
for(i=0;i<10;i++)  //输入 10 个数
cin>>a[i];
cout<<endl;
select_sort(a,10);    //函数调用,数组名做实参
cout<<"the sorted array:"<<endl;
for(i=0;i<10;i++)      //输出 10 个已排好序的数
cout<<a[i]<<"  ";
cout<<endl;
return 0;
}
void select_sort(int array[],int n)   //形参 array 是数组名
{int i,j,k,t;
for(i=0;i<n-1;i++)
{k=i;
for(j=i+1;j<n;j++)
if(array[j]<array[k]) k=j;
t=array[k];array[k]=array[i];array[i]=t;
}
}
```

运行情况如下：

```
enter the originl array:
6 9 -2 56 87 11 -54 3 0 77↙   //输入 10 个数
the sorted array:
-54 -2 0 3 6 9 11 56 77 87
```

例 4.9▶

关于用数组名做函数参数有两点要说明：

(1) 如果函数实参是数组名，形参也应为数组名(或指针变量，关于指针见第 6 章)，形参不能声明为普通变量(如 int array;)。实参数组与形参数组类型应一致(现都为 int 型)，如不一致，结果将出错。

(2) 数组名代表数组首元素的地址，并不代表数组中的全部元素。因此用数组名做函数实参时，不是把实参数组的值传递给形参，而只是将实参数组首元素的地址传递给形参。

形参可以是数组名，也可以是指针变量，它们用来接收实参传来的地址。如果形参是数组名，它代表的是形参数组首元素的地址。在调用函数时，将实参数组首元素的地址传递给形参数组名。这样，实参数组和形参数组就共占同一段内存单元，如图 4.10 所示。

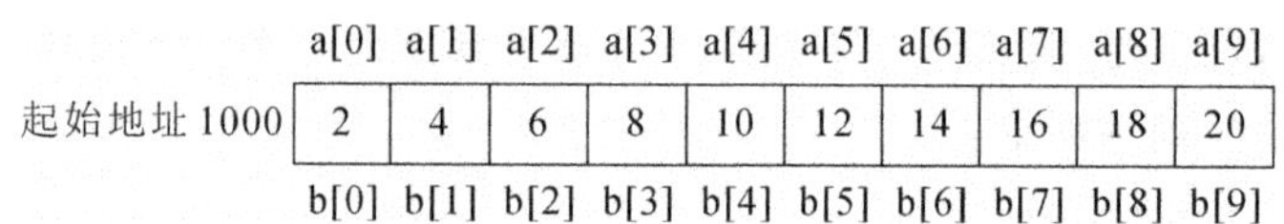

图 4.10 数组内存单元图

在用变量做函数参数时，只能将实参变量的值传给形参变量，在调用函数过程中如果改变了形参的值，对实参没有影响，即实参的值不因形参的值改变而改变。而用数组名做函数实参时，改变形参数组元素的值将同时改变实参数组元素的值。在程序设计中往往有意识地利用这一特点改变实参数组元素的值。

实际上，声明形参数组并不意味着真正建立一个包含若干元素的数组，在调用函数时也不对它分配存储单元，只是用 array[]这样的形式表示 array 是一维数组名，以接收实参传来的地址。因此 array[]中方括号内的数值并无实际作用，编译系统对一维数组方括号内的内容不予处理。形参一维数组的声明中可以写元素个数，也可以不写。

函数首部的下面几种写法都合法，作用相同。

```
void select_sort(int array[10],int n)   //指定元素个数与实参数组相同
void select_sort(int array[],int n)    //不指定元素个数
void select_sort(int array[5],int n)    //指定元素个数与实参数组不同
```

在学习第 6 章时可以进一步知道，C++实际上只把形参数组名作为一个指针变量来处理，用来接收从实参传过来的地址。前面提到的一些现象都是由此而产生的。

4.5.3 用多维数组名做函数参数

如果用二维数组名作为实参和形参，在对形参数组声明时，必须指定第二维(即列)的大小，且应与实参的第二维的大小相同。第一维的大小可以指定，也可以不指定。如：

```
int array[3][10];  //形参数组的两个维都指定
```

或

```
int array[][10];  //第一维大小省略
```

二者都合法而且等价。但是不能把第二维的大小省略。下面的形参数组写法不合法：

```
int array[][];  //不能确定数组的每一行有多少列元素
int array[3][];   //不指定列数就无法确定数组的结构
```

在第二维大小相同的前提下，形参数组的第一维可以与实参数组不同。例如，实参数组定义为

```
int score[5][10];
```

而形参数组可以声明为：

```
int array[3][10];  //列数与实参数组相同,行数不同
int array[8][10];
```

这时形参二维数组与实参二维数组都是由相同类型和大小的一维数组组成的，实参数组名 score 代表其首元素(即第一行)的起始地址，系统不检查第一维的大小。

如果是三维或更多维的数组，处理方法是类似的。

例 4.10 有一个 3×4 的矩阵，求矩阵中所有元素中的最大值。要求用函数处理。

解此题的算法已在例 4.8 中介绍，现用二维数组名进行传递。

程序如下：

```
# include <iostream>
using namespace std;
int main()
{int max_value(int array[][4]);
int a[3][4]={{11,32,45,67},{22,44,66,88},{15,72,43,37}};
cout<<"max value is"<<max_value(a)<<endl;
return 0;
}
int max_value(int array[][4])
{int i,j,max;
max= array[0][0];
for(i=0;i<3;i++)
for(j=0;j<4;j++)
if(array[i][j]>max) max=array[i][j];
return max;
}
```

运行结果如下：

```
max value is 88
```

读者可以将 max_value 函数的首部改为以下几种情况，观察编译情况：

```
int max_value(int array[ ][ ])
int max_value(int array[3][ ])
int max_value(int array[3][4])
int max_value(int array[10][10])
int max_value(int array[12])
```

4.6 字符串类和字符串变量

C++给出了两种处理字符串数据的方式：

(1) 沿袭 C 语言的字符数组方式。上述第 4.4 节和第 4.5 节介绍的用字符数组存放字符串，并在此基础上进行的字符串运算，是 C 语言的方式，这种方式下字符串总是和字符数组联系在一起的。由于字符数组是有一定大小的，在进行字符串连接或复制时，如果未能准

例 4.10▶

确计算字符数组长度，就有可能破坏系统的正常工作状态。因此，此方式并不是最理想和最安全的方法。

(2) string 类(字符串类)方式。该方式是 C++ 提供的一种新的数据类型——字符串类型(string 类型)，在使用方法上，它和 char，int 类型一样，可以用来定义变量，与上述第(1)种方式相比，此方式更方便、安全。

实际上，string 类并不是 C++ 语言本身具有的基本类型(char，int，float，double 等是 C++ 本身提供的基本类型)，它是在 C++ 标准库中声明的一个字符串类，用这种类可以定义对象。每一个字符串变量都是 string 类的一个对象。关于类的概念，在第 1 章已做初步介绍，在第 8 章还会进一步介绍。本章重在学习如何使用 string 类对象——字符串变量。

4.6.1 字符串变量的定义和引用

1. 定义字符串变量

和其他类型变量一样，字符串变量必须先定义后使用，定义字符串变量要用类名 string，格式如下：

```
string 变量名 1,变量名 2,…,变量名 n;
```

如：

```
string string1;   //定义 string1 为字符串变量
string string2="China"; //定义 string2 同时对其初始化
```

应当注意：要使用 string 类的功能时，必须在本文件的开头将 C++ 标准库中的 string 头文件包含进来，即应加上：

```
# include <string>   //注意头文件名不是 string.h
```

2. 对字符串变量的赋值

在定义了字符串变量后，可以用赋值语句对它赋予一个字符串常量，如：

```
string1="China";
```

注意：string1 是字符串变量，不是字符数组名，用字符数组是不能这样做的，如：

```
char str[10];    //定义字符数组 str
str="Canada";   //错误，str 不是字符串变量，而是参数组名
```

也可以用如下方式在定义字符串变量的同时为其赋初值：

```
string str4("Compiler");
string str5(str4);
```

既可以用字符串常量给字符串变量赋值，也可以用一个字符串变量给另一个字符串变量赋值。如：

```
string2=string1; //假设 string2 和 string1 均已定义为字符串变量
```

不要求 string2 和 string1 长度相同，假如 string2 原来是"China"，string1 原来是"Canada"，赋值后 string2 也变成"Canada"。在定义字符串变量时不需指定长度，长度随其中的字符串长度变化而改变。

此外，对字符串变量，既可以整体使用，也可以使用其中的某个字符，如：

```
str1="computer";
str3[0]='C';
str2=str3;
```

3. 字符串变量的输入输出

可以在输入输出语句中用字符串变量名输入输出字符串，如：

```
cin>>string1;  //从键盘输入一个字符串给字符串变量 string1
cout<<string2; //将字符串 string2 输出
```

> **注意：**
> 从键盘输入字符串数据时，读取并舍弃开始的空白字符，读取可显示字符并存入字符串变量，直至再次遇到空白字符结束读取操作。

如果从键盘输入的是"　　Happy New Year!"，则输出的结果是“Happy”，不包含任何空格。要想得到输出结果“Happy New Year!”，需改写如下：

```
cin>>str1>>str2>>str3;
cout<<str1<<" "<<str2<<" "<<str3;
```

也可以使用只以换行符作为分隔符的 getline 函数：

```
getline(cin,str);
cout<<str;
```

如果此时从键盘输入的是"Happy New Year!"，则输出结果为“Happy New Year!”，此时的空格不再作为分隔符，而是作为普通的字符存放到字符变量 str 中。

除此之外，getline 函数还允许编程人员指定分隔符：

```
getline(cin,str,',');
```

此时指定逗号(,)也是输入字符串的分隔符：

```
string num,name;
getline(cin,num,',');
getline(cin,name);
cout<<num<<"\t"<<name;
```

对于此段程序，如果输入

```
1205021,Zhang Ming↙
```

则输出结果为

```
1205021   Zhang Ming
```

4.6.2　字符串变量的运算

在上一节中可以看到，在以字符数组存放字符串时，字符串的运算要用字符串函数，如 strcat(连接)、strcmp(比较)、strcpy(复制)，而对 string 类对象，可以不用这些函数，而直接用简单的运算符。

(1) 字符串复制用赋值号(=)。

```
string1=string2;
```

其作用与“strcpy(string1,string2);”相同。

(2) 字符串连接用加号(+)。

作用：把两个字符串拼接在一起形成一个新的字符串。

字符串连接规则如下：

① 两个字符串变量可以进行连接操作。

② 两个字符串常量不能进行连接操作。

③ 连接运算符(+)的两个运算对象中至少有一个是字符串变量。

如：

```
string string1="C++"; //定义 string1 并赋初值
string string2="Language";//定义 string2 并赋初值
string1=string1+string2;//连接 string1 和 string2
```

连接后 string1 为“C++ Language”。而

```
string str3="C++"+"Language"; //错误,两个字符串常量不能进行连接操作
```

但可以

```
string str4=string1+"Language";  //两个运算对象中至少有一个是字符串变量
```

(3) 字符串比较直接用关系运算符。可以直接用==(等于)、>(大于)、<(小于)、!=(不等于)、>=(大于或等于)、<=(小于或等于)等关系运算符来进行字符串的比较。

字符串 str1 和 str2 比较的依据是字符的 ASCII 码值：

① 如果 str1 和 str2 的长度相等,而且各对应字符也完全相同,则认为两字符串相等。

② 如果 str1 和 str2 的对应字符不完全相同,则比较第一个不相同字符的 ASCII 码值,ASCII 码值小的字符对应的字符串小。

③ 如果 str1 的长度 n1 小于 str2 的长度 n2,而且两个字符串的前 n1 个对应字符都相同,则认为 str1 小。

使用这些运算符比使用 4.4.5 节中介绍的字符串函数直观而方便。示例如下：

```
# include <string.h>
  int main()
{
    string str1="Programming",str2="Language";
    string str3="zhao",str4="qian";
    string str5="ZhangSan",str6="Zhangsan";
    string str7="computerScience",str8="computer";
    cout<<str1+str2<<endl;
    cout<<(str3<str4)<<endl;//结果为假,输出 0
    cout<<(str5<str6)<<endl;//结果为真,输出 1
    cout<<(str7<str8)<<endl;//结果为假,输出 0
  return 0;
  }
```

4.6.3 字符串数组

不仅可以用 string 定义字符串变量,也可以用 string 定义字符串数组,格式如下：

```
string 数组名[数组长度];
```

如

```
string name[5]; //定义一个字符串数组,它包含 5 个字符串元素
string name[5]={"Zhang","Li","Fun","Wang","Tan"}; //定义一个字符串数组并初始化
```

此时 name 数组的状况如图 4.11 所示。

可以看到：

name[0]	Z	h	a	n	g
name[1]	L	i			
name[2]	F	u	n		
name[3]	W	a	n	g	
name[4]	T	a	n		

图 4.11　name 数组状况图

(1) 在一个字符串数组中包含若干个(现为 5 个)元素,每个元素相当于一个字符串变量。

(2) 并不要求每个字符串元素具有相同的长度,即使对同一个元素而言,它的长度也是可以变化的,当向某一个元素重新赋值时,其长度就可能发生变化。

(3) 在字符串数组的每一个元素中存放一个字符串,而不是一个字符,这是字符串数组与字符数组的区别。如果用字符数组存放字符串,一个元素只能存放一个字符,用一个一维字符数组存放一个字符串。

(4) 每一个字符串元素中只包含字符串本身的字符而不包括'\0'。

可见用字符串数组存放字符串以及对字符串进行处理是很方便的。

在定义字符串数组时怎样给数组分配存储空间呢？实际上,编译系统为每一个字符串变量分配 4 个字节,在这个存储单元中,并不是直接存放字符串本身,而是存放字符串的地址。在本例中,就是把字符串"Zhang"的地址存放在 name[0],把字符串"Li"的地址存放在 name[1],把字符串"Fun"的地址存放在 name[2]……图 4.11 只是一个示意图。在字符串变量中存放的是字符串的指针(字符串的地址)。

4.6.4 字符串运算举例

例 4.11 输入 3 个字符串,要求将字母按由小到大的顺序输出。

```
# include <iostream>
# include <string>
using namespace std;
int main()
{string string1,string2,string3,temp;
cout<<"please input three strings:";//这是对用户输入的提示
cin>>string1>>string2>>string3;  //输入 3 个字符串
if(string2>string3) {temp=string2;string2=string3;string3=temp;}
//使串 2≤串 3
if(string1<=string2) cout<<string1<<""<<string2<<""<<string3<<endl;
//如果串 1≤串 2,则输出串 1  串 2  串 3
else if(string1<=string3) cout<<string2<<""<<string1<<""<<string3<<endl;
//如果串 1>串 2,且串 1≤串 3,则串 2<串 1≤串 3
else cout<<string2<<""<<string3<<""<<string1<<endl;
```

例 4.11▶

```
//如果串 1>串 2,且串 1>串 3,则串 2≤串 3<串 1
}
```

运行情况如下：

```
please input three strings:China  U.S.A. Germany↙
China Germany U.S.A.
```

本章总结

本章主要介绍了数组数据结构。数组是有序数据的集合。数组中的每一个元素都属于同一个数据类型。同时，本章详细讲解了一维数组的定义和使用、二维数组的定义和使用、字符数组的定义和使用以及用数组做函数参数、字符串类和字符串变量的使用。本章重点掌握一维和二维数组的应用以及用数组做函数参数，包括字符数组的定义和初始化、输入输出语句以及使用字符串处理函数对字符串进行操作。其中，for 循环是顺序引用每一个数组元素的方便的结构，可以使用它实现数组元素的遍历，以及控制每个数组元素的处理。难点是在用数组做函数参数时主要分两种情况，即用数组元素做函数实参和用数组名做函数实参，注意区分二者的区别，并学会运用。

习题4

1. 编写一个程序，从键盘输入 10 个学生的数学成绩，统计最高分、最低分和平均分。

阅读程序并分析下面程序的运行结果，写出程序运行时应输出的结果，然后上机运行程序，验证自己分析的结果是否正确。

程序如下：

```
using namespace std;
int main()
{
int a[9],i,max,min,num=0;
float x=0;
for(i=0;i<=10;i++)
{
cin>>a[i];
num=num+a[i];
}
x=num/10;
max=a[0];
for(i=1;i<10;i++)
{
if(max<a[i])
max=a[i];
if(min>a[i])
min=a[i];
}
```

```
cout<<"max="<<max<<endl;
cout<<"min="<<min<<endl;
cout<<"x="<<x<<endl;
}
```

2.阅读程序并分析下面程序的运行结果，写出程序运行时应输出的结果，然后上机运行程序，验证自己分析的结果是否正确。

程序如下：

```
# include<iostream>
using namespace std;
int main()
{
char arr[2][4];
strcpy(arr[0],"you");
strcpy(arr[1],"me");
arr[0][3]='&';
cout<<arr[0]<<endl;
return 0;
}
```

3.阅读程序并分析下面程序的运行结果，写出程序运行时应输出的结果，然后上机运行程序，验证自己分析的结果是否正确。

程序如下：

```
# include <iostream>
using namespace std;
main(){
  char str1[10],str2[20];
  cout<<"please input string1:"<<endl;
  gets(str1);
  cout<<"please input string2:"<<endl;
  gets(str2);
  strcat(str1,str2);
  cout<<"Now the string is:"<<endl;
  puts(str1);
  return 0;
}
```

4.阅读程序并分析下面程序的运行结果，写出程序运行时应输出的结果，然后上机修改程序，改成用数组名做函数参数，实现两元素的交换，并运行程序，验证自己分析的结果是否正确。

```
# include <iostream>
using namespace std;
void swap2(int x,int y)
{int z;
z=x;
x=y;
```

```
y=z;
}
int main()
{int a[2]={1,2};
swap2(a[0],a[1]);
cout<<"a[0]="<<a[0]<<endl;
cout<<"a[1]="<<a[1]<<endl;
return 0;
}
```

5. 定义一个长度为100的整型数组，随机输入n个整型数据(1≤n≤100)，分别赋值给数组的前n个元素；然后对输入的数据进行判断处理，当输入结束时，输出其中所有的素数；要求输出的数据5个一行。

6. 某班第1组有10个学生，进行了C++考试，编写程序将考试成绩输入一维数组，并求出C++考试的平均成绩及优(90～100)、良(80～89)、中(70～79)、及格(60～69)与不及格(0～59)学生的人数。

实验数据：90、85、80、75、70、65、60、55、50、45。

7. 某班第1组有10个学生，进行了C++考试，编写程序将考试成绩输入一维数组，并将C++考试成绩用冒泡法、选择法两种排序算法，按由低到高的顺序排序后输出。

实验数据：90、85、80、75、70、65、60、55、50、45。

8. 有15个数按由大到小的顺序存放在数组中，输入一个数，要求用折半查找法找出该数是数组中第几个元素的值。如果该数不在数组中，则打印出“无此数”。

9. 要求使用字符串处理函数实现：从键盘上输入一个字符串，将其复制到另一个字符数组后显示出来，同时显示字符串长度。

10. 编写一程序，将两个字符串连接起来，结果取代第一个字符串。

(1) 用字符数组，不用strcat函数(即自己写一个具有strcat函数功能的函数)；

(2) 用标准库中的strcat函数；

(3) 用string方法定义字符串变量。

11. 海军阅兵式上，有A、B、C三艘军舰要同时开始鸣放礼炮各21响。已知A舰每隔5秒鸣放一次，B舰每隔6秒鸣放一次，C舰每隔7秒鸣放一次。假设各炮手对时间掌握非常准确，请编程计算观众总共可以听到几次礼炮声。

12. 输入一个5行5列的二维数组，编程实现：

(1) 求出其中的最大值和最小值及其对应的行列位置；

(2) 求出对角线上各元素之和。

实验数据：

$$\begin{pmatrix} 1 & 2 & 3 & 4 & 5 \\ 2 & 3 & 4 & 5 & 6 \\ 3 & 4 & 5 & 6 & 7 \\ 4 & 5 & 6 & 7 & 8 \\ 5 & 6 & 7 & 8 & 9 \end{pmatrix}。$$

13. 设A、B、C为m行n列矩阵。设计矩阵加法程序，能完成C=A+B的操作，并输出C的元素值。m与n用define定义为常量，取值3、3。A、B矩阵的元素值如下：$A=\begin{bmatrix} 1 & 2 & 3 \\ 4 & 5 & 6 \\ 7 & 8 & 9 \end{bmatrix}$，$B=\begin{bmatrix} 3 & 2 & 1 \\ 6 & 5 & 4 \\ 9 & 8 & 7 \end{bmatrix}$。

第5章 函数的使用

5.1 使用函数的好处

什么是函数？为什么需要学习函数？通过前几章的学习，对C程序的编写有了一定的基础，并且能够编写一些简单的C代码。在函数还没有出现之前，所有的代码仅仅是按照其将要执行的顺序排列而已，但是如果程序的功能比较多，规模比较大，把所有的程序代码都写在一个主函数(main函数)中，会使得主函数变得庞大、逻辑混乱，使阅读和维护程序也变得困难。后面人们发现这样写代码非常费劲，容易出错，编写也不方便，于是想出一个办法，把一些功能相对来说能成为一个整体的代码放一起打包，通过函数名作为接口和外界通信，这就是函数的由来。C语言中没有类和对象，但可以在程序模块中直接定义函数并使用。一个C程序是由若干个函数组成的，C语言被认为是由函数组成的语言。C++面向过程的程序设计，沿用了C语言使用函数的方法(也是本章介绍的重点)。而在C++面向对象的程序设计中，主函数以外的函数大多是被封装在类中，主函数或其他函数可以通过类对象调用类中的函数。无论是C还是C++，程序中的各项操作基本上都是由函数来实现的，程序编写者要根据需要编写一个个函数，每个函数用来实现某一功能。因此，读者必须掌握函数的概念以及学会设计和使用函数。

使用函数的好处有以下几点：

① 降低复杂性：使用函数最主要的原因是为了降低程序的复杂性，可以使用函数来隐含信息，函数内的信息可以不用考虑，会使用数据接口与外界通信即可。

② 避免重复代码段：如果两个不同的函数，内部代码很相似，这意味着分解代码有误，应该将两个函数中重复的代码都取出来，把公共的代码放进一个新的通用函数中，然后再让这两个函数调用新的通用函数。这样可以避免公共代码出现的次数，节约代码区空间，同时若想要改变公共代码只需要修改一次。

③ 限制改动带来的影响：不使用函数，代码前后关联度高，修改代码往往牵一发而动全身，在独立的函数内部修改，由此带来的影响也只限于一个或最多几个区域中。

④ 解决了变量的命名问题：函数内部的变量命名可以与全局变量同名。

⑤ 改进性能：把代码段放进函数中也使得用更快的算法或执行更快的语言(如汇编)来改进这段代码的工作变得容易些。

⑥ 移植性比较好：项目开发过程中，一些重复常用的代码或者算法可以使用函数封装起来，下次程序编写需要使用时，可以拷贝此整个函数模块并执行函数调用即可。

5.2 函数的定义和调用

C语言的函数如何封装呢？下面以一个简单例子来说明print_C函数封装，调用它可以打印一行固定的文字。

例5.1 在主函数中调用其他函数。

```
# include <iostream>
using namespace std;
//函数定义开始
void print_C(void)
{
    cout<<"Hello,welcome to use  C++!"<<endl;//输出一行文字
}
//函数定义结束
int main(void)
{
    printf("*********************************");
    print_C();//函数调用
    printf("*********************************");
    return 0;
}
```

运行情况如下：

```
*******************************
Hello,welcome to use  C++!
*******************************
```

如果希望多打印几行例5.1中的文字，只需要在main函数中多调用几次print_C函数即可。一个过程化的程序中函数调用的示意图如图5.1所示，在一个程序文件中可以包含若干个函数，无论把一个程序划分为多少个程序模块，只能有一个main函数。程序总是从main函数开始执行的，在程序运行过程中，由主函数调用其他函数，其他函数也可以互相调用。

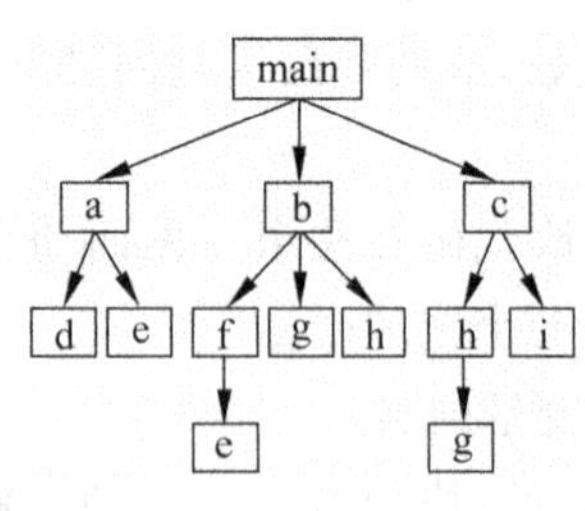

图5.1 程序中函数调用示意图

从用户使用的角度看，函数有两种：

(1) 系统函数，即库函数。这是由编译系统提供的，用户不必自己定义这些函数，可以直接使用它们。

(2) 用户自己定义的函数，用以解决用户的专门需要。

从函数的形式看，函数分两类：

(1) 无参函数。调用函数时不必给出参数。

(2) 有参函数。在调用函数时，要给出参数，在主调函数和被调函数之间有数据传递。

◀例5.1

5.2.1 函数的定义

(1) 定义无参函数的一般形式：

```
类型标识符 函数名([void])
{
声明部分
语句
}
```

注意："[]"表示该中括号里的内容可省略，圆括号"()"中无参数。比如在例 5.1 中主函数 main 和被调函数 print_C 都为无参函数，而 print_C 函数为用户自定义的无参函数。函数名前的"类型标识符"表示指定函数的类型，即函数带回来的值的类型。

(2) 定义有参函数的一般形式：

```
类型标识符 函数名(形式参数表列)
{
声明部分
语句
}
```

此方式定义函数，圆括号"()"中带有参数表列，例如：

```
int max(int x,int y)  //函数首部,函数值为整型,有两个整型形参
{
int z;  //函数体中的声明部分
if(x>y)
    z=x;  //将 x 和 y 中的大者的值赋给整型变量 z
else
  z=y;
return (z);//将 z 的值作为函数值返回调用点
}
```

C++要求在定义函数时必须指定函数的类型。

5.2.2 函数的调用

定义函数的目的就是调用该函数，以达到想要的结果。因此 5.2.1 节中定义完函数后，应当熟练掌握并调用该函数，例 5.1 中就使用了函数的调用，如 print_C()。函数的调用形式如下：

```
函数名(实参表列)
```

如果是调用无参函数，则"实参表列"通常没有，注意圆括号"()"不能省略，见例 5.1。如果实参表列包含多个实参，则各参数之间用逗号","隔开。函数的调用在程序中出现的形式可分为如下几种。

1. 函数作为调用语句

把函数调用单独作为一个语句，并不要求函数带回一个值，只是要求函数完成一定的操作。如例 5.1 中的"print_C();"语句。

2. 函数作为表达式

函数的调用出现在表达式中，函数调用后的结果作为表达式的一个操作数，因此，要求函数带回一个确定的值以参加表达式的运算。比如“sum＝10＋max(a,b);”形式的函数的调用。

3. 函数作为参数

由上面可知，函数调用后可以返回一个确定的值，那么函数的调用还可以作为函数的实参。比如函数调用语句“result＝max(c,max(a,b));”，max(a,b)调用后返回 a,b 中的较大者作为第二次 max 函数调用的实参，再与 c 进行比较，最后 max 函数返回 a,b,c 中较大者并赋值给 result。在 C＋＋中通常还会见到“cout<<"result＝"<<max(a,b)<<endl;”这样的函数调用形式，把 max(a,b)作为输出语句的参数。

5.2.3 函数的声明

所谓声明，就是告诉编译器“我要使用该函数，但还未见到该函数定义，此时要告诉编译器不要报错，定义在后面会给出”，即在函数尚未定义的情况下，事先将该函数的有关信息通知编译系统，以便使编译能正常进行。读者会发现，有时候不写函数的声明，程序也是可以执行的，这主要是由于函数的定义在调用函数之前，程序的编译是从上往下执行的，编译器先知晓了该函数的定义，所以从原则上来说，函数必须“先定义，再调用”。如果程序中先调用后定义，必须有对应函数的声明。

例 5.2 函数声明举例。

```
# include <iostream>
using namespace std;
int main()
{
    float sub(float x,float y);   //对 sub 函数做声明
    float a,b,c;
    cout<<"please enter a,b:";
    cin>>a>>b;
    if(a>b)
      c=sub(a,b); //对 sub 函数调用
    else
      c=sub(b,a);
    cout<<"sub="<<c<<endl;
  return 0;
}
float sub(float x,float y)//定义 sub 函数
{
    float z;
    z=x-y;
    return (z);
}
```

◀例 5.2

> **注意：**
> 函数 sub 定义在其调用之后，因此需要声明，对函数的定义和声明不是同一件事情。定义是指对函数功能的实现，包括指定函数名、函数类型、形参及其类型、函数体等，它是一个完整的、独立的函数单位。而声明的作用则是把函数的名字、函数类型以及形参的个数、类型和顺序（注意，不包括函数体）通知编译系统，以便在对包含函数调用的语句进行编译时，据此对其进行对照检查（比如函数名是否正确，实参与形参的类型和个数是否一致）。

在例 5.2 中函数声明中也可以不写形参名 x 和 y，而只写形参的类型，如下所示：

```
float sub(float,float);
```

这种函数声明称为函数原型。使用函数原型是 C 和 C++的一个重要特点。它的作用主要是：根据函数原型在程序编译阶段对调用函数的合法性进行全面检查，如果发现与函数原型不匹配的函数调用就报告编译出错，它属于语法错误，用户根据屏幕显示的出错信息很容易发现和纠正错误。

函数原型的一般形式为：

（1）函数类型 函数名（参数类型 1，参数类型 2，…）；

（2）函数类型 函数名（参数类型 1　参数名 1，参数类型 2　参数名 2，…）；

> **注意：**
> 函数的声明后，要在圆括号后加分号“;”。第(1)种形式是基本的形式。为了便于阅读程序，也允许在函数原型中加上参数名，就成了第(2)种形式。但编译系统并不检查参数名。因此参数名是什么都无所谓。例 5.2 程序中的声明也可以写成
>
> ```
> float sub(float a,float b); //参数名不用 x、y，而用 a、b 效果完全相同
> ```

应当保证函数原型与函数定义首部写法上的一致，即函数类型、函数名、参数个数、参数类型和参数顺序必须相同。通常为了保证函数的声明与函数定义首部的一致性，复制该函数定义的首部并在最后加一个分号（“;”）作为该函数的声明，这样保证了在函数调用时函数名、实参类型和实参个数与函数原型一致。

函数的声明可以在调用函数所在的函数中，也可以在函数之外，如果函数声明放在函数的外部，在所有函数定义之前，则在各个主调函数中不必对所调用的函数再做声明。比如例 5.2 中，若声明语句“float sub(float x,float y);”在 main 函数与“using namespace std;”之间，则在 main 函数中调用 sub 函数时，不需要在 main 函数中再声明 sub 函数。

5.3 函数间的参数传递

函数定义的时候通过参数表列来指定参数的数量和类型，参数的使用使得函数变得非常灵活，同一个函数传入不同的参数可以让函数实现更为丰富的功能。比如，现在学校流行的校园自动售货机，物品的输出可以用一个函数实现，而我们的校园自动售货机不可能只销售一种物品，所以需要函数来支持，在终端输入不同产品的编号，便可以选择不同的物品。在终端输入不同产品的编号就是给函数不同的参数，这就是参数的用法。

5.3.1 形式参数和实际参数

函数的学习通常会听到实参和形参这两个名词，现在学习 C++了，还是分不清楚。其实很好理解，形参就是形式参数，函数定义的时候写的参数就叫形参，因为定义函数时它只

是作为一个占位符而已。而实参就是真正调用这个函数的时候,传递进去的数值,是一个实实在在的值。形参和实参的功能就是数据传送,当发生函数调用时,实参的值会传送给形参,并且这种传输是单向的(不能把形参的值回传给实参),如例 5.3。

例 5.3 编写一个函数,接收两个整型参数,并返回它们中较大的值。

```
# include <iostream>
using namespace std;
int max(int, int);//声明可以只写参数的类型,不写名字
int main(void)
{
    int x, y, z;  // main 函数体中的声明部分
    cout<<"please enter x,y:";
    cin>>x>>y;
    z=max(x,y);   //这里的变量 x 和 y 就是实参
    cout<<"max="<<z<<endl;
    return 0;
}
int max(int xx,int yy)  //这里的变量 xx 和 yy 就是形参
{
    int z;  //max 函数体中的声明部分
    if(xx >yy)
       z=xx;  //将 xx 和 yy 中的大者的值赋给整型变量 z
    else
        z=yy;
    return z;//将 z 的值作为函数值返回调用点
}
```

注意:

main 函数体中的 z 与 max 函数体中的 z 不是同一个变量,而是两个变量,它们在内存中的存储位置不同,作用范围也不同,max 函数体中的变量 z 作用时间为在 max 函数体中定义 z 开始到 max 函数定义结束。max 函数中变量 z 的值通过"return z;"语句返回给主函数中 max 函数的调用,即 max 函数的返回值再给 main 函数中的变量 z。形参名可以与实参名同名,形参变量只有在函数被调用时才会临时分配内存,调用结束后,内存被立刻释放,所以形参变量只在函数内部有效,不能在函数外部使用。

有关形参与实参的说明:

(1) 形参名和实参名可以相同,即可以同时取 x、y 或者 xx、yy。

(2) 实参可以是常量、变量或表达式,如 max(3, x+y),但要求 x 和 y 有确定的值,以便在调用函数时将实参的值赋给形参。

(3) 在声明函数时,必须在函数首部指定形参的类型(见例 5.3 程序第 3 行)。

(4) 实参与形参的类型应相同或赋值兼容。例 5.3 中实参和形参都是整型,这是合法的、正确的。如果实参为整型而形参为实型,或者相反,则按不同类型数值的赋值规则进行转换。例如实参 x 的值为 3.5,而形参 x 为整型,则将 3.5 转换成整数 3,然后送到形参 x。字符型与整型可以互相通用。

◀例 5.3

(5) 实参变量对形参变量的数据传递是“值传递”,即单向传递,只由实参传给形参,而不能由形参传回来给实参。在调用函数时,编译系统临时给形参分配存储单元。请注意:实参单元与形参单元是不同的单元。图 5.2 表示将实参 x 和 y 的值 2 和 3 传递给对应的形参 xx 和 yy。

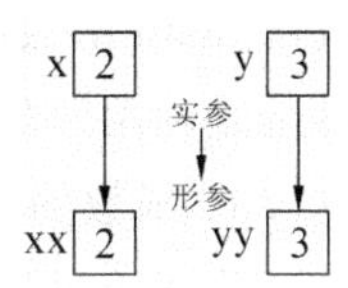

图 5.2 实参和形参间的数据传递

5.3.2 函数的返回值

定义函数时,函数的类型名实际上就是指定函数的返回值。一个函数完成一个功能,通常需要反馈结果。比如例 5.2 中的 sub 函数,我传递给你两个值 3 和 1,你将它们进行复杂的计算之后把结果 2 返回给我,通常这些函数会通过函数的返回值来说明函数是否调用成功。当然,在现实开发中并不是所有的函数都有计算结果可以返回。比如例 5.1 中的 print_C 函数调用,就没有什么计算结果可以返回,类似这样没有计算结果的函数调用,通常会用“return 0;”来返回。最后,如果函数确实不需要返回值,那么就用 void 表示不返回。函数的返回值总结如下:

(1) 函数的返回值是通过函数中的 return 语句获得的。return 语句将被调函数中的一个确定值带回主调函数中去。

return 语句后面的括号可以要,也可以不要。return 后面的值可以是一个表达式。

(2) 函数值的类型,既然函数有返回值,这个值当然应属于某一个确定的类型,应当在定义函数时指定函数值的类型。比如下面几个函数的首部:

```
int max(float x,float y)          //函数值为整型
char compare(char c1,char c2)     //函数值为字符型
double mux(int x,int y)           //函数值为双精度型
```

(3) 如果函数值的类型和 return 语句中表达式的值不一致,则以函数类型为准,即函数类型决定返回值的类型。对数值型数据,可以自动进行类型转换。

例 5.3 中指定 max 函数值为整型,而变量 z 也被定义为整型,通过 return 语句把 z 的值作为 max 的函数值,由 max 带回到主调函数,z 的类型和 max 函数的类型是一致的。如果 z 的类型和 max 函数的类型不是一致的,则以函数类型为准。比如例 5.3 中形参 xx、yy,实参 x、y 以及变量 z 均为 float 型,且假设 z 为 2.5,而函数值类型是 int 型,二者不一致,那么先将 2.5 变为整型数值 2,然后 max(x,y)将带回一个整型数值 2 给主调函数 main。

5.4 函数的嵌套调用和递归调用

5.4.1 函数的嵌套调用

C++不允许对函数进行嵌套定义,也就是说,在一个函数中不能完整地包含另一个函数。在一个程序中每一个函数的定义都是互相平行和独立的。

虽然 C++不能嵌套定义函数,但可以嵌套调用函数,也就是说,在调用一个函数的过程中,又调用另一个函数。图 5.3 所示为嵌套调用框架。

图 5.4 表示的是两层嵌套调用过程,加上 main 函数共 3 层函数,其执行过程如下:

① 执行 main 函数的开头部分；

② 遇函数调用语句，调用 f1 函数，流程转去 f1 函数；

③ 执行 f1 函数的开头部分；

④ 遇函数调用语句，调用 f2 函数，流程转去 f2 函数；

⑤ 执行 f2 函数，如果无其他的嵌套函数调用，则执行完 f2 函数的全部语句；

⑥ 返回到 f1 函数中调用 f2 函数的位置；

⑦ 继续执行 f1 函数中未执行完的语句，直到 f1 函数结束；

⑧ 返回到 main 函数中调用 f1 函数的位置；

⑨ 继续执行 main 函数的剩下部分语句直到结束。

```
void main( )
{
    ……
    f1( )
    ……
}
f1()
{
    ……
    f2( )
    ……
}
f2()
{
    ……
}
```

图 5.3　嵌套调用框架图

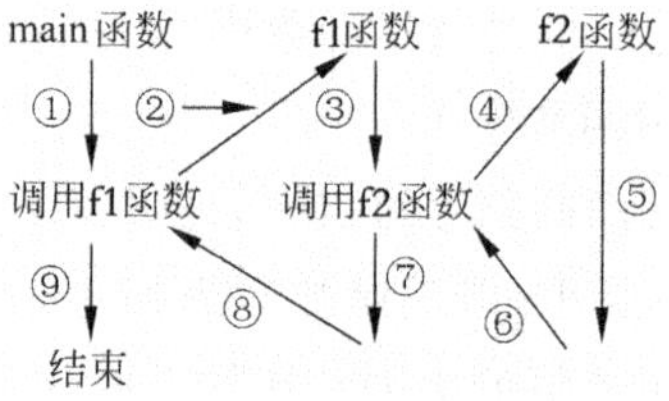

main函数
f1函数
f2函数
①
②
③
④
⑤
调用f1函数
调用f2函数
⑥
⑦
⑧
⑨
结束

图 5.4　嵌套调用示意图

在程序中实现函数嵌套调用时，需要注意的是：在调用函数之前，需要对每一个被调用的函数做声明（除非定义在前，调用在后）。

例 5.4　求三角形面积 $area=\sqrt{s(s-a)(s-b)(s-c)}$，其中 $s=(a+b+c)/2$。

```
# include <iostream>
# include <cmath>
using namespace std;
float area(float a, float b, float c);//函数声明
float s(float a, float b, float c);//函数声明
void main()
{
    float a, b, c,result;
    cout<<"input a,b,c:";
    cin>>a>>b>>c;
    area_result=area(a, b, c);
    cout<<"The area is"<<area_result <<endl;
}
float area(float a, float b, float c)//函数定义
{
    float ss;
```

◀例 5.4

```
    ss=s(a,b,c);//函数嵌套调用
    return sqrt(ss*(ss-a)*(ss-b)*(ss-c));
}
float s(float a, float b, float c)//函数定义
{
    return (a+b+c)/2;
}
```

分析 在定义函数时，函数名为 area 和 s 的 2 个函数是互相独立的，并不互相从属。这 2 个函数均定为浮点型。这 2 个函数的定义均出现在 main 函数之后，因此在 main 函数的前面对这 2 个函数做了声明。程序从 main 函数开始执行，函数的嵌套调用示意图如图 5.5所示。在 area 函数定义中，用到了 sqrt 开根号函数，因此，在文件开头用＃include <cmath>把有关的头文件包含进来。

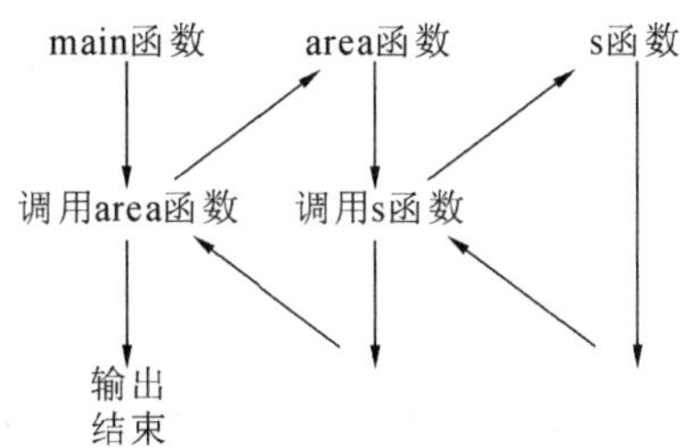

图 5.5　例 5.4 函数嵌套调用示意图

5.4.2　函数的递归调用

“从前有座山，山上有座庙，庙里有一个老和尚和一个小和尚，老和尚对小和尚说：‘从前有座山，山上有座庙，庙里有一个老和尚和一个小和尚，老和尚对小和尚说：……’”。这个故事可以给大家讲上一天，这个故事实际上说的就是接下来给大家讲解的另一个知识点：递归。

在调用一个函数的过程中又出现直接或间接地调用该函数本身，称为函数的递归调用。C＋＋允许函数的递归调用。

图 5.6(a)表示的是直接调用本函数。图 5.6(b)表示的是间接调用本函数，在调用 f1 函数过程中要调用 f2 函数，而在调用 f2 函数过程中又要调用 f1 函数。

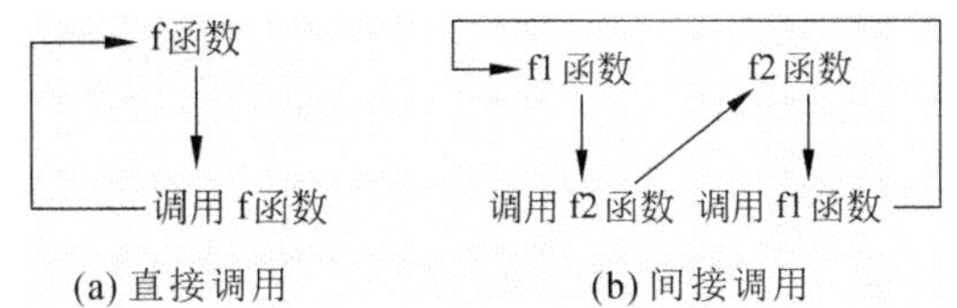

图 5.6　递归函数的直接调用和间接调用

从图 5.6 可以看到，这两种递归调用都是无终止的自身调用。显然，程序中不应出现这种无终止的递归调用，而只应出现有限次数的、有终止的递归调用，这可以用条件判断 if 语句来控制，只有在某一条件成立时才继续执行递归调用，否则就不再继续。使用递归调用的两个条件：递归式和递归调用出口。

包含递归调用的函数称为递归函数。递归函数调用的过程示意图如图 5.7 所示。

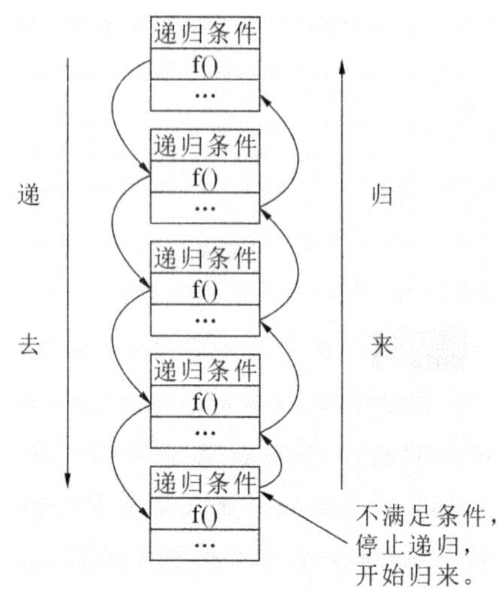

图 5.7　递归函数调用的过程示意图

先看看下面的例子：

```
# include <iostream>
using namespace std;
void fun(int i)
{
    if(i>0)
    {
        fun(i/2);
    }
cout<<"The i is"<<i <<endl;
}
int main()
{
    fun(10);
    return 0;
}
```

这个例子简单但容易出错，那么这个例子的结果到底是多少呢？很多同学都不明白为什么输出正确结果是这样：

```
The i is 0
The i is 1
The i is 2
The i is 5
The i is 10
```

分析：他们会认为，输出结果是 0。因为当 i⩽0 时递归调用结束，然后执行“cout<<"The i is "<< i <<endl;”这条语句，打印输出 i 的值。其实得出这样的结果，主要对函数的递归调用未能准确理解。其实语句“cout<<"The i is "<< i <<endl;”是 fun 函数的一部分，肯定执行一次 fun 函数，便打印输出一行，不可能只输出一行。可关键还是未能理解递归函数的调用是如何展开的，接下来对此例子进行展开，过程如下：

对应代码展开如下：

```
void fun(int i)
{
    if(i>0)
    {
        //fun(i/2);
        if(i/2>0)
        {
            if(i/4>0)
            {
                ……
            }
```

```
            cout<<"The i is"<<i/4 <<endl;
        }
        cout<<"The i is"<<i/2 <<endl;
    }
    cout<<"The i is"<<i <<endl;
}
```

这样一展开，递归调用也就清晰明朗了，其实递归本身并没有什么难关，关键是其展开过程别弄错了，接下再看例 5.5 的递归调用。

例 5.5 用递归调用方法求正整数的阶乘。

分析 求正整数 n! 可以用递推方法，即从 1 开始，乘 2，再乘 3……一直乘到 n。求正整数 n! 也可以用递归方法，即 5! =4! ×5，而 4! =3! ×4，…，1! =1。可用下面的递归公式表示：

$$\begin{cases} n! = 1 (n=0,1) \\ n \cdot (n-1)! \ (n>1) \end{cases}$$

代码如下：

```
# include <iostream>
using namespace std;
long fac(int);//函数声明
int main()
{
    int n;//n 为需要求阶乘的整数
    long y;  //y 为存放 n! 的变量
    cout<<"please input an integer :";  //输入的提示
    cin>>n;//输入 n
    y=fac(n);//调用 fac 函数以求 n!
    cout<<n<<"!="<<y<<endl; //输出 n! 的值
    return 0;
}

long fac(int n)  //递归函数
{
    long f;
    if(n<0)
    {
        cout<<"n<0,data error!"<<endl; //如果输入负数，报错并以-1 作为返回值
        f=-1;
    }
    else if (n==0||n==1)
        f=1;//0! 和 1! 的值为 1
    else
        f=fac(n-1) * n;//n>1 时，进行递归调用
    return f;//将 f 的值作为函数值返回
```

例 5.5▶

```
}
```

运行情况如下：

```
please input an integer:5↙
5!=120
```

代码分析

进入 main 函数，第一次调用 fac 函数，此时 n 为 5，f=fac(4)*5，fac 函数还不能返回，因为它需要等待 fac(4)这个函数的返回，以此类推，直到 fac(0)函数调用出现，此时 f=fac(0)*1，当调用 fac(0)函数时，f=1；此时 fac(0)函数调用中 n=0 或 n=1 为递归调用出口条件，函数 fac(0)调用结束后 f=1，n=0 时函数开始返回，即 f=fac(0)*1=1 开始返回，接下来 n=1 时，f=fac(1)*2=1*2=2 返回，陆续直到 n=5 时，f=fac(4)*5 返回，最终递归调用代码才执行完。

对例 5.5 代码的递归调用示意图分析如图 5.8 所示。

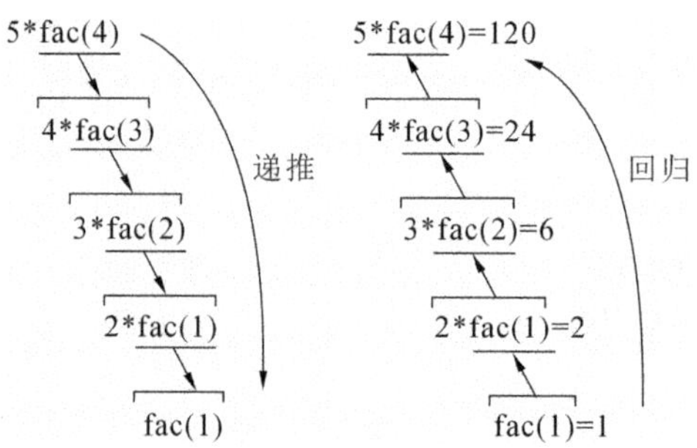

图 5.8 例 5.5 递归调用示意图

5.5 局部变量和全局变量

5.5.1 局部变量

大家在学习 C 语言时，已经清楚我们所了解的变量就是在内存中开辟一个存储数据的空间，并给它取了一个名字。那个时候在 main 函数中定义的变量可以随时随地使用它，对作用范围一无所知，直到学习了函数之后才发现有些变量的使用并不是在整个代码中起作用，不同的函数定义的变量，它们是无法相互访问的。

局部变量是指在一个函数内部定义的变量，它只在本函数范围内有效，也就是说，只有在本函数内才能使用它们，在此函数以外是不能使用这些变量的；同样，在某一复合语句中定义的变量只在此复合语句范围内有效。局部变量有时也叫内部变量。

```
float func(int a) //函数 func
{
    int b,c,n;// 参数 a 和变量 b、c、n 仅在 func 函数内部有效
    …
    for(int i=0;i<10;i++)
    {
        …
```

```
    }
    …
}
int main() //主函数
{
    int m,n;
    …
    return 0;
}
```

上面的代码中，func 函数有一个参数、三个变量，它们的作用范围仅限于 func 函数内部，在 main 函数内部无法访问参数 a 以及变量 b、c、n。同样，func 函数也无法访问 main 函数内部定义的变量 m 和 n。

另外，在 func 函数的内部还有一个复合语句，由 for 循环语句构成，其 for 语句内部用大括号包裹的若干语句构成一个复合语句，在复合语句里面有一个整型变量 i，它的作用范围仅限于 for 语句构成的复合语句内部。请看下面的代码：

```
# include <iostream>
using namespace std;
int main()//主函数
{
    int i=20;
    cout<<"The first i="<<i<<endl;
    for(int i=0;i<5;i++)
      {
        cout<<"i="<<i<<endl;
      }
    cout<<"The last i="<<i<<endl;
    return 0;
}
```

结果如下：

```
The first i=20
i=0
i=1
i=2
i=3
i=4
The last i=20
```

总结：

(1) 主函数 main 中定义的变量也只在主函数中有效，不会因为在主函数中定义而在整个文件或程序中有效。主函数也不能使用其他函数中定义的变量。

(2) 不同函数中可以使用同名的变量，它们代表不同的对象，互不干扰。例如，在 func 函数中定义了变量 n，倘若在 main 函数中也定义变量 n，它们在内存中占不同的内存单元，代表两个不同的变量，因此不会混淆或者覆盖。

(3) 可以在一个函数内的复合语句中定义变量，这些变量只在本复合语句中有效，这种复合语句也称为分程序或程序块。

(4) 形式参数也是局部变量。例如 func 函数中的形参 a 也只在 func 函数中有效。其他函数不能调用。

(5) 在函数声明中出现的参数名，其作用范围只在本行的括号内。实际上，编译系统对函数声明中的变量名是忽略的，即使在调用函数时也没有为它们分配存储单元。

5.5.2 全局变量

在函数内部或者复合语句内部定义的变量称为局部变量；在函数外面定义的变量称为外部变量，也称全局变量。有时候需要在不同的函数内部使用同一变量，这时候全局变量就派上用场了。因为全局变量可以被本程序中其他函数或者复合语句所共用，全局变量的有效范围为从定义变量的位置开始到本源文件结束。

```
# include <iostream>
using namespace std;
void f2 ();
int a,b=20; //全局变量 a 和 b
void f2 ()//子函数 f2
{
    int b;//局部变量 b
    a=1024;
    b=512;
    cout<<"In f2 a="<<a<<"  b="<<b<<endl;
/*
        第二次打印输出全局变量 a 和局部变量 b 的值，
        全局变量 a 被重新赋值 1024,局部变量 b 被赋值 512
        */
}
int main (void)//主函数 main
{
    cout<<"In main a="<<a<<"  b="<<b<<endl;
/* 第一次打印输出全局变量 a 和 b 的值，a 默认为 0 */
    f2();
    cout<<"In main a="<<a<<"  b="<<b<<endl;
        /*
        第三次打印输出全局变量 a 和全局变量 b 的值，
```

```
        全局变量 a 的值保留第一次的赋值 1024,全局变量 b 的初始值 20 未被修改,保持输出
        */
    return 0;
}
```

结果如下：

```
In main a=0  b=20
In f2 a=1024  b=512
In main a=1024  b=20
```

总结：

(1) 全局变量和局部变量同名时，在局部变量的作用范围内，局部变量优先。

(2) 建议不要大量使用全局变量。全局变量在程序的全部执行过程中都占用存储单元，而不是仅在需要时才开辟单元。同时它使函数的通用性降低了，因为在执行函数时要受到外部变量的影响，如果将一个函数移到另一个文件中，还要将有关的外部变量及其值一起移过去。使用全局变量过多，会降低程序的清晰性，如果在同一个源文件中，全局变量与局部变量同名，则在局部变量的作用范围内，全局变量被屏蔽，即它不起作用。

(3) 变量的有效范围称为变量的作用域。归纳起来，变量有4种不同的作用域，即文件作用域、函数作用域、块作用域和函数原型作用域。文件作用域是全局的，其他三者是局部的。

5.6 变量的作用域和变量存储类别

5.6.1 变量的作用域

5.5节从变量的作用域角度将变量划分为局部变量和全局变量，这是从空间角度分析的。同时也发现，当变量被定义在程序的不同位置时，它的作用范围是不一样的，这个作用范围就是需要讨论的作用域。从5.5节中已经知道，函数的形式参数以及在函数内部定义的变量为局部变量，它们的作用域仅限于函数的函数体，称此变量具有代码块作用域；如果将变量定义在函数的外部，该变量对所有本文件内的函数均可见并可使用，称为全局变量，它的作用域是整个文件，称此变量具有文件作用域。C/C++语言编译器可以确认四种不同类型的作用域：文件作用域、函数作用域、代码块作用域和函数原型作用域。

1. 代码块作用域

C语言要求变量的定义应该放在所有的执行语句之前，而C++则放松了限制，只要求在第一次使用该变量之前进行定义即可。也就是说，它可以出现在语句的中间，当块嵌套在另一个块中时，内部块中定义的变量可能与外部块中定义的变量具有相同的名称。虽然一般认为这样做不妥，因为它很可能会导致混乱，但其实这样做是被允许的。当内部块中的变量进入作用域时，外部块中的变量变为“隐藏”，不能使用。如下代码：

```
#include <iostream>
using namespace std;
int main()
{
```

```
    int number; //定义变量名为 number 的变量
    cout <<"请输入一个大于 0 的整型数据:";
    cin >>number;
    if (number >0)
    {
        int number; //定义另一个变量,其名也为 number
        cout <<"请重新输入一个整型数据:";
        cin >>number;
        cout<<"第二次输入的数据是:";
        cout <<number <<endl;
    }
    cout <<"第一次输入的数据是:"<<number <<endl;
    return 0;
}
```

结果如下:

```
请输入一个大于 0 的整型数据:8
请重新输入一个整型数据:10
第二次输入的数据是:10
第一次输入的数据是:8
```

分析 此程序中有两个单独的变量名 number。一个在外部块中的第 5 行上定义,另一个在内部块中的第 10 行上定义。内部块中的 cin 和 cout 语句(属于 if 语句)只能与该块中定义的 number 变量一起使用。一旦程序离开该块,内部 number 离开作用域,将再次显示外部 number 变量。尽管在嵌套块中定义变量是完全可以接受的,但是在命名时应该避免与外部块中的变量相同,毕竟这样太容易将一个变量与另一个变量混淆了。

2. 文件作用域

所有在代码块之外声明的变量都具有文件作用域,表示这些变量,从声明之处到所在文件结尾都可以访问,通常用关键词 extern 指示。另外,函数名也具有文件作用域,因为函数名也在代码块之外。如下代码:

```
# include <iostream>
using namespace std;
void f2 ();
int main (void)//主函数 main
{
    extern int count;
    f2();
    count++;
    cout<<"In main count="<<count<<endl;
    return 0;
}
int count;
void f2 ()//子函数 f2 定义
```

```
    {
        count++;
        cout<<"In f2 count="<<count <<endl;
    }
```

结果如下：

```
In f2 count=1
In main count=2
```

分析 在上面的例子中，count、f2 和 main 函数属于文件作用域，它们的作用范围是从其声明的位置开始到文件末尾。由于 f2 函数的定义在变量 count 的下方，所以在 f2 函数的角度是可以看得到 count 变量的。但是从 main 函数的角度是看不到 count 和 f2 函数的，要想在 main 函数中使用变量 count，必须在 main 函数中使用关键词 extern 声明变量 count，如本例中的第 6 行所示。(不妨试试将第 12 行或者第 6 行去掉，看看效果怎样。)

3. 函数原型作用域

这里主要指函数声明中的参数，函数原型作用域是为了防止参数名与程序其他部分名字冲突。事实上，函数在声明的时候可以不写参数的名字(但参数的类型必须写上)，也可以随意写一个名字，只要符合命名规则即可，不必与形式参数名相同，之所以这么做，是因为原型作用域起了作用。唯一的冲突就是在一个原型中不止一次使用同一个名字。

4. 函数作用域

函数作用域特指 goto 语句的作用域，作用是将 goto 语句的标签限制在同一个函数内部，对函数内所有变量可见，以防止出现重名标签。

作用域规则告诉我们一个变量的有效范围，它在哪儿创建，在哪儿销毁(也就是说超出了作用域)。变量的有效作用域从它的定义点开始，到和定义变量之前最邻近的开括号配对的第一个闭括号。也就是说，作用域由变量所在的最近一对括号确定。

5.6.2 变量存储类别

从全局变量和局部变量的角度，也就是空间的角度，已经介绍了变量的作用域属性，变量还有一种属性，即存储期(或生命期)。存储期是指变量在内存中的存在期间。这是从变量值存在的时间角度来分析的。存储期可以分为静态存储期(static storage duration)和动态存储期(dynamic storage duration)。这是由变量的静态存储方式和动态存储方式决定的。

所谓静态存储方式是指在程序运行期间，系统对变量分配固定的存储空间。而动态存储方式则是在程序运行期间，系统对变量动态地分配存储空间。此存储空间便是内存中供用户使用的空间。存储空间可以分为三部分，即程序区、静态存储区、动态存储区。

数据是放在静态存储区和动态存储区中的。

根据全局变量的作用域属性可知，全局变量全部存放在静态存储区中，在程序开始执行时给全局变量分配存储单元，程序执行完毕就释放这些空间。在程序执行过程中它们占据固定的存储单元，而不是动态地进行分配和释放。

而动态存储区中存放以下数据：① 函数形式参数，在调用函数时给形参分配存储空间；② 函数中的自动变量(函数内部未用 static 声明的变量默认为自动变量)；③ 函数调用时的现场保护和返回地址等。对于动态存储区的数据，函数调用开始时分配动态存储空间，函数结束时释放这些空间。在程序执行过程中，这种分配和释放是动态的，如果在一个程序中两次调用同一函数，则函数内部的变量要进行两次分配和释放，而两次分配给此函数中局部变量的存储空间地址可能是不相同的。

在C++中，变量存储类别其实是指数据在内存中存储的方法及存储变量值的内存类型。存储方法分为静态存储和动态存储两大类。具体变量包含自动变量、静态局部变量、寄存器变量和外部变量。

1. 自动变量

函数中的局部变量，如果不用关键字 static 加以声明，编译系统对它们是动态地分配存储空间的。函数的形参和在函数中定义的变量（包括在复合语句中定义的变量）都属此类。在调用该函数时，系统给形参和函数中定义的变量分配存储空间，数据存储在动态存储区中。在函数调用结束时就自动释放这些空间。如果是在复合语句中定义的变量，则在变量定义时分配存储空间，在复合语句结束时自动释放空间。因此局部变量通常称为自动变量（auto variable），自动变量用关键字 auto 做存储类别的声明。因为它们在进入作用域时自动生成，离开作用域时自动消失，关键字 auto 可以显式地说明这个问题，但是局部变量默认为 auto，所以没有必要声明为 auto。下面例子中 auto 可以省略，例如：

```
# include <iostream>
using namespace std;
int main ()//主函数 main
{
    auto int count=0;
    count ++;
    cout<<"In main count="<<count<<endl;
    return 0;
}
```

存储类别 auto 和数据类型 int 的顺序任意。由于这是默认的存储类型，关键字 auto 可以省略。但是如果想强调局部变量屏蔽同名的全局变量，可以在局部变量的声明处加上 auto，这样可以使得代码更加清晰。比如：

```
# include <iostream>
using namespace std;
int count=10;
int main ()//主函数 main
{
    auto int count=0;
    count ++;
    cout<<"In main count="<<count<<endl;
    return 0;
}
```

出现同名的全局变量和局部变量，函数内部以局部的自动变量起作用，其结果输出为 1。

2. 静态局部变量

用 static 声明静态局部变量，其关键字 static 有一些独特的意义。通常，函数中定义的局部变量在函数中作用域结束时消失。当再次调用这个函数时，会重新创建变量的存储空间，其值会被重新初始化。如果想使局部变量的值在程序的整个生命期里仍然存在，那么可以定义函数的局部变量为 static（静态的），并对它初始化。初始化只在函数第一次调用时执行，函数调用之间变量的值保持不变，这种方式，函数可以“记住”函数调用之间的一些信息片段。这也就是所谓的静态局部变量，具有局部作用域，它只被初始化一次，自从第一次被初始化直到程序运行结束都一直存在，它和全局变量的区别在于全局变量对所有的函数都是可见的，而静态局部变量只在定义自己的函数体内始终可见，下次再调用时，其值保持上一次调用结束时的值。可能奇怪为什么不使用全局变量，static 局部变量的优点是在函数范围之外它是不可用的。例如：

```
# include <iostream>
using namespace std;
void f2 ();
int main (void)//主函数 main
{
    int i;
    for(i=0;i<5;i++)
    {
        f2();
    }
    return 0;
}
void f2 ()//子函数 f2 定义
{
    static int count=0;
    cout<<"In f2 count="<<count<<endl;
    count ++;
}
```

结果：

```
In f2 count=0
In f2 count=1
In f2 count=2
In f2 count=3
In f2 count=4
```

分析 count 本来是一个普通的局部变量，但当在前面使用 static 描述后，输出结果与无 static 时完全不同。在 f2 函数里，count 只初始化一次，并且每次执行完 f2 函数，count 所占的存储空间均不会消失，它能够记忆上一次保存的值。因为这里 count 是 static 描述的静态局部变量，它只初始化一次，再次调用 f2 函数，并不会重复初始化 count。另外，虽然静态局部变量具有静态存储期，但它们的作用域仍然是局部变量，在别的函数中是无法直接使用变量名对其进行访问的。比如：

```
# include <iostream>
using namespace std;
void f2 ();
int main (void)//主函数 main
{
    int i;
    for(i=0;i<5;i++)
    {
        f2();
    }
    cout<<"In f2 count="<<count<<endl;
    return 0;
}
void f2 ()//子函数 f2 定义
{
    static int count=0;
    cout<<"In f2 count="<<count<<endl;
    count ++;
}
```

此时会出现第 11 行报错信息："digui. c：11：29：error：'count' undeclared (first use in this function)"。

3. 寄存器变量

一般情况下，变量的值都是存放在内存中的。当程序中用到哪一个变量的值时，由控制器发出指令将内存中该变量的值送到 CPU 中的运算器。经过运算器进行运算，如果需要存数，再从运算器将数据送到内存存放。寄存器变量是一种局部变量，为提高代码的执行效率，C＋＋允许将局部变量的值放在 CPU 中的寄存器中，需要用时直接从寄存器取出参加运算，不必再到内存中去存取。

这种变量叫作寄存器变量，用关键字 register 做声明。告诉编译器"尽可能快地访问这个变量"。加快访问速度取决于现实，但是，正如名字所暗示的那样，这经常是通过在寄存器中放置变量来做到的，这并不能保证将变量放在寄存器中，甚至也不能保证提高访问速度，这只是对编译器的一个暗示。

使用 register 变量是有限制的：① 不可能得到或计算 register 变量的地址；② register 变量只能在一个块中声明(不可能有全局的或静态的 register 变量)。然而可以在一个函数中使用 register 变量作为一个形式参数。一般地，不应当推测编译器的优化器，因为它可能比我们做得更好。因此，最好避免使用关键字 register。

4. 外部变量

extern 告诉编译器存在着一个变量和函数，即使编译器在当前的文件中没有看到它，这个变量或函数可能在一个文件或者在当前文件的后面定义，不要着急报错，其使用如下：

```
/**************main.c源文件****************/
# include <iostream>
using namespace std;
```

```
extern void f2 ();
int count=100;
int main (void)//主函数 main
{
    f2();
    return 0;
}

/* * * * * * * * * * * * * * f2.c 源文件 * * * * * * * * * * * * * * * */
# include <iostream>
using namespace std;
extern int count;
void f2 ()//子函数 f2 定义
{
    cout<<"In f2 count="<<count<<endl;
}
```

分析 其实 extern 和 auto 类似，在大部分情况下，它的作用是使程序更健全，代码更清晰易懂。这里有两个源文件，即 main. c 和 f2. c，count 的初始化值在 main. c 中给定，在 f2. c 源文件中用 extern 声明 count 变量，表示此 count 的值来源于 main. c 源文件中的初始化值 100。

5.6.3 变量属性总结

一个变量除了数据类型以外，还有 3 种属性：

(1) 存储类别：C++允许使用 auto，static，register 和 extern 4 种存储类别。

(2) 作用域：程序中可以引用该变量的区域。

(3) 存储期：变量在内存的存储期限，也叫生存期，也就是变量从分配内存空间到释放内存空间之间的时间。

以上 3 种属性是有联系的，程序设计者只能声明变量的存储类别，通过存储类别可以确定变量的作用域和存储期。

要注意存储类别的用法。auto，static 和 register 3 种存储类别只能用于变量的定义语句中，extern 用来声明变量而不是定义，如：

```
auto char a;//字符型自动变量，在函数内定义
static int b;//静态局部整型变量或静态外部整型变量
register int c;//整型寄存器变量，在函数内定义
extern int d;//声明一个已定义的外部整型变量
```

说明：extern 只能用来声明已定义的外部变量，而不能用于变量的定义。只要看到 extern，就可以判定这是变量声明，而不是定义变量的语句。

下面从不同角度分析它们之间的联系。

(1) 从作用域角度分，有局部变量和全局变量。它们采用的存储类别如下：

● 局部变量：自动变量，即动态局部变量（离开函数，值就消失）、静态局部变量（离开函数，值仍保留）、寄存器变量（离开函数，值就消失）和形式参数（可以定义为自动变量或寄存

器变量)。

● 全局变量:静态外部变量(只限本文件引用)和外部变量(即非静态的外部变量,允许其他文件引用)。

(2) 从变量存储期(在源文件中存在的时间)来区分,有动态存储和静态存储两种类型。静态存储是程序整个运行时间都存在,而动态存储则是在调用函数时临时分配单元。

● 动态存储:自动变量(本函数内有效)、寄存器变量(本函数内有效)、形式参数。

● 静态存储:静态局部变量(函数内有效)、静态外部变量(本文件内有效)、外部变量(其他文件可引用)。

(3) 从变量值存放的位置来区分,可分为内存中静态存储区[静态局部变量、静态外部变量(函数外部静态变量)、外部变量(可为其他文件引用)]、内存中动态存储区(自动变量和形式参数)、CPU 中的寄存器(寄存器变量)。

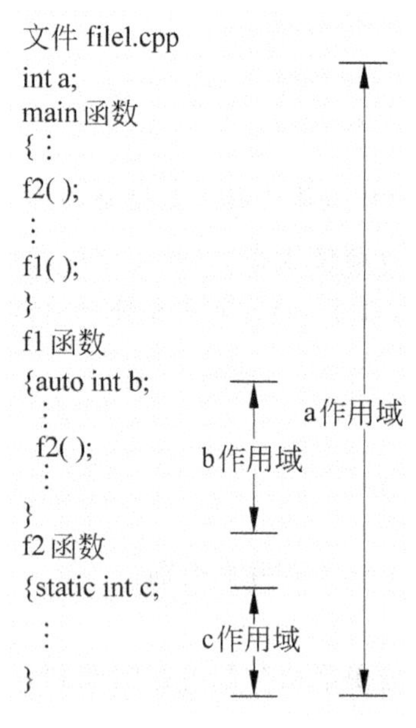

图 5.9　作用域的示意图

(4) 作用域和存储期的概念。

从前面叙述可以知道,对一个变量的性质可以从变量的作用域来确定,还可以从变量值在内存存在时间的长短,即存储期来确定。前者是从空间的角度,后者是从时间的角度。二者有联系但不是同一回事,图 5.9 是作用域的示意图,图 5.10是存储期的示意图。

如果一个变量在某个文件或函数范围内是有效的,则称该文件或函数为该变量的作用域,在此作用域内可以引用该变量,所以又称变量在此作用域内“可见”,这种性质又称为变量的可见性,例如图 5.9 中变量 a、b 在函数 f1 中可见。

如果一个变量值在某一时刻是存在的,则认为这一时刻属于该变量的存储期,或称该变量在此时刻“存在”。

可以看到自动变量和寄存器变量在函数内的可见性和存在性是一致的,在函数外的可见性和存在性也是一致的。静态局部变量在函数外的可见性和存在性不一致。静态外部变量和动态外部变量的可见性和存在性是一致的。

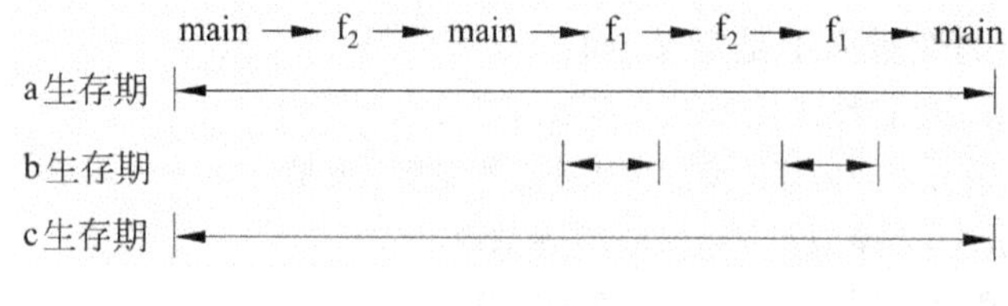

图 5.10　存储期的示意图

(5) static 声明使变量采用静态存储方式,但它对局部变量和全局变量所起的作用不同。对于局部变量来说,static 使变量由动态存储方式改变为静态存储方式。而对于全局变量来说,它使变量局部化(局部于本文件),但仍为静态存储方式。从作用域角度看,凡有 static 声明的,其作用域都是局限的,或者局限于本函数内(静态局部变量),或者局限于本文件内(静态外部变量)。

5.7 内置函数

在函数调用时，流程的控制要记下当时执行的指令的位置，还要保护现场（记下当时有关的信息），以便在函数调用之后继续执行。在函数调用后，流程返回到先前记下的位置处，并根据记下的信息"恢复现场"，然后继续执行，这些过程都需要时间。如果有的函数需要频繁使用，则所使用的时间会更多，从而降低执行效率。一般函数调用过程如图5.11所示。

因此，C++提供一种提高效率的处理方法，即在编译时将所调用函数的代码直接嵌入主调函数中，而不是将流程转出去。这种嵌入主调函数中的函数称为内置函数(inline function)，又称内嵌函数。指定内置函数的方法很简单，只需在函数首行的左端加一个关键字 inline 即可。内置函数的存在极大地提高了程序员的效率和程序的阅读速度。

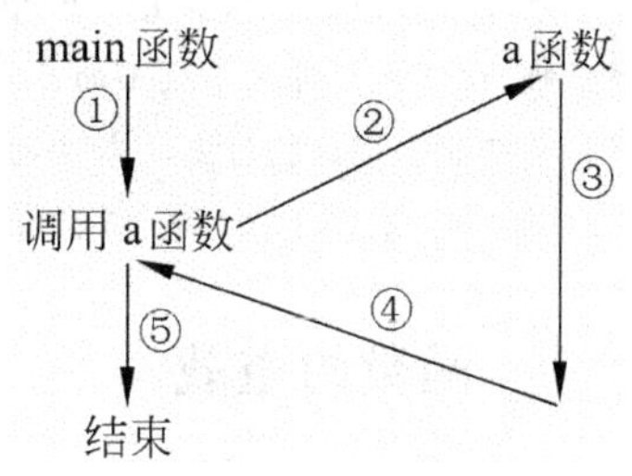

图5.11 一般函数调用示意图

定义方法：只需在函数左边加一个关键字 inline 即可。

```
inline 函数类型 函数名(参数表列1,参数表列2,…)
```

例5.6 函数指定为内置函数。

```
# include <iostream>
using namespace std;
inline float sub(float,float);//声明 sub 函数,注意左端有 inline
int main(void)
{
    float a,b,c;
    cout<<"please enter a,b:";
    cin>>a>>b;
    c=sub(a,b); //对 sub 函数调用
    cout<<"sub="<<c<<endl;
    return 0;
}
inline float sub(float x,float y)//定义 sub 函数
{
    float z;
    if(x>=y)  z=x-y;
    else  z=y-x;
    return (z);
}
```

由于在定义函数时指定 sub 为内置函数，因此编译系统在遇到函数调用"c=sub(a,b);"时，就用 sub 函数体的代码代替"c=sub(a,b);"这条语句，同时将实参"a,b"的值代替形参"x,y"。这样，程序第9行"c=sub(a,b);"就被置换成

```
float z;
if(a>=b) z=a-b;
```

例5.6▶

```
else  z=b-a;
c=z;
```

注意：

可以在声明函数和定义函数时同时使用 inline，也可以在其中一处声明 inline，效果相同，都能按内置函数处理。内置函数中不能包括复杂的控制语句，如循环语句和 switch 语句。

说明：

使用内置函数可以节省运行时间，但是却增加了目标程序的长度。因此，一般只将规模很小而使用频繁的函数（如定时采集数据的函数）声明为内置函数。在函数规模很小的情况下，函数调用的时间开销甚至可能会超过执行函数本身的时间，把它定义为内置函数，可大大减少程序运行时间。

5.8 函数的重载

在编程时，有时我们要实现的是同一类的功能，只是有些细节不同。比如希望编写函数求不同的数据类型（int 型，float 型，double 型）的绝对值。程序设计者往往会分别设计出 3 个不同名的函数，其函数原型为：

```
int  abs1(int a);  //求整数 a 的绝对值
float  abs2(float a);  //求浮点数 a 的绝对值
double  abs3(double a);//求双精度数 a 的绝对值
```

观察发现，除了数据类型之外，函数名、传参个数基本相同。然而需要三个函数来实现其功能，编写起来麻烦，更何况功能接近，受数据类型的干扰，函数名太多，可读性差。C++允许用同一函数名定义多个用于不同作用的函数，这些函数的参数个数和参数类型不同。这就是函数的重载（function overloading），即对一个函数名重新赋予它新的含义，使一个函数名可以多用。

对上面求绝对值的问题可以编写如下的 C++程序。

例 5.7 重载函数的使用：求整数、浮点数、双精度数的绝对值。

```
# include <iostream>
using namespace std;
int abs (int x) { if (x<0) x=-x; return x;}
float abs (float x) { if (x<0) x=-x; return x;}
double abs (double x) { if (x<0) x=-x; return x;}
int main()
{
    cout<<abs (-1)<<abs (-1.0f)<<abs (-1.0);
    return 0;
}
```

例 5.7 的结果是“111”。使用重载函数，减少了函数名的数量，避免了名字空间的污染，对于程序的可读性有很大的好处。3 个 abs 函数的函数体是相同的，其实重载函数并不要求函数体相同。重载函数除了允许参数类型不同以外，还允许参数的个数不同，比如例 5.8 所示。

◀例 5.7

例 5.8 编写一个程序，用来求两个整数或 3 个整数中的最大数。如果输入两个整数，程序就输出这两个整数中的最大数；如果输入 3 个整数，程序就输出这 3 个整数中的最大数。

```
# include <iostream>
    using namespace std;
    int max(int a,int b,int c);   //函数声明
    int max(int a,int b);   //函数声明
    int main()
    {
        int a=6,b=8,c=10;
        cout<<"max(a,b,c)="<<max(a,b,c)<<endl;//输出 3 个整数中的最大者
        cout<<"max(a,b)="<<max(a,b)<<endl; //输出两个整数中的最大者
    }
    int max(int a,int b,int c)//此 max 函数的作用是求 3 个整数中的最大者
    {
        if(b>a) a=b;
        if(c>a) a=c;
        return a;
    }
    int max(int a,int b)//此 max 函数的作用是求两个整数中的最大者
    {
        if(a>b) return a;
        else return b;
    }
```

结果为：

```
max(a,b,c)=10
max(a,b)=8
```

例 5.8 两次调用 max 函数的参数个数不同，系统就根据参数的个数找到与之匹配的函数并调用它。参数的个数和类型可以都不同，但不能只有函数的类型不同而参数的个数和类型相同。

函数重载使用特点：

(1) 重载函数的参数个数、参数类型或参数顺序 3 者中必须至少有一种不同，函数返回值类型可以相同也可以不同，编译器是根据函数调用语句中实参的个数和类型来判断应该调用哪个函数的。

(2) 在使用重载函数时，同名函数的功能应当相同或相近，不要用同一函数名去实现完全不相干的功能，虽然程序也能运行，但可读性不好。

(3) 函数重载时需要对函数的各种情况以同样的函数名进行声明。

(4) 函数重载方便在后期动态调用，便于扩充方法内容，可以少写重复代码。

5.9 函数模板

重载函数使编程变得方便，因为对于执行类似操作的一组函数，只要记住一个函数名称

例 5.8▶

即可。但是，每个函数都必须单独编写，在例 5.7 中求绝对值函数 abs 的定义体现得尤为明显，三个函数之间的唯一区别是它们的参数类型和函数类型不同。在这种情况下，编写函数模板比重载函数更方便。

所谓函数模板，实际上是建立一个通用函数，其函数类型和参数类型不具体指定，用一个虚拟的类型来代表。这个通用函数就称为函数模板。函数模板允许程序员编写一个单独的函数定义，以处理许多不同的函数类型、参数类型，而不必为每个使用不同的类型编写单独的函数。在调用函数时系统会根据实参的类型来取代模板中的虚拟类型，从而实现了不同函数的功能。

函数模板通过 template 与 typename 两个关键字来定义，格式：

```
template <typename T>
```

template：用于声明开始进行模板编程。

typename：用于声明模板函数中参数的泛指类型。

例 5.9 将例 5.7 改为通过函数模板实现。

```
# include <iostream>
using namespace std;
template<typename T>   //模板声明，其中 T 为类型参数
T abs(T a) //定义一个通用函数，用 T 做虚拟的类型名
{
    if (a<0) a=-a;
    return a;
}
int main()
{
   int m=-1;
   float n=-1.0f;
   double f=-1.0;
   cout<<abs (m)<<abs (n)<<abs (f);
   return 0;
}
```

例 5.9 的结果与例 5.7 的结果一致。在对程序进行编译时，遇到第 14 行调用函数 abs (m)，编译系统会将函数名 abs 与模板 abs 相匹配，将实参的类型取代函数模板中的虚拟类型 T。

函数模板不是实际的函数，而是编译器用于生成一个或多个函数的"模具"。在编写函数模板时，不必为形参、返回值或局部变量指定实际类型，而是使用类型形参来指定通用数据类型。当编译器遇到对函数的调用时，它将检查其实参的数据类型，并生成将与这些数据类型配合使用的函数代码。可以看到，用函数模板比函数重载更方便，程序更简洁。但应注意它只适用于函数的参数个数相同而类型不同，且函数体相同的情况，如果参数的个数不同，则不能用函数模板。

5.10 有默认参数的函数

一般情况下，在函数调用时形参从实参处取得值，因此要求实参的个数与形参相同。

◀例 5.9

C++允许在定义函数时给其中的某个或某些形式参数指定默认值，这样，当发生函数调用时，如果省略了对应位置上的实参的值时，则在执行被调函数时，以该形参的默认值进行运算。有时多次调用同一函数时用同样的实参，给形参一个默认值，这样形参就不必一定要从实参取值了。所谓默认参数，指的是当函数调用中省略了实参时自动使用的一个值，这个值就是给形参指定的默认值。

如果有多个形参，可以使每个形参有一个默认值，也可以只对一部分形参指定默认值，另一部分形参不指定默认值。

例 5.10 默认参数的函数使用举例。

```
# include<iostream>
using namespace std;
void func(int n, float b=1.2, char c='@') //带默认参数的函数
{
    cout<<n<<","<<b<<","<<c<<endl;
}
int main()
{
    func(10, 3.5,'#');//形参的值全部从实参得到
    func(20, 9.8);//为 n、b 传值，最后一个形参值取默认值，相当于调用 func(20, 9.8,'@')
    func(30);//只为 n 传值，最后两个形参值取默认值，相当于调用 func(30, 1.2,'@')
    return 0;
}
```

运行结果：

```
10, 3.5, #
20, 9.8, @
30, 1.2, @
```

有默认参数的函数使用注意事项：

(1) 实参与形参的结合是从左至右顺序进行的。因此指定默认值的参数必须放在形参表列中的最右端，否则出错。

(2) 在调用有默认参数的函数时，实参的个数可以与形参的个数不同，实参未给定的，从形参的默认值得到值。

(3) 如果函数的定义在函数调用之前，则应在函数定义中给出默认值。如果函数的定义在函数调用之后，则在函数调用之前需要有函数声明，此时必须在函数声明中给出默认值，在函数定义时可以不给出默认值。

(4) 一个函数不能既作为重载函数，又作为有默认参数的函数。因为当调用函数时如果少写一个参数，系统无法判定是利用重载函数还是利用有默认参数的函数，出现二义性，系统无法执行。比如：

```
void func(int);              //重载函数之一
void func(int,int=2);        //重载函数之二，带有默认参数
void func(int=1,int=2);      //重载函数之三，带有默认参数
func(3);      //error:到底调用 3 个重载函数中的哪个？
func(4,5)     //error:到底调用后面 2 个重载函数的哪个？
```

例 5.10▶

5.11 内部函数和外部函数

函数本质上是全局的，因为一个函数要被另外的函数调用，但是，也可以指定函数只能被本文件调用，而不能被其他文件调用。内部函数和外部函数是根据函数能否被其他源文件调用而区分的。

5.11.1 内部函数

如果一个函数只能被本文件中其他函数所调用，则称它为内部函数。在定义内部函数时，在函数名和函数类型的前面加 static。函数首部的一般格式为：

```
static 类型标识符 函数名(形参表列)
```

例如：

```
static int func(int a,int b);
```

内部函数又称静态函数。使用内部函数，可以使函数只局限于所在文件。如果在不同的文件中有同名的内部函数，它们互不干扰。通常把只能由同一文件使用的函数和外部变量放在一个文件中，在它们前面都加上 static 使之局部化，使得其他文件不能引用。

5.11.2 外部函数

在定义函数时，如果在函数首部的最左端冠以关键字 extern，则表示此函数是外部函数，可供其他文件调用。函数首部一般形式为：

```
extern 类型标识符 函数名(形参表列)
```

例如：

```
extern int func(int a, int b);
```

例 5.11 外部函数实现函数调用。

```
/* * * * * * * * * * * * * * * main.c 源文件 * * * * * * * * * * * * * * * */
# include <iostream>
using namespace std;
extern void f2 ();//声明在本函数中将要调用在其他文件中定义的 f2 函数
int count=100;
int main (void)//主函数 main
{
f2();
return 0;
}

/* * * * * * * * * * * * * * * f2.c 源文件 * * * * * * * * * * * * * * * */
# include <iostream>
using namespace std;
extern int count;
void f2 ()//子函数 f2 定义
{
```

◀例 5.11

```
cout<<"In f2 count="<<count<<endl;
}
```

结果为：

```
In f2 count=100
```

在需要调用此函数的文件中，用 extern 声明所用的函数是外部函数。通过此例可知：使用 extern 声明就能够在一个文件中调用其他文件中定义的函数，或者说把该函数的作用域扩展到本文件。由于函数在本质上是外部的，在程序中经常要调用其他文件中的外部函数，为方便编程，C++允许在声明函数时省写 extern。

5.12 头文件

5.12.1 C++头文件

头文件从字面上解释就是头部的文件，其实在 C 语言中头文件是扩展名为.h 的文件，头文件包含了 C 语言中的函数声明、全局变量的定义、外部变量的定义和宏定义，这个头文件是被很多源文件引用共享的。

C++是在 C 语言的基础上开发出来的，是 C 语言的超集。1980 年，C++的早期版本诞生，称作带类的 C(C with classes)。1983 年 Rick Mascitti 建议将带类的 C 命名为 C++(C plus plus)。1983 年之后，C++的使用爆炸式增长。传统的面向用户遇到问题的解决方式已无法满足需求，迫切需要对 C++语言进行标准化。1998 年 ISO C++标准通过 ISO 评审成为国际标准，称作 C++98。标准化后的 C++增加了命名空间的概念，将原来声明在全局空间下的标识符声明在了 namespace std 下，并且 C++还统一了 C++头文件的各种后缀名，例如.h、.hpp、.hxx 等。通常标准化之前的头文件就是带后缀名的文件，标准化后的头文件就是不带后缀名的文件。C++98 规定用户应使用新版头文件，对旧版本头文件不再进行强制规范，但大多数编译器厂商依然提供旧版本头文件，以求向下兼容。

C++有 2 种类型的头文件，一种是带.h 的头文件，另外一种是不带.h 的头文件。对于这两种头文件有如下说明。

1. 不带.h 的头文件

不带.h 的头文件是标准化之后的 C++头文件，对于标准化之后的 iostream 头文件，声明时最好使用 std 命名空间，即

```
# include <iostream>
using namespace std;
```

2. 带.h 的头文件

带.h 的头文件是标准化之前的 C++头文件，而对于标准化之前的头文件 iostream.h，则直接使用#include <iostream.h>代替不带.h 的头文件。

为了和 C 语言兼容，C++标准化过程中，原有 C 语言头文件标准化后，头文件名前带个 c 字母。例如，标准化之前的 stdio.h 头文件，在标准化之后变为 cstdio，即将

```
# include <stdio.h>
```

变为

```
# include <cstdio>
```

5.12.2 命令 include 的两种形式

在程序设计中，文件包含是很有用的。一个大的程序可以分为多个模块，由多个程序员分别编程。有些公用的符号常量或宏定义等可单独组成一个文件，在其他文件的开头用包含命令包含该文件即可使用。这样，可避免在每个文件开头都去书写那些公用量，从而节省时间，并减少出错。

在＃include 命令中，文件名常用尖括号括起来，但实际上在工程实践中，为了省事用双撇号括起来。＃include 命令的一般形式如下：

```
# include <文件名>
```

或

```
# include"文件名"
```

如

```
# include <iostream>
```

或

```
# include"iostream"
```

这两种用法都是合法的。二者的区别是：用尖括号时，编译系统到系统包含目录（包含目录是由用户在设置环境时设置的）中寻找要包含的文件，而不在源文件目录去查找，如果找不到，编译系统就给出出错的信息；使用双引号则表示首先在当前的源文件目录中查找，若未找到才到包含目录中去查找。总结如下：

＃include <>直接从编译器自带的函数库中寻找文件，引用的是编译器的类库路径里面的头文件。

＃include""是先从自定义的文件中寻找，引用的是用户程序目录的相对路径中的头文件，如果找不到再从系统函数库中寻找文件。

如果是自己写的头文件，建议使用＃include""。

如果是系统里的头文件，建议使用尖括号形式更直截了当，效率更高。

本章总结

本章是 C/C＋＋学习中最重要的，也是最基础的一章。本章讲解了函数使用，包括函数的定义和声明，函数的调用以及函数的嵌套调用和递归调用，函数间的参数传递；然后通过函数的使用，引出了变量的作用域和变量存储类别、局部变量和全局变量相关概念和区别，这部分内容相对有些烦琐，不易理解，但很重要，在学习过程中要好好理解；最后介绍了内置函数、函数的重载、函数模板、有默认参数的函数、内部函数和外部函数、头文件的定义和使用，并给出了相应的例子，其中函数的重载在 C＋＋后续课程中还会继续讲解，希望读者反复研磨并掌握。

习题5

以下用函数实现：

1. 输入一个整数，求该整数的阶乘。

2. 用筛选法求 100～200 之内的素数。

3. 求 $x+x^2+\cdots+x^n$ 的值。

4. 求三角形的面积。

5. 有一个已经排好序的数组，今输入一个数，要求按原来排序的规律将它插入数组中。

6. 有一个 3×4 的矩阵，求所有元素中的最大值。

7. 编写程序，在主函数中输入两个数，调用两个子函数，分别计算两数之和与积。

8. 编写两个函数，分别求两个正整数的最大公约数和最小公倍数，用主函数调用这两个函数，并输出结果，两个正整数由键盘输入。提示如下：

(1) 设有两个正整数 m 和 n，用递归求 m 和 n 的最大公约数 h 的方法。设 hcf(int m,int n)是用来求 m 和 n 的最大公约数 h 的函数，k=m%n，则：

$$h=\begin{cases}hcf(n,k) & (k\neq 0)\\ n & (k=0)\end{cases}$$

(2) 若最大公约数为 h，则最小公倍数 l=m * n/h 。

9. 有 15 个数按由大到小的顺序存放在一个数组中，输入一个数，要求用折半算法找出该数是数组中第几个元素的值。如果该数不在数组中，则打印出“无此数”。

10. 有一篇文章，共有 3 行文字，每行有 80 个字符。要求分别统计出其中英文大写字母、小写字母、数字、空格以及其他字符的个数。

11. 有一行电文，已按下面规律译成密码：

A→Z　　a→z

B→Y　　b→y

C→X　　c→x

…　　　…

即第 1 个字母变成第 26 个字母，第 i 个字母变成第 26－i＋1 个字母……非字母字符不变。要求编程序将密码译回原文，并打印出密码和原文。

12. 输入 10 个学生的姓名、学号和成绩，将其中不及格者的姓名、学号和成绩输出。

13. 一个整数称为完全平方数，是指它的值是另一个整数的平方。例如 81 是个完全平方数，因为它是 9 的平方。下列程序是在三位的正整数中寻找符合下列条件的整数：它既是完全平方数，且三位数字中又有两位数字相同，例如 144(12×12)、676(26×26)等。下面程序的功能是找出并输出所有满足上述条件的三位数。在空格处填入相应的语句。

程序如下：

```
main()
{  int n,k,a,b,c;
for(k=1;;k ++)
{
    ____①____
    if(n<100) ____②____;
```

```
 if(n>999) ____③____;
     a=n/100;
     b=n/10%10 ____④____;
     c=n%10;
 if(flag(a,b,c)) printf("n=%d=%d*%d\n",n,k,k);
 }
 }
     ____⑤____
 {  return(!((x-y)*(x-z)*(y-z)));  }
```

第 6 章　指针的使用

学习指针之前我们已经介绍了数据类型、基础的程序设计结构、数组以及函数相关的编程知识，本章将讲解指针在 C++程序设计中的使用。学习完 C 语言，大家都知道指针有很广泛的应用，是很基础也是很重要的一部分内容，学习者应该对指针有深刻的理解。经过本章的学习，学习者应该掌握地址与指针的关系和区别，掌握数组与指针、字符串与指针、函数与指针是如何进行数据处理的，理解并掌握函数返回指针值的情况，了解 const 指针并掌握指针变量的引用。

6.1　使用指针的好处

指针是 C/C++语言中的高级部分，指针的灵活使用还依赖于日常实战的训练。

使用指针可以带来如下好处：

(1) 可以提高程序的编译效率和执行速度，使程序更加简洁。

(2) 通过指针被调用函数可以向调用函数处返回除正常的返回值之外的其他数据，从而实现两者间的双向通信，实现数据共享。

(3) 利用指针可以实现动态内存分配。

大多数情况下，可以看到程序使用的内存是通过显式分配给变量的，也就是静态内存分配。这一点对于节省计算机内存是有帮助的，因为计算机可以提前为需要的变量分配内存。但是在很多应用场合中，可能程序运行时不清楚到底需要多少内存，这时候可以使用指针，让程序在运行时获得新的内存空间，也就是动态内存分配，并让指针指向这一内存更为方便。

(4) 指针可表示和实现各种复杂的数据结构，从而为编写出高质量的程序奠定基础。

程序的数据结构从简单的整型、浮点型、字符型、枚举型，到较为复杂的数组、结构体，再到数据结构中的队列、栈、链表、树等，无论如何复杂，数据结构总是位于计算机的内存中，因此必有地址。利用指针就可以使用地址作为一个完整值的速记符号，因为一个内存地址在内部表示为一个整数。当数据结构本身很大时，这种策略能节约大量内存空间。

(5) 利用指针可以直接操纵内存地址，从而可以完成和汇编语言类似的工作。

(6) 更容易实现函数的编写和调用。

6.2　地址和指针的概念

在介绍地址与指针的概念前，首先要知道什么是指针，指针在内存中是如何存储的，数据又是怎么取出来的。图 6.1 所示为数据在内存中的存放方式。

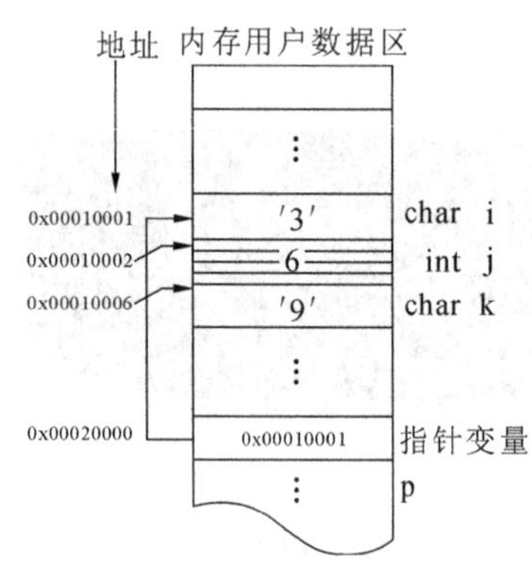

图 6.1　内存中数据存放方式

大家都知道，在学习 C++数据类型的时候，如果在程序中定义一个变量，在编译时就给这个变量分配内存单元。系统根据程序中定义的变量类型，分配一定长度的空间。这个空间长度是字节的整数倍，在计算机内部存储器(简称内存)中，每一个字节单元，都有一个编号，称为地址。学习者可以把计算机内存看作一栋教学楼，教学楼有很多命名连续的教室，一个字节算一个教室，每个教室只能容纳 8bit 的数据，每个教室都有门牌号用来标识所处的位置。这个门牌号就相当于内存的编号，就是地址。

在图 6.1 中右边为三个普通变量 i,j,k 和一个指针变量 p。字符型变量 i,k 占一个字节，因此计算机为变量 i 分配 1 个字节的内存空间，里面存放字符数据'3'，这个内存空间地址为 10001，同理变量 k 分配的地址为 10006。计算机给整型变量 j 分配 4 个字节的内存空间，地址范围从 10002 到 10005 连续的这 4 个字节，里面存放整型数据 6。大家会发现指针变量 p 的内存中存放变量 i 的地址 10001，是地址 20000 内存空间的数据，可以通过指针找到变量 i 的内存空间的数据。到这里大家应该理解内存单元的地址与内存单元的内容的区别了。

内存单元的地址称为指针，C 和 C++语言中使用专门的指针变量存放指针。

而变量名是为了方便程序员使用而定义的，只有程序员和编译器知道，而编译器又知道具体的变量名对应的存放地址，所以当读取某个变量的时候，编译器就会找到变量名所在的地址，并根据变量的类型读取相应范围的数据。

6.3 变量与指针

专门用来存放地址的变量，称为指针变量。在不影响理解的情况下，有时对地址、指针和指针变量不区分，统称指针。由于本书使用的计算机是 32 位的，因此地址字宽也是 32 位的，而指针同样是 32 位的。由于计算机内存的地址都是统一的宽度，而以内存地址作为变量地址的指针也都是 32 位的。图 6.2 所示为指针和指针变量在内存中的存放关系，指针变量 p 的地址从 0x00020000～0x00020003 之间的 4 个字节，这 4 个字节里面存放的内容是变量 i 的地址，这样指针 p 就指向了变量 i，就可以取出变量 i 内存中的内容。

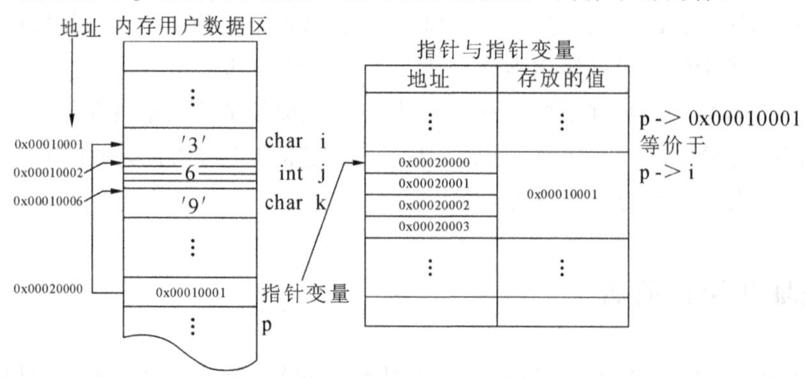

图 6.2　指针和指针变量

所谓指向，就是通过地址来体现的。由于通过地址能找到所需的变量单元，因此可以说，地址指向该变量单元。因此将地址形象地称为指针。一个变量的地址称为该变量的指针。如果有一个变量是专门用来存放另一变量地址（即指针）的，则称它为指针变量。指针变量的值（即指针变量中存放的值）是地址（即指针），图 6.3 所示为指针变量 p 指向普通变量 i 的示意图。

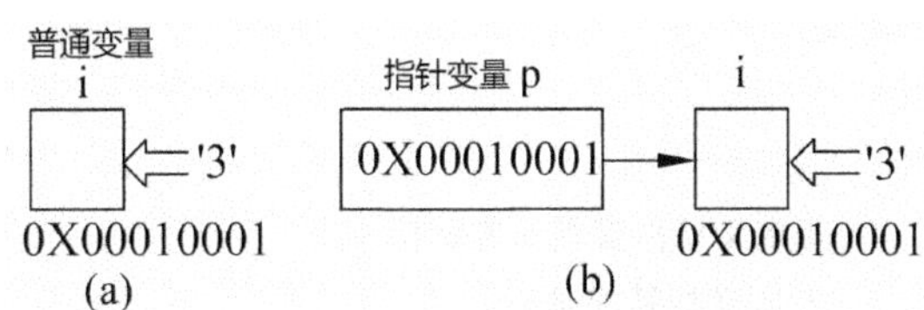

图 6.3　指针变量 p 指向普通变量 i 示意图

6.3.1　指针变量的定义

指针变量是一种特殊的变量，它和以前学过的其他类型的变量的不同之处是：用它来指向另一个变量。

一级指针变量在使用前先定义，一级指针变量通常简称指针或指针变量，定义的一般格式如下：

类型说明符 *变量名

在定义的时候为了表示指针变量和它所指向的变量之间的联系，在 C++ 中用"*"符号表示指向，即表示为一个指针变量。类型说明符表示本指针变量所指向的变量的数据类型。例如：

```
int i;
int *p1;
```

p1 是一个指针变量，而 *p1 表示 p1 所指向的变量是整型数据类型。

还可以定义字符型、浮点型的指针变量。

```
char *p2;
float *p3;
```

将指针变量指向另一个变量是如何做到的呢？只需要把被指向的变量的地址赋给指针变量即可。例如：

```
p1=&i;                  //将变量 i 的地址存放到指针变量 p1 中
```

注意：

(1) 指针变量名是 p1、p2 和 p3，而不是 *p1、*p2 和 *p3，即"*"不是指针变量名的一部分，在定义变量时在变量名前加一个"*"表示该变量是指针变量。

(2) 在定义指针变量时，必须指定类型说明符。

(3) 一般的 C++ 编译系统为每一个指针变量分配 4 个字节的存储单元，用来存放变量的地址。不能用一个整数给一个指针变量赋初值。

(4) 指针变量只能指向同类型的变量，指向后不能随意更改指向不同类型的变量。

6.3.2　引用指针变量

在指针的引用中，经常见到"*"号与"&"号，其中：

“*”号：指针运算符。

“&”号：取地址运算符。

下面通过一个例子加深读者对指针变量的理解。

例 6.1 通过指针变量访问普通变量。

```
# include <iostream>
using namespace std;
int main()
{
int m=100;            //定义整型变量 m 并赋值 100
int * p;              //定义指针变量 p
p= &m;             //把变量 m 的地址赋给 p
cout<<m <<endl;   //输出 m 值
cout<<"变量 m 的字节数:"<<sizeof(m) <<endl;   //输出 m 在内存中占的字节数
cout<<"变量 m 的地址:"<<&m<<endl;   //输出 m 的内存地址
cout<< * p<<endl;   //输出 * p 的值
cout<<"指针变量 p 的字节数:"<<sizeof(p) <<endl;   //输出 p 在内存中占的字节数
cout<<"指针变量 p 的地址:"<<&p<<endl;   //输出 a 的内存地址
cout<<"指针变量 p 在内存中的内容:"<<p<<endl;
return 0;
}
```

结果如下：

```
100
变量 m 的字节数:4
变量 m 的地址:0xbffef668
100
指针变量 p 的字节数:4
指针变量 p 的地址:0xbffef66c
指针变量 p 在内存中的内容:0xbffef668
```

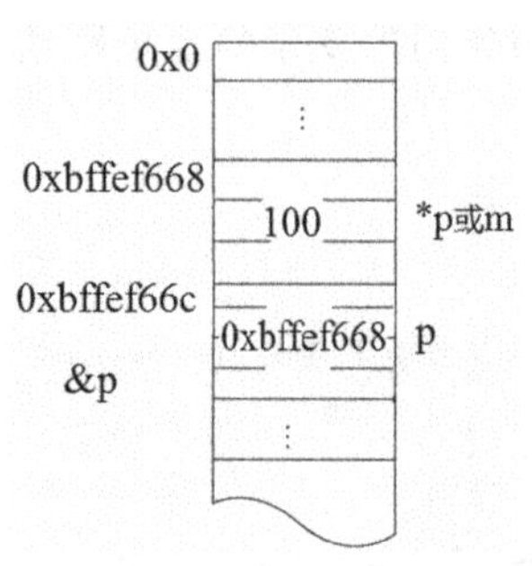

图 6.4 指针 p 的三种关系表示方法

在这个程序中，先定义变量 m，因此计算机实际分配的内存单元是 0xbffef668、0xbffef669、0xbffef66a、0xbffef66b。接下来定义指针变量 p，并分配给变量 p 的内存单元为 0xbffef66c、0xbffef66d、0xbffef66e、0xbffef66f。指针 p 指向了变量 m，因此指针变量 p 在内存中的内容为 0xbffef668，是变量 m 的地址，即 * p 表示指针 p 所指向的变量 m 的值，即 * p 的值为 100。图 6.4 所示为指针 p 的三种关系表示方法。其中，

p：指针变量，它的内容是地址量。

* p：指针所指向的对象，它的内容是数据。

&p：指针变量占用的存储区域的地址，是个常量。

&：要知道变量在内存中的位置，使用取址操作符(&)获得。

* &m：先计算 &m，得 m 的地址，再进行 * 运算，即 &m 所指向的变量。其实 * &m 与

◀例 6.1

*p 的效果一样。

例 6.2 输入 a 和 b 两个整数，按先大后小的顺序输出 a 和 b(用指针变量处理)。

解题思路 设两个指针变量 p1 和 p2，使它们分别指向 a 和 b。使 p1 指向 a 和 b 中的大者，p2 指向小者，顺序输出 *p1，*p2 就实现了按先大后小的顺序输出 a 和 b。交换的示意图如图 6.5 所示。按此思路编写程序如下：

```
# include <iostream>
using namespace std;
int main()
{
    int * p1, * p2, * p,a,b;
    cin>>a>>b;                              //输入两个整数
    p1=&a;                                  //使 p1 指向 a
    p2=&b;                                  //使 p2 指向 b
    if(a<b)                                 //如果 a<b 就使 p1 与 p2 的值交换
    { p=p1; p1=p2; p2=p; }                  //将 p1 的指向与 p2 的指向交换
    cout<<"a="<<a<<"b="<<b<<endl;
    cout<<"max="<< * p1<<"min="<< * p2<<endl;
    return 0;
}
```

运行情况如下：

```
10 11↙
a=10 b=11
max=11 min=10
```

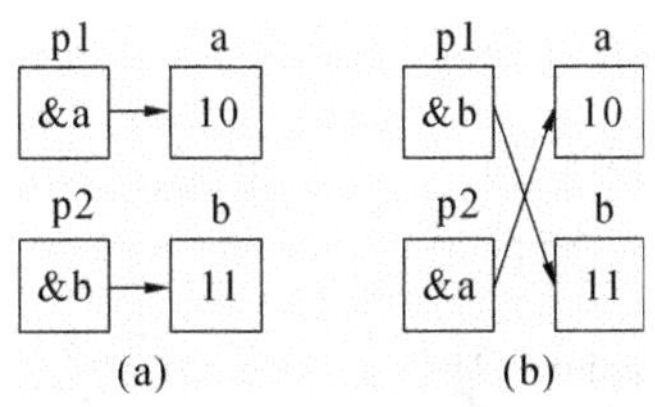

图 6.5 指针指向与指针变量值的交换

指针变量定义以后，一定要对它进行初始化，也就是让指针指向一个对象。否则指针变量的值是不确定的，即随机指向了一个内存单元，这样的指针被称为“野指针”，在代码执行的时候会出现“segmentation fault”的错误，因为指针访问了一个非法地址。

6.3.3 指针作为函数的参数

已学函数的参数通常为整型、浮点型和字符型数据，在这一小节中，将要学习指针作为函数的参数，此时，传递的是变量的地址，那么形参可以为指针或者数组名。本小节介绍形参为指针，形参为数组名的情况后续内容再介绍。

模式一 指针作为形参和实参，被调用函数体中通过 *p 操作。

例 6.2▶

例 6.3 将例 6.2 用指针作为函数的参数来实现。

```
# include<iostream>
using namespace std;
void swap(int * p1,int * p2);      //函数声明
int main()
{
    int * pointer_1, * pointer_2,a,b;//定义指针变量 pointer_1,pointer_2,整型变量 a,b
    cin>>a>>b;
    pointer_1=&a;                  //使 pointer_1 指向 a
    pointer_2=&b;                  //使 pointer_2 指向 b
    if(a<b) swap(pointer_1,pointer_2);  //如果 a<b,使 * pointer_1 和 * pointer_2 互换
    cout<<"max="<<a<<"min="<<b<<endl;//a 已是大数,b 是小数
    return 0;
}
void swap(int * p1,int * p2)  //函数的作用是将 * p1 的值与 * p2 的值交换
{   //指针 p1 与 p2 的指向初始化分别由实参 pointer_1 与 pointer_2 给定
    int temp;
    temp= * p1;
    * p1= * p2;
    * p2=temp;
}
```

运行情况如下：

```
10 11↙
max=11 min=10
```

本例的调用方式示意图如图 6.6 所示。

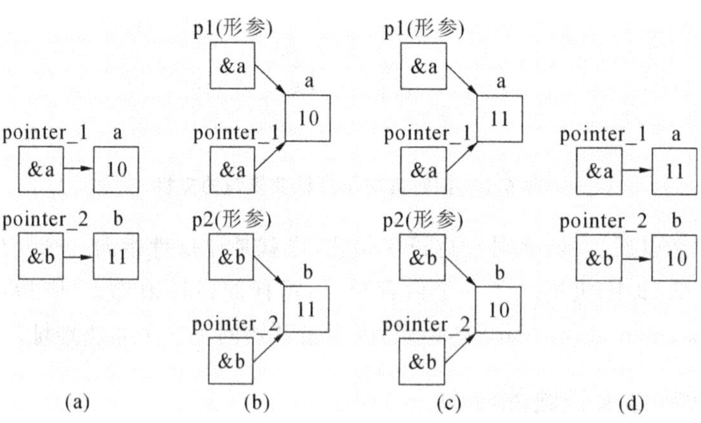

图 6.6 例 6.3 的调用方式示意图

可以看到，在执行 swap 函数后，主函数中的变量 a 和 b 的值改变了，这个改变不是通过将形参值传回实参来实现的。

模式二 非指针数据类型作为形参和实参，被调函数体中通过非指针数据类型操作。阅读下面的代码段，能否通过调用下面的函数实现 a 和 b 互换？

◀例 6.3

```
void swap(int x,int y)
{
    int temp;
    temp=x;
    x=y;
    y=temp;
}
```

此时,在 main 函数中用“swap(a,b);”调用 swap 函数,发生函数调用时,a 的值传送给 x,b 的值传送给 y。执行完 swap 函数最后一个语句后,x 和 y 的值是互换了,但 main 函数中的 a 和 b 并未互换,这是由于 swap 函数中的变量 x 和 y 与 main 函数中的变量 a 和 b 不是同一个地址空间,swap 函数中的数据交换只是变量 x 和 y 内存空间中的数据交换,并不影响 main 函数中变量 a 和 b 地址空间的数据,如图 6.7 所示。

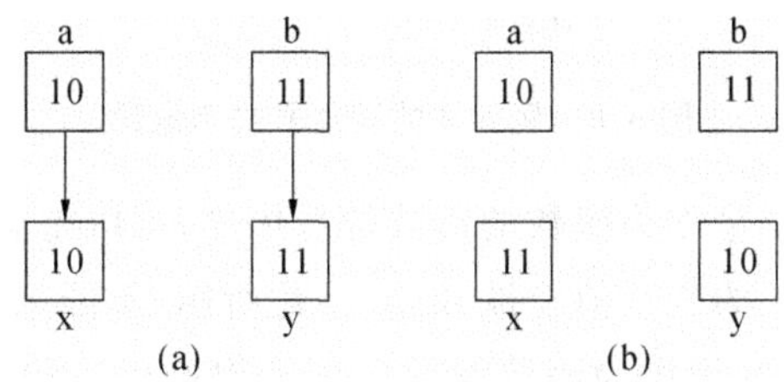

图 6.7　单向的“值传递”方式

也就是说,由于虚实结合是采取单向的“值传递”方式,只能从实参向形参传数据,形参值的改变无法回传给实参。

模式三　指针作为形参和实参,被调用函数体中通过指针 p 操作,而不是指针所指向的数据 * p。

例 6.4　将例 6.3 用指针作为函数的实参和形参,被调用函数体中用指针交换,分析结果。

```
# include<iostream>
using namespace std;
void swap(int * p1,int * p2);
int main()
{
    int * pointer_1, * pointer_2,a,b;
    cin>>a>>b;
    pointer_1=&a;
    pointer_2=&b;
    if(a<b) swap(pointer_1,pointer_2);
    cout<<"max="<<a<<"min="<<b<<endl;
    return 0;
}
void swap(int * p1,int * p2)
{
```

例 6.4▶

```
        int * temp;
        temp=p1;
        p1=p2;
        p2=temp;
    }
```

实参变量和形参变量之间的数据传递也是单向的“值传递”方式，指针变量做函数参数也要遵循这一规则。调用函数时不会改变实参指针变量的值，但可以改变实参指针变量所指向变量的值，例 6.4 的调用方式如图 6.8 所示。

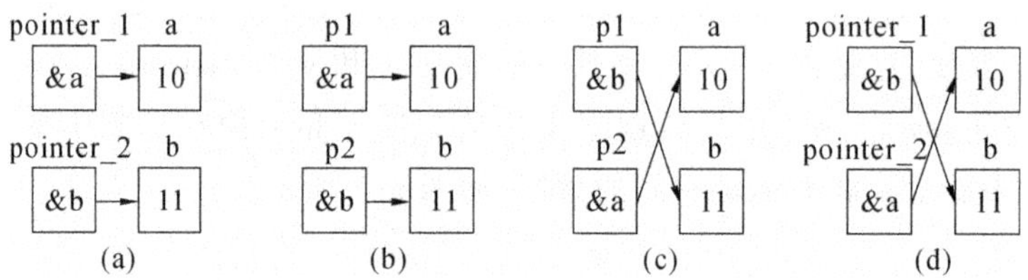

图 6.8　例 6.4 的调用方式示意图

通过对比指针和普通变量作为函数的参数进行传递，可以得到如下结论：

为了使在函数中改变了的变量值能被 main 函数所用，不能采取把要改变值的变量作为参数的办法，而应该用指针变量作为函数参数。在函数执行过程中使指针变量所指向的变量值发生变化，函数调用结束后，这些变量值的变化依然保留下来，这样就实现了“通过调用函数使变量的值发生变化，在主调函数中使用这些改变了的值”的目的。

如果想通过函数调用得到主调函数中 n 个要改变的值，可以采取下面的步骤：

① 在主调函数中设 n 个变量，用 n 个指针变量指向它们；

② 编写被调用函数，其形参为 n 个指针变量，这些形参指针变量应当与主调函数中的 n 个指针变量具有相同的基类型；

③ 在主调函数中将 n 个指针变量做实参，将它们的值(是地址值)传给所调用函数的 n 个形参指针变量，这样，形参指针变量也指向这 n 个变量；

④ 通过形参指针变量的指向，改变该 n 个变量的值；

⑤ 在主调函数中就可以使用这些改变了值的变量。

6.4 数组与指针

在前面的章节中，已经介绍过数组。我们已经知道，数组是有一定顺序关系的若干变量的集合。集合中的每个变量也被称作数组的元素。一个变量有地址，则每个数组元素都在内存中占用存储单元，它们都有相应的地址。因为数组元素被看作特殊的变量，指针变量既然可以指向变量，当然也可以指向数组元素。指针要指向数组元素，必须知道存放数组元素的地址。

数组元素的地址是指数组元素在内存中的起始地址，在 C++ 中，数组名代表数组中第一个元素(即序号为 0 的元素)的地址，也就是数组的起始地址。比如：

```
int array[10];//定义一个整型数组 array，它有 10 个元素
```

则 array 与 &array[0]是等价的，其中 &array[0]就表示数组中第一个元素的地址，&array[1]就表示数组中第二个元素的地址，以此类推。

6.4.1 指针与一维数组

在这里引出数组指针的概念。数组指针是指向数组起始地址的指针，其本质为指针。数组元素的指针就是数组元素的地址，一维数组的数组名为一维数组的指针。如下语句表示数组指针与数组之间的指向关系，定义指针变量时可以给它赋初值。

```
int * p;//定义一个基类型为整型的指针变量 p
int array[10];    //定义一个整型数组 array,它有 10 个元素
p=&array[0];//将元素 array[0]的地址赋给指针变量 p,使 p 指向 array[0]
```

在 C++中，数组名代表数组中第一个元素（即序号为 0 的元素）的地址。因此，下面两个语句等价：

```
p=&array[0];
p=array;
```

在定义指针变量时可以给它赋初值：

```
int * p=&array[0];              //p 的初值为 array[0]的地址
```

也可以写成

```
int * p=array;
```

1. 用指针引用数组元素

数组名是数组的首地址，数组的每一个元素都有地址，那么就可以通过指针访问数组中的元素。假设 p 已定义为一个基类型为整型的指针变量，如果指针变量 p 已指向数组 array 中的一个元素，则 p+1 指向同一数组中的下一个元素。

比如 int array[10]；如果指针 p 的初值为 &array[0]，则指针与数组名之间的关系如图 6.9 所示。

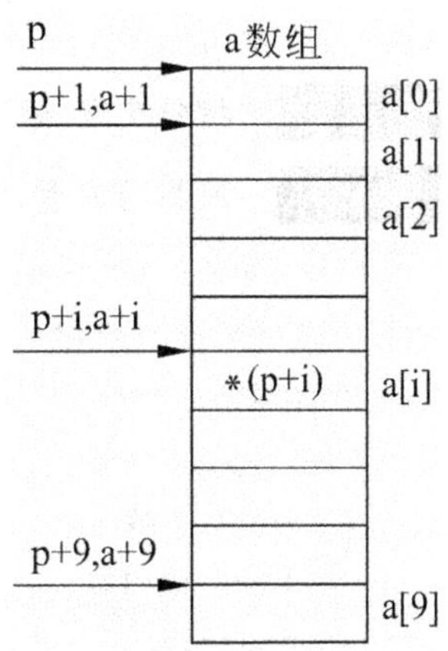

图 6.9 指针与一维数组名之间的关系示意图

p+i 和 array+i 就是 array[i]的地址，或者说，它们指向 array 数组的第 i 个元素；*(p+i)或*(array+i)是 p+i 或 array+i 所指向的数组元素，即 array[i]；指向数组元素的指针变量也可以带下标，如 p[i]与*(p+i)等价。总之在引用数组元素或者数组的地址时，出现数组名 array 的地方可以用指针名 p 代替。但是数组名是常量，指针名是变量。

引入指针之后，访问数组中的元素就有下标法、指针法以及指针变量三种方法。

方法一 下标法。

例 6.5 用下标法输出数组中的全部元素。

```
# include <iostream>
using namespace std;
int main()
{
    int i;
    int array[]={1,2,3,4,5,6,};
    for(i=0;i<6;i++)
```

例 6.5▶

```
        cout<<array[i]<<"";              //引用数组元素 array[i]
        cout<<endl;
        return 0;
    }
```

运行情况如下：

```
1 2 3 4 5 6              (输出 6 个元素的值)
```

方法二 指针法。

例 6.6 用指针法输出数组中的全部元素。

例6.6

```
# include <iostream>
using namespace std;
int main()
{
    int i;
    int array[]={1,2,3,4,5,6,};
    for(i=0;i<6;i++)
    cout<<*(array+i)<<""; /*引用数组元素 array[i],先求 array+i 的地址,再取 array
+i 地址单元中的内容*/
    cout<<endl;
    return 0;
}
```

运行情况如下：

```
1 2 3 4 5 6              (输出 6 个元素的值)
```

方法三 指针变量法。

例 6.7 用指针变量法给数组初始化并输出数组中的全部元素。

```
# include <iostream>
using namespace std;
int main()
{
    int i,*p;
    int array[6];
    p=array;
    for(i=0;i<6;i++)
    cin>>*(p+i);//将键盘上输入的数值依次放在数组元素 array[i]中
    cout<<endl;
    /*用指针法初始化数组 array 后,必须使得指针重新指向数组 array 的首地址,即 p=
array*/
    for(p=array;p<(array+6);p++)
    cout<<*p<<"";              //引用数组元素 array[i]
    cout<<endl;
    return 0;
}
```

◀例 6.7

运行情况如下：

```
1 2 3 4 5 6↙              （输入 6 个元素的值）
1 2 3 4 5 6               （输出 6 个元素的值）
```

对上述 3 种方法的比较：

方法一和方法二的执行效率是相同的，方法三比方法一和方法二快，这种方法能提高执行效率。

而用下标法比较直观，能直接知道是第几个元素。用地址法或指针变量的方法都不太直观，难以很快地判断出当前处理的是哪一个元素。

在用指针变量指向数组元素时要注意：指针变量 p 可以指向任意有效的数组元素，即可以指向数组以后的内存单元。

如果有

```
int array[10], * p=array;                //指针变量 p 的初值为 &array[0]
cout<< * (p+10);                         //要输出 array[10]的值
```

在使用指针变量指向数组元素时，应切实保证指向数组中有效的元素。

指针也可以进行运算（比如加、减），例如，“ * (array＋2)”就是取指针 array 后面的第二个对象的内容。或者指针 p 指向数组 array 首元素，“ * (p＋2)”就是指针 p 指向数组 array 后面的第二个对象的内容。有时也叫数组名 array 为指针 array。

注意：

指针的依次相加是以其所指向对象的数据宽度为单位的，不是以字节为单位的。也就是说，对于指向整型变量的指针，加 1 操作就相当于向后移动 4 个字节；对于字符型变量，加 1 就相当于向后移动 1 个字节。因此，对于一维数组而言，指针的加 n，就相当于指向数组中第 n 个元素，即元素 array[n]。

一维数组与指针常见的等价操作如表 6.1 所示。

表 6.1　一维数组与指针常见的等价操作

指针操作	数组操作	说明
array	&array[0]	数组首地址
* array	array[0]	数组的第一个元素
array＋i	&array[i]	数组第 i 个元素的地址
* (array＋i)	array[i]	数组第 i 个元素
* array＋m	array[0]＋m	数组第 1 个元素的值加 m
* (array＋i)＋m	array[i]＋m	数组第 i 个元素的值加 m
* array ＋＋（当前指向第 i 个元素）	array[i＋＋]	先取第 i 个元素的值，i 再加 1
* ＋＋ array（当前指向第 i 个元素）	array[＋＋i]	先将 i 加 1，再取得第 i 个元素的值
* array－－（当前指向第 i 个元素）	array[i－－]	先取第 i 个元素的值，i 再减 1
* －－ array（当前指向第 i 个元素）	array[－－i]	先将 i 减 1，再取得第 i 个元素的值

如果指针 p 指向数组名为 array 的首地址，则表 6.1 中的 array 可以用 p 代替。因此，* (p＋＋)与 * (＋＋p)作用不同。前者是先取 * p 值，然后使 p 加 1。后者是先使 p 加 1，再取 * p。若 p 的初值为 array(即 &array [0])，输出 * (p＋＋)得到 array [0]的值，而输出

*(++p)则得到 array [1]的值。

如果 p 当前指向 array [i],则:

*(p--) → 先对 p 进行 * 运算,得到 array [i],再使 p 减 1,p 指向 array [i-1]。

*(++p) → 先使 p 自加 1,再进行 * 运算,得到 array [i+1]。

*(--p) → 先使 p 自减 1,再进行 * 运算,得到 array [i-1]。

将 ++和--运算符用于指向数组元素的指针变量十分有效。可以使指针变量自动向前或向后移动,指向下一个或上一个数组元素,如例 6.7 中"for(p=array;p<(array+6);p++)"和"cout<<*p<<"";"这两句可用"p=array; while(p<array+6) cout<<*p++;"或者"p=array; while(p<array+6) {cout<<*p; p++;}"代替。

2. 用指针变量做函数参数引用数组元素

在第 4 章数组的学习中,已经学习过用数组名做函数的参数,在第 5 章函数的学习中,函数的参数可以传递指针,那传递数组是否也可以呢?答案是肯定的。前面已经多次强调:数组名代表数组首元素的地址。用数组名做函数的参数,传递的是数组首元素的地址。很容易推想:用指针变量做函数形参,同样可以接收从实参传递来的数组首元素的地址(此时,实参是数组名),如例 6.8。

例 6.8 将数组 a 中的 n 个整数按照相反顺序排序。

分析 图 6.10 所示为 10 元素相反顺序排列示意图,定义了三个变量 i,j,m;m 为数组中的中间元素下标,第一次交换前,i 表示数组中第一个元素的下标,j 表示数组中最后一个元素的下标,第一次 i,j 表示首尾交换,交换结束后,下标 i 向右加 1 表示数组中第二个元素,下标 j 向左减 1 操作表示数组中倒数第二个元素的下标,以此类推。为了便于移动,在交换函数中将 i,j 定义为指针变量。

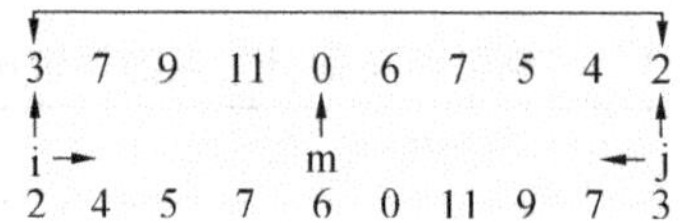

图 6.10 10 个整数按照相反顺序排序示意图

代码如下:

```
#include <iostream>
using namespace std;
void inv(int * x,int n);
int main()
{
    int i,a[10]={3,7,9,11,0,6,7,5,4,2};
    cout<<"enter the originl array:"<<endl;
    for(i=0;i<10;i++)//输出数组中的原始元素,用 for 循环语句实现
    cout<<a[i]<<" ";//输出的数组中每个元素用空格分开
    cout<<endl;           //数组中元素全部输出完毕后换行
    inv(a,10);//调用交换函数 inv,实参是数组名 a
    cout<<"The array has been inverted:"<<endl;
    for(i=0;i<10;i++)//输出交换后数组中的元素,用 for 循环语句实现
```

◀例 6.8

```
        cout<<a[i]<<"";//输出交换后数组中的每个元素并用空格分开
        cout<<endl;//数组中元素全部输出完毕后换行
        return 0;
    }
    void inv(int * x,int n)//形参 x 是指针变量,n 表示数组元素的个数
    {
        int * p,temp, * i, * j,m=(n-1)/2;  //m 为数组中间的元素下标
        i=x; //将数组元素的首地址给指针变量 i,i 指向数组 a 的首元素
        j=x+n-1;//将数组最后一个元素地址给指针变量 j,j 指向数组 a 的最后元素
        p=x+m;//将数组中间元素地址给指针变量 p,p 指向数组 a 的中间元素
        for(;i<= p;i++,j--)
        {
            temp= * i; * i= * j; * j=temp; // * i 与 * j 交换,即交换数组 a 中的元素
        }
        return 0;
    }
```

结果如下:

```
enter the origin1 array:
3 7 9 11 0 6 7 5 4 2
The array has been inverted:
2 4 5 7 6 0 11 9 7 3
```

总结:C++编译系统将形参数组名一律作为指针变量来处理。实际上在函数调用时并不存在一个占有存储空间的形参数组,只有指针变量。

实参与形参的结合,有以下 4 种形式:

实　参	形　参
数组名	数组名
数组名	指针变量
指针变量	数组名
指针变量	指针变量

这里不再一一给出例子,有兴趣的读者可以翻看第 4 章中用数组作为函数参数的相关例子。

6.4.2　指针与二维数组

用指针变量可以指向一维数组中的元素,也可以指向多维数组中的元素。二维数组中的元素是连续存储的,按行优先存,存完了第一行的元素,存第二行的,以此类推。基于这个特点,可以用一级指针来访问二维数组。

1. 二维数组元素的地址

设有一个整型数据类型的二维数组 array,它有 3 行 4 列,其定义如下:

```
int array[3][4]={{1,3,5,7},{2,4,6,8},{9,11,13,15}};
```

array 是一个数组名。array 数组包含 3 行,即 3 个元素:array [0],array[1],array[2]。而每一元素又是一个一维数组,它包含 4 个元素(即 4 个列元素),例如,array [0]所代表的一维数组又包含 4 个元素:array [0][0],array[0][1],array[0][2],array[0][3]。可以认为

二维数组是由一组一维数组组成，即数组 array 是由 3 个一维数组所组成的，如图 6.11 所示。

array

array[0]	=	1	3	5	7
array[1]	=	2	4	6	8
array[2]	=	9	11	13	15

图 6.11　一维数组组成二维数组示意图

从二维数组的角度来看，array 代表二维数组首元素的地址，现在的首元素不是一个整型变量，而是由 4 个整型元素所组成的一维数组，因此 array 代表的是首行的起始地址(即第 0 行的起始地址，&array[0])；array+1 代表 array[1]行的首地址，即 &array[1]；array+2 代表 array[2]行的首地址，即 &array[2]。为了分析二维数组方便，通常用行指针和列指针表示二维数组的行和列。

二维数组名是一个很特殊的地址，参与运算时，以行为单位移动，因此被称为行地址或行指针，如图 6.12 所示，array，array+1，array+2 是三个行地址或者行指针，array 是二维数组名，也代表第一行的首地址。

array[0]+0　array[0]+1　array[0]+2　array[0]+3

array →	1	3	5	7
array+1 →	2	4	6	8
array+2 →	9	11	13	15

图 6.12　行列指针表示的二维数组

array[0]，array[1]，array[2]既然是一维数组名，而 C++又规定了数组名代表数组首元素地址，在二维数组中称之为列地址或者列指针。因此，array[0]代表一维数组 array[0]行中 0 列元素的地址，即 &array[0][0]；array[1] 代表一维数组 array[1]行中 0 列元素的地址，即 &array[1][0]，依次类推，array[2]行首元素地址为 &array[2][0]。

array[0]为一维数组名，该一维数组中序号为 1 的元素显然可以用 array[0]+1 来表示，array[0]+1 是 array[0][1]元素的地址，*(array[0]+1) 就是 array[0][1]元素的值。array[0]又是和 *(array+0)无条件等价的，因此也可以用 *(*(array+0)+1)表示 array[0][1]元素的值。依此类推，*(array[i]+j)或 *(*(array+i)+j)是 array[i][j]的值。二维数组与指针常见的等价操作如表 6.2 所示，p 指针指向二维数组首地址 array。

表 6.2　二维数组与指针常见的等价操作

数组表示形式	含　义	指针表示形式
array	二维数组名，数组首地址	p
array[0]，* array	第 0 行第 0 列元素地址	p[0]，* p
array+1	第 1 行首地址	p+1

续表

数组表示形式	含　义	指针表示形式
array[1]，*(array+1)	第 1 行第 0 列元素地址	p[1]，*(p+1)
array[1]+2，*(array+1)+2，&array[1][2]	第 1 行第 2 列元素地址	p[1]+2，*(p+1)+2，&p[1][2]
(array[1]+2)，(*(array+1)+2)，array[1][2]	第 1 行第 2 列元素值	*(p[1]+2)，*(*(p+1)+2)，p[1][2]

2. 用列指针访问二维数组元素

用列指针访问二维数组实际上是用一级指针访问二维数组。

例 6.9　用列指针访问三行四列二维数组元素。

例 6.9▶

```
# include <iostream>
using namespace std;
int main()
{
    int a[3][4]={1,3,5,7,2,4,6,8,9,11,13,15};
    int * p;//p 是 int 型一级指针变量
    for(p= a[0];p<a[0]+12;p++)// a[0]为列指针，也表示第一行第一列元素地址。
    {// p++表示使 p 依次指向下一个元素

        if((p-a[0])%4==0) cout<<endl;//p 移动 4 次后换行
        cout<< * p<<" ";//输出 p 指向的元素的值
    }
    cout<<endl;
    return 0;
}
```

运行结果为：

```
1 3 5 7
2 4 6 8
9 11 13 15
```

说明：

① p 是指向整型数据的指针变量，在 for 语句中对 p 赋初值 a[0]，也可以写成“p=&a[0][0]”。

② 循环结束的条件是“p<a[0]+12”，只要满足 p<a[0]+12，就继续执行循环体。

③ 执行“cout<< * p<<" ";”输出 p 当前所指的列元素的值，然后执行 p++，使 p 指向下一个列元素。

3. 用行指针访问二维数组元素

例 6.10　将例 6.9 用行指针二级指针访问三行四列二维数组元素。

```
# include <iostream>
using namespace std;
int main()
```

例 6.10▶

```
{
  int a[3][4]={1,3,5,7,2,4,6,8,9,11,13,15};
  int i,j;
  cin>>i>>j;
  for(i=0;i<3;i++)
  {
    for(j=0;j<4;j++)
    cout<<*(*(a+i)+j)<<" ";
    if(j%4==0) cout<<endl;//p 移动 4 次后换行
  }
  return 0;
}
```

运行结果为：

```
3 4
1 3 5 7
2 4 6 8
9 11 13 15
```

4. 用指向指针的指针变量访问二维数组元素

从例 6.9 与例 6.10 中可以看到，array 是一个二维数组名，它由三个一维数组组成，即 array，array＋1，array＋2，每一行是一个指针型数据，其值为地址，分别指向不同的行，也称为行指针。array＋i 是 array [i]的地址。由于 array [i]的值是地址(即指针)，因此 array＋i 就是指向指针型数据的指针。

指向指针数据的指针变量简称为指向指针的指针变量，也简称为二级指针。

指向指针的指针变量定义格式如下：

类型说明符 * * 变量名

例如，定义一个指向指针数据的指针变量如下：

```
int * * p;
```

“int * p”表示为指向整型数据的指针变量，现在 * p 前面又多了一个 * 号，成了“int *(* p);”，表示的是 p 指向的是整型指针数据。 * p 就表示 p 所指向的整型指针。

若有“p＝array;”，p 中存放的是 array[0]，如图 6.13 所示，array[0]是二维数组的列地址或列指针，所以称此时的 p 为指向指针的指针变量。

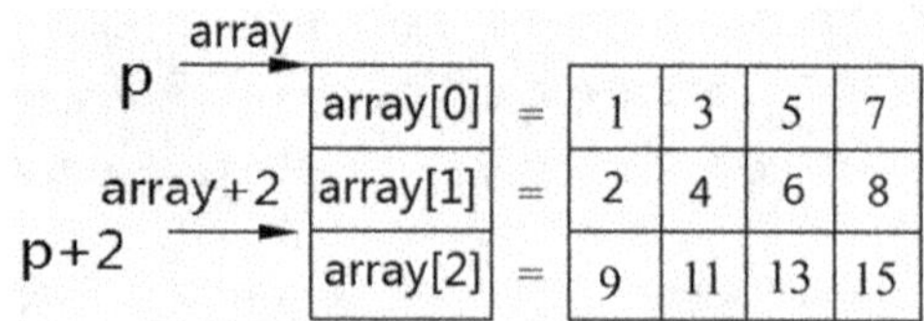

图 6.13　指向整型变量的指针

可将例 6.10 修改为如下代码：

```
# include <iostream>
using namespace std;
```

```
int main()
{
  int a[3][4]={1,3,5,7,2,4,6,8,9,11,13,15};
  int i,j;
  int * * p;
  p=a;
  cin>>i>>j;
  for(i=0;i<3;i++)
  {
    for(j=0;j<4;j++)
    cout<< * ( * (p+i)+j)<<"";
    if(j% 4==0) cout<<endl;//p移动 4 次后换行
  }
  return 0;
}
```

注意：

* * p 表示 p 所指向的指针变量中存放的值，p+i 对应二维数组中的 a+i，表示行指针，*(p+i)、*(a+i)与 a[i]三者等价，表示列指针。*(*(p+i)+j)、*(*(a+i)+j)与 a[i][j]三者等价，表示二维数组中的元素。

6.4.3 数组指针与指针数组

指向数组的指针，即存储行地址的指针变量，叫作行指针变量，也叫数组指针。其一般形式如下：

数据类型 (* 指针变量名) [表达式];

数据类型可以是任何一种基本数据类型或者构造数据类型，指针变量名是用户定义的指针标识符。表达式为常量表达式，表示指针变量名加 1 时，移动几个数据。数组在这里并没有名字，是个匿名数组。例如：

```
int a[3][4];int ( * p)[4];
```

这里"()"的优先级别比"[]"高，"*"与 p 构成一个指针的定义，指针变量名为 p，int 修饰的是数组的内容，即数组的每一个元素。因此这里 p 是一个指针，它指向一个包含 10 个 int 类型数据的数组，即数组指针。根据指针的定义方式，数组指针 p 可以这样定义"int (*)[4] p;"，虽然看起来别扭，实际上数组指针的原型就是这样子。图 6.14 所示为数组指针示意图。

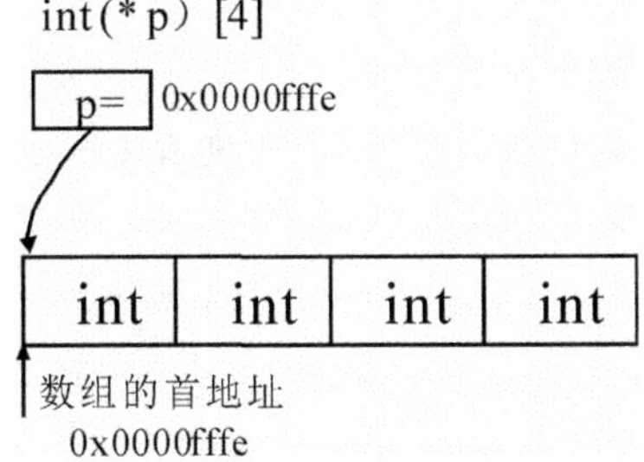

图 6.14 数组指针示意图

当用数组指针即行指针操作二维数组时，指针变量名加1代表移动一行的元素的个数。所以定义数组指针操作二维数组时，数组指针中的表达式等于二维数组的列。所以数组指针也称指向一维数组的指针，亦称行指针。

1. 用指向数组指针访问二维数组

例6.11

例 6.11 输出二维数组各元素的值。

```
# include <iostream>
using namespace std;
int main()
{
  int a[3][4]={1,3,5,7,2,4,6,8,9,11,13,15};
  int i,j;
  int ( * p)[4]; //数组指针,行指针,用于访问二维数组
  p=a;
  cin>>i>>j;
  for(i=0;i<3;i++)
  {
    for(j=0;j<4;j++)
    cout<< * ( * (p+i)+j)<<"";// p+i 表示移动 i * 4 个元素,即输出 i 行 j 列元素
    if(j%4==0) cout<<endl;//p 移动 4 次后换行
  }
  return 0;
}
```

2. 用指向数组的指针做函数参数

一维数组名可以作为函数参数传递，多维数组名也可作为函数参数传递。

例 6.12 输出二维数组各元素的值。

题目与例6.11相同，但本题用一个函数实现输出，用多维数组名作为函数参数。

```
# include <iostream>
using namespace std;
void output(int ( * p)[4]);   //函数声明
int main()
{
    int a[3][4]={1,3,5,7,2,4,6,8,9,11,13,15};
    output(a);                                   //多维数组名作为函数参数
    return 0;
}
void output(int ( * p)[4])                  //形参是指向一维数组的指针变量
{
    int i,j;
    for(i=0;i<3;i++)
      for(j=0;j<4;j++)
        cout<< * ( * (p+ i)+ j)<<"";
```

◀例 6.12

```
        if(j%4==0) cout<<endl;cout<<endl;
    return 0;
}
```

3. 指针数组

首先需要了解什么是指针数组。一个数组，若其元素均为指针类型数据，称为指针数组。指针数组中的每一个元素都存放一个地址，相当于一个指针变量。那么定义一个指针数组的一般形式如下：

数据类型 * 指针变量数组名[数组长度]；

类型名中应包括符号“*”，如“int *”表示指向整型数据的指针类型。“int * p[n]”中[]优先级高，先与p结合成为一个数组，再由int * 说明这是一个整型指针数组，它是由n个指针类型的数组元素组成的一个一维数组。示意图如图6.15所示。

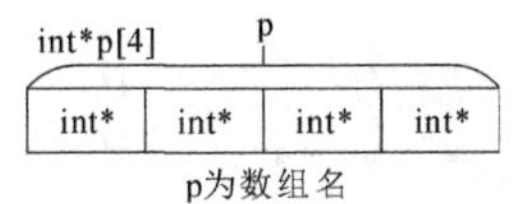

图6.15 指针数组示意图

p是个不可知的表示，只存在p[0]、p[1]、p[2]……p[n-1]，而且它们分别是指针变量，可以用来存放变量地址。所以这样赋值p=a是错的，但可以这样 * p=a；这里 * p表示指针数组第一个元素的值p[0]，将a的首地址赋值给p[0]。

例如，int * p[3]；表示一个一维数组内存放着三个指针变量，分别是p[0]、p[1]、p[2]，数组名为p。

例6.13 用指针数组实现二维数组的访问。

```
#include <iostream>
using namespace std;
int main()
{
int a[3][4]={1,3,5,7,2,4,6,8,9,11,13,15};
int i,j;
int * p[3];//定义一个指针数组,数组p里面有三个指针变量元素,即p[0]、p[1]、p[2]
cin>>i>>j;
for(i=0;i<3;i++)
{
/* 由于p[0]、p[1]、p[2]为独立的指针变量,所以访问时二维数组每一行需独立赋初值 */
    p[i]=a[i];
    for(j=0;j<4;j++)
    {
        cout<< *( *(p+i)+j)<<"";
    }

    if(j%4==0) cout<<endl;//p移动4次后换行
}
```

例6.13▶

```
    return 0;
}
```

运行结果为：

```
3 4
1 3 5 7
2 4 6 8
9 11 13 15
```

总结：

通常用指针数组访问一维数组，int * p[n]表示一个一维数组内存放着 n 个指针变量 p[0]、p[1]、p[2]……p[n－1]，是多个指针变量，以数组形式存在内存当中，占有多个指针的存储空间。数组指针 int－(* p) [n]只是一个指针变量，C 或 C＋＋语言里专门用来指向二维数组的，它占有内存中一个指针的存储空间。还需要说明的一点就是，同时用来指向二维数组时，其引用和数组名引用都是一样的。比如要表示数组中 i 行 j 列的一个元素：*(p[i]＋j)、*(*(p＋i)＋j)、(*(p＋i))[j]、p[i][j]。

也可以定义指向字符型指针数组，比如"char * ch[]"，则该指针数组中每一个元素可指向一个字符串的首地址，在后续 6.5.2 小节中给出实例。

6.5 字符串与指针

6.5.1 单字符串与指针

在 C 语言中并没有字符串这个数据类型，通常借助于字符数组来存储字符串。字符指针可以存储字符串的起始地址，即指针指向字符串的第一个字符，这样就可以用字符指针处理字符串了。但在 C＋＋中可以用 string 类型定义一个字符串变量，省去了字符串数组存储字符串。接下来通过 3 个示例程序演示，如何用数组名、字符指针以及 string 操作字符串。

例 6.14 定义一个字符数组并初始化，然后用数组名的方式输出其中的字符串。

例6.14

```
# include <iostream>
using namespace std;
int main()
{
    char str[]="Welcome to China!";
    cout<<str<<endl;
    return 0;
}
```

例 6.15 用 string 定义字符数组并初始化，然后用数组名的方式输出其中的字符串。

```
# include <string>//头文件 string 中包含 string 关键字
# include <iostream>
using namespace std;
int main()
{
    string str[]="Welcome to China!";// 用 string 定义一个字符串变量 str
```

◀例 6.15

```
    cout<<str<<endl;
    return 0;
}
```

例 6.16 定义一个字符指针变量并初始化，然后输出它指向的字符串。

```
#include <iostream>
using namespace std;
int main()
{
    char * p;//定义字符指针 p
    char str[]="Welcome to China!";
    p=str;//使得指针 p 指向字符数组 str 的首地址
    cout<<p<<endl;             //第 8 行
    return 0;
}
```

用上述三种方法访问字符数组时输出结果一致。然后对字符串中每个字符的读取与整型数组方式一样，可以用下标法和指针方法两种。可以将例 6.16 中第 8 行的 p 换成“ *(p+3)”，则输出结果为单个字符“c”。其实对字符串数组的理解可以像处理一维整型数据类型一样，字符串中的每一个字符对应一个下标，可以通过访问下标访问字符数组中的元素。也可以通过指针的移动输出字符数组中的所有元素，可将例 6.16 修改如下：

```
#include <iostream>
using namespace std;
int main()
{
    char * p;//定义字符串指针
    char str[]="Welcome to China!";
    /* p=str;这句使得指针 p 指向 str 数组；* p!='\0';这句判断字符数组结束的标志，p++
表示待当前指针所指向的内容被读取完后，指针 p 指向数组的下一个元素 */
    for(p=str; * p!='\0';p++)
    cout<< * p;
    cout<<endl;
    return 0;
}
```

输出结果为：

```
Welcome to China!
```

6.5.2 多字符串与指针

指针数组是由若干具有相同存储类型和数据类型的指针变量构成的集合。比较适合用来指向若干个字符串，使字符串处理得更加方便灵活。何时需要用到字符指针数组呢？

比如图书馆中的图书，可以将书名这些信息以字符串的形式放在字符指针数组中，需要修改的时候只需要找到对应字符串的首地址即可。

例 6.16▶

例6.17

例 6.17 用一个指向字符的指针数组存储一个字符串列表。

```
# include <iostream>
using namespace std;
int main ()
{
   char * names[5]={
                  "Advanced mathematics",
                  "C language programming",
                  "College english",
                  "Basis of computer engineering",
                  "C++object-oriented programming",
  };
  for (int i=0; i<5; i++)
  {
  cout<<names[i]<<endl;   //names[i]表示指针数组中字符串下标为 i 的首地址

  cout<< *(names[0]+0)<<endl;//表示输出下标为 0 的字符串第 1 列的元素 A
  return 0;
}
```

结果如下：

```
Advanced mathematics
C language programming
College english
Basis of computer engineering
C++object-oriented programming
A
```

例 6.18 定义一个二级指针 p 输出例 6.17 中指针数组的字符串。

分析 实际上指针数组中存放的每一个字符串可以看作一个一维数组，那么例 6.17 中的指针数组相当于有 5 个一维的字符数组。程序如下。

```
# include <iostream>
using namespace std;
int main ()
{
   char * * p;   //定义一个二级字符指针 p
     char * names[5]={
                  "Advanced mathematics",
                  "C language programming",
                  "College english",
                  "Basis of computer engineering",
                  "C++object-oriented programming",
  };
  p=names;//将指针数组的首地址给二级指针 p
  for (int i=0; i<5; i++)
```

◀例 6.18

```
    {
    cout<< * (p+i)<<endl; //* (p+i)表示行指针,输出指针数组中下标为 i 的字符串
    }
    cout<< * (p[0]+0)<<endl; //表示输出下标为 0 的字符串第 1 列的元素 A
    return 0;
}
```

结果与例 6.17 一样。

6.6 函数与指针

指针作为函数的参数,进行数据的传输已经在本章前述内容介绍,本节介绍用函数指针变量操作函数和作为函数参数的相关知识。

6.6.1 函数指针操作函数

一个函数在编译时被分配给一个入口地址,这个函数入口地址就称为函数的指针,因此可以用指针变量指向一个函数。顾名思义,函数指针就是函数的指针,它是一个指针,指向一个函数。函数指针的一般定义形式如下:

数据类型(* 指针变量名)(参数表列);

比如:

```
int ( * fun1)(int,int);
```

看到这句,大家可以回忆数组指针的定义或许更清晰:

```
int ( * p)[4];
```

这里的 p 不是数组名,而是指针,用于指向数组的指针变量。同样,fun1 不是函数名,而是指针变量,用于指向函数,并且所指向的函数有两个整型参数,函数的返回值是一个整型数据。因此,在定义一个指向函数的指针变量时,除了需要用指针声明符(*)和指针变量名外,还必须声明它所指向的函数的类型和函数参数的类型。

例 6.19 输入两个整数,然后让用户选择 1 或 2,选 1 时调用 max 函数,输出二者中的大数,选 2 时调用 min 函数,输出二者中的小数。

```
# include <iostream>
using namespace std;
int max(int,int);//函数声明
int min(int x,int y);//函数声明
int main()
{
    int ( * p)(int,int);//定义指向函数的指针变量
    int a,b,c,n;
    cout<<"please enter a and b:"<<endl;
    cin>>a>>b;
    cout<<"please choose 1 or 2:"<<endl;
    cin>>n;//输入 1 或 2
    if(n==1) p=max;//如输入 1,使 p 指向 max 函数
```

例 6.19▶

```
    else if (n==2) p=min; //如输入 2,p 指向 min 函数
    c=( * p)(a,b);//调用 p 指向的函数
    cout<<"a="<<a<<endl;
    cout<<"b="<<b<<endl;
    if(n==1) cout<<"max="<<c<<endl;
    else cout<<"min="<<c<<endl;
    return 0;
}
int max(int x,int y)
{int z;
    if(x>y) z=x;
    else z=y;
    return(z);
}
int min(int x,int y)
{int z;
    if(x<y) z=x;
    else z=y;
    return(z);
}
```

6.6.2 函数指针作为函数的参数

在C++语言中，函数指针变量常见的用途之一是作为函数的参数，将函数名传给其他函数的形参，这样就可以在调用一个函数的过程中根据给定的不同实参调用不同的函数。

例 6.20 将例 6.19 用函数指针作为函数的参数实现选 1 时调用 max 函数，输出二者中的大数，选 2 时调用 min 函数，输出二者中的小数。

```
# include <iostream>
using namespace std;
int max(int,int);//函数声明
int min(int x,int y);//函数声明
int calc(int ( * p)(int,int),int,int);
int main()
{
    int a,b,c,n;
    int max_ab,min_ab;
    cout<<"please enter a and b:"<<endl;
    cin>>a>>b;
    cout<<"please choose 1 or 2:"<<endl;
    cin>>n;//输入 1 或 2
    if(n==1) max_ab=calc(max,a,b);//如输入 1,使 p 指向 max 函数
    else if (n==2) min_ab=calc(min,a,b); //如输入 2,使 p 指向 min 函数
    cout<<"a="<<a<<endl;
```

◀例 6.20

```
    cout<<"b="<<b<<endl;
    if(n==1) cout<<"max_ab="<<c<<endl;
    else cout<<"min_ab="<<c<<endl;
    return 0;
}
int calc(int (*p)(int,int),int num1,int num2)
{
return (*p)(num1,num2);
}
int max(int x,int y)
{   int z;
    if(x>y) z=x;
    else z=y;
    return(z);
}
int min(int x,int y)
{   int z;
    if(x<y) z=x;
    else z=y;
    return(z);
}
```

6.7 返回指针值的函数

一个函数可以带回一个整型值、字符值、实型值等，也可以带回指针型的数据，即地址。其概念与以前函数类似，只是带回的值的类型是指针类型而已。顾名思义，它的本质是一个函数，不过它的返回值是一个指针。返回指针值的函数简称为指针函数。其声明的一般形式为：

数据类型 * 函数名(参数表列);

例如：

```
int * fun1(int x,int y);
```

其中，这里的 fun1 是函数名，调用它以后能得到一个指向整型数据的指针或地址。x，y 是函数 fun1 的形参，为整型。同样由于"()"的优先级别高于"*"，因此 fun1 先与"()"号结合。显然，这是函数的形式。这个函数前面有一个"*"号，表示此函数是一个指针型函数(函数的值是指针)。

例 6.21 输入一个参数 n，求 0～n 的所有自然数的和。

```
# include <iostream>
using namespace std;
int * func_sum(int n)
{
   static int sum=0;
   int * p=&sum;//首先将指针 p 指向结果为 sum 的变量
```

例 6.21▶

```
    if(n<0)
      {
        cout<<"error:n must be >0"<<endl;
        return NULL;
      }
    for(int i=0; i<=n; i++)
      {
         sum +=i;
      }
    return p;//函数返回值为指针类型
}
int main(void)
{
    int num=0;
    int * p;
    cout<<"please input one number:"<<endl;
    cin>>num;
    p=func_sum(num);//函数的返回值是指针,因此用指针变量 p 接收函数的返回值
    cout<<"sum="<< * p<<endl;//取返回指针 p 所指向的内存单元值,赋给 sum
    return 0;
}
```

6.8 const 指针

在 C++编程中,关键字 const 修饰变量,可以使得变量常量化。当 const 修饰基本数据类型(非指针)时,所定义变量的值不允许修改,比如下面的表达式:

```
const int m=10;
int const m=10;
```

上面两种写法都是允许的,变量 m 有 const 修饰,则 m 的值就不能修改。那么 const 指针呢?若用 const 修饰指针变量,会使得指针变量常量化,但要注意 const 的位置,有下面三种情况。

1. 指向常量的指针

顾名思义,指向常量的指针变量是一个指针,但是这个指针是指向一个 const 类型的指针。定义指向常量的指针变量的一般形式如下:

```
const 类型名 * 指针变量名;
```

指针变量的值一经初始化,就不可以改变,所以初始化是必要的,但可以改变 const 指针的指向。不允许通过指针变量改变它指向的对象值,例如:

```
int a=12,b=15;
const int * p;//定义了一个"const int * "型的指针变量 p
p=&a;//p 为指向整型变量 a 的 const 指针变量
```

此时,若

```
*p=15;//试图通过p改变它指向的对象a的值是不允许的
a=15;//可以直接操作a,对a赋值
```

但可以通过

```
p=&b;
```

改变 const 指针变量 p 的指向,这是允许的。

用指向常量的指针变量只是限制了通过指针变量改变它指向的对象的值。如果想要保证 a 的值始终不变,应该把 a 定义为常变量"const int a=12",这样 p 就成为指向常变量的指针变量,这时 a 的值不管用什么办法都无法被改变。指向常量的指针变量常用作函数形参,以防止指针形参所指对象的值改变影响实参。具体可通过例 6.22 程序加深理解。

例 6.22 指向常量的指针变量实例。

例 6.22▶

```
#include <iostream>
using namespace std;
int main(void)
{
    int num1=100,num2=200;
    const int *p;
    p=&num1;
    cout<<"First:"<<num1<<"  "<<&num1<<""<<*p<<""<<p<<endl;

    num1++;  //可以改变变量num1的值
    cout<<"Second:"<<num1<<"  "<<&num1<<""<<*p<<""<<p<<endl;

    p=&num2;//可以改变指向常变量的指针变量p的指向
   //*p=300;//若不屏蔽此句,编译器会报错,即*p为只读不可写
    cout<<"Third:"<<num2<<"  "<<&num2<<""<<*p<<""<<p<<endl;
    return 0;
}
```

结果如下:

```
First:   100    0xbfbe2ae4      100 0xbfbe2ae4
Second:  101    0xbfbe2ae4      101 0xbfbe2ae4
Third:   200    0xbfbe2ae8      200 0xbfbe2ae8
```

2. 常指针

指定指针变量的值是常量,即指针变量的指向不发生改变。定义的一般形式如下:

```
类型名 *const 指针变量名;
```

这种指针变量称为常指针变量,简称常指针,即指针值不能改变。必须在定义的时候初始化,指定其指向。虽然指针变量的指向不能改变,但指针变量的指向变量的值可以改变,如例 6.23 所示。

例 6.23 常指针编程实例。

```
#include <iostream>
using namespace std;
int main(void)
```

例 6.23▶

```
{
    int num1=100,num2=200;
    int * const p=&num1; //必须定义时给初始化
        // p=&num1;不可先定义再初始化
    cout<<"First:"<<num1<<"  "<<&num1<<""<<*p<<""<<p<<endl;

    num1 ++;  //可以改变变量 num1 的值
    cout<<"Second:"<<num1<<"  "<<&num1<<""<<*p<<""<<p<<endl;

    *p=num2;//可以改变常指针变量 p 所指向变量的值
    //p=&num2;//若不屏蔽此句,编译器会报错,会说 p 为只读不可写
        cout<<"Third:"<<num2<<"  "<<&num2<<""<<*p<<""<<p<<endl;
        return 0;
}
```

结果下:

```
First:  100    0xbff00ec4      100 0xbff00ec4
Second: 101    0xbff00ec4      101 0xbff00ec4
Third:  200    0xbff00ec8      200 0xbff00ec4
```

从结果"Third:"可以看出,常指针所指向的值发生变化了,为变量 num2 的值,但常指针 p 的值并不是变量 num2 的地址,即常指针变量的指向不能改变,但指针变量的指向变量的值可以改变。

3. 指向常量的常指针

把上述两种情况合起来就是第三种,即指向常量的常指针变量,也就是指针变量指向一个固定的对象,该对象的值不能改变。定义的一般形式为:

```
const 类型名 * const 指针变量名;
```

如下代码语句:

```
int num1=100;
int num2=200;
const int * const p=&num1;//用了两个 const 修饰
 *p=300;   //不允许
p=&num2; //不允许
```

但可以直接改变 num1 或者 num2 的值,即

```
num1=300;//合法
```

如果要完全禁止改变 num1 的值,可以在定义 num1 变量时加关键词 const,如下:

```
const int num1=100;
```

总结:

指向常量的指针变量,定义指针时,const 在最左边,作用就是限制通过该指针变量改变其所指向的对象的值。常指针在定义指针时,const 在指针变量名的前面紧挨着,作用是使该指针的值不变,即指针的指向不能改变。第三种情况的指针是前两种功能的组合,既不能改变指针的指向,也不能改变指针指向变量的值。

6.9 指针变量的引用

对于习惯使用C进行开发的朋友们，在看到C++中出现的“&”符号，可能会犯迷糊，因为在C语言中这个符号是取地址符，取地址符常常用来为函数传参中的指针赋值。但是在C++中它却有着不同的用途，掌握C++的&符号，是提高代码执行效率和代码质量的一个很好的办法。引用是C++引入的新语言特性，是C++常用的一个重要内容，正确、灵活地使用引用，可以使程序简洁、高效。故在本篇中将对引用进行介绍，希望对大家更好地理解和使用引用有所帮助。

6.9.1 变量的引用定义

对一个数据可以使用“引用”，这是C++对C的一个重要扩充。引用是一种新的变量类型，它的作用是为一个变量起一个别名。假如有一个变量a，想给它起一个别名aa，可以这样写：

```
int a;                          //定义a是整型变量
int &aa=a;                       //初始化,即声明aa是a的引用
```

说明：

(1) & 在此不是求地址运算，而是起标识作用。

(2) 类型标识符是指目标变量的类型。区别引用声明符&和地址运算符(取地址符)&。

出现在声明中的&为引用声明符，其他情况下的&是地址运算符，如下语句：

```
int &aa=a;//此时&为引用声明符,声明aa是a的引用
cout<<&aa<<endl; //此时的&为取地址符,输出aa的地址
```

(3) 声明引用时，必须同时对其进行初始化。

(4) 引用声明完毕后，相当于目标变量名有两个名称，即该目标原名称和引用名，且不能再把该引用名作为其他变量名的别名。

```
aa=1; //等价于 a=1;
```

在声明一个引用类型变量时，必须同时使之初始化，即声明它代表哪一个变量。在声明变量aa是变量a的引用后，在它们所在函数执行期间，该引用类型变量aa始终与其代表的变量a相联系，不能再作为其他变量的引用(别名)。比如：

```
int  a1,a2;
int  &aa=a1;
int  &aa=a2;                    //企图使aa又变成a2的引用(别名)是不行的
```

(5) 声明一个引用，不是新定义了一个变量，它只表示该引用名是目标变量名的一个别名，它本身不是一种数据类型，因此引用本身不占存储单元，系统也不给引用分配存储单元。故对引用求地址，就是对目标变量求地址。&aa与&a相等。

(6) 可以取引用的地址。如已声明aa是a的引用，则&aa就是变量a的地址&a，即可以进行如下操作。

```
int a;          //定义a是整型变量
int &aa=a;   //初始化,即声明aa是a的引用
int* p;
p=&aa;//相当于把变量a的地址&a赋给指针变量p
```

(7) 不能建立数组的引用。因为数组是一个由若干个元素所组成的集合，所以无法建立一个数组的别名。

6.9.2 变量引用的应用

通过下面的例子，可以清晰地理解变量的引用。

例 6.24 引用和变量的关系。

```
#include <iostream>
#include <iomanip>//输出格式函数 setw 需要用的头文件
using namespace std;
int main()
{ int a=10;
int &aa=a;                    //声明 aa 是 a 的引用
a=a*a;                        //a 的值变化了，aa 的值也应一起变化
cout<<a<<setw(6)<<aa<<endl;
aa=aa/5;
cout<<aa<<setw(6)<<a<<endl;
return 0;
}
```

结果如下：

```
100   100
20    20
```

6.9.3 引用作为函数的参数

有了变量名，为什么还需要一个别名呢？C++之所以增加引用类型，一个重要原因就是要将引用作为函数的参数，以扩充函数传递数据的功能。到目前为止，本书介绍过函数参数传递的两种情况。

(1) 将变量名作为实参和形参，这时传给形参的是变量的值，传递是单向的。如果在执行函数期间形参的值发生变化，并不传回给实参。因为在调用函数时，形参和实参不是同一个存储单元，形参的改变不会影响实参的值。

(2) 传递变量的指针。形参是指针变量，实参是一个变量的地址，调用函数时，形参(指针变量)指向实参变量单元，如果调用函数内部改变的是指针所指向的内容，则形参的改变会使得实参的值也发生变化。

如果想要通过形参的改变来改变实参，将要通过指针的传递方式，虽然能得到正确结果，但是在概念上却兜了一个圈子，不那么直截了当。在C语言中，只有“值形参”而无“变量形参”，全部采用值传递方式。C++把引用型变量作为函数形参，就弥补了这个不足。

C++提供了向函数传递数据的第三种方法，即传送变量的别名。

例 6.25 利用“引用形参”实现两个变量的值互换。

```
#include <iostream>
using namespace std;
void swap(int &,int &);
int main()
{
```

◀例 6.24

```
    int a=3,b=5;
    swap(a,b);
    cout<<"a="<<a<<"  "<<"b="<<b<<endl;
    return 0;
}

/*
形参是引用类型,aa 和 bb 是变量 a,b 的别名,占用同一个地址空间,改变 aa 或者 bb 的值,就是改变 a 或者 b 的值
*/
void swap(int &aa,int &bb)
{
    int temp;
    temp=aa;
    aa=bb;
    bb=temp;
}
```

输出结果为

```
a=5 b=3
```

在 swap 函数的形参表列中声明 aa 和 bb 是整型变量的引用。

本章总结

本章介绍了指针,在C++程序设计中,指针有着非常广泛的使用,是非常基础又非常重要的一章。

本章首先从指针的好处开始引入,介绍了指针的定义、指针与地址的区别、指针的赋值和引用等知识。随后介绍了数组与指针,在这节当中,重点介绍了一维数组及二维数组与指针的关系以及相关的运算等,同时介绍了使用指针引用数组元素的方法。接着介绍了字符串与指针的关系,实际上字符串的处理可以按照数组的处理方式,也可以通过指针引用字符串。在介绍数组和字符串的时候引入了数组指针和指针数组的概念和区别,指针数组表示数组中的元素都为指针,通常用于多字符串数组的处理中;而数组指针为行指针,通常用于二维数组元素的引用。然后介绍了函数与指针的关系、指向函数的指针以及返回值是指针的函数并给出了实例。最后介绍了 const 指针的定义及三种变形的 const 指针及其区别、C++中新的变量类型——引用。

习题6

本章习题要求用指针和引用方法处理。

1. 从键盘输入 a,b 两个整数,要求通过指针变量访问整型变量并交换整型变量的数值。

2. 输入 a、b、c 三个整数,按先大后小的顺序输出。

3. 输入三个字符串,按由大到小的顺序输出。

4. 输出数组中的全部元素,然后按由小到大的顺序排列并输出。假设有一个整型数组 a,有 10 个元素。

5. 输入一行文字,用字符指针编程实现,找出其中的大小写字母、空格、数字以及其他字符各有多少。

6. 输出二维数组任意一行、任意一列元素的值。

7. 写一个函数,将一个 3×3 的整型矩阵转置。

8. 将 n 个数按输入时顺序的逆序排列,用函数实现。

9. 用函数调用实现两个字符串的连接。

10. 将字符串 a 复制给字符串 b,然后输出字符串 b。

11. 若有若干个学生成绩,每个学生由 4 门课,要求在用户输入学号后,能输出学生的全部成绩,并且计算其平均成绩,用指针函数实现。

12. 输入两个整数,然后让用户输入 1,2 或 3。输入 1 时调用 max 函数,输出二者中的大数;输入 2 时调用 min 函数,输出二者中的小数;输入 3 时,则输出 a 与 b 之和。(提示:用指向函数的指针变量调用。)

13. 用指向指针的指针变量对 5 个字符串排序并输出。

14. 编写程序,输入月份数,输出该月的英文名称。例如输入 3,则输出 March,要求用指针数组处理。

第 7 章 结构体和共用体

C++提供了许多种基本的数据类型(如 int、float、double、char 等)供用户使用。但是由于程序需要处理的问题往往比较复杂，而且呈多样化，已有的数据类型显得不能满足使用要求，因此 C++允许用户根据需要自己声明一些类型，即用户自定义数据类型。在编程时，用户自定义数据类型的应用非常广泛，也非常的重要。因此，本章对这部分内容进行了系统的说明。通过本章的学习，要掌握结构体类型的定义、结构体类型变量的声明、结构体数组、结构体指针、共用体类型、枚举类型以及自定义类型等的相关知识。

7.1 结构体类型

7.1.1 结构体类型声明

在实际处理对象中，有许多信息是由多个不同类型的数据组合在一起进行描述的，而且这些不同类型的数据互相联系，组成了一个有机的整体。

例如，在学生登记表中，姓名应为字符型，学号可为整型或字符型，年龄应为整型，性别应为字符型，成绩可为整型或实型。显然不能用一个数组来存放这一组数据。因为数组中各元素的类型和长度都必须一致，以便于编译系统处理。为了解决这个问题，C 与 C++语言中给出了另一种构造数据类型——结构体。结构体和数组一样，也是一种构造型数据类型，是用户自定义的新数据类型。数组中的元素都为同一种数据类型，而在结构体中，可以包含若干个不同数据类型和不同意义的数据项，当然也可以相同，从而使得这些数据项组合起来反映某一个信息。

它相当于其他高级语言中的记录，“结构”是一种构造类型，它是由若干“成员”组成的。每一个成员可以是一个基本数据类型，也可以又是一个构造类型。结构既然是一种“构造”而成的数据类型，那么在说明和使用之前必须先定义它，也就是构造它，如同在说明和调用函数之前要先定义函数一样。

定义一个结构体类型的一般形式为：

```
struct 结构体名
{
    数据类型 成员名 1;
    数据类型 成员名 2;
     ⋮
    数据类型 成员名 n;
};
```

花括号中的内容也称为成员列表或者域表，其中每一个成员名的命名规则与变量名相同，数据类型可以是基本数据类型、数组或者一个结构体。各成员的定义以“;”号作为结束符，最后也以“;”号作为结构体定义的结束符。

比如：

```
struct student//声明一个结构体类型 student
{
    char name[20];//包括一个字符数组 name,表示学生姓名,可以容纳 20 个字符
    int num;//包括一个整型变量 num,表示学生学号
    int age;//包括一个整型变量 age,表示学生年龄
    char sex;//包括一个字符型变量 sex,表示学生性别
    float score;//包括一个单精度浮点型变量 score,表示学生成绩
};//最后一个分号不能省略
```

这样程序设计者就声明了一个新的结构体类型 student，struct 是声明结构体类型时所必须使用的关键字，不能省略，它向编译系统声明这是一种结构体类型，它包括 name，num，age，sex，score 等不同类型的数据项，且都是结构体的成员，每一个成员也称为结构体中的一个域。student 是一个类型名，它和系统提供的标准类型如 int、char、float、double 一样，都可以用来定义变量，只不过结构体类型需要事先由用户自己声明而已。

声明结构体类型的位置一般在文件的开头，在所有函数（包括 main 函数）之前，以便本文件中所有的函数都能利用它来定义变量。当然也可以在函数中声明结构体类型。在 C 语言中，结构体的成员只能是数据，C++对此加以扩充，结构体的成员既可以包括数据（即数据成员），又可以包括函数（即函数成员），以适应面向对象的程序设计。但是由于 C++提供了类类型，一般情况下，不必使用带函数的结构体，因此在本章中仅介绍只含数据成员的结构体，有关包含函数成员的结构体将在第 8 章介绍类与对象时介绍。

7.1.2 结构体变量的定义、初始化及引用

上述只是声明了一种结构体类型，它相当于一个模型，系统也不为之分配实际的内存单元。为了能在程序中使用结构体类型的数据，应当定义结构体类型的变量，并在其中存放具体的数据。

1. 结构体变量的定义

声明了结构体类型后，就可以定义结构体类型的变量，有下面三种定义方式。

(1) 先声明结构体类型，再定义结构体变量。

这种方式定义结构体变量的一般形式如下：

```
struct 结构体名
{
    数据类型 成员名 1;
    数据类型 成员名 2;
      ⋮
    数据类型 成员名 n;
};
struct 结构体名 结构体变量名;
```

这里的结构体名是结构体的标识符，不是变量名。例如：

```
struct student//声明一个结构体类型 student
{
    char name[20];
    int num;
    int age;
    char sex;
    float score;
};
struct student stu1,stu2;
```

以上就定义了 stu1、stu2 为结构体类型 student 的变量。注意，“struct student”代表类型名，在 C 中不能分开写成“struct stu1,stu2;”这样的形式或者“student stu1,stu2;”。因为没有 struct 关键字，系统不会认为 stu1、stu2 是结构体类型。但在编写 C++程序时，可以省去 struct，即“student stu1,stu2;”。这种定义结构体变量的方式适用于定义多个具有相同类型的结构体变量。

定义结构体变量后，计算机就要给变量 stu1、stu2 分配内存空间，内存空间大小由结构体中成员列表总字节数决定。

(2) 在声明结构体类型时，定义结构体变量。

这种方式定义结构体变量的一般形式如下：

```
struct 结构体名
{
    数据类型 成员名 1;
    数据类型 成员名 2;
    ⋮
    数据类型 成员名 n;
}结构体变量名表;
```

例如：

```
struct student
{
    char name[20];
    int num;
    int age;
    char sex;
    float score;
} stu1,stu2;
```

(3) 直接定义结构体变量。

这种方式定义结构体变量的一般形式如下：

```
struct
{
    数据类型 成员名 1;
    数据类型 成员名 2;
    ⋮
```

```
    数据类型 成员名 n;
}结构体变量名表;
```

例如：

```
struct
{
    char name[20];
    int num;
    int age;
    char sex;
    float score;
} stu1,stu2;
```

这种方式虽然合法，但很少使用。提倡先定义类型后定义变量的第(1)种方法。

在程序比较简单、结构体类型只在本文件中使用的情况下，也可以用第(2)种和第(3)种方式。

关于结构体类型，有几点要说明：

第一，不要误认为凡是结构体类型都有相同的结构。实际上，每一种结构体类型都有自己的结构，可以定义出许多种具体的结构体类型。

第二，类型与变量是不同的概念，不要混淆。只能对结构体变量中的成员赋值，而不能对结构体类型赋值。在编译时，是不会为类型分配空间的，只为变量分配空间。

第三，对结构体中的成员（即“域”），可以单独使用，它的作用与地位相当于普通变量。

第四，成员也可以是一个结构体变量。

比如：

```
struct Date //声明一个结构体类型 Date
{
    int month;
    int day;
    int year;
};
struct student//声明一个结构体类型 student
{
    char name[20];
    int num;
    int age;
    Date birthday; // birthday 为结构体类型 Date 中的变量
    char sex;
    float score;
} stu1,stu2;
```

这种形式在工程编程中常被使用。

第五，结构体中的成员名可以与程序中的变量名相同。

程序中可以定义一个整型变量名为 num，它与 student 中的 num 是两回事，互不影响，二者没有关系。因为它们两个在内存中占据不同的内存空间。

2. 结构体变量的初始化

和其他类型变量一样，对结构体变量可以在定义时指定初始值。如：

```
struct student
{
    char name[20];
    long int num;
    int age;
    char sex;
    float score;
}stu1={"Zhang san",202001, 19,'M', 90.5};
```

这样，变量 stu1 中的数据如图 7.1 所示。

stu1	Zhang san	202001	19	M	90.5

图 7.1　结构体变量初始化后

> **注意：**
> 成员列表同时初始化时，需要按照成员列表的类型给定顺序给定初值。

也可以采取声明类型与定义变量分开的形式，在定义变量时进行初始化：

```
student stu2={"Li si",202002, 18,'M', 88}; // student 是已经声明的结构体类型
```

相同类型的结构体变量可以互相赋值，如：

```
stu2=stu1;
```

3. 结构体变量的引用

结构体变量是不同数据类型的若干数据的集合体。在程序中使用结构体变量时，一般情况下不能把它作为一个整体参加数据处理，而参加各种运算和操作的是结构体变量的各个成员项数据。

结构体变量成员引用的一般形式为：

　　结构体变量名.成员名

其中“.”是成员运算符，用来对成员进行限定，指明所访问的是哪一个结构体变量中的成员。

例如，前面给出的结构体变量 stu1 具有 5 个成员：

```
stu1.name; stu1.num; stu1.age; stu1.sex; stu1.score
```

那么就可以利用结构体变量对结构体中的每个成员赋值。例如：

```
strcpy(stu1.name,"Zhang san");
stu1.num=202001;
stu1.age=19;
stu1.sex='M';
stu1.score=90.5;
```

除此之外，还可以引用结构体变量成员的地址以及成员中的元素。比如，引用结构体变量成员的首地址 &stu1.name，引用结构体变量成员的第二个字符 stu1.name[1]；还可以引

用结构体变量的首地址 &stu1。

结构体变量在使用时应注意以下几点：

(1) 如果成员本身也是一个结构体类型，则要用若干个成员运算符，一级一级地找到最低一级的成员。

例如，对上面定义的结构体变量 stu1，如果想引用 stu1 变量中的 birthday 成员中的 month 成员，不能写成 stu1. month，必须逐级引用，即

```
stu1.birthday.month= 12;
```

(2) 不能将一个结构体变量作为一个整体进行输入和输出。

例如，已定义 stu1 和 stu2 为结构体变量，并且它们已有值，不能企图这样输出结构体变量中的各成员的值：

```
cin>>stu1;//不允许
```

只能对结构体变量中的各个成员分别进行输入和输出。

(3) 对结构体变量的成员可以像普通变量一样进行各种运算(根据其类型决定可以进行的运算种类)。

例如：

```
stu2.score=stu1.score;
sum=stu1.score+stu2.score;
stu1.age++;
++stu1.age;
```

由于“. ”运算符的优先级最高，stu1. age ++相当于(stu1. age) ++。++是对 stu1. age 进行自加运算，而不是先对 age 进行自加运算。

例 7.1 引用结构体变量中的成员。

```
#include <iostream>
using namespace std;
struct Date//声明结构体类型 Date
{
    int month;
    int day;
    int year;
};
struct student //声明一个结构体类型 student
{
    char name[20];
    int num;
    int age;
    Date birthday; // birthday 为结构体类型 Date 中的变量
    char sex;
    float score;
} stu1,stu2={"Zhang san",202001, 19,8, 15, 1995,'M',89.5};
//定义 student 类型的变量 stu1 和 stu2,并对 stu2 初始化
int main()
```

◀例 7.1

```
{
    stu1=stu2;//将 stu2 各成员的值赋予 stu1 的相应成员
    cout<<stu1.num<<endl;//输出 stu1 中的 num 成员的值
    cout<<stu1.name<<endl;//输出 stu1 中的 name 成员的值
    cout<<stu1.sex<<endl;//输出 stu1 中的 sex 成员的值
    //输出 stu1 中的 birthday 各成员的值,依次引用
    cout<<stu1.birthday.month<<'/'<<stu1.birthday.day<<'/'<<stu1.birthday.
year<<endl;
    cout<<stu1.score<<endl; //输出 stu1 中的 score 成员的值
    stu1.score=95.0; //修改 stu1 中的 score 成员的值
    cout<<stu1.score<<endl; //输出修改后 stu1 中的 score 成员的值
    cout<<"stu1 首地址="<<&stu1<<endl; //输出结构体变量 stu1 首地址
    return 0;
}
```

运行结果如下：

```
202001
Zhang san
M
8/15/1995
89.5
95
stu1 首地址=0x804a140
```

7.1.3 结构体数组

在成绩管理过程中，一个班由 30 个学生，每个学生的成绩管理信息是相同的，那么用结构体表示 30 个学生时，需要定义 30 个结构体变量，这是不现实的。由于 30 个学生的成绩管理信息是一样的，可以将 30 个学生结构体变量放进一个结构体数组中。

1. 结构体数组的定义

具有相同结构体类型的结构体变量组成的数组，称为结构体数组。结构体数组中每一个数组元素都是结构体类型的数据，它们分别包括结构体类型中各个成员项。其定义方式与结构体类型相似。

(1) 先声明结构体类型，再定义结构体数组。

这种方式定义结构体数组的一般形式如下：

```
struct 结构体名
{
    数据类型 成员名 1;
    数据类型 成员名 2;
     ⋮
    数据类型 成员名 n;
};
struct 结构体名 数组名[数组长度];
```

例如：

```
struct student//声明一个结构体类型 student
{
    char name[20];
    int num;
    int age;
    char sex;
    float score;
};
struct student stu[30];
```

以上就定义了数组名为 stu 的结构体数组，该数组表示有 30 个结构体变量，可以通过 stu[i]. name 的方式引用对应结构体数组元素的成员。

(2) 在声明结构体类型时，定义结构体数组。

这种方式定义结构体数组的一般形式如下：

```
struct 结构体名
{
    数据类型 成员名 1;
    数据类型 成员名 2;
    ⋮
    数据类型 成员名 n;
}数组名[数组长度];
```

例如：

```
struct student
{
    char name[20];
    int num;
    int age;
    char sex;
    float score;
} stu[30];
```

(3) 直接定义结构体数组。

这种方式定义结构体数组的一般形式如下：

```
struct
{
    数据类型 成员名 1;
    数据类型 成员名 2;
    ⋮
    数据类型 成员名 n;
}数组名[数组长度];
```

例如：

```
struct
{
```

```
    char name[20];
    int num;
    int age;
    char sex;
    float score;
} stu[30];
```

结构体数组各元素在内存中连续存放，计算机首先给结构体数组元素 stu[0]分配所有成员所占的字节空间大小，接着给结构体数组元素 stu[1]分配与结构体数组元素 stu[0]一样多的内存空间，依次类推。实际上结构体数组元素 stu[0]与结构体变量的作用与用法一致。

2. 结构体数组初始化

结构体数组在定义的同时也可以进行初始化，并且与结构体变量的初始化规定相同。

结构体数组初始化的一般形式如下：

```
struct 结构体名
{
    数据类型 成员名 1;
    数据类型 成员名 2;
    ⋮
    数据类型 成员名 n;
};
struct 结构体名 数组名[数组长度]={初始数据表};
```

或者

```
struct 结构体名
{
    数据类型 成员名 1;
    数据类型 成员名 2;
    ⋮
    数据类型 成员名 n;
}数组名[数组长度]={初始数据表};
```

或者

```
struct
{
    数据类型 成员名 1;
    数据类型 成员名 2;
    ⋮
    数据类型 成员名 n;
}数组名[数组长度]={初始数据表};
```

例如：

```
struct student
{
    char name[20];
```

```
    long int num;
    int age;
    char sex;
    float score;
}stu[3]={
    {"Li Lin",    202001,  18,'M',89.5 },
    {"Zhang Fun",202002,  19,'M', 96.0},
    {"Wang Min",202003,  20,'F', 79.0}
};
```

3. 结构体数组应用举例

一个结构体数组的元素相当于一个结构体变量，因此前面介绍的有关结构体变量的规则也适用于结构体数组元素。以 stu[2]为例说明结构体数组的使用，可以通过 stu[2]. num 引用数组中第三个元素的 num 成员。同时，同一结构体数组中的元素可以相互赋值。比如：

```
stu[1]=stu[2];//合法
```

但是不能把结构体类型的数组元素作为一个整体直接进行输入输出。比如：

```
cin>>stu[2];//不允许
```

只能以单个成员为对象进行输入输出，如例 7.2 所示。

例 7.2 输入某班 30 个学生的姓名及数学、英语成绩，计算并输出每个学生的平均分。

```
# include <iostream>
using namespace std;
struct student
{
    char name[10];
    int math, eng;
    float aver;
};
int main()
{
    struct student s[30];//定义一个结构体数组
    int i;
    for(i=0; i<30; i++)
{
        cin>>s[i].name>>s[i].math>>s[i].eng;//结构体成员的引用
        s[i].aver=(s[i].math+ s[i].eng)/2.0; //结构体成员的引用与运算
        cout<<s[i].name<<"  "<<"aver="<<s[i].aver<<endl;
    }
return 0;
}
```

◀例 7.2

7.1.4 结构体指针

可以设定一个指针变量用来指向一个结构体变量。此时该指针变量的值是结构体变量的起始地址，该指针称为结构体指针。

结构体指针与前面介绍的各种指针变量在特性和方法上是相同的，因此，在程序中结构体指针也是通过访问目标运算"＊"访问它的对象。结构体指针在程序中的一般定义形式为：

```
struct 结构体名 * 结构体指针名;
```

其中，结构体名必须是已经声明过的结构体类型，结构体指针变量可用来指向结构体数组中的元素。

如上一小节中定义的结构体类型 struct student，可以使用这种结构体类型的结构体指针如下：

```
struct student * p;
```

p 是指向 struct student 结构体类型的指针，结构体指针的说明规定了它的数据特性，并为结构体指针本身分配了一定的内存空间。但指针的内容尚未确定，即它指向随机的对象，此时需要为指针变量赋初值。结构体指针变量引用结构体中的成员用"－＞"指向符号，一般形式如下：

```
结构体指针变量名->成员名
```

例如：

```
struct student * p;//定义结构体指针变量 p
p=&stu1;//将结构体变量 stu1 的首地址赋给结构体指针 p
p->score;//通过指针 p 引用结构体成员 score
```

有时，结构体指针变量引用结构体中的成员用"．"符号，一般形式如下：

```
(＊结构体指针变量名).成员名
```

结构体指针变量的应用如例 7.3。

例 7.3 指向结构体变量的指针的应用。

```
# include <iostream>
# include <string>
using namespace std;
int main()
{
    struct Student //声明结构体类型 Student
    {
        int num;
        string name;
        char sex;
        float score;
    };
    Student stu; //定义 Student 类型的变量 stu
    Student * p=&stu; //定义 p 为指向 Student 类型数据的指针变量并指向 stu
    stu.num=10301; //对 stu 中的成员赋值
```

例 7.3▶

```
        stu.name="Wang Fun"; //对 string 变量可以直接赋值
        stu.sex='f';
        stu.score=89.5;
        cout<<stu. num<<""<<stu.name<<""<<stu.sex<<""<<
        stu.score<<endl;

        cout<<p->num<<""<<(*p).name<<""<<(*p).sex<<""<<
        (*p).score<<endl;
        return 0;
    }
```

结果如下：

```
10301 Wang Fun f 89.5（通过结构体变量名引用成员）
10301 Wang Fun f 89.5（通过指针引用结构体变量中的成员）
```

总结：

以下 3 种形式等价：

（1）结构体变量.成员名，如 stu.num。

（2）（*p）.成员名，如（*p）.num。

（3）p->成员名，如 p->num。

7.1.5 结构体类型数据作为函数参数

将一个结构体变量中的数据传递给另一个函数，有下列 3 种方法：

（1）用结构体变量名做参数。一般较少用这种方法。

（2）用指向结构体变量的指针做实参，将结构体变量的地址传给形参。

（3）用结构体变量的引用变量做函数参数。

下面通过一个简单的例子来对它们进行比较。

例 7.4 有一个结构体变量 stu，内含学生学号、姓名和 3 门课的成绩。要求在 main 函数中为各成员赋值，在另一函数 print 中将它们的值输出。

（1）用结构体变量名做参数。

```
# include <iostream>
# include <string>
using namespace std;
struct student//声明结构体类型 student
{
    long int num;
    char name[20];
    float score[3];
};
int main()
{
    void print(student);//函数声明，形参类型为结构体 student
```

◀例 7.4

```
    student stu;//定义结构体变量
    stu.num=202001;//以下 5 行对结构体变量各成员赋值
    stu.name="Li na";
    stu.score[0]=77.5;
    stu.score[1]=89;
    stu.score[2]=78.5;
    print(stu);//调用 print 函数,用结构体变量名做参数,输出 stu 各成员的值
    return 0;
}
void print(student stu)
{
cout<<stu.num<<""<<stu.name<<""<<stu.score[0]<<""<<stu.score[1]<<""<<stu.
score[2]<<endl;
}
```

运行结果为:

```
202001 Li na 77.5 89 78.5
```

(2) 用指向结构体变量的指针做实参,将结构体变量的地址传给形参。

```
# include <iostream>
# include <string>
using namespace std;
struct student
{
    int num; string name;//用 string 类型定义字符串变量
    float score[3];
}stu={202001,"Li na",77.5,89,78.5};//定义结构体 student 变量 stu 并赋初值
int main()
{
    void print(student *);//函数声明,形参为指向 student 类型数据的指针变量
    student * pt= &stu;//定义基类型为 student 的指针变量 pt,并指向 stu
    print(pt);//实参为指向 student 类型数据的指针变量
    return 0;
}
void print(student * p) //定义函数,形参 p 是基类型为 student 的指针变量
{
    cout<<p->num<<""<<p->name<<""<<p->score[0]<<""<<
    p->score[1]<<""<<p->score[2]<<endl;
}
```

(3) 用结构体变量的引用变量做函数参数。

```
# include <iostream>
# include <string>
using namespace std;
struct student
{
```

```
    int num;
    string name;
    float score[3];
}stu={202001,"Li na",77.5,89,78.5};
void main()
{
    void print(student &); //函数声明,形参为 student 类型变量的引用
    print(stu); //实参为结构体 student 变量
}
    void print(student &stu) //函数定义,形参为结构体 student 变量的引用
{
    cout<<stu.num<<""<<stu.name<<""<<stu.score[0]
    <<""<<stu.score[1]<<""<<stu.score[2]<<endl;
}
```

总结：

程序(1)用结构体变量作为实参和形参,程序直观易懂,但效率是不高的。

程序(2)采用指针变量作为实参和形参,空间和时间的开销都很小,效率较高,但程序(2)不如程序(1)那样直接。

程序(3)的实参是结构体 student 类型变量,而形参用 student 类型的引用,虚实结合时传递的是 stu 的地址,因而效率较高。它兼有程序(1)和程序(2)的优点。

7.1.6 动态分配和撤销内存的运算符

在软件开发过程中,常常需要动态地分配和撤销内存空间,在 C 语言中是利用库函数 malloc 和 free 来分配和撤销内存空间的。C++提供了较简便而功能较强的运算符 new 和 delete 来取代 malloc 和 free 函数,但 C++还保留了这两个函数。

注意：

new 和 delete 是运算符,不是函数,因此执行效率高。

new 运算符使用的一般格式为：

    new类型 [初值]

例如：

    new int;//开辟一个存放整数的存储空间,返回一个指向该存储空间的地址(即指针)

    new int(10);/*开辟一个存放整数的空间,并指定该整数的初值为 10,返回一个指向该存储空间的地址*/

    new char[100];//开辟一个存放字符数组(包括 100 个元素)的空间,返回首元素的地址

    new int[3][4];//开辟一个存放二维整型数组(大小为 3×4)的空间,返回首元素的地址

    float * p=new float (3.14159);/*开辟一个存放单精度数的空间,并指定该实数的初值为 3.14159,将返回的该空间的地址赋给指针变量 p*/

delete 运算符使用的一般格式为：

    delete指针变量   →对变量
    delete [ ]指针变量   →对数组

例如：

```
int * p=new int (10);
delete p;
```

如果是数组，如下操作：

```
int * p=new int[10];
delete[] p; //在指针变量前面加一对方括号，表示是对数组空间的操作
```

7.2 共用体类型

不同的数据类型的数据可以使用共同的存储区域，这种数据构造类型称为共用体，简称共用，又称联合体。共用体(union)是一种数据格式，它能够存储不同的数据类型，但只能同时存储其中的一种类型，也就是说，共用体只能存储 int、long 或 double，而结构体可以同时存储 int、long 和 double。共用体在定义、说明和使用上与结构体相似，两者本质上的不同仅在于使用内存的方式上。

定义一个共用体类型的一般形式为：

```
union 共用体名
{
    成员列表;
};
```

例如：

```
union gy
{
    int i;
    char c;
    float f;
};
```

这里声明了一个共用体类型 union gy，它由 3 个成员组成，在内存中使用共同的存储空间。由于共用体中各成员的数据长度往往不同，所以，共用体变量在存储时总是按照其成员中数据长度最大的成员占用内存空间，如图 7.2 所示。

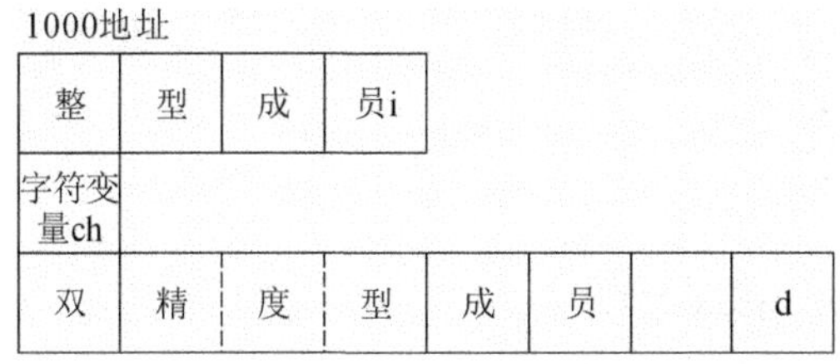

图 7.2 共用体共享内存空间示意图

结构体类型变量在存储时总是按各成员的数据长度之和占用内存空间，而共用体变量在存储时按成员中最长数据长度占用存储空间。当多个数据需要共享内存或者多个数据每次只取其一时，可以用共用体。

总结：

(1) 使用共用体变量的目的是希望用同一个内存段存放几种不同类型的数据。但请注意：在每一瞬时只能存放其中一种，而不是同时存放几种。

(2) 能够访问的是共用体变量中最后一次被赋值的成员，在对一个新的成员赋值后原有的成员就失去作用。

(3) 共用体变量的地址和它的各成员的地址都是同一地址。

(4) 不能对共用体变量名赋值；不能企图引用变量名来得到一个值；不能在定义共用体变量时对它初始化；不能用共用体变量名作为函数参数。

例 7.5 设有若干个人员的数据，其中有学生和老师。学生的数据包括姓名、编号、性别、职业、年级。老师的数据包括姓名、编号、性别、职业、职务。可以看出，学生和老师所包含的数据是不同的。先要求把这些数据放在同一个表 7.1 中，老师职务和学生年级共享同一内存空间。

表 7.1 老师与学生信息

name	num	sex	job	class / position
zhang	3022	F	S	242
wang	2020	M	T	Test

代码如下：

```
# include<iostream>
# include<string>
using namespace std;
int main()
{
   struct
{
      string name;
      string num;
      char   sex;
      char   job;
      union{
            char grade[5];
            char position[5];
            }p;//定义了一个共用体变量
  }person[2];//定义了一个结构体数组变量
   int i=0;
   cout<<"name\tnum\tsex\tjob\tclass/position"<<endl;
   for(;i<2;i++)
   {
```

◀例 7.5

```
cin>>person[i].name>>person[i].num>>person[i].sex>>person[i].job;
if(person[i].job=='S')cin>>person[i].p.grade;
else cin>>person[i].p.position;
}
i=0;
cout<<"=========== show data==========="<<endl;
for(;i<2;i++)
{
    cout<<person[i].name<<"\t";
    cout<<person[i].num<<"\t";
    cout<<person[i].sex<<"\t";
    cout<<person[i].job<<"\t";
    if(person[i].job=='T')cout<<person[i].p.grade<<endl;
    else cout<<person[i].p.position<<endl;
 }
 cout<<endl;
 return 0;
}
```

结果如下：

```
name    num     sex     job     class/position
zhang   3022    F       S       242
wang    2020    M       T       Test
=========== show data===========
zhang   3022    F       S       242
wang    2020    M       T       Test
```

7.3 枚举类型和自定义类型

7.3.1 枚举类型

1. 枚举类型的声明

C++中还有一种构造类型，即枚举类型。在实际问题中，有些变量只有几种可能的取值。例如一周七天，针对这样特殊的变量，C及C++提供了枚举类型，在枚举的定义中，会将变量的值一一列出。但枚举类型变量的值也就只限于列举出来的值的范围内，声明枚举类型用enum开头。枚举类型定义的一般形式如下：

enum 枚举名{枚举成员列表}；

在枚举成员列表中，列出所有可能的取值，以分号结尾。枚举类型的定义方式与结构体、共用体类似，“enum 枚举名”是新定义的类型名，如下：

```
enum weekday
{
   sun,
```

```
    mon,
    tue,
    wed,
    thu,
    fri,
    sat
};
```

该枚举名为 weekday,共有 7 种可能的值。在定义枚举类型的变量时,也只能取其中的一个值进行赋值。任意两个枚举成员不能具有相同的名称,每个枚举成员均具有相关联的常数值,此值的类型为 int 型。因此每一个枚举成员的常数值必须在该枚举的基础类型的范围之内,且声明的第一个枚举成员的默认值为零,以后的枚举成员值是将前一个枚举成员按照声明的顺序的值加 1 得到。

例如:

```
enum weekday
{
    sun=0,mon,tue,wed,thu,fri,sat
};
```

注意:
以上给定的默认值都不能超过 int 类型的范围。

2. 枚举类型变量的定义

(1) 先声明枚举类型,再定义枚举类型变量。

```
enum weekday
{
    sun,mon,tue,wed,thu,fri,sat
};
enum weekday day1,day2;
```

(2) 声明枚举类型,同时定义枚举变量。

```
enum weekday
{
    sun,mon,tue,wed,thu,fri,sat
} day1,day2;
```

(3) 直接定义无名枚举变量。

```
enum
{
    sun,mon,tue,wed,thu,fri,sat
} day1,day2;
```

3. 枚举类型变量的使用

根据枚举类型的概念,大家应该很容易理解,枚举类型成员都是常量,一旦定义了枚举类型,在程序中,就不能再用赋值语句对其成员赋值。

例 7.6 枚举变量的使用示例。

◀例 7.6

```
# include<iostream>
using namespace std;
enum timeofDay// 声明枚举类型 timeofDay
{
    morning,
    afternoon,
    evening
};
int main()
{
    int i,j;
    enum timeofDay a[10];//定义 timeofDay类型的数组 a
    j=morning;//将枚举成员赋值给 int 型变量
    for(i=0;i<10;i++)
    {
        a[i]=j;
        j++;
        if(j>evening)
        j=morning;
    }
    for(i=0;i<10;i++)
    {
        switch(a[i])
        {
        case morning:cout<<morning<<""<<a[i]<<endl;
        case afternoon:cout<<afternoon<<""<<a[i]<<endl;
        case evening:cout<<evening<<""<<a[i]<<endl;
        }
    }
     return 0;
}
```

结果如下：

```
0 morning
1 afternoon
2 evening
0 morning
1 afternoon
2 evening
0 morning
1 afternoon
2 evening
0 morning
```

7.3.2 自定义类型

除了用以上方法声明结构体、共用体、枚举等类型外，还可以用 typedef 声明一个新的类型名来代替已有的类型。如

```
typedef int INTEGER;//指定用标识符 INTEGER 代表 int 类型
typedef float REAL;//指定用 REAL 代表 float 类型
```

这样，以下两行等价：

```
① int i,j; float a,b;
② INTEGER i,j; REAL a,b;
```

从而可以使熟悉 FORTRAN 的人能用 INTEGER 和 REAL 定义变量，以适应他们的习惯。

如果在一个程序中，整型变量是专门用来计数的，可以用 COUNT 来作为整型类型名：

```
typedef int COUNT;//指定用 COUNT 代表 int 型
COUNT i,j;//将变量 i,j 定义为 COUNT 类型
```

即 int 类型在程序中将变量 i,j 定义为 COUNT 类型，可以使人更一目了然地知道它们是用于计数的。

除了给数据类型取别名以外，typedef 还经常与结构体一起用。用 typedef 声明结构体类型如下：

```
typedef struct//注意在 struct 之前用了关键字 typedef,表示声明新名
{
    int month; int day; int year;
}DATE;//注意 DATE 是新类型名,而不是结构体变量名
```

所声明的新类型名 DATE 代表上面指定的一个结构体类型，这样就可以用 DATE 定义变量：

```
DATE birthday; DATE * p;//p 为指向此结构体类型数据的指针
```

例 7.7 typedef 在结构体中的应用。

```
# include <iostream>
# include <string>
using namespace std;
int main()
{
    typedef struct Student //关键字 typedef 表示声明新名 STUD,代替了 struct Student
    {
        int num;
        string name;
        char sex;
        float score;
    }STUD;
    STUD stu; //用 STUD 定义 struct Student 类型的变量 stu
    STUD * p= &stu; //用 STUD 定义 p 为指向 struct Student 类型数据的指针变量并赋值
    stu.num= 10301; //对 stu 中的成员赋值
    stu.name= "Wang Fun"; //对 string 变量可以直接赋值
```

◀例 7.7

```
        stu.sex='f';
        stu.score= 89.5;
        cout<<stu. num<<""<<stu.name<<""<<stu.sex<<""<<
        stu.score<<endl;
        cout<<p->num<<""<<(*p).name<<""<<(*p).sex<<""<<
        (*p).score<<endl;
        return 0;
    }
```

结果为：

```
10301 Wang Fun f 89.5
10301 Wang Fun f 89.5
```

还可以进一步：

① typedef int NUM[100];//声明 NUM 为整型数组类型，包含 100 个元素 NUM n;//定义 n 为包含 100 个整型元素的数组

② typedef char * STRING;//声明 STRING 为字符指针类型 STRING p,s[10];//p 为字符指针变量，s 为指针数组(有 10 个元素)

③ typedef int (*POINTER)()//声明 POINTER 为指向函数的指针类型，函数返回整型值 POINTER p1,p2;// p1,p2 为 POINTER 类型的指针变量

归纳起来，声明一个新的类型名的方法是：

① 按定义变量的方法写出定义语句(如 int i;)。

② 将变量名换成新类型名(如将 i 换成 COUNT)。

③ 在最前面加 typedef(如 typedef int COUNT)。

④ 可以用新类型名去定义变量。

下面以声明上述的数组类型为例来说明用 typedef 定义的方法：

① 按定义数组形式书写 int n[100];

② 将变量名 n 换成自己指定的类型名，即 int NUM[100];

③ 在前面加上 typedef，得到 typedef int NUM[100];

④ 用来定义变量：NUM n;(n 是包含 100 个整型元素的数组)。

习惯上常把用 typedef 声明的类型名用大写字母表示，以便与系统提供的标准类型标识符相区别。

说明：

(1) typedef 可以声明各种类型名，但不能用来定义变量。用 typedef 可以声明数组类型、字符串类型，使用比较方便。

(2) 用 typedef 只是对已经存在的类型增加一个类型名，而没有创造新的类型。

(3) 当在不同源文件中用到同一类型数据(尤其是数组、指针、结构体、共用体等类型数据)时，常用 typedef 声明一些数据类型，把它们单独放在一个头文件中，然后在需要用到它们的文件中用 #include 命令把它们包含进来，以提高编程效率。

(4) 使用 typedef 有利于程序的通用与移植。有时程序会依赖于硬件特性，用 typedef 便于移植。

本章总结

本章主要介绍了C++语言编程中用户自定义的数据类型。

首先介绍了结构体，包括结构体类型的声明、结构体变量定义与初始化、结构体数组及结构体指针定义与使用等，并给出了对应的示例。

然后介绍了共用体，包括共用体类型的声明和共用体变量的定义。可以发现结构体与共用体的声明与变量的定义基本相似，不同之处在于相同的成员列表在内存中占用空间不一样：共用体成员列表在内存中的存储方式是共享内存空间的方式，并且共用体变量在内存中以成员列表中最大的数据长度作为存储空间的大小；而结构体变量占内存大小等于结构体中所有成员数据长度之和。

最后介绍了枚举类型的声明、变量的定义及使用和 typedef 自定义类型等相关知识，并给出了使用示例。

习题7

1. 看懂以下代码，然后写出输出结果，并上机运行验证。

```
# include <iostream>
using namespace std;
struct Date
{
    int month;
    int day;
    int year;
};
struct Student
{
    int num;
    char name[20];
    char sex;
    Date birthday;//声明 birthday 为 Date 类型的成员
    float score;
}student1,student2={10002,"Wang Li",'f',5,23,1982,89.5};
int main()
{
    student1=student2;
    cout<<student1.num<<endl;
    cout<<student1.name<<endl;
    cout<<student1.sex<<endl; cout<<student1.birthday.month<<'/'<<student1.
    birthday.day<<'/'<<student1.birthday.year<<endl;
```

```
    cout<<student1.score<<endl;
        return 0;
    }
```

2.编写一个函数 print,打印学生数组的信息,该数组中有 5 个学生的数据,每个学生的数据包括 num(学号)、name(姓名)、score[3](3 门课的成绩)。用主函数输入这些数据,用 print 函数输出这些数据。

3.在第 1 题的基础上,编写一个 input 函数,用来输入 5 个学生的信息。

4.在第 2 题的基础上,实现求这 5 个学生三门课的总平均分并输出,同时输出平均分最高分、最低分学生对应三门课的成绩以及平均分。

5.对候选人得票的统计程序。设有 3 个候选人,最终只能有 1 人当选为领导。今有 10 个人参加投票,从键盘先后输入这 10 个人所投的候选人的名字,要求最后输出这 3 个候选人的得票结果。(提示:可以定义一个候选人结构体数组,包括 3 个元素,在每个元素中存放有关的数据。)

6.设有若干个人员的数据,其中有学生和教师。学生的数据包括姓名、号码、性别、职业、年级。教师的数据包括姓名、号码、性别、职业、职务。学生和教师所包含的数据是不同的。要求输入人员的数据,然后再输出。

7.口袋中有红、黄、蓝、白、黑 5 种颜色的球若干个。每次从口袋中任意取出 3 个球,求得到 3 种不同颜色的球的可能取法,输出每种排列的情况。

第2篇 提高篇

第8章 类和对象

8.1 面向对象的程序设计方法

从程序设计方法角度，计算机语言分面向过程和面向对象。面向过程的思想是将任务分解成一系列的函数，函数通过相互调用联系起来完成任务，这也是本章前面几章介绍的内容。面向对象的思想是将任务分解成一系列对象，对象具有功能，对象间通过消息传递信息，触发事件，完成任务。面向对象的语言被认为具有更好的重用性、可维护性和可扩展性。但也要注意，C++是面向对象的语言，面向过程和面向对象不是截然分开的，不是对立的。面向过程是面向对象的基础，本章前半部分的编程思想仍是面向过程的，这对初学者更容易入门；后半部分是面向对象的，为进一步学习C++奠定基础。

在基于过程的程序设计中，函数是构成程序的基本部分，程序面对的是一个个函数，每个函数都有一个独立的功能，并存在于程序中，主函数作为程序的入口地址，其他的函数被主函数调用或者相互调用。而在面向对象的程序设计中，除了主函数外，还定义了新类型"类"，并且其他函数基本上都出现在类中，只有通过类才能调用类中的函数，类是面向对象程序设计的构成单元。因此，面向对象程序设计面对的是一个一个的类和对象，程序的设计是基于类的，而不是基于函数或者过程的。

凡是以类对象为基本构成单元的程序称为基于对象的程序，面向对象的程序设计必须掌握四个主要的特点：抽象、封装、继承和多态性。C++的类对象体现了抽象和封装的特性，在此基础上，再利用类对象的继承和多态性，便能达到真正的面向对象的程序设计。

对于规模比较小的程序，编程者可以直接编写出一个面向过程的程序，详细地描述每一瞬时的数据结构及对其的操作过程。但是当程序规模较大时，就显得力不从心了。C++面向对象的程序设计就是为了解决编写大规模程序过程中的困难而产生的。面向对象方法是计算机科学发展的要求。这种方法满足了人们对信息的需求量越来越大，对软件开发的规模也越来越大，对软件可靠性和代码的重用性的要求越来越高的客观需要。

8.1.1 面向对象的程序设计的特点

面向对象的程序设计的思路类似于人们日常生活中处理问题的思路。在自然界和社会生活中，一个复杂的事物总是由许多部分组成。当人们生产汽车时，分别设计和制造发动机、底盘、车身和轮子，最后把它们组装在一起。在组装时，各部分之间有一定的联系，以便协调工作。比如控制方向盘可以改变车轮的方向，踩油门可以使得车往方向盘转动的方向行进等。

这就是面向对象的程序设计的基本思路。在面向对象方法出现之前，人们采用的是面向过程的方法。面向过程方法是一种传统的求解问题的方法，对于汽车的制造，所有的部件生产都是按照事先规定好的顺序进行生产的。而面向对象方法是每个部件分别设计和制造的，加快了效率，找到了求解问题的一种新方法，它把求解问题中客观存在的事物看作各自不同的对象，再把具有相同特性的一些对象归属为一个类。为了进一步说明面向对象的程序设计问题，必须掌握面向对象的程序设计四个主要的特点：抽象、封装、继承和多态性。下面介绍一些概念。

1. 对象

本章开篇就介绍面向对象的程序设计，那么何为对象呢？

对象是现实世界中客观存在的某种事物，或者可以理解为客观世界是由千千万万个对象组成的，对象可大可小。比如，它可以是一个有形的具体存在的事物（一张桌子、一个学生、一辆汽车），也可以是一个无形的、抽象的事物（一次演出、一场球赛、一次出差）。对象既可以很简单，也可以很复杂，复杂的对象可以由若干简单的对象构成。对象一般可以表示为属性＋行为，即一个对象往往是由一组属性和一组行为构成的。可以看到，一个班级作为一个对象时也有属性和行为两个要素，如班级所属的系部、专业、学生人数等信息是一个班级对象特有的信息，即静态特性，称为属性。班级会开会、参加运动会、上自习等，这种特征称为行为。如果想要从外部控制班级中学生的活动，可以从外界向班级发送一个信息（比如上下课的铃声、篮球比赛的口哨和裁判员的手势等），这个信息就是消息。

在面向对象程序设计中，一个对象向另一个对象发出的请求被称为消息。当对象接收到发向它的消息时，就调用有关的方法，执行相应的操作。例如有一个教师对象 1 和一个学生对象 2，学生可以发出消息，请求老师演示一个实验，当老师接收到这个消息后，确定应完成的操作并执行之。

消息具有以下三个性质：

（1）同一个对象可以接收不同形式的多个消息，做出不同的响应；

（2）相同形式的消息可以传递给不同的对象，所做出的响应可以是不同的；

（3）对消息的响应并不是必需的，对象可以响应消息，也可以不响应。

对象是一种相对独立的实体，它具有静态特性和动态特性，通常通过一组数据来描述对象的静态特性，使用一组行为或功能来表示对象的动态特性。一般来说，凡是具备属性和行为这两种要素的，都可以作为对象。在一个系统中多个对象之间通过一定的渠道相互联系，如图 8.1 所示。要使某一个对象实现某一种行为（即操作），应当向它传送相应的消息。对象之间就是这样通过发送和接收消息互相联系的。

使用面向对象的程序设计方法设计一个复杂的软件系统时，首要的问题是确定该系统是由哪些对象组成的，各对象之间数据发送和接收的方式，然后设计这些对象。在面向对象程序设计中，对象是描述其属性的数据以及对这些数据施加的一组操作封装在一起构成的统一体。在 C＋＋中每个对象都是由数据和操作代码（通常用函数来实现）两部分组成的，如图 8.2 所示。数据体现了对象的属性，函数即操作代码是用来对数据进行操作的，以实现某种功能，这体现了对象的行为。如一个三角形对象，它的 3 条边长就是它的属性；通过边长计算出三角形的面积，并且输出三角形的边长和面积，计算三角形面积和输出有关数据就是三角形对象的行为。如果三角形的面积的计算采用函数实现，那么三角形的边长要被送至此函数，调用对象中的函数就是向该对象传送一个消息，要求该对象实现某一行为或功能，在过程设计中叫作解决某一问题的方法。

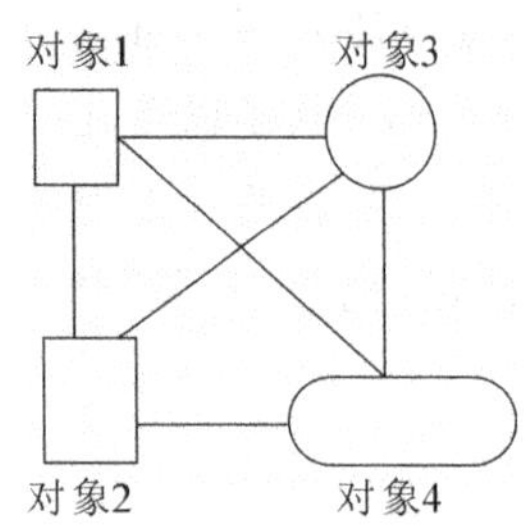

图 8.1　对象之间的相互联系示意图

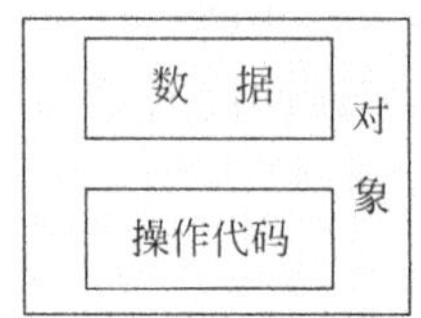

图 8.2　C＋＋中的对象示意图

2. 抽象与类

抽象是对复杂世界的简单表示，抽象并不打算了解全部的问题，而只强调感兴趣的信息，忽略了与主题无关的信息。例如，在设计一个成绩管理程序的过程中，只关心学生的姓名、学号、成绩等，而对他的身高、体重等信息就可以忽略。而在学生健康信息管理系统中，身高、体重等信息必须抽象出来，而成绩则可以忽略。

在面向对象的程序设计方法中，各种事物称为对象。将同一类事物的共同特点概括出来，这个过程就叫作抽象，也是共性归纳、集中的过程，反映同一类事物的本质。比如不同品牌的手机，苹果、华为、小米手机，我们统称其为手机，这是抽象的结果，那么给你这三款手机，肯定能对它们进行操作，因为它们具有手机所共有的特性。那么，在 C/C＋＋中数据类型就是对一批具体的数的抽象。例如，整型数据是对所有整数的抽象。

抽象是通过特定的实例抽取共同性质后形成概念的过程。面向对象程序设计中的抽象包括两个方面：数据抽象和代码抽象（或称为行为抽象）。前者描述某类对象的属性或状态，也就是此类对象区别于彼类对象的特征物理量；后者描述某类对象的公共行为特征或具有的公共功能。

对象是具体存在的，如一个三角形可以作为一个对象，10 个不同尺寸的三角形是 10 个对象。如果这 10 个三角形对象有相同的属性和行为，可以将它们抽象为一种类型，称为三角形类型。不同对象之间有相同的属性和行为的，在 C＋＋中，这种类型就称为类，用关键词“class”修饰。这 10 个三角形就是属于同一“类”的对象。类是对象的抽象，而对象则是类的特例，或者说是类的具体表现形式。

3. 封装

在完成抽象后，通过某种语法形式，将数据（即属性）和用以操作数据的算法（即方法）捆绑在一起，在形式上写成一个整体，即类，这个过程就叫作封装。

下面以一台洗衣机为例，说明对象的封装特征。首先，每一台洗衣机有一些区别于其他洗衣机的静态属性，如出厂日期、机器编号等。另外，洗衣机上有一些按键，如“启动”“暂停”“选择”等，当人们使用洗衣机时，只需要根据需要按下“选择”“启动”或“暂停”等按键，洗衣机就会完成相应的工作。这些按键安装在洗衣机的表面，人们通过它们与洗衣机交流，告诉它应该做什么。我们无法也没必要操作洗衣机的内部电路和机械控制部件，因为它们被装在洗衣机里面，这对于用户来说是隐蔽的，不可见的。

在现实世界中，所谓封装就是把某个事物包围起来，使外界不知道该事物的具体内容。在面向对象程序设计中，封装是指把数据和实现操作的代码(方法)集中起来放在对象内部，即封装在类里面并尽可能隐蔽对象的内部细节。可以通过访问限定符的使用保证数据的安全性，让这部分属性和方法对外不可见，而留下另一些属性和方法对外可见，作为对对象进行操作的接口。封装的目的是增强安全性和简化编程，使用者不必了解具体的实现细节，而只是通过外部接口以及特定的访问权限来使用类的成员。这样就能合理安排数据的可访问范围，减少程序不同部分之间的耦合度，从而提高代码扩充、代码修改、代码重用的效率。

C++对象中的函数名就是对象的对外接口，外界可以通过函数名来调用这些函数进而实现某些行为(功能)。

4. 继承

继承所表达的是类之间的相关关系，这种关系使得某类对象可以继承另外一类对象的特征和能力。现实生活中，继承是很普遍和容易理解的。例如我们继承了父母的一些特征，如种族、血型、眼睛的颜色等，父母是我们所具有的属性的基础。

对已有类增加属性和功能或进行部分修改来建立新的类，是实现代码的复用的重要手段，继承是类型之间的关系建模。继承可以使得子类具有父类的各种属性和方法，而不需要再次编写相同的代码，在令子类继承父类的同时，可以重新定义某些属性，并重新定义某些方法，即覆盖父类的原有属性和方法，使其获得与父类不同的功能。继承是指一个对象直接使用另一个对象的属性和方法。以面向对象程序设计的观点，继承所表达的是类之间相关的关系。这种关系使得某一类可以继承另一类的特征和能力。

类之间具有继承关系，则它们之间具有如下特征：

① 类间具有共享特征，包括数据和操作代码共享。

② 类间具有差别或新增部分，包括非共享数据和操作代码。

③ 类间具有层次结构。

假设有两个类A和B，若类B继承类A，则类B包含了类A的特征，同时可以加入自己所特有的新特征。我们称被继承类A为基类或父类，而称继承类B为类A的派生类或子类，即类B是从类A中派生出来的。

C++提供了继承机制，利用继承可以简化程序设计的步骤，可以很方便地利用一个已有的类建立一个新的类。这就是常说的“软件重用”的思想。不仅可以利用自己过去所建的类，而且可以利用别人使用的类或者存放在类库中的类，对这些类做适当的加工就可以使用，大大地缩短了软件开发周期，对于大型软件的开发具有重要意义。

5. 多态性

在面向对象的程序里，同一个消息被不同的对象接收后可以导致不同的行为，即多态性，这是接口的多种不同的实现方式，极大地提高了代码的重用。游戏中的弓箭手和刀斧手都有名为“攻击”的方法，但是两者的实现方式不同，前者通过射箭实现攻击，后者则通过劈砍实现攻击。多态性，允许将子类类型的指针赋值给父类类型的指针，C++语言支持两种多态性，即编译时的多态性和运行时的多态性。编译时的多态性是通过函数重载(包括运算符重载)来实现的，运行时的多态性是通过虚函数来实现的。

因此，在C++中，所谓多态性是指：由继承而产生的相关的不同的类，其对象对同一消息会做出不同的响应。多态性是面向对象程序设计的一个重要特征，能增加程序的灵活性。

面向对象程序设计本质上改变了人们以往设计软件的思维方式，从而使程序设计者摆脱了具体的数据格式和过程的束缚，将精力集中于要处理对象的设计和研究上，极大地减少了软件开发的复杂性，提高了软件开发效率。优点如下：① 提高程序的重用性；② 控制程序的复杂性；③ 改善程序的可维护性；④ 能更好地支持大型程序设计；⑤ 增强计算机处理信息的范围；⑥ 能更好地适应新的硬件环境。

8.1.2 类和对象的作用

类是C++中十分重要的概念，它是实现面向对象程序设计的基础。类是所有面向对象的语言的共同特征，所有面向对象的语言都提供了这种类型。一个有一定规模的C++程序是由许多类所构成的。C++支持面向过程的程序设计，也支持基于对象的程序设计，又支持面向对象的程序设计。基于对象就是基于类，与面向过程的程序不同，基于对象的程序是以类和对象为基础的，程序的操作是围绕对象进行的。在此基础上利用了继承机制和多态性，就成为面向对象的程序设计，有时不细分基于对象程序设计和面向对象程序设计，而把二者合称为面向对象的程序设计。

在面向过程的结构化程序设计中，人们常使用这样的公式来表述程序：

程序＝算法＋数据结构

算法和数据结构两者是互相独立、分开设计的，面向过程的程序设计是以算法为主体的。在实践中人们逐渐认识到算法和数据结构是紧密联系不可分的，应当以一个算法对应一组数据结构，而不宜提倡一个算法对应多组数据结构，以及一组数据结构对应多个算法。

基于对象和面向对象程序设计的提出，解决了上述问题，把一个算法和一组数据结构封装在一个对象中。因此，就形成了新的观念：

对象＝算法＋数据结构

程序＝(对象＋对象＋对象＋…)＋消息

消息的作用就是对对象的控制。程序设计的关键是设计好每一个对象及确定向这些对象发出的命令，使各对象完成相应操作。

8.1.3 面向对象的软件开发

在C语言编程中所面临的问题比较简单，从任务分析到编写程序再到程序的调试，难度不大，可以由一个人或者几个人组成的一个小组来完成。随着软件规模的迅速增大，软件人员面临的问题十分复杂。需要规范整个软件开发过程，明确软件开发过程中每个阶段的任务，在保证前一个阶段工作的正确性的情况下，再进行下一阶段的工作。这就是软件工程学需要研究和解决的问题，涉及面广，编程难度大。因此面向对象的软件工程需要从下面几个部分进行开发：

(1) OOA，英文全称为 object oriented analysis，即面向对象分析。顾名思义，系统分析员要和用户结合在一起，对用户的需求做出精确的分析和明确的描述，从宏观的角度概括出该软件系统应该做什么，做成什么样的功能。要按照面向对象的概念和方法，在对任务的分析中，从客观存在的事物和事物之间的关系，归纳出有关的对象(包括对象的属性和行为)以及对象之间的联系，并将具有相同属性和行为的对象用一个类(class)来表示，然后建立一个能反映真实工作情况的需求关系模型，作为团队成员编写系统软件的基础。

(2) OOD,英文全称为 object oriented design,即面向对象设计。

有了系统软件的需求关系分析模型以及对象和对象之间的关系,系统总设计者对每一部分功能分别进行具体的设计。首先是进行类的设计,类的设计可能包含多个层次(利用继承与派生)。然后以这些类为基础提出程序设计的思路和方法,包括对算法的设计。

在设计阶段,并不牵涉某一种具体的计算机语言,而是用一种更通用的描述工具(如伪代码或流程图)来描述。

(3) OOP,英文全称为 object oriented programming,即面向对象编程。

经过面向对象的设计步骤后,项目组组长将各部分功能模块下发项目组成员。然后项目组成员选择 C++计算机语言对系统模块进行编程,最后将各模块代码整合成一个完整的系统软件。

(4) OOT,英文全称为 object oriented test,即面向对象测试。

各模块代码整合后,交给用户使用前,必须对程序进行严格的测试。测试的目的是发现程序中的错误并改正它。面向对象测试是用面向对象的方法进行测试,以类作为测试的基本单元。

(5) OOSM,英文全称为 object oriented soft maintenance,即面向对象维护。

无论经过怎样的严格测试,软件中通常还会存在错误,一些小 bug 或者客户需要改进软件的性能。因此软件在使用过程中,需要不断的维护,正如任何产品都需要进行售后服务和维护一样。软件在使用中会出现一些问题,那么就需要修改代码,这就是维护。因为对象的封装性,修改一个对象对其他对象影响很小。利用面向对象的方法维护程序,大大提高了软件维护的效率。

现在设计一个大的软件,是严格按照面向对象软件工程的 5 个阶段进行的,这 5 个阶段的工作不是由一个人从头到尾完成的,而是由不同的人分别完成的,也就是项目组成员。这样第(3)步 OOP 阶段的任务就比较简单了,程序编写者只需要根据项目组组长在第(2)步 OOD 提出的思路用面向对象语言编写出程序即可。

8.2 类的声明和对象的定义

8.2.1 类和对象的关系

首先大家再通过一个例子一起回顾下类和对象。

在数学中学过求正方形、长方形、三角形、梯形、圆等的面积。如果现在我们用 C++编程计算这些形状的面积,就可以将正方形、长方形、三角形、梯形、圆等形状设计为类,而每一个类中,大小不同的形状就是这个类的对象。由此可以这样来理解类和对象:类是创建对象的模板,一个类可以创建多个对象;对象是类的具体实例,是按照类的规则创建的。

对于类中的每一个对象,由于参数不同,比如长方形的边长、圆的半径分别是长方形和圆的参数,这里把参数称为属性,因此每个对象的属性不同。而求面积这个操作就被称为对象的行为,任何一个对象都应当具有属性和行为这两个要素。

每一个实体都是对象,有一些对象是具有相同的结构和特性的,每个对象都属于一个特定的类型。在 C++中对象的类型称为类(class),类代表了某一批对象的共性和特征。可以说具有相同结构和特性的对象构成了类，类是对象的抽象，而对象是类的具体实例。

类和对象的关系与我们在前面学习的结构体类型和结构体变量的关系一样，结构体类型是用户自己先声明的，然后再定义结构体变量。同一个结构体可以定义多个结构体变量，这些结构体变量的属性都是相同的。那么，C++中也是先声明一个类类型，然后用它去定义若干个对象。对象可以看成是类类型的变量。实际上，类是对象的模板，是用来定义对象的一种抽象类型。因此，类不占用内存，而对象是具体的，占用存储空间。

8.2.2 类类型声明

类与结构体类型一样，都是用户自己建立的类型，使用前需要进行声明，或者使用别人已经写好的类。在C++中声明类类型和声明一个结构体类型是相似的，因此下面从声明结构体类型过渡到声明类类型。

结构体类型的声明与结构体变量的定义：

```
struct student//声明一个结构体类型 student
{
    char name[20];
    int num;
    int age;
    char sex;
    float score;
};
struct student stu1,stu2;//定义了两个结构体变量 stu1、stu2
```

上面声明了一个结构体类型，同时定义了两个结构体变量 stu1、stu2，但是发现结构体成员中只有数据，没有函数即算法操作。那么看一下类的声明和定义：

```
class Student//声明一个类类型 Student
{
    char name[20];
    int num;
    int age;
    char sex;
    float score;
    void show() //这是成员函数
    {
        cout<<"num:"<<num<<endl;
        cout<<"name:"<<name<<endl;
        cout<<"score:"<<score<<endl;
        //以上 3 行是函数中的操作语句
    }
};
Student stu1,stu2;//定义了两个 Student 类类型的对象 stu1、stu2
```

class Student 是类头，由关键字 class 与类名 Student 组成，class 是声明类时的修饰词，一定不能省略，就如声明结构体类型的 struct 修饰词一样不能省略。花括号"{}"括起来是类体，反映了类定义的内容，最后以一个分号结束类的定义。可以明显看出，类类型与结构体类型的声明架构一致，结构体中定义结构体变量与类类型中定义对象的方式也是一致的，说明声明类的方法是由声明结构体类型的方法发展而来的。不同的是，在类类型中多了一个函数 show，在这里称为成员函数，用于输出本对象中学生的学号、姓名和性别。类对象要有属性和行为这两个要素，属性就是学生的基本信息，显示学生的基本信息的行为由函数实现，它把数据和操作封装在一起。

由于封装特点，现在封装在 stu1 和 stu2 中的成员都对外隐藏，外界不能使用它们，只有本对象的成员函数"show()"可以引用本对象中的数据，即类外不能直接调用类中的成员。那这种设计合理吗？定义的类不能被外界引用，这是不科学的，因此，在程序设计过程中，不能把类中的全部成员与外界隔离，一般是把数据隐蔽起来，用关键词 private 修饰数据，而把成员函数作为对外界的接口，用关键词 public 修饰成员函数。这样，外界发出一个请求，可以通过对象 stu1 执行 show 函数，输出某一学生的信息。上面类类型的声明可以修改为下面的形式：

```
class Student//声明一个类类型 Student
{
    private://声明以下部分为私有的
    char name[20];
    int num;
    int age;
    char sex;
    float score;
    public://声明以下部分为公有的
    void show() //这是成员函数
    {
        cout<<"num:"<<num<<endl;
        cout<<"name:"<<name<<endl;
        cout<<"score:"<<score<<endl;
        //以上 3 行是函数中的操作语句
    }
};
Student stu1,stu2;//定义了两个 Student 类类型的对象 stu1、stu2
```

总结：

类就是类对象的类型，实际上，类也是一种数据类型，它是一种广义的数据类型。如果在类的定义中既不指定 private，也不指定 public，则系统就默认为是私有的。在后续课程派生类中会出现另一关键词 protected 修饰类成员，表示类成员为受保护的对象，保护成员对于定义它的类来讲，相当于私有成员；对于该类的派生类来讲，相当于公有成员。

因此，一般类类型声明形式如下：

```
class 类名
{
    public:公有的数据和成员函数;
    protected:受保护的数据和成员函数;
```

```
    private:私有的数据和成员函数;
};
```

类名的第一个字母应大写,以区别于普通的变量和对象,比如类名“Student”中首字母 S 为大写。关键字 public、private 和 protected 称为成员访问限定符,虽然 public、private 和 protected 限定符出现的顺序没有要求,通常在工程上,限定符定义公有数据成员或公有函数成员先使用 public,然后再使用 protected,最后使用 private。用它们来说明类成员的访问权限。缺省的访问权限是私有的(private)。类成员的 3 种访问权限分述如下:

(1) public(公有的):公有成员不仅在类体内是可见的,而且在类体外也是可见的。公有成员是类的用户可以调用的信息,是类对外的接口。

(2) protected(受保护的):保护成员对于定义它的类来讲,相当于私有成员;对于该类的派生类来讲,相当于公有成员。

(3) private(私有的):私有成员被封装在一个类中,仅在类体内是可见的,在类体外是被隐藏的,类的用户是看不见的。私有成员只能由类的成员函数调用。

在使用成员访问限定符 public、private 和 protected 时应当注意:

(1) private、protected 和 public 的出现次序可以是任意的,也可以反复出现多次,但是一个成员只能具有一种访问控制属性。

(2) 数据成员一般说明为 private,这样封装性较好。一个类应该有一些公有的函数成员,作为对外的接口,否则别的代码无法访问类。需要被用户调用的函数说明为 public。

成员函数是描述类的对象可以进行的操作,一般在类体中声明函数原型,在类体外定义函数的具体实现。成员函数的声明与成员数据的定义不分先后,其中,数据成员的声明方式与一般变量相同。在 C++程序中,经常可以看到类。为了用户方便,常用的 C++编译系统往往向用户提供类库(但不属于 C++语言的组成部分),内装常用的基本的类,供用户使用。不少用户也把自己或本单位经常用到的类放在一个专门的类库中,需要用时直接调用,这样就减少了程序设计的工作量。

关于类声明的注意事项如下:

(1) 类的定义由两大部分构成:说明部分和实现部分。

(2) 类的成员分为数据成员和成员函数两种。

(3) 类的成员应说明其访问权限。默认的访问权限是私有的。

(4) 成员函数可以定义在类体内,也可以定义在类体外。

(5) 类体内不允许对数据成员初始化。在定义类时,只是定义了一种导出的数据类型,并不为类分配存储空间,所以,在定义类中的数据成员时,不能对其初始化。如:class Student {int num=202001;int age=19;char sex='M';} 是不允许的。

(6) 类具有封装性,并且类只是定义了一种结构,所以类中的任何数据成员均不能使用关键字 extern、auto 或 register 限定其存储类型。

(7) 类中数据成员的类型可以是 C++语言所允许的任何类型,类体中可以有另一个类的对象作为成员,但是,自身类的对象是不允许做该类的成员的。

8.2.3 类类型对象的定义

类类型与结构体相似,则类对象的定义与结构体中定义结构体变量的方式相似,有如下三种：

1. 先声明类类型，然后再定义对象

```
class Student
{
    private :
    //私有的数据和成员函数;
    public :
    //公有的数据和成员函数;
    protected:
    //受保护的数据和成员函数;
};
Student stu1,stu2;
```

此时，声明了一个类名 Student。第 7 章中，用结构体类型定义结构体变量时有省略或不省略修饰结构体的关键词 struct，那么与结构体变量定义一样，此种类对象的定义也分两种。

(1) 不省略声明类的关键词 class：

```
class 类名 对象名
```

比如：class Student stu1，stu2；。

(2) 省略声明类的关键词 class：

```
类名 对象名
```

比如：Student stu1，stu2；。

虽然第(1)种方式清楚明了地让人知道是类对象，但在实际编程设计中，通常采用第(2)种方式，简洁。

2. 声明类类型时定义对象

```
class Student
{
    private :
     //私有的数据和成员函数;
    public :
    //公有的数据和成员函数;
    protected:
    //受保护的数据和成员函数;
} stu1,stu2;
```

3. 不出现类名，直接定义对象

```
class
{
    private :
     //私有的数据和成员函数;
    public :
    //公有的数据和成员函数;
    protected:
```

```
        //受保护的数据和成员函数;
    } stu1,stu2;//定义了两个无类名的类对象
```

第 3 种方式直接定义对象，在 C＋＋中是合法的、允许的，但却很少用，也不提倡用。在实际的程序开发中，一般都采用上面 3 种方法中的第 1 种方法，也有少部分用第 2 种方法。类是抽象的，声明类时，计算机编译系统不会为其分配存储空间。但在定义一个对象时，对象是具体的，编译系统会为这个对象分配存储空间，以存放对象中的成员。

8.2.4 类和结构体类型的区别

从上面的讲述可以看到，除了使用关键字 class 以外，类的声明与结构体的声明一样。C＋＋增加了 class 类型后，仍保留了结构体类型 struct，而且把它的功能也扩展了，即 C＋＋允许用 struct 定义一个类类型如下：

```
struct Student//用 struct 声明一个类类型 Student
{
    private:
    char name[20];
    int num;
    int age;
    char sex;
    float score;
    public:
    void show() //这是成员函数
    {
        cout<<"num:"<<num<<endl;
        cout<<"name:"<<name<<endl;
        cout<<"score:"<<score<<endl;
        //以上 3 行是函数中的操作语句
    }
};
Student stu1,stu2;//定义了两个 Student 类类型的对象 stu1、stu2
```

为了使结构体类型也具有封装的特征，C＋＋不是简单地继承了 C 的结构体，而是使结构体也具有了类的特点，以便于用于面向对象程序设计中。用 struct 声明的结构体类型其实也是一个类类型。

既然没有区别，为何要用 class 关键字声明类，而不是用 struct 声明类？其实二者还是有区别的。

第一，C＋＋语言在设计时所定下的一项原则：C＋＋必须兼容 C，以使大量过去用 C 编写的已在广泛使用的 C 程序能够不加修改地在 C＋＋的环境下使用。

第二，用关键字 struct 声明的类和用关键字 class 声明的类是有区别的，区别在于：在默认无关键词 private、public 说明的情况下，用关键字 struct 声明的类中的数据成员和成员函数都是 public(公有的)；而在用关键字 class 声明的类中数据成员默认情况下一般为 private(私有的)，需要被用户调用的函数需要说明为 public。

第三，结构体类型是 C 与 C＋＋语言的构造数据类型，它把相关联的数据元素捆绑组成

一个单独的统一体，它除了使程序逻辑更加清晰之外，所有的数据都是公用的，即对解决问题没有任何帮助。而 C＋＋的类，将数据和与之相关的函数封装在一起形成一个整体，具有良好的外部接口，可以防止数据未经授权的访问，提供了模块间的独立性。

尽管如此，一般仅在描述数据成员时使用结构体，当既有数据成员又有成员函数时使用类。但建议使用 class 建立类类型。

8.3 类的成员

类的成员就是声明类时花括号里的内容，主要包括成员变量和成员函数。成员变量的定义方式与前面章节介绍的一样，可以是基本数据类型的变量，也可以是指针变量及构造数据类型，在类中称数据成员并对应类的属性。类的数据成员也是一种数据类型，并不需要分配内存。成员函数则用于操作类的各项属性，是一个类具有的特有的操作，比如“学生”可以“上课”，而“水果”则不能。成员函数是类和外界发生交互操作的接口，为此，本节重点介绍类的成员函数。

8.3.1 类的成员函数性质

作为类成员的成员函数描述了对类中的数据成员实施的操作。成员函数的定义、声明格式与非成员函数（全局函数）的格式相同。区别是成员函数属于一个类的成员，声明出现在类体中，它可以被指定为 private（私有的）、public（公有的）或 protected（受保护的）。成员函数的定义可以放在类中，也可以放在类外。放在类中定义的成员函数为内联（inline）函数，如例 8.1 中成员函数定义在类内。

例 8.1 模拟一个时钟，定义一个钟表类，它具有时、分、秒 3 个属性，具有显示时间与设置时间的基本功能。将时钟的这些属性与功能抽象出来，用面向对象的程序来实现对时钟的模拟。

代码如下：

```
# include <iostream>
using namespace std;
class Clock
    {//定义钟表类
    private:
        int H,M,S;
    public://定义公有成员函数
    void SetTime(int h,int m,int s) // SetTime 为成员函数,在类中定义,为内联函数
    {
        H=(h>=0&&h<24)? h:0;
        M=(m>=0&&m<60)? m:0;
        S=(s>=0&&s<60)? s:0;
    }
    void ShowTime()// ShowTime 为成员函数,在类中定义,为内联函数
    {
```

例 8.1▶

```
        cout<<H<<":"<<M<<":"<<S<<endl;
    }
};
Clock MyClock;//定义了一个时钟类 Clock 的对象 Clock MyClock
void main(void)
{
    MyClock.ShowTime();//通过类对象 MyClock 调用公有函数 ShowTime
    MyClock.SetTime(8,30,30); //通过类对象 MyClock 调用公有函数 SetTime
    MyClock.ShowTime();
}
```

结果为：

```
0:0:0
8:30:30
```

对于类中的成员函数一般的做法是将需要被外界调用的成员函数指定为 public，它们是类的对外接口。但应注意，并非要求把所有成员函数都指定为 public。有的函数并不是准备为外界调用的，而是为本类中的成员函数所调用的，就应该将它们指定为 private。

在实际编写 C＋＋代码时，如果一个函数，其代码较短，一般可在声明类时在类体中定义，即定义为内联函数，以提高程序的运行效率。而代码较长的函数，一般在类体内声明成员函数的原型，在类外定义函数体，即定义为外联函数。这样做的好处是相当于在类内列了一个函数功能表，使我们对类的成员函数的功能一目了然，避免了在各个函数实现的大堆代码中查找函数的定义。在类中声明函数原型的方法与一般函数原型的声明一样，在类外定义函数体的格式如下：

```
返回值类型 类名::成员函数名(形参表)
{
        函数体;
}
```

以例 8.1 中的 Clock 类中的成员函数为例，在类内实现成员函数声明与在类外实现成员函数定义如下：

```
class Clock
    {
        private:
            int H,M,S;
        public:
            void SetTime(int h,int m,int s);  //成员函数声明在类中
            void ShowTime();                  //成员函数声明在类中
};
void Clock::SetTime(int h,int m,int s)
{
        H=h,M=m,S=s;
};
void Clock::ShowTime()
{
```

```
    cout<<H<<":"<<M<<":"<<S<<endl;
}
```

在类外面定义成员函数时，需要用类名加作用域限定符“::”。“::”即类的作用域符，放在类名后成员函数前，表明后面的成员函数属于 Clock 类。在使用类函数时，要注意调用它的权限(它能否被调用)以及它的作用域(函数能使用什么范围中的数据和函数)。类作用域作用于类中定义的特定的成员，包括数据成员与成员函数，类内的每一个成员都具有类作用域。实际上，类的封装作用也就是限制类的成员的访问范围于类的作用域之内。

在类外定义的函数最前面加上关键字“inline”，那么函数也会变成内联函数，与在类内定义成员函数的效果相同，不加关键字“inline”的称为外联函数。内联函数使用的注意事项：

(1) inline 的使用是有所限制的，inline 只适合函数体内代码简单的函数使用，不能包含复杂的结构控制语句，例如 while、switch，内联函数不能直接或间接调用自己。

(2) 使用 inline 定义内联函数时，必须将类的声明和内联函数的定义放在同一个文件或是同一个头文件中，否则编译时无法进行代码置换。但是这样做，不利于类的接口和类的实现细节相分离，不利于隐藏执行的细节。

(3) 只有在类外定义的成员函数规模很小而调用频率较高时，才将此成员函数指定为内联函数。

类的成员函数是类体中十分重要的部分。如果一个类中不包含成员函数，就等同于 C 语言中的结构体了，体现不出类在面向对象程序设计中的作用。

8.3.2 成员函数的存储方式

在介绍结构体时，结构体类型声明不占用内存，定义结构体变量时才占内存空间，且分配的内存大小等于结构体中所有成员字节大小之和。那么类类型声明时也不占用内存空间，用类去定义对象时，系统会为每一个对象分配存储空间。通常一个类包括了数据和函数，系统要为数据和函数都分配内存空间。如果用同一个类定义了 10 个对象，那么是否如图 8.3 所示的存储方式示意图，分别为 10 个对象的数据和函数代码分配存储单元呢？

如果按照图 8.3 所示为各对象分配存储空间，会浪费内存空间，造成内存空间使用过大，计算机运行时会崩溃。可以想一下，每次调用的数据不一样，代码未结束前，通常需要保存数据，接收来自函数返回的值等，内存空间被占用，且每一个对象的数据也是不同的，因此，给对象数据需要独立分配内存空间。而函数就不一样，被调用完后数据被返回，函数不再起作用，同时每个对象调用的函数代码段一样，只是传参不同。因此，人们就提出了采用一段空间来存放这个共同的函数代码段，在调用各对象的函数时，都去调用这个公用的函数代码。图 8.4 所示为数据与函数内存空间分配示意图。

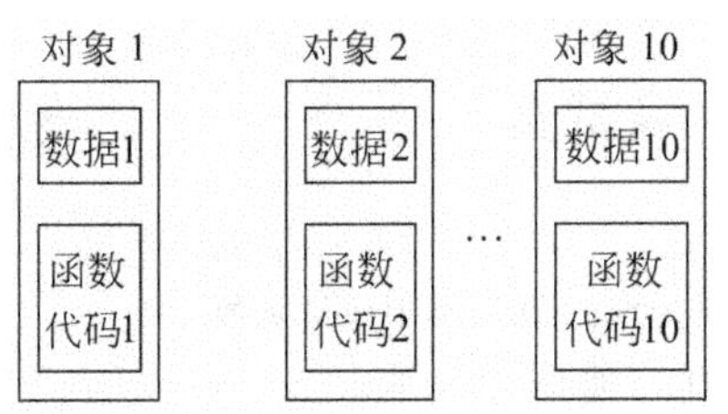

图 8.3 多对象理论内存存储方式示意图

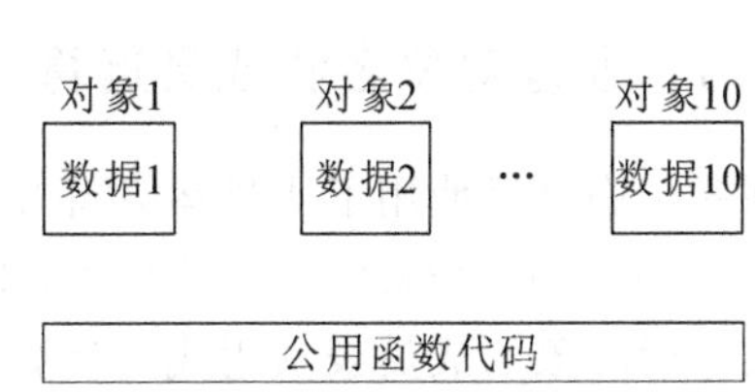

图 8.4 数据与函数内存空间分配示意图

如果声明了下面的时钟类并定义了2个对象：

```
class Clock
{
        private:
            int H,M,S;
        public:
            void SetTime(int h,int m,int s);  //成员函数声明在类中
            void ShowTime();              //成员函数声明在类中
};
Clock MyClock1,MyClock2;
```

用语句"cout<<sizeof(Time)<<endl;"可得该类对象所占用的字节数为12，即为三个整型变量H,M,S占内存字节总和，定义数据成员的时候不可赋初值。

细心的人会发现，不同的对象使用的是同一个函数代码段，它怎么能够分别对不同对象中的数据进行操作呢？原来C++为此专门设立了一个名为this的指针，用来指向不同的对象。比如：当调用对象MyClock1中的成员函数时，this指针就指向了MyClock1对象，成员函数就访问了MyClock1对象的成员；同理，当调用对象MyClock2中的成员函数时，this指针就指向了MyClock2对象，成员函数就访问了MyClock2对象的成员。

> **注意：**
>
> 为节省内存，编译器在创建对象时，只为各对象分配用于保存各对象数据成员初始化的值的空间，并不为各对象的成员函数分配单独的内存空间。各对象共享类的成员函数定义，即类中成员函数的定义为该类的所有对象所共享，这是C++编译器创建对象的一种方法，在实际应用中，我们仍要将对象理解为由数据成员和函数成员两部分组成。

不论成员函数在类内定义还是在类外定义，成员函数的代码段的存储方式都是相同的，都在公用函数代码内存处，不占用对象的存储空间。

8.4 对象成员的引用

只要是对象的公有成员，不论是数据成员，还是成员函数，都可以被外部函数直接引用。类对象对类中成员的引用与结构体类变量对结构体中的成员的引用方式是一致的，主要有下面三种方式：

(1) 通过对象名和成员运算符访问对象中的成员；

(2) 通过指向对象的指针访问对象中的成员；

(3) 通过对象的引用变量访问对象中的成员。

8.4.1 通过对象名和成员运算符访问对象成员

在例8.1中已经使用了成员运算符"."，如：

```
MyClock.ShowTime();//表示通过时钟类对象MyClock调用类中成员函数
```

那么一般对象的成员表示用成员运算符"."，其一般形式如下：

```
对象名.数据成员名;
对象名.成员函数名(实参表);
```

其中“.”称为成员运算符，简称点运算符，该运算符的功能是表示对象的成员。

在类外只能访问 public 成员，而不能访问 private 成员。假设 stu1 是定义过的类对象，num1 已定义为公有的整型数据成员，num2 已定义为私有的整型数据成员，如下：

```
stu1.num1=1001;  //类外访问公有成员 num1 合法
```

该语句表示将整数 1001 赋给对象 stu1 中的数据成员 num1。注意不能只写成员名而忽略对象名，如：

```
num1=1001;//缺乏对象名，不合法
stu1.num2=1001;  //类外访问私有成员 num2，不合法
```

不仅可以在类外引用对象的公有数据成员，而且可以调用对象的公有成员函数，但同样必须指出对象名，如例 8.1 中：

```
MyClock. SetTime(8,30,30);
//正确，表示时间类 Clock 的对象 MyClock 的成员函数 SetTime(8,30,30)
SetTime ()     //错误，没有指明是哪一个对象的 SetTime 函数
```

在类中应当至少有一个公有的成员函数作为对外的接口，否则就无法对对象进行任何操作。

8.4.2 通过指向对象的指针访问对象成员

结构体中访问成员的方式可以用指向结构体变量的指针实现，如第 7 章的 7.1.4 节内容。那么，用指针访问对象中的成员方法与此类似，其指向对象的指针定义的一般形式如下：

```
类名 * 类对象指针名;
```

指针引用数据成员用符号“－＞”表示，通过对象指针引用成员的一般格式如下：

```
类对象指针名 ->类中成员;
```

或者

```
(*类对象指针名).类中成员;
```

通过类对象指针访问类中成员的实例代码段：

```
class Clock
   {
      public:          //数据成员是公有的
         int H,M,S;
      public:
         void SetTime(int h,int m,int s);  //成员函数声明在类中
         void ShowTime();              //成员函数声明在类中
};
Clock MyClock, * p;//定义对象 MyClock 和指针变量 p
p=&MyClock;   //使 p 指向对象 MyClock
cout<<p->H;//输出 p 指向的对象中的成员 H
```

在 p 指向 MyClock 的前提下，p－＞H，(＊p).H 和 MyClock.H 三者等价。

8.4.3 通过对象的引用变量访问对象成员

如果为一个对象定义了一个引用变量，它们是共占同一段存储单元的，实际上它们是同

一个对象，只是用不同的名字表示而已。因此，完全可以通过引用变量来访问对象中的成员。

通过类对象引用变量访问类中对象成员方式的代码段举例：

```
class Clock
    {
        public:          //数据成员是公有的
            int H,M,S;
        public:
            void SetTime(int h,int m,int s);  //成员函数声明在类中
            void ShowTime();                  //成员函数声明在类中
};
Clock  MyClock,*p;//定义对象 MyClock 和指针变量 p
p=&MyClock;   //使 p 指向对象 MyClock
Clock &t2=MyClock;//定义 Clock 类引用变量 t2,并使之初始化为 MyClock
cout<<t2.H<<endl;//t2 是对象 MyClock 的别名,通过引用输出对象 MyClock 中的成员 H
cout<<p->H<<endl;//通过指针输出 p 指针指向的对象中的成员 H
cout<<(*p).H<<endl;//通过指针输出 p 指针指向的对象中的成员 H
cout<<MyClock.H<<endl;//通过对象 MyClock 输出对象中的成员 H
```

由于 t2 与 MyClock 共占同一段存储单元(即 t2 是 MyClock 的别名)，因此 t2.H 就是 MyClock.H。本代码段最后四句总结了通过类对象引用类中成员数据的方法，可以将数据成员替换成成员函数，就可以得到类对象引用类中成员函数的方法。比如：

```
cout<<t2.ShowTime()<<endl;
// t2 是对象 MyClock 的别名,通过引用输出对象 MyClock 中的成员函数 ShowTime
cout<<p->ShowTime()<<endl;
//通过指针输出 p 指针指向的对象中的成员函数 ShowTime
cout<<(*p).ShowTime()<<endl;
//通过指针输出 p 指针指向的对象中的成员函数 ShowTime
cout<<MyClock.ShowTime()<<endl;
//通过对象引用对象中的成员函数 ShowTime
```

8.5 类的封装性和隐蔽性

类的封装性和隐蔽性主要体现在两个方面，即成员函数作为公用接口与其私有实现分离和类声明与成员函数的定义分离。

8.5.1 成员函数作为公用接口与其私有实现分离

C++是面向对象的程序设计，对象的信息以用户声明的类表示，即 C++通过类来实现封装，把数据和与这些数据有关的操作(函数)封装在一个类中，或者说，类的作用是把数据和算法封装在用户声明的抽象数据类型中，这体现了类的封装性。

在声明类时，通常把对象的所有数据指定为私有的属性，类外不能操作类中的数据，使得类中的数据与外界隔离。在类外虽然不能直接访问私有数据成员，但为了实现类中的数

据与外界进行信息的处理，将类中的成员函数声明为公有的属性，通过调用公用成员函数(即公有成员函数)对类中的数据成员引用甚至修改私有数据成员。外界与对象中的数据唯一的沟通途径就是调用公用成员函数，保证类与外界的联系减少到最低限度。用户可以调用公用成员函数来实现某些功能，而这些功能是在声明类时已指定的，用户可以使用它们而不应改变它们。实际上用户往往并不关心这些功能是如何实现的细节，而只需知道调用哪个函数会得到什么结果，能实现什么功能即可。比如家里的洗衣机，只需选择功能(柔洗、加强洗、速洗、衬衣、羽绒等功能)，然后按下启动按钮即可实现指定功能的洗衣，不需要了解细节——衣服是如何洗干净的，那是工程师的事，我们只需知道如何用然后达到所需的目的即可。一切与用户操作无关的部分都封装在洗衣机内，用户看不见，也改变不了。洗衣机的功能相当于C++的成员函数名，具体是如何将衣服洗干净则相当于成员函数的实现部分，用户不可见。因此，公用成员函数是用户使用类的公用接口，或者说是类的对外接口，这体现了类的隐蔽性。

可以想象如果将类中成员全部定义为私有属性，这个类就不能与外界进行数据操作，那么，在现实应用中相当于一座孤岛，其功能有限，不适合功能的扩展和数据的更新换代。所以，通常成员函数是类与外界沟通的桥梁。

通过成员函数对数据成员进行操作称为类的实现。为了防止用户任意修改公用成员函数，改变对数据的操作，往往不让用户看到公用成员函数的源代码，显然更不能修改它，用户只能接触到公用成员函数的目标代码、目标文件。类中被操作的数据是私有的，实现的细节对用户是隐蔽的，这种实现称为私有实现，即实现了成员函数名作为向外界沟通的接口与其私有实现的分离。

在实际工程设计中，最基本的原则就是将接口与实现分离，信息隐蔽是软件工程中一个非常重要的概念。它的好处在于：

(1) 如果想修改或扩充类的功能，只需修改本类中有关的数据成员和与它有关的成员函数，程序中类外的部分可以不必修改。例如8.2.2小节中的代码段声明的类Student，在Student类中删除一项数据成员“年龄”，成员函数中添加一行性别的输出语句，可以这样修改：

```
class Student//声明一个类类型 Student
{
    private://声明以下部分为私有的
    char name[20];
    int num;
    //int age;屏蔽即可，此项为修改项
    char sex;
    float score;
    public://声明以下部分为公有的
    void show() //这是成员函数
    {
        cout<<"num:"<<num<<endl;
        cout<<"name:"<<name<<endl;
        cout<<"score:"<<score<<endl;
```

```
        cout<<"sex:"<<sex<<endl;//此行是增加语句
        //以上 4 行是函数中的操作语句
    }
};
Student stu1,stu2;//定义了两个 Student 类类型的对象 stu1、stu2
```

注意：

虽然类中的数据成员改变了，成员函数 show 的定义改变了，但是类的对外接口没有改变，外界仍然通过公用的 show 函数访问类中的数据。程序中其他任何部分均无须修改。当然，类的功能改变了，在调用 stu1、stu2 对象的 show 成员函数时，输出该学生的学号、姓名、分数和性别的值。可以看出：当接口与实现（对数据的操作）分离时，只要类的接口没有改变，对私有实现的修改不会影响程序的其他部分。对于用户来说，类的实现方法的改变，不会影响用户，只要保持类的接口不变即可。譬如，软件开发商想对以前提供给客户的类库进行修改升级，只要保持类的接口不变，即用户调用成员函数的方法（包括函数参数的类型和个数）不变，用户的程序就不必修改。

(2) 如果在编译时发现类中的数据读写有错，不必检查整个程序，只需检查本类中访问这些数据的少数成员函数。

8.5.2 类声明与成员函数的定义分离

在面向对象的程序开发中，类的声明，包含成员函数的声明，通常全部放在指定的头文件中，用户如果想用该类，只要把有关的头文件包含进来即可，不必在程序中重复书写类的声明，以减少工作量，节省篇幅，提高编程的效率。

在 8.5.1 小节中，发现成员函数的定义在类声明中，而实际使用过程中成员函数的定义不在类声明中，也就不在头文件中，而另外放在一个文件中，这个包含成员函数定义的文件就是类的实现。类的声明与实现（定义）在不同的两个文件中，类的声明在后缀名为“.h”文件中，类的定义在后缀名为“.cpp”文件中。本教材的例子较简单，因此你会发现类的声明、成员函数的定义以及主函数 main 三者在同一个后缀名为“.cpp”的源文件中。实际上，一个 C++程序至少由三部分组成：类声明头文件、类实现文件（成员函数定义文件）和类的使用文件（即主函数文件）。类声明头文件的后缀名为“.h”形式，后两种文件后缀名都为“.cpp”形式。

例 8.2 将 8.5.1 小节中的代码段拆分为类声明头文件、类实现文件和类的使用文件形式。

```
/****************************************
student.h 是头文件，在此文件中进行类的声明
****************************************/
class Student//声明一个类类型 Student
{
    private://声明以下部分为私有的
    char name[20];
    int num;
    char sex;
    float score;
```

◀例 8.2

```
    public:
    void input();//私有数据输入成员函数
    void show(); //成员函数声明
};

/* * * * * * * * * * * * * * * * * * * * * * * * * * * * * * * * * * * * * * *
student.cpp,在此源文件中进行成员函数的定义,被编译后得到 student.obj 目标文件,此目标文件可提供给客户。
* * * * * * * * * * * * * * * * * * * * * * * * * * * * * * * * * * * * * * */
#include <iostream>
#include"student.h"//不要漏写此行,否则编译通不过
using namespace std;
void Student::input()
{
    cout<<"输入 name:\t"<<"num:\t\t"<<"score:\t"<<"sex:\t"<<endl;
    cin>>name>>num>>score>>sex;
}
void Student::show ()//在类外定义 show 类函数
{
    cout<<"name:"<<name<<endl;
    cout<<"num:"<<num<<endl;
    cout<<"score:"<<score<<endl;
    cout<<"sex:"<<sex<<endl;
}
/* * * * * * * * * * * * * * * * * * * * * * * * * * * * * * * * * * * * * * *
以下代码为主函数模块源文件 main.cpp,C++代码运行的入口地址为 main 函数,因此,为了组成一个完整的源程序,还应当有包括主函数的源文件,被编译后得到 main.obj 目标文件
* * * * * * * * * * * * * * * * * * * * * * * * * * * * * * * * * * * * * * */
#include <iostream>
#include"student.h"//将类声明头文件包含进来
using namespace std;
int main()
{
    Student stud;//定义对象
    stud.input();
    stud.show();//执行 stud 对象的 show 函数
    return 0;
}
```

结果如下:

```
输入 name:  num:        score:  sex:
zhangsan    20200202    89.0    F↙
name:zhangsan
num:20200202
```

```
score:89.0
sex:F
```

此例由于在头文件中包含了类 Student 的声明，因此在程序中就可以用该类来定义对象 stud。由于在类体中包含了对成员函数的声明，故在程序中就可以调用这些对象的公用成员函数，可以认为类声明的头文件是用户使用类库的公用接口。同时会发现，类声明与类成员函数的定义部分分离，在源文件中通过语句“#include"student.h"”将类的声明包含进来，便可以使用该类定义类对象，使用成员函数访问类中的私有数据成员。“::”是类的作用域分辨符，用在成员函数定义处，放在类名后成员函数前，表明后面的成员函数属于前面的那个类。

在系统提供的头文件中只包括对成员函数的声明，而不包含成员函数的定义。若将成员函数的定义也放在类的声明中，那么对使用该类的程序的每一次编译必然包括对成员函数定义的编译，即同一个成员函数的定义会被多次重复编译。因此，成员函数的定义独立地放在一个源文件中，可以解决上述缺点。

在实际工程中，并不是将一个类声明做成一个头文件，而是将若干个常用的功能相近的类声明集中在一起，形成 C++的各种类库，可以减少程序员对类声明和成员函数定义的工作量。C++中的类库由类声明的头文件和已经编译过的成员函数的定义，即目标文件两部分组成。8.5.1 小节中指出用户只能接触到公用成员函数的目标文件，也就是说，可以不用每次对成员函数实现（成员函数定义）进行重复编译，只需要编译一次即可。把第一次编译后形成的目标文件（C++中后缀名为.obj）保存下来，以后需要的时候直接与程序中其他的目标文件连接生成可执行文件（后缀名为.exe）即可，这与使用函数库中的函数是类似的。而类库有两种：

(1) C++编译系统提供的标准类库；

(2) 用户根据自己的需要做成的用户类库，提供给自己和自己授权的人使用，这称为自定义类库。

第一种类库，软件安装过程中会自动放在软件安装的子目录下。第二种类库需要用户将其手动装入自己的计算机系统中（一般装到 C++编译系统所在的子目录下），然后在程序中用#include 命令行将有关的类声明的头文件包含到程序中，就可以使用这些类和其中的成员函数。用户源文件经过编译后，与系统库中的标准类库相连接得到可执行的文件。

类声明和函数定义一般是分别放在两个文本中的。接口与实现分离，为软件开发商向用户提供类库创造了很好的条件。开发商把用户所需的各种类的声明按类放在不同的头文件中，同时对包含成员函数定义的源文件进行编译，得到成员函数定义的目标代码。

软件开发商向用户提供这些头文件和类的实现的目标代码，不提供函数定义的源代码。用户在使用类库中的类时，只需将有关头文件包含到自己的程序中，并且在编译后连接成员函数定义的目标代码即可。由于类库的出现，用户可以像使用零件一样方便地使用在实践中积累的通用的或专用的类，这就大大减少了程序设计的工作量，有效地提高了工作效率。

8.6 类和对象的应用举例

下面通过几个例子来说明类对象的定义和其成员的表示方法。

例 8.3 通过成员函数对私有数据进行初始化、获取和修改以及通过对象引用成员。

```
# include <iostream>
    using namespace std;
    class Point
    {
        public://公有成员函数,声明在类中,定义在类外
          void SetPoint(int xx, int yy);  //成员函数:给私有数据设置初值
          int Getx();      //获取私有数据 x 成员函数
          int Gety();   //获取私有数据 y 成员函数
          void Move(int,int);  //成员函数:私有数据修改
        private://私有数据
          int x,y;
    };

    //SetPoint(int, int)成员函数,在类外定义 SetPoint 函数,"::"为域运算符,Point 为类名
    void Point::SetPoint(int xx, int yy)
    {
        x=xx;//通过公有成员函数给私有数据 x、y 赋值
        y=yy;
    }
    //Getx()成员函数,在类外定义 Getx 函数
    int Point::Getx()
    {
    return x;
    }
    // Gety()成员函数,在类外定义 Gety 函数
    int Point::Gety()
    {
    return y;
    }
    // Move(int,int) 成员函数,在类外定义 Move 函数
    void Point::Move(int xoffset,int yoffset)
    {
      x+=xoffset;
      y+=yoffset;
    }
    // 主函数
    int main()
    {
        Point p0,p1,p2, * pp=&p0;//定义类对象 p0、p1、p2,Point 类指针 pp
        p1.SetPoint(6,9); //类对象 p1 引用成员函数 SetPoint
        p2.SetPoint(5,8); //类对象 p2 引用成员函数 SetPoint
        pp->SetPoint(4,7); //指针 pp 引用成员函数,实际上是类对象 p0 引用成员函
```

例 8.3▶

```
数 SetPoint
        p1.Move(12,2);
        p2.Move(-1,0);
        (*pp).Move(2,-2);
        cout<<"x1="<<p1.Getx()<<",y1="<<p1.Gety()<<endl;
    //成员函数引用作为输出参数
        cout<<"x2="<<p2.Getx()<<",y2="<<p2.Gety()<<endl;
        cout<<"x3="<<pp->Getx()<<",y3="<<(*pp).Gety()<<endl;
        return 0;
    }
```

程序分析 该程序中定义了 Point 类的 3 个一般对象 p0、p1 和 p2，又定义了一个指向类 Point 的对象 p0 的指针 pp。这些对象通过调用成员函数 SetPoint()使它们的数据成员获值，通过调用成员函数 Move()改变了各对象数据成员的值，又通过调用成员函数 Getx()和 Gety()返回各对象的数据成员的值。p1 与 p2 是两个类对象，都有自己的数据和成员函数。因此，语句“cout<<"x1="<<p1.Getx()<<",y1="<<p1.Gety()<<endl;”与语句“cout<<"x2="<<p2.Getx()<<",y2="<<p2.Gety()<<endl;”表示设置了两个点。

例 8.4 求三角形的周长和面积。

```
#include <iostream>
#include<cmath>//标准库头文件
#include<cstdlib>//提供一些函数与符号常量头文件
using namespace std;
class Triangle
{
    public:
        void setABC(double x,double y,double z);
        double perimeter();
        double area();
    private:
        double a,b,c;
};
void setABC(double x,double y,double z)
{
    if(x+y>z&&x+z>y&&y+z>x)
    {
        a=x;b=y;c=z;
    }
    else
    {
        cout<<"不能构成三角形"<<endl;
    }
```

◀例 8.4

```
}
double Triangle::perimeter()
{
    return a+b+c;
}
double Triangle::area()
{
    double p=(a+b+c)/2;
    return sqrt(p*(p-a)*(p-b)*(p-c));
}
int main()
{
    Triangle tri1;
    double x,y,z;
    cout<<"请输入三角形的三边:"<<endl;
    cin>>x>>y>>z;
    tri1.setABC(x,y,z);
    cout<<"周长:"<<tri1. perimeter()<<",面积:"<<tri1. area ()<<endl;
}
```

结果如下：

```
请输入三角形的三边:
3 4 5
周长:12,面积:6
```

程序分析 请注意成员函数定义与调用成员函数的关系，定义成员函数只是设计了一组操作代码，并未实际执行，只有在被调用时才真正地执行这一组操作。可以看出：主函数很简单，语句很少，只是调用有关对象的成员函数去完成相应的操作。在大多数情况下，主函数中甚至不出现控制结构，比如判断结构和循环结构，而在成员函数中使用控制结构。在面向C++对象的程序设计中，最关键的工作是类的设计。所有的数据和对数据的操作都出现在类中。只要把类定义好，编写程序的工作就显得很简单了。

本章总结

本章重点掌握类的声明、类对象的定义、通过类对象访问类中成员的方法以及类和对象的应用举例。在C++面向对象程序设计中，对象是核心，是类的实例，是由数据及其操作所构成的封装体。对象是面向对象方法的主体，由以下三部分组成：

(1) 私有的数据结构：它用于描述对象的内部状态。

(2) 处理：也称为操作或方法，它施加于数据结构之上，是对数据的操作。

(3) 接口：这是对象可被共享的部分，消息可以理解为类对象调用成员函数，那么消息通过接口调用相应的操作，接口规定哪些操作是允许的，但是它不提供操作是如何实现的信息。

习题8

1. 已知圆半径，用面向对象的编程方法计算圆的面积。分两种情况编写代码：

(1) 数据定义为公有，成员函数的定义在类中；

(2) 数据定义为私有的情况下，成员函数的定义在类中。

2. 将例 8.4 改写为一个多文件的程序：

(1) 类 Triangle 独立写成一个文件 triangle. h；

(2) 三角形的面积和周长独立写成一个功能实现源文件 triangle. cpp，用于成员函数的定义；

(3) 主函数作为成员函数的调用，放在源文件 main. cpp 中。

上机调试运行，结果不变。

3. 需要求 2 个长方体的体积，请编写一个基于对象的程序。数据成员包括 length(长)、width(宽)、height(高)。要求用成员函数实现以下功能：

(1) 由键盘分别输入 2 个长方体的长、宽、高；

(2) 计算长方体的体积；

(3) 输出 2 个长方体的体积。

请编写程序，上机调试并运行。

4. 找出一个整型数组中元素的最大值。

第9章 类和对象的使用

9.1 构造函数

9.1.1 对象的初始化

类是现实世界或思维世界中的实体在计算机中的反映，它将数据以及这些数据上的操作封装在一起。对象是具有类类型的变量。类是对象的抽象，而对象是类的具体实例。类是抽象的，不占用内存；而对象是具体的，占用存储空间。在建立一个对象时，常常需要做某些初始化的工作，例如对数据成员赋初值。

如果一个数据成员未被赋值，则它的值是不可预知的，因为在系统为它分配内存时，保留了这些存储单元的原状，这就成为这些数据成员的初始值。这种状况显然是与人们的要求不相符的，对象是一个实体，它反映了客观事物的属性，如例 9.1 所示，一个游戏角色在创建时会有统一数据的初始化，如果每创建一个游戏角色，就重新进行一次赋值，那么对于大量的数据创建而言，是烦琐而又低效的。在下列程序中，创建一个游戏角色类，该游戏角色包括了人物名字、等级、经验值等属性，但是对于任何一个新建的游戏角色而言，人物等级初始化都应该是 0 级，那么如何实现对所有创建的类对象进行默认初始化，让其人物等级都是 0 级呢？

例 9.1 游戏角色类的创建。

```
// 游戏角色类
class CPlayer
{
private:
    char * m_strName; // 人物名称
    int m_nLevel;      // 人物等级
    int m_nCurExp; // 当前经验值
    int m_nCurHP; // 当前 HP
    int m_nAtk; // 物理攻击力
    int m_nInt; // 法术攻击力
    int m_nDef; // 防御力
public:
    void Attack(CPlayer &sufferer);// 攻击
    …
```

```
};
```

需要注意的是,类的数据成员是不能在声明类时初始化的。如果一个类中所有的成员都是公有的,则可以在定义对象时对数据成员进行初始化。例如:

```
class CPlayer
    {
    private:
        char * m_strName; // 人物名称
        int m_nCurExp; // 当前经验值
        int m_nCurHP; // 当前 HP
        int m_nAtk; // 物理攻击力
        int m_nInt; // 法术攻击力
        int m_nDef; // 防御力
    public:
        int m_nLevel;      // 人物等级
        void Attack(CPlayer &sufferer);// 攻击
        …
    };
    CPlayer p1={0}; //将 p1 角色等级初始化为 0
```

这种情况和结构体变量的初始化是差不多的,在一个花括号内顺序列出各公有数据成员的值,两个值之间用逗号分隔。但是,如果数据成员是私有的,或者类中有 private 或 protected 的成员,就不能用这种方法初始化,并且如果每一个新建的对象都要进行同样重复的初始化,类中的数据成员比较多,那么程序将变得非常冗余烦琐。

9.1.2 构造函数的作用

为了解决这个问题,C++提供了构造函数(constructor)来处理对象的初始化。构造函数是一种特殊的成员函数,与其他成员函数不同,不需要用户来调用它,而是在建立对象时自动执行。构造函数的名字必须与类名同名,而不能由用户任意命名,以便编译系统能识别它并把它作为构造函数处理。它不具有任何类型,不返回任何值。构造函数的功能是由用户定义的,用户根据初始化的要求设计函数体和函数参数。

例 9.2 在例 9.1 基础上进行类的简化和修改,并定义构造成员函数。

```
# include <iostream>
using namespace std;
class CPlayer
{
private:
    char * m_strName; // 人物名称
    int m_nLevel;      // 人物等级
    int m_nCurExp; // 当前经验值
    int m_nCurHP; // 当前 HP
    int m_nAtk; // 物理攻击力
    int m_nInt; // 法术攻击力
```

◀例 9.2

```
        int m_nDef; // 防御力
    public:
        CPlayer()
        {
            m_nLevel=0;
        }
        showL()
        {
            cout<<"m_nLevel="<<m_nLevel <<endl;
        }
    };
    int main()
    {
        CPlayer p1;
        p1. showL();
        return 0;
    }
```

程序运行的结果为：

```
m_nLevel= 0
```

从程序运行的结果可以看出，CPlayer 在创建对象 p1 时，程序已经自动调用了构造函数 CPlayer()，并为成员数据 m_nLevel 赋予了初值 0，无论创建多少个 CPlayer 对象，其对象成员数据 m_nLevel 的初值都为 0。

上面是在类内定义构造函数的，也可以只在类内对构造函数进行声明而在类外定义构造函数。

将例 9.2 程序中的第 14～17 行改为下面一行：

```
CPlayer();//对构造函数进行声明
```

在类外定义构造函数：

```
CPlayer::CPlayer ()   //在类外定义构造成员函数，要加上类名 CPlayer 和域限定符"::"
{
    m_nLevel=0;
}
```

有关构造函数的使用，有以下说明：

(1) 类对象创建时自动调动其构造函数。

(2) 构造函数没有返回值，因此也不需要在定义构造函数时声明类型，这是它和一般函数的一个重要的不同点。

(3) 构造函数不需用户调用，也不能被用户调用。

(4) 在构造函数的函数体中不仅可以对数据成员赋初值，而且可以包含其他语句。但是一般不提倡在构造函数中加入与初始化无关的内容，以保持程序的清晰。

(5) 如果用户自己没有定义构造函数，则 C++系统会自动生成一个构造函数，只是这个构造函数的函数体是空的，也没有参数，不执行初始化操作。

9.1.3 带参数的构造函数

在例 9.2 中构造函数不带参数，在函数体中对数据成员赋初值。这种方式使该类的每一个对象都得到同一组初值(例如例 9.2 中数据成员 m_nLevel 的初值均为 0)。但是有时用户希望对不同的对象赋予不同的初值，可以采用带参数的构造函数，在调用不同对象的构造函数时，从外面将不同的数据传递给构造函数，以实现不同的初始化。

构造函数首部的一般格式为

构造函数名(类型 1 形参 1,类型 2 形参 2,…)

前面已说明：用户是不能调用构造函数的，因此无法采用常规的调用函数的方法给出实参，实参是在定义对象时给出的。

定义对象的一般格式为

类名 对象名(实参 1,实参 2,…);

例 9.3 有两个长方体，其长、宽、高分别为：

(1) 10,10,10;

(2) 20,20,20。

分别求它们的体积(长方体体积＝长×宽×高)。

编写一个基于对象的程序，在类中用带参数的构造函数。

```
# include <iostream>
using namespace std;
class Cuboid
{
public:
    Cuboid(int,int,int);
    int volume();
private:
    int height;
    int width;
    int length;
};
Cuboid::Cuboid(int h,int w,int len)  //在类外定义带参数的构造函数
{
    height=h;
    width=w;
    length=len;
}
int Cuboid::volume()   //定义计算体积的函数
{
    return (height * width * length);
}
int main()
{
```

◀例 9.3

```
    Cuboid cuboid1(10,10,10);   //建立对象 cuboid1,并指定 cuboid1 长、宽、高的值
    cout<<"The volume of Cuboid1 is"<<cuboid1.volume()<<endl;
    Cuboid cuboid2(20,20,20);   //建立对象 cuboid2,并指定 cuboid2 长、宽、高的值
    cout<<"The volume of Cuboid2 is"<<cuboid2.volume()<<endl;
    return 0;
}
```

程序运行的结果为：

```
The volume of Cuboid1 is 1000
The volume of Cuboid2 is 8000
```

由上面的例题可以知道：

(1) 带参数的构造函数中的形参，其对应的实参在定义对象时赋值。

(2) 用这种方法可以方便地实现对不同的对象进行不同的初始化。

9.1.4 用参数初始化表对数据成员初始化

在9.1.3小节中介绍的是在构造函数的函数体内通过赋值语句对数据成员实现初始化。C++还提供另一种初始化数据成员的方法——参数初始化表，利用参数初始化表也可以实现对数据成员的初始化。这种方法不在函数体内对数据成员初始化，而是在函数首部实现。

例如例9.3中定义构造函数可以改用以下形式：

```
Cuboid::Cuboid (int h,int w,int len):height(h),width(w),length(len){ }
```

这种写法方便、简练，尤其当需要初始化的数据成员较多时更显其优越性，甚至可以直接在类体中(而不是在类外)定义构造函数。

9.1.5 构造函数的重载

在一个类中可以定义多个构造函数，以便对类对象提供不同的初始化方法。这些构造函数具有相同的名字，而参数的个数或参数的类型不相同。这称为构造函数的重载。函数重载的知识也适用于构造函数。下面通过例子来了解怎样应用构造函数的重载。

例 9.4 在例9.3的基础上，定义两个构造函数，其中一个无参数，一个有参数。

```
# include <iostream>
using namespace std;
class Cuboid
{
public:
    Cuboid();              //声明无参的构造函数
    Cuboid(int,int,int);   //声明带参数的构造函数
    int volume();  //声明计算体积的函数
private:
    int height;
    int width;
    int length;
};
```

例 9.4▶

```
Cuboid::Cuboid(int h,int w,int len) //在类外定义带参数的构造函数
{
    height=h;
    width=w;
    length=len;
}
Cuboid::Cuboid() //定义一个无参的构造函数
{
    height=10; width=10; length=10;
}
int Cuboid::volume() //定义计算体积的函数
{
    return (height * width * length);
}
int main()
{
    Cuboid cuboid1; //建立对象 cuboid1
    cout<<"The volume of Cuboid1 is"<<cuboid1.volume()<<endl;
    Cuboid cuboid2(20,20,20); //建立对象 cuboid2,并指定 cuboid2 长、宽、高的值
    cout<<"The volume of Cuboid2 is"<<cuboid2.volume()<<endl;
    return 0;
}
```

程序运行的结果为：

```
The volume of Cuboid1 is 1000
The volume of Cuboid2 is 8000
```

例 9.4 和例 9.3 运行的结果是一致的，例 9.4 中在创建对象 cuboid1 时并没有给定参数，因此对象在创建的时候调用的是无参的构造函数，构造函数的函数体中给数据成员赋了初值。

在本程序中定义了两个重载的构造函数，其实还可以定义其他重载构造函数，其原型声明可以为

```
Cuboid::Cuboid (int h);        //有一个参数的构造函数
Cuboid::Cuboid (int h,int w); //有两个参数的构造函数
```

在建立对象时分别给定 1 个参数和 2 个参数，具体需要多少个参数应在实际项目工程编程时根据需求分析判断。

说明：

（1）调用构造函数时不必给出实参的构造函数，称为默认构造函数(default constructor)。显然，无参的构造函数属于默认构造函数。一个类只能有一个默认构造函数。

（2）如果在建立对象时选用的是无参构造函数，应注意正确书写定义对象的语句。

（3）尽管在一个类中可以包含多个构造函数，但是对于每一个对象来说，建立对象时只执行其中一个构造函数，并非每个构造函数都被执行。

9.1.6 使用默认参数的构造函数

构造函数中参数的值既可以通过实参传递，也可以指定为某些默认值，即如果用户不指定实参值，编译系统就使形参取默认值，在构造函数中可以采用这样的方法来实现初始化。例9.4的问题也可以使用包含默认参数的构造函数来处理。例9.5将例9.4程序中的构造函数改用含默认值的参数，长、宽、高的默认值均为1。

例9.5 在例9.4程序的基础上改写如下：

```
# include <iostream>
using namespace std;
class Cuboid
{
public:
    Cuboid(int h=1,int w=1,int len=1);
    int volume();
private:
    int height;
    int width;
    int length;
};
Cuboid::Cuboid(int h,int w,int len) //在类外定义带参数的构造函数
{
    height=h;
    width=w;
    length=len;
}
int Cuboid::volume() //定义计算体积的函数
{
    return (height * width * length);
}
int main()
{
    Cuboid cuboid1;            //没有给实参
    cout<<"The volume of cuboid1 is"<<cuboid1.volume()<<endl;
    Cuboid cuboid2(10);         //给定1个实参
    cout<<"The volume of cuboid2 is"<<cuboid2.volume()<<endl;
    Cuboid cuboid3(10,10);       //给定2个实参
    cout<<"The volume of cuboid3 is"<<cuboid3.volume()<<endl;
    Cuboid cuboid4(10,10,10);     //给定3个实参
    cout<<"The volume of cuboid4 is"<<cuboid4.volume()<<endl;
    return 0;
}
```

程序运行的结果为：

例9.5▶

```
The volume of Cuboid1 is 1
The volume of Cuboid2 is 10
The volume of Cuboid3 is 100
The volume of Cuboid4 is 1000
```

程序中对构造函数的定义也可以改写成参数初始化表的形式：

```
Cuboid::Cuboid (int h,int w,int len):height(h),width(w),length(len){ }
```

可以看到在构造函数中使用默认参数是方便而有效的，它提供了建立对象时的多种选择，它的作用相当于好几个重载的构造函数。它的好处是即使在调用构造函数时没有提供实参值，不仅不会出错，而且还确保按照默认的参数值对对象进行初始化。尤其在希望对每一个对象都有同样的初始化状况时用这种方法更为方便。

说明：

(1) 应该在声明构造函数时指定默认值，而不能只在定义构造函数时指定默认值。

(2) 程序第 6 行在声明构造函数时，形参名可以省略，即可以写成如下形式：

```
Cuboid(int=1,int=1,int=1);
```

(3) 如果构造函数的全部参数都指定了默认值，则在定义对象时可以给一个或几个实参，也可以不给出实参。

(4) 在一个类中定义了全部是默认参数的构造函数后，不能再定义重载构造函数。

9.2 析构函数

析构函数(destructor)也是一个特殊的成员函数，它的作用与构造函数相反，它的名字是类名的前面加一个“～”符号。在C++中“～”是位取反运算符，从这点也可以想到：析构函数是与构造函数作用相反的函数。当对象的生命期结束时，会自动执行析构函数。

具体地说，如果出现以下几种情况，程序就会执行析构函数：

(1) 如果在一个函数中定义了一个对象(它是自动局部对象)，当这个函数被调用结束时，对象应该释放，在对象释放前自动执行析构函数。

(2) static 局部对象在函数调用结束时对象并不释放，因此也不调用析构函数，只在 main 函数结束或调用 exit 函数结束程序时，才调用 static 局部对象的析构函数。

(3) 如果定义了一个全局对象，则在程序的流程离开其作用域(如 main 函数结束或调用 exit 函数)时，调用该全局对象的析构函数。

(4) 如果用 new 运算符动态地建立了一个对象，当用 delete 运算符释放该对象时，先调用该对象的析构函数。

析构函数的作用并不是删除对象，而是在撤销对象占用的内存之前完成一些清理工作，使这部分内存可以被程序分配给新对象使用。程序设计者事先设计好析构函数，以完成所需的功能，只要对象的生命期结束，程序就自动执行析构函数来完成这些工作。

析构函数不返回任何值，没有函数类型，也没有函数参数，因此它不能被重载。一个类可以有多个构造函数，但只能有一个析构函数。实际上，析构函数的作用并不仅限于释放资源方面，它还可以被用来执行“用户希望在最后一次使用对象之后所执行的任何操作”，例如输出有关的信息，这里说的用户是指类的设计者，析构函数是在声明类的时候定义的，也就是说，析构函数可以完成类的设计者所指定的任何操作。

一般情况下，类的设计者应当在声明类的同时定义析构函数，以指定如何完成“清理”的工作。如果用户没有定义析构函数，C++编译系统会自动生成一个析构函数，但它只是徒有析构函数的名称和形式，实际上什么操作都不进行。想让析构函数完成任何工作，都必须在定义的析构函数中指定。

例9.6 包含构造函数和析构函数的C++程序。

```
#include<string>
#include<iostream>
using namespace std;
class Student //声明 Student 类
{
public :
    Student(int n,string m,char s) //定义构造函数
    {
        num=n;
        name=m;
        sex=s;
        cout<<"This is Constructor!"<<endl; //输出有关信息
    }
    ~Student()      //定义析构函数
    {
        cout<<"This is Destructor!"<<endl;   //输出有关信息
    }
void display() //定义成员函数
{
    cout<<"num:"<<num<<endl;
    cout<<"name:"<<name<<endl;
    cout<<"sex:"<<sex<<endl<<endl;
}
private:
    int num;
    string name;
    char sex;
};
int main()
{
    Student stud1(10001,"ZhangSan",'f'); //建立对象 stud1
    stud1.display(); //输出学生 1 的数据
    Student stud2(10002,"LiSi",'m');      //定义对象 stud2
    stud2.display(); //输出学生 2 的数据
    return 0;
}
```

例9.6▶

程序运行的结果为：

```
This is Constructor!
num: 10001
name: ZhangSan
sex: f

This is Constructor!
num: 10002
name: LiSi
sex: m


This is Destructor!
This is Destructor!
```

由以上程序可以看到，构造函数是在对象创建时自动调用的，析构函数是在对象销毁时自动调用的。在此程序中，析构函数调用的时间节点，可以理解成在 main()函数最后的{ }结束时进行调用的。现在请思考：输出的两个析构函数，哪个是 stud1 对象的，哪个是 stud2 对象的，如何在程序中做修改？验证自己的设想。提示：在析构函数输出时，带上类的成员数据，例如把析构函数中的输出语句改成“cout<<"This is Destructor!"<<"name:"<<name<<endl;”即可验证。

9.3 调用构造函数和析构函数的顺序

在使用构造函数和析构函数时，需要特别注意对它们的调用时间和调用顺序。如图 9.1 所示，在一般情况下，调用析构函数的次序正好与调用构造函数的次序相反：最先被调用的构造函数，其对应的析构函数最后被调用，而最后被调用的构造函数，其对应的析构函数最先被调用。总结起来就是：先构造的后析构，后构造的先析构。相当于一个栈，先进后出的原则。

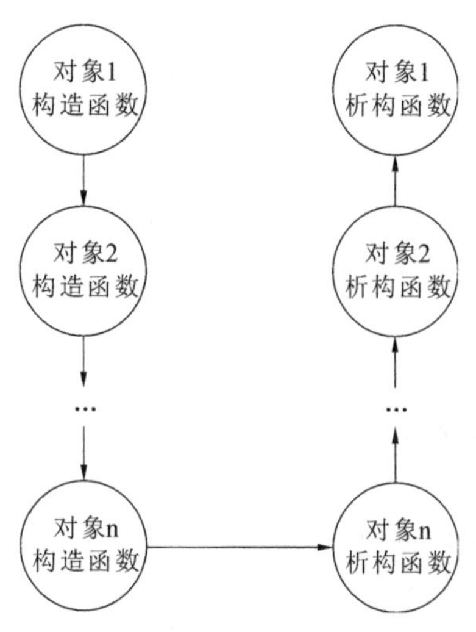

图 9.1 构造函数、析构函数调用顺序

但是，并不是在任何情况下都是按这一原则处理的。在前面的课程中已经介绍过作用域和存储类别的概念，这些概念对于对象也是适用的。对象可以在不同的作用域中定义，可以有不同的存储类别。这些会影响调用构造函数和析构函数的时机。

下面归纳一下什么时候调用构造函数和析构函数：

(1) 在全局范围中定义的对象（即在所有函数之外定义的对象），它的构造函数在文件中的所有函数（包括 main 函数）执行之前调用。但如果一个程序中有多个文件，而不同的文件中都定义了全局对象，则这些对象的构造函数的执行顺序是不确定的。当 main 函数执行完毕或调用 exit 函数时（此时程序终止），调用析构函数。

(2) 如果定义的是局部自动对象（例如在函数中定

义对象)，则在建立对象时调用其构造函数。如果函数被多次调用，则在每次建立对象时都要调用构造函数。在函数调用结束、对象释放时调用析构函数。

(3) 如果在函数中定义静态(static)局部对象，则只在程序第一次调用此函数建立对象时调用构造函数一次，在调用结束时对象并不释放，因此也不调用析构函数，只在 main 函数结束或调用 exit 函数结束程序时，才调用析构函数。

构造函数和析构函数在面向对象的程序设计中是相当重要的。以上介绍了最基本的、使用最多的普通构造函数，要想熟练掌握和使用构造函数和析构函数，还需要多上机练习，多进行分析。

9.4 对象数组

数组不仅可以由简单变量组成(例如整型数组的每一个元素都是整型变量)，也可以由对象组成(对象数组的每一个元素都是同类的对象)。在日常生活中，有许多实体的属性是共同的，只是属性的具体内容不同，例如一个班有 50 个学生，每个学生的属性包括姓名、性别、年龄、成绩等。如果为每一个学生建立一个对象，需要分别取 50 个对象名，用程序处理很不方便，这时可以定义一个"学生类"对象数组，每一个数组元素是一个"学生类"对象。

例如：

```
Student std[50];    //假设已声明了 Student 类，定义 std 数组，有 50 个元素
```

在建立数组时，同样要调用构造函数。如果有 50 个元素，需要调用 50 次构造函数。如果需要，可以在定义数组时提供实参以实现初始化。如果构造函数只有一个参数，在定义数组时可以直接在等号后面的花括号内提供实参。例如：

```
Student std[3]={1,2,3};  //3 个实参分别传递给 3 个数组元素的构造函数
```

如果构造函数有多个参数，则不能用在定义数组时直接提供所有实参的方法，因为一个数组有多个元素，对每个元素要提供多个实参，如果再考虑到构造函数有默认参数的情况，很容易造成实参与形参的对应关系不清晰，出现歧义性。例如，类 Student 的构造函数有多个参数，且为默认参数：

```
Student::Student(int=1,int=2,int=3); //定义构造函数，有多个参数，且为默认参数
```

编译系统只为每个对象元素的构造函数传递一个实参，所以在定义数组时提供的实参个数不能超过数组元素个数，如：

```
Student std[3]={60,70,80,90};  //不合法，实参个数超过对象数组元素个数
```

那么，如果构造函数有多个参数，在定义对象数组时应当怎样实现初始化呢？回答是：在花括号中分别写出构造函数并指定实参。

例 9.7 对象数组的使用举例。

```
#include <iostream>
using namespace std;
class People
{
public:
    People(int n)
    {
```

例 9.7▶

```
        num=n;
    } //声明有默认参数的构造函数,用参数初始化表对数据成员初始化
    void shownum();
private:
    int num;
};
void People::shownum() { cout<<"the number is:"<<num<<endl; }
int main()
{
    //定义对象数组并使用构造函数初始化
    People p[3]={People(1001),People(1002),People(1003)};
    p[0].shownum();
    p[1].shownum();
    p[2].shownum();
    return 0;
}
```

程序运行的结果为：

```
The number is:1001
The number is:1002
The number is:1003
```

从程序中可以看到，使用对象数组的最大好处就是可以简化程序，对象数组在使用上和之前学习过的基本数据类型的数组使用相似。

9.5 对象指针

9.5.1 指向对象的指针

在建立对象时，编译系统会为每一个对象分配一定的存储空间，以存放其成员，对象空间的起始地址就是对象的指针。可以定义一个指针变量，用来存放对象的指针。先设计一个时钟类：

```
class Time
{
public :
    int hour;
    int minute;
    int sec;
    void get_time();
};
void Time::get_time()
{
    cout<<hour<<":"<<minute<<":"<<sec<<endl;
}
```

在这个时钟类的基础上可以定义对象指针：

```
Time * pt;          //定义 pt 为指向 Time 类对象的指针变量
Time t1;            //定义 t1 为 Time 类对象
pt=&t1;             //将 t1 的起始地址赋给 pt
```

在定义对象指针并对其初始化后，pt 就是指向 Time 类对象的指针变量，它指向对象 t1。定义指向类对象的指针变量的一般形式为：

类名 * 对象指针名；

从定义中不难看出，对象指针的定义格式和基本数据类型的定义格式相似。例如：

```
int * p;
int a;
p=&a;
```

在之前学习指针的知识中，可以通过指针的方式访问指向的自定义变量，访问其数据，同样的，在类中可以通过对象指针访问对象和对象的成员。例如：

```
(* pt).hour           // pt 所指向的对象中的 hour 成员，即 t1.hour
pt->hour              //pt 所指向的对象中的 hour 成员，即 t1.hour
(* pt).get_time()     //调用 pt 所指向的对象中的 get_time 函数
pt->get_time()        //调用 pt 所指向的对象中的 get_time 函数
```

9.5.2　指向对象成员的指针

对象有地址，存放对象初始地址的指针变量就是指向对象的指针变量。对象中的成员也有地址，存放对象成员地址的指针变量就是指向对象成员的指针变量。

(1) 指向对象数据成员的指针。定义指向对象数据成员的指针变量的方法和定义指向普通变量的指针变量的方法相同。例如：

```
int * p1;  //定义指向整型数据的指针变量
```

定义指向对象数据成员的指针变量的一般形式为：

数据类型名 * 指针变量名；

如果 Time 类的数据成员 hour 为公有的整型数据，则可以在类外通过指向对象数据成员的指针变量访问对象数据成员 hour。

```
p1=&t1.hour;      //将对象 t1 的数据成员 hour 的地址赋给 p1,p1 指向 t1.hour
cout<<* p1<<endl; //输出 t1.hour 的值
```

(2) 指向对象成员函数的指针。定义指向对象成员函数的指针变量的方法和定义指向普通函数的指针变量的方法有所不同。成员函数与普通函数有一个最根本的区别：成员函数是类中的一个成员。在上面的赋值语句中，编译系统要求指针变量的类型必须与赋值号右侧函数的类型相匹配，要求在以下 3 个方面都要匹配：

① 函数参数的类型和参数个数；

② 函数返回值的类型；

③ 所属的类。

定义指向成员函数的指针变量应该采用下面的形式：

```
void (Time:: * p2)(); //定义 p2 为指向 Time 类中公用成员函数的指针变量
```

定义指向公用成员函数的指针变量的一般形式为

数据类型名 (类名:: * 指针变量名)(参数表列)；

可以让它指向一个公用成员函数，只需把公用成员函数的入口地址赋给一个指向公用成员函数的指针变量即可。例如：

```
p2= &Time::get_time;
```

使指针变量指向一个公用成员函数的一般形式为：

指针变量名= &类名::成员函数名;

例 9.8 有关对象指针的使用方法。

```
# include <iostream>
using namespace std;
class Time
{
public:
    Time(int,int,int);
    int hour;
    int minute;
    int sec;
    void get_time();
};
Time::Time(int h,int m,int s)
{
    hour=h;
    minute=m;
    sec=s;
}
void Time::get_time() //定义公用成员函数
{
    cout<<hour<<":"<<minute<<":"<<sec<<endl;
}
int main()
{
    Time t1(12,30,30);       //定义 Time 类对象 t1
    int * p1=&t1.hour;       //定义指向整型数据的指针变量 p1,并使 p1 指向 t1.hour
    cout<< * p1<<endl;       //输出 p1 所指的数据成员 t1.hour
    t1.get_time();           //调用对象 t1 的成员函数 get_time
    Time * p2=&t1;           //定义指向 Time 类对象的指针变量 p2,并使 p2 指向 t1
    p2->get_time();          //调用 p2 所指向对象(即 t1)的 get_time 函数
    void (Time:: * p3)();    //定义指向 Time 类公用成员函数的指针变量 p3
    p3=&Time::get_time;      //使 p3 指向 Time 类公用成员函数 get_time
    (t1. * p3)();            //调用对象 t1 中 p3 所指的成员函数(即 t1.get_time())
    return 0;
}
```

程序运行的结果为：

```
12
```

◀例 9.8

```
12:30:30
12:30:30
12:30:30
```

可以看到同样是输出 t1 中 hour、minute 和 sec 的值，可以采用 3 种不同的方法。

> **说明：**
> (1) 从 main 函数第 9 行可以看出，成员函数的入口地址的正确写法是：
> &类名::成员函数名
> (2) main 函数第 8、9 两行可以合写为一行：
> void (Time::* p3)()=&Time::get_time;　　//定义指针变量时指定其指向

9.5.3　this 指针

每个对象中的数据成员都分别占有存储空间，如果对同一个类，定义了 n 个对象，则有 n 组同样大小的空间以存放 n 个对象中的数据成员。但是，不同对象都调用同一个函数代码段。那么，当不同对象的成员函数引用数据成员时，怎么能保证引用的是所指定的对象的数据成员呢？假如，对于例 9.8 程序中定义的 Time 类，同时使用 Time 类定义了 t1 和 t2 对象。那么 t1.get_time()，应该是应用对象 t1 中的 hour、minute 和 sec，用 cout 打印出 hour、minute 和 sec 的值。同样 t2.get_time()，应该是应用对象 t2 中的 hour、minute 和 sec，用 cout 打印出 hour、minute 和 sec 的值。

而现在都用同一个函数段，系统怎样使它分别引用 t1 或 t2 中的数据成员呢？其实在每一个成员函数中都包含一个特殊的指针，这个指针的名字是固定的，称为 this，它是指向本类对象的指针，它的值是当前被调用的成员函数所在的对象的起始地址。

例如，当调用成员函数 t1.get_time()时，编译系统就把对象 t1 的起始地址赋给 this 指针，于是在成员函数引用数据成员时，就按照 this 的指向找到对象 t1 的数据成员。例如 get_time函数要计算打印出 hour、minute 和 sec 的值，实际上是执行：

```
cout<<(this->hour)<<":"<<(this->minute)<<":"<<(this->sec)<<endl;
```

由于当前 this 指向 t1，因此相当于执行：

```
cout<<(t1.hour)<<":"<<(t1.minute)<<":"<<(t1.sec)<<endl;
```

这就打印出 t1 对象中 hour、minute 和 sec 的值。同样如果有 t2.get_time()，编译系统就把对象 t2 的起始地址赋给成员函数 get_time()的 this 指针，显然打印出来的就是 t2 对象中 hour、minute 和 sec 的值。this 指针是隐式使用的，它是作为参数被传递给成员函数的。

总而言之，this 指针是一个特殊的隐藏在对象中的指针，每一个处于生存期的对象都有一个 this 指针，用于指向对象本身。当类的某个非静态成员函数被调用时，系统通过 this 指针确定是哪一个对象的成员函数被调用。实际上，this 指针总是作为一个隐含参数传递给类的每一个成员函数。

关于 this 指针有一个经典回答：当你进入一个房子后，你可以看见桌子、椅子、地板等，但是房子你是看不到全貌了。对于一个类的实例来说，你可以看到它的成员函数、成员变量，但是实例本身呢，this 是一个指针，它时时刻刻指向你这个实例本身。

9.6　常对象

C++虽然采取了不少有效的措施以增加数据的安全性，但是有些数据却往往是共享的，人们可以在不同的场合通过不同的途径访问同一个数据对象。有时在无意之中的误操作会改变有关数据的状况，而这是人们所不希望出现的。既要使数据能在一定范围内共享，又要保证它不被任意修改，这时可以使用 const，即把有关的数据定义为常量。

9.6.1 const 对象

在定义对象时指定对象为常对象。常对象必须要有初值，例如：

```
Time const t1(12,30,30);        //定义常对象 t1
```

这样，在所有的场合中，对象 t1 中的所有成员的值都不能被修改。凡希望保证数据成员不被改变的对象，可以声明为常对象。定义常对象的一般形式为：

```
类名 const 对象名[(实参表列)];
```

也可以把 const 写在最左面，两者等价：

```
const 类名 对象名[(实参表列)];
```

如果一个对象被声明为常对象，则不能调用该对象的非 const 型的成员函数（除了由系统自动调用的隐式的构造函数和析构函数）。例如，对于例 9.8 中已定义的 Time 类，如果有

```
const Time t1(12,30,30);        //定义常对象 t1
t1.get_time();                  //非法的，企图调用常对象 t1 中的非 const 型成员函数
```

这是为了防止这些函数会修改常对象中数据成员的值。不能仅依靠编程者的细心来保证程序不出错，编译系统应充分考虑到可能出现的情况，对不安全的因素予以拦截。现在，编译系统只检查函数的声明，只要发现调用了常对象的成员函数，而且该函数未被声明为 const，就报错，提请读者注意。引用常对象中的数据成员很简单，只需将该成员函数声明为 const 即可。例如：

```
void get_time() const;          //将函数声明为 const
```

这表示 get_time 是一个 const 型函数，即常成员函数。常成员函数可以访问常对象中的数据成员，但仍然不允许修改常对象中数据成员的值。

9.6.2 常对象成员

可以将对象的成员声明为 const，包括常数据成员和常成员函数。常数据成员的作用和用法与一般常变量的相似，用关键字 const 来声明常数据成员。常数据成员的值是不能改变的。有一点要注意，常对象成员只能通过构造函数的参数初始化表对常数据成员进行初始化。例如在类体中定义了常数据成员 hour：

```
const int hour;                 //声明 hour 为常数据成员
```

则不能采用在构造函数中对常数据成员赋初值的方法。在类外定义构造函数，应写成以下形式：

```
Time::Time(int h):hour(h){ }    //通过参数初始化表对常数据成员 hour 初始化
```

常对象的数据成员都是常数据成员，因此常对象的构造函数只能用参数初始化表对常数据成员进行初始化。常成员函数前面已提及，一般的成员函数可以引用本类中的非 const 数据成员，也可以修改它们。如果将成员函数声明为常成员函数，则只能引用本类中的常数据成员，而不能修改它们，例如

```
void get_time() const; //注意 const 的位置在函数名和括号之后
```

const 是函数类型的一部分，在声明函数和定义函数时都要有 const 关键字，在调用时不

必加 const。常成员函数可以引用 const 数据成员，也可以引用非 const 的数据成员。const 数据成员可以被 const 成员函数引用，也可以被非 const 的成员函数引用。

常成员函数有如下一些使用规则：

(1) 如果在一个类中，有些数据成员的值允许改变，另一些数据成员的值不允许改变，则可以将一部分数据成员声明为 const，以保证其值不被改变，可以用非 const 的成员函数引用这些数据成员的值，并修改非 const 数据成员的值。

(2) 如果要求所有的数据成员的值都不允许改变，则可以将所有的数据成员声明为 const，或将对象声明为 const(常对象)，然后用 const 成员函数引用数据成员，这样起到"双保险"的作用。

(3) 如果已定义了一个常对象，只能调用其中的 const 成员函数，而不能调用非 const 成员函数(不论这些函数是否会修改对象中的数据)，这是为了保证数据的安全。如果需要访问对象中的数据成员，可将常对象中所有成员函数都声明为 const 成员函数，但应确保在函数中不修改对象中的数据成员。

不要误认为常对象中的成员函数都是常成员函数。常对象只保证其数据成员是常数据成员，其值不被修改。如果常对象中的成员函数未加 const 声明，编译系统把它作为非 const 成员函数处理。还有一点要指出，常成员函数不能调用另一个非 const 成员函数。

读者在使用时可以想象，const 成员是一个有"洁癖"的人，那么有"洁癖"的人只和有"洁癖"的人一起玩耍，因此被 const 修饰的对象或成员只能调用被 const 修饰的对象或成员；相反，没有被 const 修饰的成员是一个"普通"的人，那么一个"普通"的人当然既愿意和有"洁癖"的人相处也愿意和"普通"人相处，因此非 const 对象或成员可以调用 const 对象或成员。

9.7 new 和 delete 的使用

用前面介绍的方法定义的对象是静态的，在程序运行过程中，对象所占的空间是不能随时释放的。但有时人们希望在需要用到对象时才建立对象，在不需要用该对象时就撤销它，释放它所占的内存空间以供别的数据使用，这样可提高内存空间的利用率。对象可以用 new 运算符动态建立对象，用 delete 运算符撤销对象。如果已经定义了一个 Time 类，可以用下面的方法动态地建立一个对象：

```
new Time;
```

编译系统开辟了一段内存空间，并在此内存空间中存放一个 Time 类对象，同时调用该类的构造函数，以使该对象初始化(如果已对构造函数赋予此功能的话)。但是此时用户还无法访问这个对象，因为这个对象既没有对象名，用户也不知道它的地址，这种对象称为无名对象，它确实是存在的，但它没有名字。用 new 运算符动态地分配内存后，将返回一个指向新对象的指针的值，即所分配的内存空间的起始地址。用户可以获得这个地址，并通过这个地址来访问这个对象，需要定义一个指向本类的对象的指针变量来存放该地址。例如：

```
Time * pt;             //定义一个指向 Time 类对象的指针变量 pt
pt=new Time;          //在 pt 中存放了新建对象的起始地址
```

在程序中就可以通过 pt 访问这个新建的对象。如

```
cout<<pt->hour;      //输出该对象的 hour 成员
```

```
pt->get_time();      //调用该对象的 get_time 函数
```

C++还允许在执行 new 时，对新建立的对象进行初始化。例如：

```
Time * pt=new Time (12,30,30);
```

这种写法是把上面两个语句(定义指针变量和用 new 建立新对象)合并为一个语句，并指定初值，这样更精炼。新对象中的 hour、minute 和 sec 分别获得初值 12,30,30。调用对象既可以通过对象名，也可以通过指针。

用 new 建立的动态对象一般是不用对象名的，是通过指针访问的，它主要应用于动态的数据结构，例如链表。访问链表中的节点，并不需要通过对象名，而是在上一个节点中存放下一个节点的地址，从而由上一个节点找到下一个节点，构成链接的关系。在执行 new 运算时，如果内存量不足，无法开辟所需的内存空间，目前大多数 C++编译系统都使 new 返回一个 0 指针值。只要检测返回值是否为 0，就可判断分配内存是否成功。不同的编译系统对 new 故障的处理方法是不同的，在不再需要使用由 new 建立的对象时，可以用 delete 运算符予以释放。如

```
delete pt;      //释放 pt 指向的内存空间
```

这就撤销了 pt 指向的对象，此后程序不能再使用该对象。如果用一个指针变量 pt 先后指向不同的动态对象，应注意指针变量的当前指向，以免删错了对象。在执行 delete 运算符时，在释放内存空间之前，自动调用析构函数，完成有关善后清理工作。需要注意的是，通常 new 和 delete 都是成对出现的，如果 new 动态开辟了一个空间而没有用 delete 删除，将会造成内存空间的浪费，是一种有头无尾的行为。

9.8 对象的赋值和复制

9.8.1 对象的赋值

如果对一个类定义了两个或多个对象，则这些同类的对象之间可以互相赋值，换句话说，一个对象的值可以赋给另一个同类的对象。这里所指的对象的值是指对象中所有数据成员的值。对象之间的赋值也是通过赋值运算符“＝”进行的。赋值运算符“＝”只能用来对单个的变量赋值，现在被扩展为两个同类对象之间的赋值，这是通过对赋值运算符的重载实现的。实际上这个过程是通过成员复制来完成的，即将一个对象的成员值一一复制给另一对象的对应成员。对象赋值的一般形式为：

```
对象名 1=对象名 2;
```

注意对象名 1 和对象名 2 必须属于同一个类。例如：

```
Time t1,t2;     //定义两个同类的对象
t2=t1;          //将 t1 赋给 t2
```

通过下面的例子可以了解怎样进行对象的赋值。

例 9.9 对象的赋值。

```
# include <iostream>
using namespace std;
class Time
{
```

◀例 9.9

```
public:
    Time(int h,int m,int s);
    int hour;
    int minute;
    int sec;
    void get_time();
};
Time::Time(int h,int m,int s)
{
    hour=h;
    minute=m;
    sec=s;
}
void Time::get_time()
{
    cout<<hour<<":"<<minute<<":"<<sec<<endl;
}

int main()
{
    Time t1(12,30,30),t2(10,10,10);      //定义两个对象 t1 和 t2
    t1.get_time();
    t2=t1;                               //将 t1 的值赋给 t2
    t2.get_time();
    return 0;
}
```

程序运行的结果为：

```
12:30:30
12:30:30
```

说明：

(1) 对象的赋值只对其中的数据成员赋值，而不对成员函数赋值。

(2) 类的数据成员中不能包括动态分配的数据，否则在赋值时可能出现严重后果。

9.8.2 对象的复制

有时需要用到多个完全相同的对象，需要将对象在某一瞬时的状态保留下来，这就是对象的复制机制，用一个已有的对象快速地复制出多个完全相同的对象。如：

```
Time t2(t1);
```

其作用是用已有的对象 t1 去复制出一个新对象 t2，其一般形式为：

```
类名 对象 2(对象 1);
```

用对象 1 复制出对象 2，它与前面介绍过的定义对象方式类似，但是括号中给出的参数不是一般的变量，而是对象。在建立对象时调用一个特殊的构造函数——拷贝构造函数

(copy constructor)。拷贝构造函数又称为复制构造函数。

这个函数的一般形式为：

```
Time::Time (Time & t)
{ hour=t.hour; minute=t.minute; sec=t.sec; }
```

拷贝构造函数也是构造函数，但它只有一个参数，这个参数是本类的对象(不能是其他类的对象)，而且采用对象引用的形式(一般约定加 const 声明，使参数值不能改变，以免在调用此函数时因不慎而使对象值被修改)。此拷贝构造函数的作用就是将实参对象的各成员值一一赋给新的对象中对应的成员。

回顾拷贝对象的语句 Time t2(t1)；这实际上也是建立对象的语句，建立一个新对象 t2。由于在括号内给定的实参是对象，因此编译系统就调用拷贝构造函数，而不会去调用其他构造函数。实参 t1 的地址传递给形参 t(t 是 t1 的引用)，因此执行拷贝构造函数的函数体时，将 t1 对象中各数据成员的值赋给 t2 中各数据成员。

如果用户自己未定义拷贝构造函数，则编译系统会自动提供一个默认的拷贝构造函数，其作用只是简单地拷贝类中每个数据成员。C++还提供了另一种方便用户的拷贝形式，即用赋值号代替括号：

```
Time t2=t1;        //用 t1 初始化 t2
```

其一般形式为：

```
类名 对象名 1=对象名 2;
```

可以在一个语句中进行多个对象的拷贝，例如：

```
Time t2=t1,t3=t2;
```

使用 t1 来拷贝 t2 和 t3。可以看出这种形式与变量初始化语句类似，请与下面定义变量的语句做比较：

```
int a=4,b=a;
```

这种形式看起来很直观，用起来很方便。但是其作用都是调用拷贝构造函数。请注意对象的拷贝和上一小节介绍的对象的赋值在概念上和语法上的不同。对象的赋值是对一个已经存在的对象赋值，因此必须先定义被赋值的对象，才能进行赋值。而对象的拷贝则是从无到有地建立一个新对象，并使它与一个已有的对象完全相同(包括对象的结构和成员的值)。

读者在使用拷贝构造函数时，只需要了解清楚何时调用拷贝构造函数，即不会混淆拷贝和赋值的关系。拷贝构造函数的调用基本上分为以下三种情况：

(1) 当用类的一个对象去初始化该类的另一个对象时，系统自动调用拷贝构造函数实现拷贝赋值。

例 9.10 拷贝构造函数的第一种调用情况。

```
# include <iostream>
using namespace std;
class Point
{
public:
    Point(int xx=0,int yy=0)
    {X=xx; Y=yy;}
    Point(Point&  p);
```

◀例 9.10

```
        int GetX() {return X;}
        int GetY() {return Y;}
    private:
        int  X,Y;
    };
    Point::Point (Point&  p)
    {
      X=p.X;
      Y=p.Y;
      cout<<"拷贝构造函数被调用"<<endl;
    }
    int main()
    {
      Point A(1,2);
      Point B(A);          //拷贝构造函数被调用
      cout<<"B.X="<<B.GetX()<<endl;
    }
```

程序运行的结果为：

```
拷贝构造函数被调用
B.X= 1
```

（2）当函数的形参为类对象，调用函数时，实参赋值给形参，系统自动调用拷贝构造函数。

例 9.11　拷贝构造函数的第二种调用情况。

```
# include <iostream>
using namespace std;
class Point
{
public:
    Point(int xx=0,int yy=0)
    {X=xx; Y=yy;}
    Point(Point&  p);
    int GetX() {return X;}
    int GetY() {return Y;}
private:
    int  X,Y;
};
Point::Point (Point&  p)
{
    X=p.X;
    Y=p.Y;
    cout<<"拷贝构造函数被调用"<<endl;
}
```

例 9.11▶

```
void fun1(Point p)
{
    cout<<"p.X="<<p.GetX()<<endl;
}
int main()
{   Point A(1,2);
    fun1(A);  //调用拷贝构造函数
}
```

程序运行的结果为：

```
拷贝构造函数被调用
p.X= 1
```

(3) 当函数的返回值是类对象时，系统自动调用拷贝构造函数。

例 9.12 拷贝构造函数的第三种调用情况。

```
# include <iostream>
using namespace std;
class Point
{
public:
    Point(int xx=0,int yy=0)
    {X=xx; Y=yy;}
    Point(Point&  p);
    int GetX() {return X;}
    int GetY() {return Y;}
    private:
    int  X,Y;
};
Point::Point (Point&  p)
{
    X=p.X;
    Y=p.Y;
    cout<<"拷贝构造函数被调用"<<endl;
}
Point fun2()
{
    Point A(1,2);
    return A; //调用拷贝构造函数
}
int main()
{
    Point B;
    B=fun2();
    cout<<"B.X="<<B.GetX()<<endl;
```

◀例 9.12

```
}
```

程序运行的结果为：

```
拷贝构造函数被调用
B.X= 1
```

以上几种调用复制构造函数都是由编译系统自动实现的，不必由用户自己去调用，读者只要知道在这些情况下需要调用复制构造函数就可以了。

9.9 静态成员

如果有 n 个同类的对象，那么每一个对象都分别有自己的数据成员，不同对象的数据成员各自有值，互不相干。但是有时人们希望有某一个或几个数据成员为所有对象所共有，这样可以实现数据共享。在之前的课程中曾介绍过全局变量，它能够实现数据共享。如果在一个程序文件中有多个函数，在每一个函数中都可以改变全局变量的值，全局变量的值为各函数共享，但是用全局变量的安全性得不到保证。由于在各处都可以自由地修改全局变量的值，很有可能偶然失误，全局变量的值就被修改，导致程序的失败。因此在实际工作中很少使用全局变量。如果想在同类的多个对象之间实现数据共享，也不要用全局对象，可以用静态的数据成员。

9.9.1 静态数据成员

静态数据成员是一种特殊的数据成员，它以关键字 static 开头。例如：

```
class Time
{
public:
    static int hour;    //把 hour 定义为静态的数据成员
    int minute;
    int sec;
    void get_time();
};
```

如果要求各对象中的 hour 的值是一样的，就可以把它定义为静态数据成员，这样它就为各对象所共有，而不只属于某个对象的成员，所有对象都可以引用它。静态的数据成员在内存中只占一份空间，每个对象都可以引用这个静态数据成员，静态数据成员的值对所有对象都是一样的。如果改变它的值，则在各对象中这个数据成员的值都同时改变了，这样可以节约空间，提高效率。

说明：

(1) 在类的定义中曾强调，如果只声明了类而未定义对象，则类的一般数据成员是不占内存空间的，只有在定义对象时，才为对象的数据成员分配空间。但是静态数据成员不属于某一个对象，在为对象所分配的空间中不包括静态数据成员所占的空间，静态数据成员是在所有对象之外单独开辟空间。只要在类中定义了静态数据成员，即使不定义对象，也为静态数据成员分配空间，它可以被引用。在一个类中可以有一个或多个静态数据成员，所有的对象共享这些静态数据成员，都可以引用它。

(2) 在之前的学习中曾介绍了静态变量的概念，如果在一个函数中定义了静态变量，在函数结束时该静态变量并不释放，仍然存在并保留其值。现在讨论的静态数据成员也是类似的，它不随对象的建立而分配空间，也不随对象的撤销而释放(一般数据成员是在对象建立时分配空间，在对象撤销时释放)。静态数据成员是在程序编译时被分配空间的，到程序结束时才释放空间。

(3) 静态数据成员可以初始化，但只能在类体外进行初始化。

```
int Time::hour=0; //表示对 Time 类中的数据成员初始化
```

其一般形式如下，不必在初始化语句中加 static：

数据类型 类名::静态数据成员名=初值；

注意：不能用参数初始化表对静态数据成员初始化。如在定义 Time 类中这样定义构造函数是错误的：

```
Time (int h,int m,int s):hour (h){ }   //错误，hour 是静态数据成员
```

如果未对静态数据成员赋初值，则编译系统会自动赋予初值 0。

(4) 静态数据成员既可以通过对象名引用，也可以通过类名来引用。

请观察下面的程序。

例 9.13 引用静态数据成员。

```
# include <iostream>
using namespace std;
class Time
{
public:
    Time(int,int);
    static int hour;
    int minute;
    int sec;
    void get_time();
    void set_h(int h);
    void show_h();
};
Time::Time(int m,int s)
{
    minute=m;
    sec=s;
}
void Time::get_time() //定义公有成员函数
{
    cout<<hour<<":"<<minute<<":"<<sec<<endl;
}
void Time::set_h(int h)
{
    hour=h;
}
```

◀例 9.13

```
void Time::show_h()
{
    cout<<"hour="<<hour<<endl;
}
int Time::hour=0;
int main()
{
    Time t1(30,30),t2(45,45);
    t1.show_h();
    t2.set_h(12);      //通过 t2 对象设置 hour 的值为 12
    t1.show_h();       //通过 t1 对象打印 hour 的值
    t2.show_h();
    cout<<"Time::hour="<<Time::hour<<endl;
    return 0;
}
```

程序运行的结果为：

```
hour= 0
hour= 12
hour= 12
Time::hour= 12
```

上面的运行结果验证了所有对象的静态数据成员实际上是同一个数据成员。需要注意在上面的程序中将 hour 定义为公用的静态数据成员，所以在类外可以直接引用。可以看到在类外可以通过对象名引用公用的静态数据成员，也可以通过类名引用静态数据成员。即使没有定义类对象，也可以通过类名引用静态数据成员。这说明静态数据成员并不是属于对象的，而是属于类的，但类的对象可以引用它。如果静态数据成员被定义为私有的，则不能在类外直接引用，而必须通过公用的成员函数引用。

有了静态数据成员，各对象之间的数据就有了沟通的渠道，能实现数据共享，因此可以不使用全局变量。全局变量破坏了封装的原则，不符合面向对象程序的要求。但是也要注意公用静态数据成员与全局变量的不同，静态数据成员的作用域只限于定义该类的作用域内(如果是在一个函数中定义类，那么其中静态数据成员的作用域就是此函数内)。在此作用域内，可以通过类名和域运算符“::”引用静态数据成员，而不论类对象是否存在。

9.9.2 静态成员函数

函数也可以定义为静态的，在类中声明函数的前面加 static 就成了静态成员函数，例如：

```
static void get_time ();
```

与静态数据成员一样，静态成员函数是类的一部分，而不是对象的一部分。如果要在类外调用公用的静态成员函数，要用类名和域运算符“::”，例如：

```
Time::get_time ();
```

实际上也允许通过对象名调用静态成员函数，例如：

```
t1.get_time ();
```

但这并不意味着此函数是属于对象 t1 的，而只是用 t1 的类型而已。与静态数据成员不同，静态成员函数的作用不是为了对象之间的沟通，而是为了能处理静态数据成员。前面曾指出，当调用一个对象的成员函数(非静态成员函数)时，系统会把该对象的起始地址赋给成员函数的 this 指针，而静态成员函数并不属于某一对象，它与任何对象都无关，因此静态成员函数没有 this 指针。既然它没有指向某一对象，就无法对一个对象中的非静态成员进行默认访问。静态成员函数与非静态成员函数的根本区别是：非静态成员函数有 this 指针，而静态成员函数没有 this 指针。由此决定了静态成员函数不能访问本类中的非静态成员。静态成员函数可以直接引用本类中的静态数据成员，因为静态数据成员同样是属于类的，可以直接引用。在 C++程序中，静态成员函数主要用来访问静态数据成员，而不访问非静态成员。下面通过例 9.14 可以具体了解有关引用非静态成员的具体方法。

例 9.14 使用静态成员求三个人年龄的平均值，三人年龄分别是 15、25、50。

```
# include <iostream>
using namespace std;
class People
{
public :
    People(int a)
    {
       age=a;
       count ++;            //累计已创建的人数
    }
    void total();
    static float average();      //声明静态成员函数
    static int count;            //静态数据成员
private :
    int age;
    static float sum;            //静态数据成员
};
void People::total()             //定义非静态成员函数
{
    sum+=age;                  //累加总年龄
}
float People::average()          //定义静态成员函数
{
    return (sum/count);          //求平均年龄
}
float People::sum=0;             //对静态数据成员初始化
int People::count=0;             //对静态数据成员初始化
int main()
{
    People peo[3]={ People(15), People(25), People(50) };
    cout<<"The total number of people is:"<<People::count<<endl;
```

◀例 9.14

```
    int n=People::count;
    for(int i=0;i<n;i++)
    peo[i].total();
    cout<<"the average age is:"<<People::average()<<endl;
    return 0;
}
```

程序运行的结果为：

```
The total number of people is: 3
the average age is: 30
```

说明：

(1) 在主函数中定义了 peo 对象数组，为了使程序简练，只定义它含 3 个元素，分别存放 3 个人的年龄。程序的作用是通过对象创建，自动调用构造函数，在 count++后能够统计出创建的对象个数，然后使用 total 函数求和，最后求平均年龄。

(2) 在 People 类中定义了两个静态数据成员 sum(总年龄)和 count(累计需要统计的人数)，这是由于这两个数据成员的值是需要进行累加的，它们并不是只属于某一个对象元素，而是由各对象元素共享的，所以定义为静态数据成员，它们的值是在不断变化的，而且无论对于哪个对象元素而言，都是相同的，且始终不释放内存空间。

(3) total 是公有的成员函数，其作用是将每一个人的年龄累加到 sum 中。公用的成员函数可以引用本对象中的一般数据成员(非静态数据成员)，也可以引用类中的静态数据成员，sum 和 count 是静态数据成员。

(4) average 是静态成员函数，它可以直接引用私有的静态数据成员(不必加类名或对象名)，函数返回成绩的平均年龄。

(5) 在 main 函数中，引用 total 函数要加对象名，引用静态成员函数 average 函数可以用类名或对象名。

(6) 请读者思考：如果不将 average 函数定义为静态成员函数行不行？程序能否通过编译？需要做什么修改？为什么要用静态成员函数？请分析其理由。

读者在学习的过程中最好能养成这样的习惯：只用静态成员函数引用静态数据成员，而不引用非静态数据成员。这样思路清晰，逻辑清楚，不易出错。

9.10 友元

在一个类中可以有公用的(public，也称公有的)成员和私有的(private)成员，在类外可以访问公用成员，只有本类中的成员可以访问本类的私有成员。现在，我们来补充介绍一个例外——友元(friend)。友元可以访问与其有好友关系的类中的私有成员。友元包括友元函数和友元类。

9.10.1 友元函数

如果在本类以外的其他地方定义了一个函数(这个函数可以是不属于任何类的非成员函数，也可以是其他类的成员函数)，在类体中用 friend 对其进行声明，此函数就称为本类的友元函数，友元函数可以访问这个类中的私有成员。

1. 将普通函数声明为友元函数

通过下面的例子可以了解友元函数的性质和作用。

例 9.15 友元外部函数的简单应用。

```
# include <iostream>
using namespace std;
class Time
{public:
Time(int h,int m,int s)
{
    hour=h;
    minute=m;
    sec=s;
}
    friend void display(Time& t);   //声明友元函数
private :
    int hour;
    int minute;
    int sec;
};
void display(Time& t)
{
    cout<<t.hour<<":"<<t.minute<<":"<<t.sec<<endl;
}
int main()
{
    Time t1(12,30,30);
    display(t1); //调用 display 函数,实参 t1 是 Time 类对象
    return 0;
}
```

程序运行的结果为:

```
12:30:30
```

由于声明了 display 是 Time 类的友元函数,所以 display 函数可以引用 Time 中的私有成员 hour、minute 和 sec。但注意在引用这些私有数据成员时,必须加上对象名,不能写成

```
cout<<hour<<":"<<minute<<":"<<sec<<endl;      //错误
```

因为 display 函数不是 Time 类的成员函数,不能默认引用 Time 类的数据成员,必须指定要访问的对象。

2. 友元成员函数

friend 函数不仅可以是一般函数(非成员函数),而且可以是另一个类中的成员函数。在例 9.16 中除了介绍有关友元成员函数的简单应用外,还将用到类的提前引用声明,请读者注意。

◀例 9.15

例 9.16 友元成员函数的简单应用。

```
# include <iostream>
using namespace std;
class Date;                    //对 Date 类的提前引用声明
class Time                     //定义 Time 类
{
public :
    Time(int,int,int);
    void display(Date &);      //Time 类的成员函数
private :
    int hour;
    int minute;
    int sec;
};
Time::Time(int h,int m,int s)    //Time 类的构造函数
{
    hour=h; minute=m; sec=s;
}
class Date //定义 Date 类
{
public :
    Date(int,int,int);
    friend void Time::display(Date &);   //声明 Time 中 display 函数为友元函数
private :
    int month;
    int day;
    int year;
};
void Time::display(Date &d)
{
    cout<<d.year<<"/"<<d.month<<"/"<<d.day<<endl;  //引用 Date 类对象中的私有数据
    cout<<hour<<":"<<minute<<":"<<sec<<endl;        //引用本类对象中的私有数据
}
Date::Date(int m,int d,int y)      //类 Date 的构造函数
{
    month=m; day=d; year=y;
}
int main()
{
    Time t1(12,30,30);   //定义 Time 类对象 t1
    Date d1(1,1,2019);   //定义 Date 类对象 d1
    t1.display(d1);      //调用 t1 中的 display 函数
    return 0;
}
```

例 9.16▶

程序运行的结果为：

```
2019/1/1
12:30:30
```

一般情况下，两个不同的类是互不相干的。在本例中，由于在 Date 类中声明了 Time 类中的 display 成员函数是 Date 类的友元，因此该函数可以引用 Date 类中所有的数据。

请注意在本程序中调用友元函数访问有关类的私有数据方法：

(1) 在函数名 display 的前面要加 display 所在的对象名 t1；

(2) 成员函数 display 的实参是 Date 类对象 d1，否则就不能访问对象 d1 中的私有数据；

(3) 在 Time::display 函数中引用 Date 类私有数据时必须加上对象名，如 d.month。

一个函数（包括普通函数和成员函数）可以被多个类声明为友元，这样就可以引用多个类中的私有数据。例如，可以将例 9.16 程序中的 display 函数不放在 Time 类中，而作为类外的普通函数，然后分别在 Time 和 Date 类中将 display 声明为友元。

在主函数中调用 display 函数，display 函数分别引用 Time 和 Date 两个类的对象的私有数据，输出年、月、日和时、分、秒。

9.10.2 友元类

不仅可以将一个函数声明为一个类的友元，而且可以将一个类（例如 B 类）声明为另一个类（例如 A 类）的友元，这时 B 类就是 A 类的友元类。友元类 B 中的所有函数都是 A 类的友元函数，可以访问 A 类中的所有成员。在 A 类的定义体中用以下语句声明 B 类为其友元类，声明友元类的一般形式为：

```
friend 类名;
```

关于友元，有两点需要说明：

(1) 友元的关系是单向的，而不是双向的。

(2) 友元的关系不能传递。

在实际工作中，除非确有必要，一般并不把整个类声明为友元类，而只将确实有需要的成员函数声明为友元函数，这样更安全一些。关于友元利弊的分析，面向对象程序设计的一个基本原则是封装性和信息隐蔽，而友元却可以访问其他类中的私有成员，不能不说这是对封装原则的一个破坏。但是它有助于数据共享，能提高程序的效率。在使用友元时，要注意到它的副作用，不要过多地使用友元，只有在使用它能使程序精炼，并能大大提高程序的效率时才用友元。

例 9.17 友元类的简单例子。

```
# include<iostream.h>
class date
{
private:
    friend class datetime; //声明为友元
    int year,month,day;
public:
    date(int y=2000,int m=1, int d=1)
```

◀例 9.17

```
        {
            year=y; month=m; day=d;
        }
        void print_date()
        {
            cout<<year<<"/"<<month<<"/"<<day<<"\n";
        }
    };
    class datetime
    {
    private:
        date d1;
        int hour,minute,second;
    public:
        datetime(int y,int m,int d,int h,int m1,int s)
        {
            d1.year=y;
            d1.month=m;
            d1.day=d;
            hour=h;
            minute=m1;
            second=s;
        }
        void print_datetime()
        {
            d1.print_date();
            cout<<hour<<":"<<minute<<":"<<second<<endl;
        }
    };
    void main()
    {
        datetime dt(2019,1,1,12,30,30);
        dt.print_datetime();
    }
```

程序运行的结果为：

```
2019/1/1
12:30:30
```

9.11 类模板

有的时候需要两个或多个类，但是其功能是相同的，仅仅是数据类型不同，如下面语句声明了一个类：

```
class Compare_int
{
public :
    Compare(int a,int b)
{
    x=a;
    y=b;
}
    int max()
{
    return (x>y)? x:y;
}
    int min()
{
    return (x<y)? x:y;
}
private:
    int x,y;
};
```

其作用是对两个整数做比较，可以通过调用成员函数 max 和 min 得到两个整数中的大者和小者。如果想对两个浮点数(float 型)做比较，需要另外声明一个类：

```
class Compare_float
{
public:
    Compare(float a,float b)
    {
        x=a;
        y=b;
    }
    float max()
    {
        return (x>y)? x:y;
    }
    float min()
    {
        return (x<y)? x:y;
    }
private:
    float x,y;
}
```

显然这基本上是重复性的工作，应该有办法减少重复的工作。C++在发展的后期增加了模板(template)的功能，提供了解决这类问题的途径。可以声明一个通用的类模板，它可以有一个或多个虚拟的类型参数，如对以上两个类可以综合写出以下的类模板：

```
template <class n>   //声明一个模板，虚拟类型名为 n
class Compare//类模板名为 Compare
{
public:
    Compare(n a,n b)
    {
        x=a;
        y=b;
    }
    n max()
    {
        return (x>y)? x:y;
    }
    n min()
    {
        return (x<y)? x:y;
    }
private:
    n x,y;
};
```

请将此类模板和前面第一个 Compare_int 类做比较，可以看到有两处不同：

(1) 声明类模板时要增加一行：

```
template <class 类型参数名>
```

(2) 原有的类型名 int 换成虚拟类型参数名 n。在建立类对象时，如果将实际类型指定为 int 型，编译系统就会用 int 取代所有的 n；如果指定为 float 型，就用 float 取代所有的 n。这样就能实现“一类多用”。由于类模板包含类型参数，因此又称为参数化的类。如果说类是对象的抽象，对象是类的实例，则类模板是类的抽象，类是类模板的实例，利用类模板可以建立含各种数据类型的类。在声明了一个类模板后，怎样使用它？怎样使它变成一个实际的类？

先回顾一下用类来定义对象的方法：

```
Compare_int cmp1(4,7);     // Compare_int 是已声明的类
```

用类模板定义对象的方法与此相似，但是不能直接写，因为 Compare 是类模板名，而不是一个具体的类，类模板体中的类型 n 并不是一个实际的类型，只是一个虚拟的类型，无法用它去定义对象，必须用实际类型名去取代虚拟的类型名，具体的做法是：

```
Compare <int> cmp(4,7);
```

即在类模板名之后的尖括号内指定实际的类型名，在进行编译时，编译系统就用 int 取代类模板中的类型参数 n，这样就把类模板具体化了，或者说实例化了，这时 Compare<int>就相当于前面介绍的 Compare_int 类。例 9.18 是一个完整的例子。

例 9.18 声明一个类模板，利用它分别实现两个整数、浮点数和字符的比较，求出大数和小数。

例 9.18▶

```
# include <iostream>
using namespace std;
template <class n>   //定义类模板
class Compare
{
public:
    Compare(n a,n b)
    {
        x=a;
        y=b;
    }
    n max()
    {
        return (x>y)? x:y;
    }
    n min()
    {
        return (x<y)? x:y;
    }
private:
    n x,y;
};
int main()
{
    //定义对象 cmp1,用于两个整数的比较
    Compare<int>cmp1(16,88);
    cout<<cmp1.max()<<"is the Maximum of two integer numbers."<<endl;
    cout<<cmp1.min()<<"is the Minimum of two integer numbers."<<endl<<endl;
    //定义对象 cmp2,用于两个浮点数的比较
    Compare<float>cmp2(15.68,83.6);
    cout<<cmp2.max()<<"is the Maximum of two float numbers."<<endl;
    cout<<cmp2.min()<<"is the Minimum of two float numbers."<<endl<<endl;
    //定义对象 cmp3,用于两个字符的比较
    Compare<char>cmp3('d','D');
    cout<<cmp3.max()<<"is the Maximum of two characters."<<endl;
    cout<<cmp3.min()<<"is the Minimum of two characters."<<endl;
    return 0;
}
```

程序运行的结果为：

```
88 is the Max.
16 is the Min.

83.6 is the Max.
```

```
15.68 is the Min.
d is the Max.
D is the Min.
```

上面列出的类模板中的成员函数是在类模板内定义的，如果改为在类模板外定义，不能用一般定义类成员函数的形式：

```
n Compare::max() {…} //不能这样定义类模板中的成员函数
```

而应当写成类模板的形式：

```
template <class n>
n Compare<n>::max()
{
    return (x>y)? x:y;
}
```

归纳以上的介绍，可以这样声明和使用类模板：

(1) 写出一个实际的类，由于其语义明确，含义清楚，一般不会出错。

(2) 将此类中准备改变的类型名(如 int 要改变为 float 或 char)，改用一个自己指定的虚拟类型名。

(3) 在类声明前面加入一行，格式为：

```
template <class 虚拟类型参数>
```

例如：

```
template <class n> //注意本行末尾无分号
class Compare
{…}; //类体
```

(4) 用类模板定义对象时用以下形式：

```
类模板名<实际类型名>对象名;
类模板名<实际类型名>对象名(实参表列);
```

例如：

```
Compare<int> cmp;
Compare<int> cmp(3,7);
```

(5) 如果在类模板外定义成员函数，应写成类模板形式：

```
template <class 虚拟类型参数>
函数类型 类模板名<虚拟类型参数>::成员函数名(函数形参表列) {…}
```

(6) 类模板的类型参数可以有一个或多个，每个类型前面都必须加 class，如

```
template <class T1,class T2>
class someclass
{…};
```

在定义对象时分别代入实际的类型名，如：

```
someclass<int,double> obj;
```

(7) 和使用类一样，使用类模板时要注意其作用域，只能在其有效作用域内用它定义对象。

(8) 模板可以有层次，一个类模板可以作为基类，派生出派生模板类。

习题9

1. 如下为设计一个点的类，定义两个点(10,20)和(2,6)的坐标并输出。

试输入以下程序进行编译，并观察编译情况，如有错误请修改程序，再进行编译，直到没有错误，然后进行连接和运行，分析运行结果。其正确的运行结果要求：

[测试数据]

输出：

x=10, y=20

x=2, y=6

[源程序]

```
# include <iostream.h>
class CPoint
{
public:
    CPoint(int a=0,int b=0)
    {
        x=a;
        y=b;
    }
    CPoint() { }
    void Set(int x,int y);
    void Print();
private:
    int x;
    int y;
};
void CPoint::Set(int x,int y)
{
    x=x;
    y=y;
}
void CPoint::Print()
{
    cout<<"x="<<x<<",y="<<y<<endl;
}
void main()
{
    CPoint pt1,pt2(2,6);
    pt1.Set(10,20);
    pt1.Print();
    pt2.Print();
}
```

2. 如下为设计一个人的类，定义一个人的对象并设初值年龄和名字，将数据输出。

试输入以下程序进行编译，并观察编译情况，如有错误请修改程序，再进行编译，直到没有错误，然后进行连接和运行，分析运行结果。其正确的运行结果要求：

[测试数据]

输出：

name=张三, age=23

[源程序]

```
# include <iostream.h>
class CPerson
{
public:
    void Print();
private:
    CPerson();
private:
    int age;
    char * name;
}
CPerson::CPerson() { }
void CPerson::Print()
{
    cout<<"name="<<name<<",age="<<age<<endl;
}
void main()
{
    CPerson ps(23,"张三");
    ps.Print();
}
```

3. 如下为设计一个学生的类，定义一个学生的对象并输出数据。

试输入以下程序进行编译，并观察编译情况，如有错误请修改程序，再进行编译，直到没有错误，然后进行连接和运行，分析运行结果。其正确的运行结果要求：

[测试数据]

输出：

学号:1001

姓名:张明

性别:男

年龄:18

[源程序]

```
# include<iostream>
# include <string.h>
class student
```

```
{
public:
    char m_name[20];
    char m_num[20];
    char m_sex[5];
    int age;
public:
    student(char * name,char * num,char * sex,int age);
    void~ student();
    showstudent();
};
student::student(char * name,char * num,char * sex,int age)
{
    strcpy(m_name,name);
    strcpy(m_num,num);
    strcpy(m_sex,sex);
    age=age;
}
void student::~ student()
{
}
student::showstudent()
{
    cout<<"学号:"<<this->m_num<<endl;
    cout<<"姓名:"<<this->m_name<<endl;
    cout<<"性别:"<<this->m_sex<<endl;
    cout<<"年龄:"<<this->age<<endl;
}
void main()
{
    student stu("张明","1001","男",18);
    stu.showstudent();
}
```

4.请编写一个程序,设计实现一个 CPoint 类,满足以下要求:

(1) 该类包含两个整型成员变量 x(横坐标)和 y(纵坐标),以及一个输出函数 Print()(用来输出横坐标和纵坐标),要求不可以在类的外部直接访问成员变量;

(2) 可以采用没有参数的构造函数初始化对象,此时的成员变量采用默认值 0;

(3) 可以采用直接输入参数的方式来初始化该类的成员变量;

(4) 可以采用其他的 CPoint 对象来初始化该类的成员变量;

(5) 设计一个主函数来测试以上功能。

5. 请编写一个程序，设计实现一个 CStudent(学生)类，满足以下要求：

(1) 该类具有学生姓名、学号及程序设计、信号处理、数据结构三门课程的成绩；

(2) 学生全部信息由键盘输入，以提高程序的适应性；

(3) 通过成员函数统计学生平均成绩，当课程数量增加时，成员函数无须修改仍可以求取平均成绩；

(4) 输出学生的基本信息、各科成绩与平均成绩；

(5) 学生对象的定义采用对象数组实现；

(6) 统计不及格学生人数。

6. 如下程序关于静态成员的使用。

试输入以下程序进行编译，并观察编译情况，如有错误请修改程序，再进行编译，直到没有错误，然后进行连接和运行，分析运行结果。其正确的运行结果要求：

[测试数据]

输出：

CStudent::nTotalObj=2

[源程序]

```
# include <iostream.h>
# include <string.h>
class CStudent
{
public:
    CStudent(char * n, int a);
    ~CStudent();
    static void SetAge(int age);
private:
    char * name;
    int age;
    static int nTotalObj;
};
int CStudent::nTotalObj=0;
CStudent::CStudent(char * n, int a)
:age(a)
{
    int nLen=strlen(n);
    name=new char[nLen+1];
    strcpy(name,n);
    name[nLen]='\0';
    nTotalObj++;
}
CStudent::~CStudent()
{
    delete[] name;
    nTotalObj--;
```

```
}
void CStudent::SetAge(int age)
{
    this->age=age;
}
void main()
{
    CStudent stu1("张三",25);
    CStudent str2("李四",26);
    cout<<"CStudent::nTotalObj="<<CStudent::nTotalObj<<endl;
}
```

7. 如下程序关于常对象的使用。

试输入以下程序进行编译，并观察编译情况，如有错误请修改程序，再进行编译，直到没有错误，然后进行连接和运行，分析运行结果。其正确的运行结果要求：

[测试数据]

输出：

const:n=10 const:n=20

[源程序]

```
# include"iostream.h"
class MyClass
{
private:
    int n;
public:
    MyClass(int m):n(m) { }
    void Print()
    {
        cout<<"const:n="<<n <<"";
    }
};
int main()
{
    const MyClass obj1(10);
    MyClass obj2(20);
    obj1.Print();
    obj1.Print();
    cout >>endl;
    return 0;
}
```

8. 如下程序关于常对象的使用。

试输入以下程序进行编译，并观察编译情况，如有错误请修改程序，再进行编译，直到没有错误，然后进行连接和运行，分析运行结果。其正确的运行结果要求：

[测试数据]

输出：

2019/1/1

[源程序]

```
# include"iostream.h"
class Date
{
private:
    const int year;
    const int month;
    const int day;
public:
    Date(int y,int m,int d);
    void showdate();
};
Date::Date(int y,int m,int d)
{
    year=y;
    month=m;
    day=d;
}
void Date::showdate()
{
    cout<<year<<"/"<<month<<"/"<<day<<endl;
}
void main()
{
    const Date obj(2019,1,1);
    obj.showdate();
}
```

9. 请编写一个程序，设计一个名为 score 的类，用于统计一个班的学生成绩。其中使用一个静态成员数据 totals 来存储总分以及一个静态成员函数 re_totals()返回该总分。并编写相应的测试程序。

10. 请编写一个程序，设计一个名为 student 的学生类，包括学生姓名、成绩，设计一个友元函数，比较两个学生成绩的高低，并输出最高分和最低分的学生。

11. 请编写一个程序，声明一个类模板，利用它可以分别实现对三个整数、浮点数和字符大小的排序，并将排序好的数据输出(要求从大到小排序输出)。

第10章 继承与派生

面向对象程序设计有4个主要特点:抽象、封装、继承和多态性。本章主要介绍有关继承的知识,在第11章中将介绍多态性。面向对象技术强调软件的可重用性(software reusability),C++语言提供了类的继承机制,解决了软件重用问题。

10.1 什么是继承与派生

在C++中可重用性是通过继承(inheritance)这一机制来实现的。继承是C++的一个重要组成部分。一个类中包含了若干数据成员和成员函数。在不同的类中,数据成员和成员函数是不相同的。但有时两个类的内容基本相同或有一部分相同。利用原来声明的类作为基础,再加上新的内容即可,以减少重复的工作量。C++提供的继承机制就是为了解决这个问题。下面举例说明继承的概念,如图10.1所示。

在C++中,所谓"继承"就是在一个已存在的类的基础上建立一个新的类。已存在的类,例如"狗"称为基类或父类。新建的类,例如"泰迪"则称为派生类或子类。其关系如图10.2所示,是继承和派生的关系。

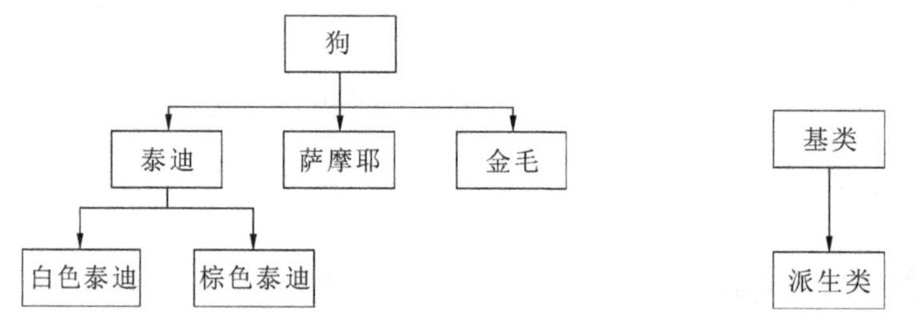

图10.1 狗品种的继承结构　　图10.2 基类与派生类

一个新类从已有的类那里获得其已有特性,这种现象称为类的继承。通过继承,一个新建子类从已有的父类那里获得父类的特性。从另一角度说,从已有的类(父类)产生一个新的子类,称为类的派生。类的继承是用已有的类来建立专用类的编程技术。派生类继承了基类的所有数据成员和成员函数,并可以对成员做必要的增加或调整。一个基类可以派生出多个派生类,每一个派生类又可以作为基类再派生出新的派生类,因此基类和派生类是相对而言的。以上介绍的是最简单的情况,即一个派生类只从一个基类派生,这称为单继承(single inheritance),这种继承关系所形成的层次是一个树形结构,可以用图10.3表示。

请注意图中箭头的方向,在本书中约定,箭头表示派生的方向,从基类指向派生类。一个派生类不仅可以从一个基类派生,也可以从多个基类派生。一个派生类有两个或多个基

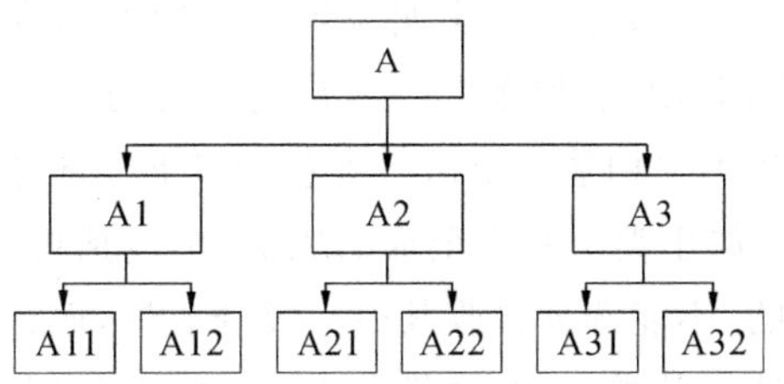

图 10.3　单继承的树形结构

类的称为多重继承(multiple inheritance),这种继承关系所形成的结构如图 10.4 所示。关于基类和派生类的关系,可以表述为:派生类是基类的具体化,而基类则是派生类的抽象。

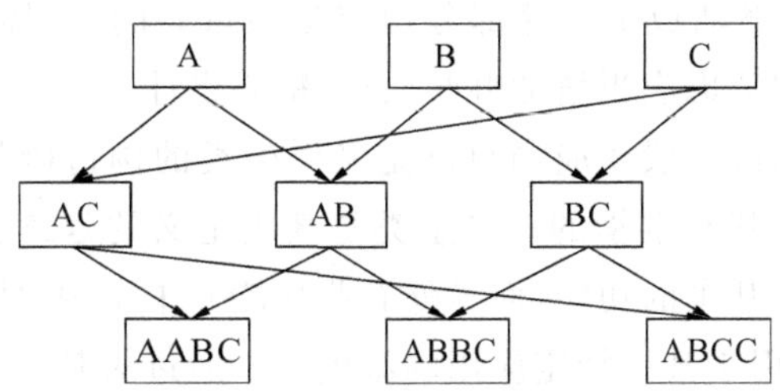

图 10.4　多重继承的树形结构

10.2　派生类的构成和声明

10.2.1　派生类的声明

假设已经声明了一个基类 People,在此基础上通过单继承建立一个派生类 Student:

```
class Student:public People       //声明基类是 People
{
public:
    void display_1()         //新增加的成员函数
    {
        cout<<"age:"<<age<<endl;
        cout<<"address:"<<addr<<endl;
    }
private:
    int age;//新增加的数据成员
    string addr;//新增加的数据成员
};
```

基类名前面有 public 的称为公有继承(public inheritance)。声明派生类的一般形式为:

```
class 派生类名:[继承方式] 基类名{派生类新增加的成员};
```

继承方式包括 public (公有的)、private (私有的)和 protected(受保护的),继承方式是可选的,如果不写继承方式,则默认为 private(私有的)。

10.2.2　派生类的构成

基类中包括数据成员和成员函数(或称数据与方法)两部分,派生类也分为两部分:一部分是从基类继承来的成员，另一部分是在声明派生类时增加的成员。每一部分均分别包括数据成员和成员函数。实际上，继承和派生并不是把基类的成员和派生类自己增加的成员简单地加在一起就成为派生类。构造一个派生类包括以下三部分工作：

(1) 从基类接收成员。派生类把基类全部的成员(不包括构造函数和析构函数)接收过来，也就是说，是没有选择的，不能选择接收其中一部分成员，而舍弃另一部分成员。要求我们根据派生类的需要慎重选择基类，使冗余量最小。事实上，有些类是专门作为基类而设计的，在设计时充分考虑到派生类的要求。

(2) 调整从基类接收的成员。接收基类成员是程序人员不能选择的，但是程序人员可以对这些成员做某些调整。

(3) 在声明派生类时增加成员。这部分内容是很重要的，它体现了派生类对基类功能的扩展。要根据需要仔细考虑应当增加哪些成员，精心设计。

此外，在声明派生类时，一般还应当自己定义派生类的构造函数和析构函数，因为构造函数和析构函数是不能从基类继承的。派生类是基类定义的延续。可以先声明一个基类，在此基类中只提供某些最基本的功能，而另外有些功能并未实现，然后在声明派生类时加入某些具体的功能，形成适用于某一特定应用的派生类。通过对基类声明的延续，将一个抽象的基类转化成具体的派生类。因此，派生类是抽象基类的具体实现。

10.3 派生类的成员访问控制属性

既然派生类中包含基类成员和派生类自己增加的成员，就产生了这两部分成员的关系和访问属性的问题。在建立派生类的时候，并不是简单地把基类的私有成员直接作为派生类的私有成员，把基类的公有成员直接作为派生类的公有成员。对基类成员和派生类自己增加的成员是按不同的原则处理的。具体说，在讨论访问属性时，要考虑以下几种情况：

(1) 基类的成员函数访问基类成员。

(2) 派生类的成员函数访问派生类自己增加的成员。

(3) 基类的成员函数访问派生类的成员。

(4) 派生类的成员函数访问基类的成员。

(5) 在派生类外访问派生类的成员。

(6) 在派生类外访问基类的成员。

对于第(1)种和第(2)种情况，比较简单，按前面章节介绍过的规则处理，即基类的成员函数可以访问基类成员，派生类的成员函数可以访问派生类成员。私有数据成员只能被同一类中的成员函数访问，公有成员可以被外界访问。第(3)种情况也比较明确，基类的成员函数只能访问基类的成员，而不能访问派生类的成员。第(5)种情况也比较明确，在派生类外可以访问派生类的公有成员，而不能访问派生类的私有成员。第(4)种和第(6)种情况，就稍微复杂一些，也容易混淆。

这些牵涉到如何确定基类的成员在派生类中的访问属性的问题，不仅要考虑对基类成员所声明的访问属性，还要考虑派生类所声明的对基类的继承方式，根据这两个因素共同决定基类成员在派生类中的访问属性。前面已提到在派生类中，对基类的继承方式可以有 public(公有的)、private(私有的)和 protected(受保护的)3 种。不同的继承方式决定了基类成员在派生类中的访问属性。概括来说：

(1) 公有继承(public inheritance)：基类的公有成员和受保护成员在派生类中保持原有访问属性，其私有成员仍为基类私有。

(2) 私有继承(private inheritance)：基类的公有成员和受保护成员在派生类中成了私有成员，其私有成员仍为基类私有。

(3) 受保护的继承(protected inheritance)：基类的公有成员和受保护成员在派生类中成了受保护成员，其私有成员仍为基类私有。受保护成员的意思是，它不能被外界引用，但可以被派生类的成员引用，具体的用法将在稍后介绍。

10.3.1 公有继承

在定义一个派生类时将基类的继承方式指定为 public 的，则称为公有继承，用公有继承方式建立的派生类称为公有派生类(public derived class)，其基类称为公有基类(public base class)。采用公有继承方式时，基类的公有成员和受保护成员在派生类中仍然保持其公有成员和受保护成员的属性，而基类的私有成员在派生类中并没有成为派生类的私有成员，它仍然是基类的私有成员，只有基类的成员函数可以引用它，而不能被派生类的成员函数引用，因此就成为派生类中不可访问的成员。公有基类的成员在派生类中的访问属性如表 10.1 所示。

表 10.1 公有继承后基类的成员在派生类中的访问属性

基类成员属性	继承方式	继承后的派生成员属性
private(私有的)	public(公有的)	不可访问(隐藏的)
public(公有的)		public(公有的)
protected(受保护的)		protected(受保护的)

为了加深同学们对于公有继承的理解，下面进行简单的举例说明。

例 10.1 访问公有基类的成员。

```
# include <iostream.h>
class People//声明基类
{
    public ://基类公有成员
        void get_value()
        {
            cout<<"请输入名字"<<endl;
            cin>>name;
        }
        void display()
        {
            cout<<"name:"<<name<<endl;
        }
    char name[10];
};
```

例 10.1▶

```
c lass Student:public People //以 public方式声明派生类 Student
{
    public:
        void display_1()
        {
            cout<<"num:"<<num<<endl;
            cout<<"name:"<<name<<endl;
        }
        void get_value_1()
        {
            cout<<"请输入名字"<<endl;
            cin>>name;
            cout<<"请输入成绩"<<endl;
            cin>>num;
        }
    private:
        int num;
};
int main()
{
    Student stud;
    stud.get_value_1();
    stud.display();
    stud.display_1();
    return 0;
}
```

程序运行输入：

```
ZhangSan
100
```

程序运行的结果为：

```
name:ZhangSan
num:100
name:ZhangSan
```

从程序中可以看出，派生类 Student 在声明的时候，定义了 display_1() 函数，但并没有定义 display() 函数，在 main() 函数中，Student 构建的对象 stud 依旧能够调用基类中 People 的成员函数 display()，由此可见，派生类在继承了基类后，能够将基类的成员继承，变成自己的成员。

假设将程序中 People 类的公有成员改成私有成员(private)，那派生类对象 stud 是否依旧能够调用基类中的成员函数 display()？答案是否定的，即将程序中 People 类的公有成员改成私有成员(private)，派生类对象 stud 是无法调用基类中的成员函数 display()的，因为根据公有继承的概念，基类的私有成员在派生类中并没有成为派生类的私有成员，它仍然是基类的私有成员，只有基类的成员函数可以引用它，而不能被派生类的成员函数引用，因此就成为派生类中不可访问的成员。在这里，同学们可以理解基类中的私有成员(private)在公有继承后，变成了隐藏成员，即一个无法访问的成员。

10.3.2 私有继承

在定义一个派生类时将基类的继承方式指定为 private 的，称为私有继承，用私有继承方式建立的派生类称为私有派生类(private derived class)，其基类称为私有基类(private base class)。私有基类的公有成员和受保护成员在派生类中的访问属性相当于派生类中的私有成员，即派生类的成员函数能访问它们，而在派生类外不能访问它们；私有基类的私有成员在派生类中成为不可访问的成员，只有基类的成员函数可以引用它们。一个基类成员在基类中的访问属性和在派生类中的访问属性可能是不同的。私有基类的成员在私有派生类中的访问属性如表 10.2 所示。

表 10.2 私有继承后基类的成员在派生类中的访问属性

基类成员属性	继承方式	继承后的派生成员属性
private(私有的)	private(私有的)	不可访问(隐藏的)
public(公有的)		private(私有的)
protected(受保护的)		private(私有的)

对于访问控制属性的记忆，同学们可以使用联想记忆："私有成员无论如何继承，都为隐藏成员，其他成员私有派生后，都变私有成员。"私有基类的私有成员按规定只能被基类的成员函数引用，在基类外当然不能访问它们，因此它们在派生类中是隐蔽的，不可访问的。对于不需要再往下继承的类的功能可以用私有继承方式把它隐蔽起来，下一层的派生类无法访问它的任何成员，一个成员在不同的派生层次中的访问属性可能是不同的，它与继承方式有关。

例 10.2 将例 10.1 中的公有继承方式改为私有继承方式。

```
# include <iostream.h>
class People//声明基类
{
    public ://基类公有成员
        void get_value()
        {
            cout<<"请输入名字"<<endl;
            cin>>name;
        }
        void display()
        {
            cout<<"name:"<<name<<endl;
        }
    char name[10];
};
```

例 10.2▶

```
c lass Student:private People //以 private 方式声明派生类 Student
{
    public:
        void display_1()
        {
            cout<<"num:"<<num<<endl;
            cout<<"name:"<<name<<endl;
        }
        void get_value_1()
        {
            cout<<"请输入名字"<<endl;
            cin>>name;
            cout<<"请输入成绩"<<endl;
            cin>>num;
        }
    private:
        int num;
};
int main()
{
    Student stud;
    stud.get_value_1();
    stud.display();     //此行编译错误,删除即可
    stud.display_1();
    return 0;
}
```

可以看到:

(1) 不能通过派生类对象引用从私有基类继承过来的任何成员。

(2) 派生类的成员函数不能访问私有基类的私有成员,但可以访问私有基类的公有成员,可以调用基类的公有成员函数,但不能引用基类的私有成员。

在删除"stud. display();"这一句派生类对象对基类成员的调用后,程序编译即可通过,程序运行结果如下:

程序运行输入:

```
ZhangSan
100
```

程序运行的结果为:

```
num:100
name:ZhangSan
```

注意:

虽然在派生类外不能通过派生类对象调用私有基类的公有成员函数,但可以通过派生类的成员函数调用私有基类的公有成员函数。

10.3.3 保护继承

由 protected 声明的成员称为受保护的成员，或简称保护成员。从类的用户角度来看，保护成员等价于私有成员。但有一点与私有成员不同，保护成员可以被派生类的成员函数引用。如果基类声明了私有成员，那么任何派生类都是不能访问它们的，若希望在派生类中能访问它们，应当把它们声明为保护成员。如果在一个类中声明了保护成员，就意味着该类可能要用作基类，在它的派生类中会访问这些成员。在定义一个派生类时将基类的继承方式指定为 protected 的，称为保护继承，用保护继承方式建立的派生类称为保护派生类(protected derived class)，其基类称为受保护的基类(protected base class)，简称保护基类。保护继承的特点是：保护基类的公有成员和保护成员在派生类中都成了保护成员，其私有成员派生后变为不可访问。也就是把基类原有的公有成员也保护起来，不让类外任意访问。保护基类的成员在保护派生类中的访问属性如表 10.3 所示。

表 10.3 保护继承后基类的成员在派生类中的访问属性

基类成员属性	继承方式	继承后的派生成员属性
private(私有的)	protected(受保护的)	不可访问(隐藏的)
public(公有的)		protected(受保护的)
protected(受保护的)		protected(受保护的)

保护基类的所有成员在派生类中都被保护起来，类外不能访问，其公有成员和保护成员可以被其派生类的成员函数访问。比较一下私有继承和保护继承可以发现，在直接派生类中，以上两种继承方式的作用实际上是相同的：在类外不能访问任何成员，而在派生类中可以通过成员函数访问基类中的公有成员和保护成员。但是如果继续派生，在新的派生类中，两种继承方式的作用就不同了。例如，如果以公有继承方式派生出一个新派生类，原来私有基类中的成员在新派生类中都成为不可访问的成员，无论在派生类内或外都不能访问，而原来保护基类中的公有成员和保护成员在新派生类中为保护成员，可以被新派生类的成员函数访问。如果需要在派生类中引用基类的某些成员，应当将基类的这些成员声明为 protected，而不要声明为 private。如果善于利用保护成员，可以在类的层次结构中找到数据共享与成员隐蔽之间的结合点。既可实现某些成员的隐蔽，又可方便地继承，能实现代码重用与扩充。

通过以上介绍，我们大致了解了三种继承方式下的成员访问控制属性的变化，通过结合，可以如此记忆：

(1) 私有成员无论使用何种继承方式，其在派生类中都将变成隐藏成员(即派生类不可访问)。

(2) 公有继承下，基类中的公有成员变为公有成员，保护成员变为保护成员，即原封不动。

(3) 私有继承下，公有成员和保护成员都变成了私有成员。

(4) 保护继承下，公有成员和保护成员都变成了保护成员。

那么同学们可能会产生疑问，私有继承和保护继承其派生类对象都无法访问基类中的公有成员和保护成员，那私有继承和保护继承的区别在哪里呢？下一节内容多重派生将为大家揭晓答案。

10.3.4 多重派生时的访问属性

假设有一种关系，A 派生 B，B 派生 C，如图 10.5 所示的派生关系，类 A 为基类，类 B 是类 A 的派生类，类 C 是类 B 的派生类，则类 C 也是类 A 的派生类。类 B 称为类 A 的直接派生类，类 C 称为类 A 的间接派生类。类 A 是类 B 的直接基类，是类 C 的间接基类。在多级派生的情况下，各成员的访问属性仍按以上原则确定。

A → B → C

图 10.5 多级派生关系

例 10.3 多重派生的访问控制属性。

```
# include <iostream.h>
class A    //基类
{
    public:
        int a1;
    protected:
        int a2;
    private:
        int a3;
};
class B:public A        //public方式
{
    public:
        int b1;
    protected:
        int b2;
    private:
        int b3;
};
class C:public B        //public方式
{
    public:
        int c1;
    protected:
        int c2;
    private:
        int c3;
};
void main()
{
    C c1;
    c1.a1=10;
    cout<<"class A::a1 is :"<<c1.a1<<endl;
}
```

◀例 10.3

程序运行的结果为：

```
class A::a1 is:10
```

类A是类B的公有基类，类B是类C的公有基类。在第一次继承后，类A中的公有成员a1变成了类B的公有成员，类A中的保护成员a2变成了类B的保护成员，类A中的私有成员a3变成了类B的隐藏成员。在第二次继承后，类B中的公有成员a1、b1变成了类C的公有成员，类B中的保护成员a2、b2变成了类C的保护成员，类B中的私有成员b3变成了类C的隐藏成员，因此类C的对象c1调用基类A中的成员a1是可以的。那么请同学们将继承方式改成私有(private)和受保护(protected)，看看程序运行会发生怎样的变化。

在多重继承下各成员的访问控制属性根据一重继承结果再继承，即可得到成员访问控制属性，如表10.4至表10.6所示。

表10.4　公有继承在多重继承后派生类中的访问属性

基类A	public(公有的)	private(私有的)	protected(受保护的)
派生类B	public(公有的)	不可访问(隐藏的)	protected(受保护的)
派生类C	public(公有的)	不可访问(隐藏的)	protected(受保护的)

表10.5　私有继承在多重继承后派生类中的访问属性

基类A	public(公有的)	private(私有的)	protected(受保护的)
派生类B	private(私有的)	不可访问(隐藏的)	private(私有的)
派生类C	不可访问(隐藏的)	不可访问(隐藏的)	不可访问(隐藏的)

表10.6　保护继承在多重继承后派生类中的访问属性

基类A	public(公有的)	private(私有的)	protected(受保护的)
派生类B	protected(受保护的)	不可访问(隐藏的)	protected(受保护的)
派生类C	protected(受保护的)	不可访问(隐藏的)	protected(受保护的)

无论哪一种继承方式，在派生类中是不能访问基类的私有成员的，私有成员只能被本类的成员函数所访问，毕竟派生类与基类不是同一个类。如果在多级派生时都采用公有继承方式，那么直到最后一级派生类都能访问基类的公有成员和保护成员。如果采用私有继承方式，经过若干次派生之后，基类的所有成员已经变成不可访问的了。如果采用保护继承方式，在派生类内的成员可以访问其继承的保护成员，但类外是无法访问派生类中的任何成员的。而且经过多次派生后，人们很难清楚地记住哪些成员可以访问，哪些成员不能访问，容易产生错误，因此在实际中，常用的是公有继承。

10.4　派生类的构造函数和析构函数

用户在声明类时可以不定义构造函数，系统会自动设置一个默认的构造函数，在定义类对象时会自动调用这个默认的构造函数。这个构造函数实际上是一个空函数，不执行任何操作。如果需要对类中的数据成员初始化，应自己定义构造函数。构造函数的主要作用是对数据成员初始化。在设计派生类的构造函数时，不仅要考虑派生类所增加的数据成员的初始化，还应当考虑基类的数据成员初始化。也就是说，希望在执行派生类的构造函数时，使派生类的数据成员和基类的数据成员同时都被初始化。

解决这个问题的思路是：在执行派生类的构造函数时，调用基类的构造函数。

10.4.1 简单的派生类的构造函数

任何派生类都包含基类的成员，简单的派生类只有一个基类，而且只有一级派生（只有直接派生类，没有间接派生类），在派生类的数据成员中不包含基类的对象（即子对象）。

例 10.4 简单的派生类的构造函数。

```
# include <iostream>
# include<string>
using namespace std;
class People//声明基类 People
{
public:
    People(string nam)//基类构造函数
    {
        name=nam;
    }
    ~People(){ }//基类析构函数
protected://保护部分
    string name;
};
class Student:public People//声明派生类 Student
{
public://派生类的公有部分
    Student(string nam,int a):People(nam)//派生类构造函数
    {
        num=a;
    }
    void show()
    {
        cout<<"num:"<<num;
        cout<<"; name:"<<name<<endl;
    }
    ~Student(){ }//派生类析构函数
private ://派生类的私有部分
    int num;
};
int main()
{
    Student stud1("ZhangSan",1001);
    Student stud2("LiSi",1002);
```

◀例 10.4

```
    stud1.show();//输出第一个学生的数据
    stud2.show();//输出第二个学生的数据
    return 0;
}
```

程序运行的结果为：

```
num:1001; name:ZhangSan
num:1002; name:LiSi
```

请注意派生类构造函数首行的写法：Student(string nam,int a):People(nam)。

其一般形式为：

```
派生类构造函数名(总参数表列):基类构造函数名(参数表列)
{
派生类中新增数据成员初始化语句
}
```

在 main 函数中，建立对象 stud1 时指定了 2 个实参。它们按顺序传递给派生类构造函数 Student 的形参，然后，派生类构造函数将前面 1 个传递给基类构造函数的形参。在以上的例子中，调用基类构造函数时的实参是从派生类构造函数的总参数表中得到的，也可以不从派生类构造函数的总参数表中传递过来，而直接使用常量或全局变量。

在建立一个对象时，执行构造函数的顺序是：派生类构造函数先调用基类构造函数，再执行派生类构造函数本身(即派生类构造函数的函数体)。

对于上例来说，先初始化 name，然后再初始化 num。

在派生类对象释放时，先执行派生类的析构函数～Student()，再执行其基类的析构函数～ People ()。

10.4.2 有子对象的派生类的构造函数

类的数据成员中还可以包含类对象，如可以在声明一个类时包含这样的数据成员：People p1。这时 p1 就是类对象中的内嵌对象，称为子对象(subobject)，即对象中的对象。对例 10.4 进行修改，定义一个子对象，即在派生类 Student 中增加一个 People 的对象 p1，此时增加了一个成员数据 name，可理解每个学生都有一个外号，p1 对象存储的数据就是该学生的外号。修改程序如下所示。

例 10.5 包含子对象的派生类的构造函数。

```
# include <iostream>
# include<string>
using namespace std;
class People//声明基类 People
{
public:
    People(string nam)//基类构造函数
    {
        name=nam;
    }
    ~People(){ }//基类析构函数
```

例 10.5▶

```
        string name;
    };
    class Student:public People//声明派生类 Student
    {
    public://派生类的公有部分
        Student(string nam,string nam2,int a):People(nam),p1(nam2)
        {
            num=a;
        }
        void show()
        {
            cout<<"num:"<<num<<endl;
            cout<<"name:"<<name<<endl;
            cout<<"p1.name:"<<p1.name<<endl;
            cout<<endl;
        }
        ~ Student(){ }//派生类析构函数
    private ://派生类的私有部分
        int num;
        People p1;
    };
    int main()
    {
        Student stud1("ZhangSan","XiaoZhang",1001);
        Student stud2("LiSi","XiaoLi",1002);
        stud1.show();//输出第一个学生的数据
        stud2.show();//输出第二个学生的数据
        return 0;
    }
```

程序运行的结果为：

```
num:1001
name:ZhangSan
p1. name:XiaoZhang

n um:1002
name:LiSi
p1. name:XiaoLi
```

派生类构造函数的任务应该包括 3 个部分：

(1) 对基类数据成员初始化；

(2) 对子对象数据成员初始化；

(3) 对派生类数据成员初始化。

程序中派生类构造函数首部如下：

```
Student(string nam,string nam2,int a):People(nam),p1(nam2);
```

在上面的构造函数中有 3 个形参，第一个作为基类构造函数的参数，第二个作为子对象构造函数的参数，第三个是用作派生类数据成员初始化的。归纳起来，定义派生类构造函数的一般形式为：

```
派生类构造函数名(总参数表列):基类构造函数名(参数表列),子对象名(参数表列)
{
  派生类中新增数据成员初始化语句
}
```

执行派生类构造函数的顺序是：

① 调用基类构造函数，对基类数据成员初始化；

② 调用子对象构造函数，对子对象数据成员初始化；

③ 执行派生类构造函数本身，对派生类数据成员初始化。

派生类构造函数的总参数表列中的参数，应当包括基类构造函数和子对象的参数表列中的参数。基类构造函数和子对象的次序可以是任意的，编译系统是根据相同的参数名(而不是根据参数的顺序)来确立它们的传递关系的，但是习惯上一般先写基类构造函数。如果有多个子对象，派生类构造函数应列出每一个子对象名及其参数表列。

10.4.3 多层派生时的构造函数

一个类不仅可以派生出一个派生类，派生类还可以继续派生，形成派生的层次结构。在上面叙述的基础上，不难写出在多级派生情况下派生类的构造函数。

例 10.6 多级派生情况下派生类的构造函数。

```
# include <iostream>
# include<string>
using namespace std;
class People//声明基类 People
{
public:
    People(string nam)//基类构造函数
    {
        name=nam;
    }
    ~People(){ }//基类析构函数
    string name;
};
class Student:public People//声明派生类 Student
{
public://派生类的公有部分
    Student(string nam,int a):People(nam)
    {
        num=a;
    }
```

例 10.6▶

```
        ~Student(){ }//派生类析构函数
        int num;
    };
    class PostGraduate:public Student//声明派生类 PostGraduate
    {
    public://派生类的公有部分
        PostGraduate(string nam,int a,int b):Student(nam,a)
        {
            age=b;
        }
        ~PostGraduate(){ }//派生类析构函数
        void show()
        {
            cout<<"num:"<<num<<endl;
            cout<<"name:"<<name<<endl;
            cout<<"age:"<<age<<endl;
            cout<<endl;
        }
    private ://派生类的私有部分
        int age;
    };
    int main()
    {
        PostGraduate po1("ZhangSan",1001,25);
        PostGraduate po2("LiSi",1002,24);
        po1.show();//输出第一个研究生的数据
        po2.show();//输出第二个研究生的数据
        return 0;
    }
```

程序运行的结果为：

```
num:1001
name:ZhangSan
age:25

num:1002
name:LiSi
age:24
```

请注意基类和两个派生类的构造函数的写法。

基类的构造函数首部：

People(string nam)

派生类 Student 的构造函数首部：

Student(string nam,int a):People(nam)

派生类 PostGraduate 的构造函数首部：

PostGraduate(string nam,int a,int b):Student(nam,a)

在声明 PostGraduate 类对象时，调用 PostGraduate 构造函数；在执行 PostGraduate 构造函数时，先调用 Student 构造函数；在执行 Student 构造函数时，先调用基类 People 构造函数。初始化的顺序是：首先初始化 People 类的数据成员 name；接着初始化 Student 类的数据成员 num；最后初始化 PostGraduate 类的数据成员 age。

10.5 多重继承

前面讨论的是单继承，即一个类是从一个基类派生而来的。但实际上，常常有这样的情况：一个派生类有两个或多个基类，派生类从两个或多个基类中继承所需的属性。C++为了适应这种情况，允许一个派生类同时继承多个基类，这种行为称为多重继承(multiple inheritance)。

10.5.1 声明多重继承的方法

如果已声明了类 A、类 B 和类 C，可以声明多重继承的派生类 D：

```
class D:public A,private B,protected C
{
    类 D 新增加的成员
}
```

类 D 是多重继承的派生类，它以公有继承方式继承类 A，以私有继承方式继承类 B，以保护继承方式继承类 C。类 D 按不同的继承方式的规则继承类 A、类 B、类 C 的属性，确定各基类的成员在派生类中的访问权限。

10.5.2 多重继承派生类的构造函数

多重继承派生类的构造函数形式与单继承时的构造函数形式基本相同，只是在初始表中包含多个基类构造函数。如：

```
派生类构造函数名(总参数表列):基类 1 构造函数(参数表列),基类 2 构造函数(参数表列),基类 3 构造函数(参数表列)…
{
    派生类中新增数据成员初始化语句
}
```

各基类的构造函数可以任意排列顺序。派生类构造函数的执行顺序同样为：先调用基类的构造函数，再执行派生类构造函数的函数体。调用基类构造函数的顺序是按照声明派生类时基类出现的顺序。

例 10.7 声明一个 A 类和一个 B 类，用多重继承的方式声明一个 C 派生类。

```
# include <iostream>
# include< string>
using namespace std;
class A
```

例 10.7▶

```
{
public:
    A(int aa)
    {
        a=aa;
        cout<<"A is constructioning..."<<endl;
    }
    ~A(){ }
    show_a(){cout<<"a="<<a<<endl;}
    int a;
};
class B
{
public:
    B(int bb)
    {
        b=bb;
        cout<<"B is constructioning..."<<endl;
    }
    ~B(){ }
    show_b(){cout<<"b="<<b<<endl;}
    int b;
};
class C:public A,public B
{
public:
    C(int aa,int bb,int cc):A(aa),B(bb)
    {
        c=cc;
        cout<<"C is constructioning..."<<endl;
    }
    ~C(){ }
    show_c(){cout<<"c="<<c<<endl;}
    int c;
};
void main()
{
    C c1(1,2,3);
    c1.show_a();
    c1.show_b();
    c1.show_c();
}
```

程序运行的结果为：

```
A is constructioning...
B is constructioning...
C is constructioning...
a=1
b=1
c=1
```

在程序中，需要着重关注构造函数的调用顺序。构造函数是先调用基类构造函数，再调用派生类构造函数，但是 A 和 B 的构造函数都是基类构造函数，调用顺序以 C 派生类中继承顺序有关，即 class C:public A,public B。如果将继承顺序改写成 class C:public B,public A，那么构造函数的调用将变成 B－>A－>C 的顺序。

10.5.3 多重继承引起的二义性问题

多重继承可以反映现实生活中的情况，能够有效地处理一些较复杂的问题，使编写程序具有灵活性；但是多重继承也引起了一些值得注意的问题，它增加了程序的复杂度，使程序的编写和维护变得相对困难，容易出错。其中最常见的问题就是继承的成员同名而产生的二义性（ambiguous）问题。

例 10.8 如果类 A 和类 B 中都有同名的成员函数 show_a()和数据成员 a，类 C 是类 A 和类 B 的直接派生类，此时如果想通过 C 的对象 c1 分别调用从 A 和 B 继承过来的 show_a()函数，其实现方式，具体如下：

```
# include <iostream>
# include<string>
using namespace std;
class A
{
public:
    A(int aa)
    {
        a=aa;
    }
    ~A(){ }
    show_a(){cout<<"A::a="<<a<<endl;}
    int a;
};
class B
{
public:
    B(int bb)
    {
        a=bb;
    }
    ~B(){ }
```

例 10.8▶

```
    show_a(){cout<<"B::a="<<a<<endl;}
    int a;
};
class C:public A,public B
{
public:
    C(int aa,int bb,int cc):A(aa),B(bb)
    {
        c=cc;
    }
    ~C(){ }
    show_c(){cout<<"c="<<c<<endl;}
    int c;
};
void main()
{
    C c1(1,2,3);
    c1.A::show_a();
    c1.B::show_a();
    c1.show_c();
}
```

程序运行的结果为：

```
A::a=1
B::a=2
c=3
```

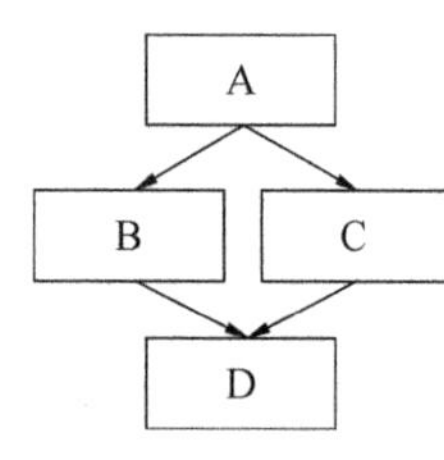

图 10.6 多级派生关系

另一种情况则比较复杂，假设有基类 A，通过类 A 分别派生了类 B 和类 C，最后有类 D 继承了类 B 和类 C，此时类 D 中包含了两份类 A 的成员数据，如图 10.6 所示。

此时就存在一个二义性的问题，即类 D 对象 d1 调用的 show_a() 函数无法识别是从类 B 继承的还是从类 C 继承的，因此在调用时，依旧要使用作用域运算符，具体如下：

例 10.9 二义性举例。

```
# include <iostream>
# include<string>
using namespace std;
class A
{
public:
    A(int aa)
    {
        a=aa;
    }
```

◀例 10.9

```
    show_a(){cout<<"a="<<a<<endl;}
    int a;
};
class B:public A
{
public:
    B(int aa,int bb):A(aa)
    {
        b=bb;
    }
    show_b(){cout<<"b="<<b<<endl;}
    int b;
};
class C:public A
{
public:
    C(int aa,int cc):A(aa)
    {
        c=cc;
    }
    show_c(){cout<<"c="<<c<<endl;}
    int c;
};
class D:public B,public C
{
public:
    D(int aa1,int aa2,int bb,int cc,int dd):B(aa1,bb),C(aa2,cc)
    {
        d=dd;
    }
    show_d(){cout<<"d="<<d<<endl;}
    int d;
};
void main()
{
    D d1(1,2,3,4,5);
    d1.B::show_a();
    d1.C::show_a();
    d1.show_b();
    d1.show_c();
    d1.show_d();
}
```

程序运行的结果为：

```
a=1
a=2
b=3
c=4
d=5
```

从程序中可以看到，因为类 D 在继承类 B 和类 C 的过程中，重复继承了类 A 的资源，因此在调用类 A 继承的成员函数时，应加上作用域限定符，表示是从类 B 或类 C 继承过来的资源，即 d1. B::show_a()或者 d1. C::show_a()的书写格式。通过这个程序不难发现，程序中如果存在二义性问题，就容易破坏了程序本身的严谨性，因为类 D 在继承过程中往往只希望继承一份类 A 的资源，但是由于二义性的问题，使得类 D 继承了两份类 A 的资源。这时如果想解决二义性问题，就需要引入虚基类。

10.5.4 虚基类

从上面的介绍可知，如果一个派生类有多个直接基类，而这些直接基类又有一个共同的基类，则在最终的派生类中会保留该间接共同基类数据成员的多份同名成员。在引用这些同名的成员时，必须在派生类对象名后增加直接基类名，以避免产生二义性，使其唯一地标识一个成员，如 d1. B::show_a()。在一个类中保留间接共同基类的多份同名成员，这种现象是人们不希望出现的，C++提供虚基类(virtual base class)的方法，使得在继承间接共同基类时只保留一份成员。现在将类 A 声明为虚基类，方法如下：

```
class A                    //声明基类 A
{ … };
class B :virtual public A        //声明类 B 是类 A 的公有派生类，A 是 B 的虚基类
{ … };
class C :virtual public A        //声明类 C 是类 A 的公有派生类，A 是 C 的虚基类
{ … };
```

注意：

虚基类并不是在声明基类时声明的，而是在声明派生类时，指定继承方式时声明的。因为一个基类可以在生成一个派生类时作为虚基类，而在生成另一个派生类时不作为虚基类。

声明虚基类的一般形式为：

```
class 派生类名:virtual 继承方式 基类名
```

经过这样的声明后，当基类通过多条派生路径被一个派生类继承时，该派生类只继承该基类一次。在派生类 B 和 C 中做了上面的虚基类声明后，派生类 D 中的成员只继承了类 A 的一份成员。需要注意，为了保证虚基类在派生类中只继承一次，应当在该基类的所有直接派生类中声明为虚基类，否则仍然会出现对基类的多次继承。

如果在虚基类中定义了带参数的构造函数，而且没有定义默认构造函数，则在其所有派生类(包括直接派生或间接派生的派生类)中，通过构造函数的初始化表对虚基类进行初始化。例如：

```
class A//定义基类 A
{
    A(int i){ }//基类构造函数，有一个参数
```

```
};
class B :virtual public A//A作为B的虚基类
{
    B(int n):A(n){ }//B类构造函数,在初始化表中对虚基类初始化
};
class C :virtual public A//A作为C的虚基类
{
    C(int n):A(n){ }//C类构造函数,在初始化表中对虚基类初始化
};
class D :public B,public C//类D的构造函数,在初始化表中对所有基类初始化
{
    D(int n):A(n),B(n),C(n){ }
};
```

注意:

在定义类D的构造函数时使用的方法,与以往的有所不同。规定在最后的派生类中不仅要负责对其直接基类进行初始化,还要负责对虚基类初始化。C++编译系统只执行最后的派生类对虚基类的构造函数的调用,而忽略虚基类的其他派生类(如类B和类C)对虚基类的构造函数的调用,这就保证了虚基类的数据成员不会被多次初始化。下面将对虚基类进行简单的应用举例。

例10.10 在例10.9的基础上将类A声明为虚基类。

```
# include <iostream>
# include<string>
using namespace std;
class A
{
public:
    A(int aa)
    {
        a=aa;
    }
    show_a(){cout<<"a="<<a<<endl;}
    int a;
};
class B:virtual public A
{
public:
    B(int aa,int bb):A(aa)
    {
        b=bb;
    }
    show_b(){cout<<"b="<<b<<endl;}
    int b;
};
```

例10.10▶

```
class C:virtual public A
{
public:
    C(int aa,int cc):A(aa)
    {
        c=cc;
    }
    show_c(){cout<<"c="<<c<<endl;}
    int c;
};
class D:public B,public C
{
public:
    D(int aa,int bb,int cc,int dd,int ba,int ca):B(ba,bb),C(ca,cc),A(aa)
    {
        d=dd;
    }
    show_d(){cout<<"d="<<d<<endl;}
    int d;
};
void main()
{
    D d1(1,2,3,4,5,6);
    d1.show_a();
    d1.show_b();
    d1.show_c();
    d1.show_d();
}
```

程序运行的结果为：

```
a=1
b=2
c=3
d=4
```

在程序中可以看到，虽然类 D 的构造函数已经给类 B 和类 C 的构造函数进行传参和初始化，即 D(int aa,int bb,int cc,int dd,int ba,int ca):B(ba,bb),C(ca,cc),A(aa)，但是最终类 A 中数据的值只取了类 A 构造函数的初始化，也就是说在类 D 初始化的过程中，省略了类 B 和类 C 中间过程对类 A 的初始化，直接通过类 D 对类 A 进行了初始化。从这里大家可以看到，在使用多重继承时要十分小心，经常会出现二义性问题。因此许多专业人员建议，不要过多地在程序中使用多重继承，只有在比较简单和不易出现二义性的情况下或实在必要时才使用多重继承，能用单一继承解决的问题就不要使用多重继承。也是由于这个原因，有些面向对象的程序设计语言(如 Java 和 Smalltalk)并不支持多重继承。

10.6 赋值兼容性规则

只有公有派生类才是基类真正的子类型，它完整地继承了基类的功能。基类与派生类对象之间有赋值兼容关系，由于派生类中包含从基类继承的成员，因此可以将派生类的值赋给基类对象，在用到基类对象的时候可以用其子类对象代替。赋值兼容性规则具体表现在以下几个方面：

(1) 派生类对象可以向基类对象赋值。

可以用子类(即公有派生类)对象对其基类对象赋值，如例 10.11 所示。

例 10.11 派生类对象对基类对象赋值举例。

```
# include <iostream>
# include<string>
using namespace std;
class A
{
public:
    A(int aa){ a=aa; }
    int a;
};
class B:public A
{
public:
    B(int aa,int bb):A(aa){ b=bb; }
    int b;
};
void main()
{
    A a(1);
    B b(2,3);
    cout<<"a.a="<<a.a<<endl;
    cout<<"b.a="<<b.a<<endl;
    a=b;
    cout<<"after a.a="<<a.a<<endl;
    cout<<"after b.a="<<b.a<<endl;
}
```

程序运行的结果为：

```
a.a=1
b.a=2
after a.a=2
after b.a=2
```

程序中的赋值过程，可以理解为派生类在给基类赋值的过程中，舍弃了派生类中的部分

例 10.11▶

数据成员，因此可以实现赋值，如图 10.7 所示。所谓赋值只是对数据成员赋值，对成员函数不存在赋值问题。

在这里需要注意，不允许基类对象向派生类对象赋值。假设用基类对象向派生类对象赋值，派生类新增的数据成员将因没有获取赋值而编译错误，如图 10.8 所示。

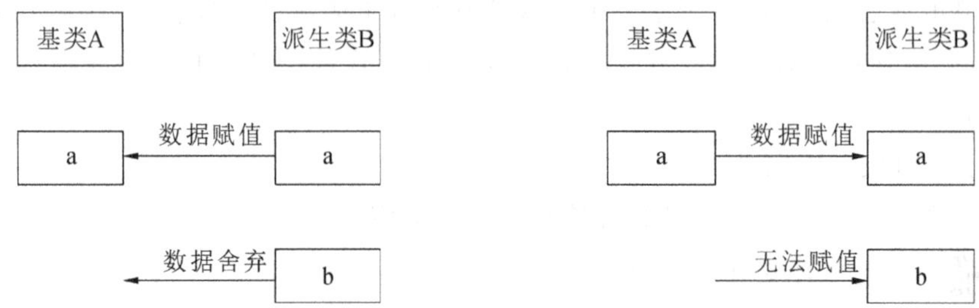

图 10.7　派生类对象向基类对象赋值　　**图 10.8　基类对象向派生类对象错误赋值**

> **注意：**
> 赋值关系是单向的、不可逆的。只能用派生类对象对其基类对象赋值，而不能用基类对象对其派生类对象赋值，因为基类对象不包含派生类的成员，无法对派生类的成员赋值。同理，同一基类的不同派生类对象之间也不能赋值。

(2) 派生类对象可以向基类对象的引用进行赋值或初始化。

在定义一个基类对象的引用时，可以用派生类对象对其进行赋值或者初始化，具体如例 10.12 所示。

例 10.12　派生类对象对基类对象引用赋值举例。

```
# include <iostream>
# include< string>
using namespace std;
class A
{
public:
    A(int aa){ a=aa; }
    int a;
};
class B:public A
{
public:
    B(int aa,int bb):A(aa){ b=bb; }
    int b;
};
void main()
{
    A a(1);
    A &r_a=a;
```

◀例 10.12

```
    B b(2,3);
    cout<<"r_a.a="<<r_a.a<<endl;
    cout<<"b.a="<<b.a<<endl;
    r_a=b;
    cout<<"after r_a.a="<<a.a<<endl;
    cout<<"after b.a="<<b.a<<endl;
}
```

程序运行的结果为：

```
r_a.a=1
b.a=2
after r_a.a=2
after b.a=2
```

如果要将程序改成对基类引用进行初始化，main()函数可以改成：

```
void main()
{
    B b(2,3);
    A &r_a=b;
    cout<<"r_a.a="<<r_a.a<<endl;
    cout<<"b.a="<<b.a<<endl;
}
```

程序运行的结果为：

```
r_a.a=2
b.a=2
```

同样的，不能使用基类对象向派生类对象的引用进行赋值或初始化。

(3) 声明为基类的指针可以指向其派生类对象。

派生类对象的地址可以赋给指向基类对象的指针变量，也就是说，指向基类对象的指针变量也可以指向派生类对象。

例 10.13 基类指针指向派生类对象举例。

```
# include <iostream>
# include<string>
using namespace std;
class A
{
public:
    A(int aa){ a=aa; }
    show(){cout<<"A::a="<<a<<endl;}
    int a;
};
class B:public A
{
public:
    B(int aa,int bb):A(aa){ b=bb; }
```

例 10.13▶

```
    show(){cout<<"B::b="<<b<<endl;}
    int b;
};
void main()
{
    B b(2,3);
    A * pa=&b;
    cout<<"pa->a="<<pa->a<<endl;
    pa->show();
    b.show();
}
```

程序运行的结果为:

```
pa->a=2
A::a=2
B::b=3
```

通过指向基类对象的指针,只能访问派生类中的基类成员,而不能访问派生类增加的成员。特别注意,在例 10.13 中,指针 pa 指向了对象 b,且试图调用类 B 中的 show()函数,但是无法调用,依旧只能调用类 A 中的 show()函数。从这里可以看出,虽然基类指针可以指向派生类,但是却无法调用其派生类的成员,只能调用基类本身的成员,这不符合多态性的需求。大家有时希望通过使用基类指针能够动态地调用基类和子类对象的成员,这个问题在下一章将会解决,其办法是使用虚函数实现多态性。

10.7 继承与聚合

在本章中已经说明,在一个类中可以用类对象作为数据成员,即子对象。实际上,对象成员的类型可以是本派生类的基类,也可以是另外一个已定义的类。在一个类中以另一个类的对象作为数据成员的,称为类的聚合;在一个类中继承另一个类,并继承其数据成员,称为类的继承。类的继承和聚合一样,是软件重用的重要方式。继承和聚合都是有效地利用已有类的资源,但二者的概念和用法不同。

例如一个 BirthDate 生日类、People 人类、Student 学生类,其三者有什么联系呢?

首先,生日类、人类和学生类的关系中,每个人类和学生类都有生日,在程序中是可以用生日类派生出人类和学生类,但是在逻辑上,我们无法解释每个人都是生日,每个学生都是生日,因此,生日类和人类、学生类的关系最好是用聚合,也就是类内创建类的对象,这样就可以称呼,每个人类都包含了生日,每个学生类都包含了生日。

其次,人类和学生类的关系中,正因为符合了每个学生都是人的这样一种继承的逻辑关系,因此在程序中,可以将人类作为基类,学生类作为派生类进行编程。

最后,无论是继承还是聚合,其实都可以实现程序的功能,但是想要程序更具备可读性、严谨性、抽象性,还是应该根据现在逻辑中,是一个继承关系还是一个包含关系。比方说"狗"与"斑点狗",这两者就是一种继承关系,因为每一条斑点狗都是狗。

本章总结

继承使软件的重用成为可能，继承是C++和C的最重要的区别之一。C++提供了继承的机制，这就吸引了许多厂商开发各类实用的类库。用户将它们作为基类去建立适合自己的类(即派生类)，并在此基础上设计自己的应用程序。类库的出现使得软件的重用更加方便，现在有一些类库是随着C++编译系统卖给用户的。

同学们不要认为类库是C++编译系统的一部分。不同的C++编译系统提供的由不同厂商开发的类库一般是不同的。对类库中类的声明一般放在头文件中，类的实现是单独编译的，以目标代码形式存放在系统某一目录下。用户使用类库时，不需要了解源代码，但必须知道头文件的使用方法和怎样去连接这些目标代码，以便源程序在编译后与之连接。由于基类是单独编译的，在程序编译时只需对派生类新增的功能进行编译，这就大大提高了调试程序的效率。如果在必要时修改了基类，只要基类的公有接口不变，派生类不必修改，但基类需要重新编译，派生类也必须重新编译，否则不起作用。

人们为什么这么看重继承，要求在软件开发中使用继承机制，尽可能地通过继承建立一批新的类？为什么不是将已有的类加以修改，使之满足自己应用的要求呢？归纳起来有以下几点原因：

(1) 有许多基类是被程序的其他部分或其他程序使用的，这些程序要求保留原有的基类不受破坏。

(2) 用户往往得不到基类的源代码。

(3) 在类库中，一个基类可能已被指定，与用户所需的多种组件建立了某种关系，因此在类库中的基类是不容许修改的。

(4) 实际上，许多基类并不是从已有的其他程序中选取来的，而是专门作为基类设计的。

(5) 在面向对象程序设计中，需要设计类的层次结构，从最初的抽象类出发，每一层派生类的建立都逐步地向着目标的具体实现前进。

习题10

1. 设计一个CBase类，派生出CDerive类，定义其对象并调用。

试输入以下程序进行编译，并观察编译情况，如有错误请修改程序，要求main()里面的内容不改变。其正确的运行结果要求：

[测试数据]

输出：

a=1

b=2

c=3

[源程序]

```
# include<iostream.h>
class CBase
{
public:
    CBase(int aa):a(aa){ }
protected:
    void print()
```

```
    {
        cout<<"a="<<a<<endl;
    }
private:
    int a;
};
class CDerive::public CBase
{
public:
    CDerive(int aa,int bb)
    {
        b=bb;
    }
    void print()
    {
        CBase::print();
        cout<<"b="<<b<<endl;
    }
private:
    int b;
};
void main()
{
    CDerive d(1,2);
    d.print();
    CBase b(3);
    b.print();
}
```

2. 设计一个 CBase 类，派生出 CDerive 类，要求掌握其继承方法。

试输入以下程序进行编译，并观察编译情况，如有错误请修改程序，要求 main()里面的内容不改变。其正确的运行结果要求：

[测试数据]

输出：

```
base structure
base structure
derive structure
a=1
b.a=2
c=3
derive destructure
base destructure
```

```
base destructure
[源程序]
# include<iostream.h>
class CBase
{
public:
    CBase(int a):a(a)
    {
        cout<<"base structure"<<endl;
    }
    ~CBase()
    {
        cout<<"base destructure"<<endl;
    }
    void print()
    {
        cout<<"a="<<a<<endl;
    }
protected:
    int a;
};
class CDerive:public CBase
{
public:
    CDerive(int a, int b,int c):CBase(a),b(b),c(c)
    {
        cout<<"derive structure"<<endl;
    }
    ~CDerive()
    {
        cout<<"derive destructure"<<endl;
    }
    void print()
    {
        CBase::print();
        cout<<"b.a="<<b.a<<endl;
        cout<<"c="<<c<<endl;
    }
private:
    CBase b;
    int c;
```

```
};
void main()
{
    CDerive d;
    d.print();
}
```

3. 定义点 CPoint 类作为基类，在此基础上派生出直线 CLine 类和圆 CCircle 类，并要求基类和各派生类具有以下特点：

(1) CLine 类含有计算直线到原点距离和斜率的成员函数；

(2) CCircle 类含有计算圆面积的成员函数。

4. 完成编程并实现以下功能：

(1) 定义一个 People 类作为基类，其成员数据有年龄、身高、体重，定义其构造函数对成员数据进行初始化，并定义析构函数，同时定义三个成员函数，能够分别对年龄、身高、体重的数据进行设置；

(2) 定义一个 Student 类的派生类，让其继承 People 类，新增成员数据学号，定义其构造函数对成员数据进行初始化，并定义析构函数，同时定义成员函数，能够对学号的数据进行设置；

(3) 编写一个主函数，验证以上所有成员函数的功能。

5. 设计一个 CBase1、CBase2 类，派生出 CDerive 类，要求掌握其多重继承方法。

试输入以下程序进行编译，并观察编译情况，如有错误请修改程序，要求 main() 里面的内容不改变。其正确的运行结果要求：

[测试数据]

输出：

```
base1 structure...
base2 structure...
base1 structure...
base2 structure...
derive structure...
a=1
b=2
a=1
b=2
c=3
derive destructure...
base2 destructure...
base1 destructure...
base2 destructure...
base1 destructure...
```

[源程序]

```
# include<iostream.h>
class CBase1
{
public:
```

```
    CBase1(int a):a(a)
    {
        cout<<"base1 structure..."<<endl;
    }
    ~CBase1()
    {
        cout<<"base1 destructure..."<<endl;
    }
    void print()
    {
        cout<<"a="<<a<<endl;
    }
protected:
    int a;
};
class CBase2
{
public:
    CBase2(int b):b(b)
    {
        cout<<"base2 structure..."<<endl;
    }
    ~CBase2()
    {
        cout<<"base2 destructure..."<<endl;
    }
    void print()
    {
        cout<<"b="<<b<<endl;
    }
protected:
    int b;
};
class CDerive:public CBase1,public CBase2
{
public:
    CDerive
    {
        cout<<"derive structure..."<<endl;
    }
    ~CDerive()
```

```
    {
        cout<<"derive destructure..."<<endl;
    }
    void print()
    {
        CBase1::print();
        CBase2::print();
        b1.print();
        b2.print();
        cout<<"c="<<c<<endl;
    }
private:
    CBase1 b1;
    CBase2 b2;
    int c;
};
void main()
{
    CDerive d;
    d.print();
}
```

6. 设计一个 CBase 类，派生出 CDerive1、CDerive2 类，再派生出 CDerive 类，要求掌握其虚基类方法。

试输入以下程序进行编译，并观察编译情况，如有错误请修改程序，要求 main()里面的内容不改变。其正确的运行结果要求：

[测试数据]

输出：

d.a=1

[源程序]

```
# include<iostream.h>
class CBase
{
public:
    CBase(int a):a(a){}
    int a;
};
class CDerive1:public CBase
{
public:
    CDerive1(int a):CBase(a){}
};
class CDerive2:public CBase
```

```
{
public:
    CDerive2(int a):CBase(a){}
};
class CDerive:public CDerive1,public CDerive2
{
public:
    CDerive(int a,int b):CDerive1(a),CDerive2(b){}
};
void main()
{
    CDerive d(1,2);
    cout<<"d.a="<<d.a<<endl;
}
```

7. 定义一个building的基类，用来存储一座楼房的层数、房间数以及它的总平方数。同时定义一个house的派生类，继承building类，并存储卧室与浴室的数量；定义一个office的派生类，继承building类，并存储灭火器与电话的数目。设计主函数来测试，接收数据并输出以上类的成员数据。

8. 分别定义工人类Worker和农民类Farmer，采用多重继承的方式由这两个类派生出新类Worker_Farmer（农民工类）。要求：

(1) 在两个基类中都包含姓名、年龄、性别、地址、电话等数据成员。

(2) 在Worker类中还包含数据成员工种type，在Farmer类中还包含数据成员工时F_time，在Worker_Farmer类中还包含数据成员工资wage。

(3) 对两个基类中的姓名、年龄、性别、地址、电话等数据成员用相同的名字，在访问这类数据成员时，指定作用域。

(4) 在类体中声明成员函数，在类外定义成员函数。

(5) 在派生类Worker_Farmer的成员函数show中调用Worker类中的display函数，输出姓名、年龄、性别、地址、电话，然后再用cout语句输出工种和工资。

9. 设计一个Base1、Base2、Base3基类，定义一个Derived类，同时继承了以上三个类，要求掌握其多重继承的方法。

试输入以下程序进行编译，并观察编译情况，如有错误请修改程序。其正确的运行结果要求：

```
[测试数据]
输入：
1 2 3 4
输出：
Base1 constructor called 1
Base2 constructor called 2
Base3 constructor called 3
Derived constructor called 4
Derived destructor called
Base3 destructor called
Base2 destructor called
```

```
Base1 destructor called
```

[源程序]

```
# include <iostream>
using namespace std;
class Base1
{
public:
    Base1(int x){cout<<"Base1 constructor called"<<x<<endl;}
    ~Base1(){cout<<"Base1 destructor called"<<endl;}
};
class Base2
{
public:
    Base2(int x){cout<<"Base2 constructor called"<<x<<endl;}
    ~Base2(){cout<<"Base2 destructor called"<<endl;}
    };
class Base3
{
public:
    Base3(int x){cout<<"Base3 constructor called"<<x<<endl;}
    Base3(){cout<<"Base3 destructor called"<<endl;}
};
class Derived
{
public:
    Derived(int x1, int x2, int x3, int x4):Base1(x1),Base2(x2),Base3(x3)
    {cout<<"Derived constructor called"<<x4<<endl;}
    ~Derived(){cout<<"Derived destructor called"<<endl;}
};
int main()
{
    int x[4];
    for (int i=0; i <4;--i)
    cin >>x[i];
    Derived d(x[0], x[1], x[2], x[3]);
    return 0;
}
```

10. 在完成第 9 题的基础上试使用赋值兼容性规则，定义 Base1、Base2、Base3、Derived 四个类的对象、指针和引用，并相互赋值、初始化，试编译通过实现赋值，并验证赋值兼容性规则。

第11章 多态性与虚函数

11.1 多态性的概念

多态性(polymorphism)是面向对象程序设计的一个重要特征。利用多态性可以设计和实现一个易于扩展的系统。在C++程序设计中,多态性是指具有不同功能的函数可以用同一个函数名,这样就可以用一个函数名调用不同内容的函数。

在面向对象方法中一般是这样表述多态性的:向不同的对象发送同一个消息,不同的对象在接收时会产生不同的行为(即方法)。也就是说,每个对象可以用自己的方式去响应共同的消息。在C++程序设计中,在不同的类中定义了其响应消息的方法,那么使用这些类时,不必考虑它们是什么类型,只要发布消息即可。从系统实现的角度看,多态性分为两类:静态多态性和动态多态性。以前学过的函数重载和运算符重载实现的多态性属于静态多态性,在程序编译时系统就能决定调用的是哪个函数,因此静态多态性又称编译时的多态性。静态多态性是通过函数的重载实现的(运算符重载实质上也是函数重载)。动态多态性是在程序运行过程中才动态地确定操作所针对的对象,它又称运行时的多态性。动态多态性是通过虚函数(virtual function)实现的。有关静态多态性的应用已经介绍过了,在本章中主要介绍动态多态性和虚函数。

要研究的问题是:当一个基类被继承为不同的派生类时,各派生类可以使用与基类成员相同的成员名,如果在运行时用同一个成员名调用类对象的成员,会调用哪个对象的成员?也就是说,通过继承而产生了相关的不同的派生类,与基类成员同名的成员在不同的派生类中有不同的含义。也可以说,多态性是"一个接口,多种方法"。

11.2 虚函数的使用

11.2.1 虚函数的作用

在类的继承层次结构中,在不同的层次中可以出现名字相同、参数个数和类型都相同而功能不同的函数,编译系统按照同名覆盖的原则决定调用的对象。

在例10.13程序中基类指针pa指向派生类b对象并试图调用派生类b对象的show()函数,但是无法调用,只能调用基类的show函数,如果想调用派生类的show()函数,需要将指针强制转换类型,或者通过派生类b对象进行调用。于是人们提出这样的设想,能否用同一个调用形式,既能调用派生类又能调用基类的同名函数。在程序中不是通过不同的对象名去调用不同派生层次中的同名函数，而是通过指针调用它们。

例如，用同一个语句“pa->show()；”可以调用不同派生层次中的 show()函数，只需在调用前给指针变量 pa 赋以不同的值(使之指向不同的类对象)即可。C++中的虚函数就是用来解决这个问题的，虚函数的作用是允许在派生类中重新定义与基类同名的函数，并且可以通过基类指针或引用来访问基类和派生类中的同名函数。请分析例 11.1 中的程序，这个例子开始时没有使用虚函数，然后再讨论使用虚函数的情况。

例 11.1 基类与派生类中有同名函数，在下面的程序中 Base 是基类，First_d 是派生类，Second_d 是派生类，它们都有 who()这个同名的函数。

```
# include<iostream.h>
class Base
{
    public:
        Base(char xx) { x=xx; }
        void who()   { cout<<"Base class:"<<x<<"\n"; }
    protected:
        char x;
};
class First_d:public Base
{
    public:
        First_d(char xx, char yy):Base(xx) { y=yy; }
        void who()   { cout<<"First derived class:"<<x<<","<<y<<"\n"; }
    protected:
        char y;
};
class Second_d:public First_d
{
    public:
        Second_d(char xx, char yy, char zz):First_d(xx, yy) { z=zz; }
        void who()   { cout<<"Second derived class:"<<x<<","<<y<<","<<z<<"\n";
}
    protected:
        char z;
};
void main()
{
    Base  B_obj('A');
    First_d F_obj('T','O');
    Second_d S_obj('E','N','D');
    Base  *p;
    p= & B_obj;
    p->who();
```

◀例 11.1

```
    p= &F_obj;
    p->who();
    p= &S_obj;
    p->who();
    F_obj.who();
    ((Second_d*)p)->who();
}
```

程序运行的结果为：

```
Base class:A
Base class:T
Base class:E
First derived class:T,O
Second derived class:E,N,D
```

下面对例 11.1 的程序做一点修改，在 Base 类中声明 who()函数时，在最左面加一个关键字 virtual，即 virtual void who ()；这样就把 Base 类的 who 函数声明为虚函数。程序其他部分都不改动，再编译和运行程序，请注意分析运行结果：

程序运行的结果为：

```
Base class:A
First derived class:T,O
Second derived class:E,N,D
First derived class:T,O
Second derived class:E,N,D
```

由虚函数实现的动态多态性，就是同一类族中不同类的对象，对同一函数调用做出不同的响应。虚函数的使用方法为：

(1) 在基类用 virtual 关键字声明成员函数为虚函数，这样就可以在派生类中重新定义此函数，为它赋予新的功能，并能方便地被调用。在类外定义虚函数时，不必再加 virtual 关键字。

(2) 在派生类中重新定义此函数，要求函数名、函数类型、函数参数个数和类型全部与基类的虚函数相同，并根据派生类的需要重新定义函数体。C++规定，当一个成员函数被声明为虚函数后，其派生类中的同名函数都自动成为虚函数。因此在派生类重新声明该虚函数时，可以加 virtual，也可以不加，但习惯上一般在每一层声明该函数时都加 virtual，使程序更加清晰。如果在派生类中没有对基类的虚函数重新定义，则派生类简单地继承其直接基类的虚函数。

(3) 定义一个指向基类对象的指针变量，并使它指向同一类族中需要调用该函数的对象。

(4) 通过该指针变量调用此虚函数时，调用的就是指针变量指向的对象的同名函数。通过虚函数与指向基类对象的指针变量的配合使用，就能方便地调用同一类族中不同类的同名函数，只要先用基类指针指向即可。如果指针不断地指向同一类族中不同类的对象，就能不断地调用这些对象中的同名函数。

> **说明：**
> 有时在基类中定义的非虚函数会在派生类中被重新定义，如果用基类指针调用该成员函数，则系统会调用对象中基类部分的成员函数；如果用派生类指针调用该成员函数，则系统会调用派生类对象中的成员函数，这并不是多态性行为（使用的是不同类型的指针），没有用到虚函数的功能。

以前介绍的函数重载处理的是同一层次上的同名函数问题，而虚函数处理的是不同派生层次上的同名函数问题，前者是横向重载，后者可以理解为纵向重载。但与重载不同的是，同一类族的虚函数的首部是相同的，而函数重载时函数的首部是不同的（参数个数或类型不同）。

11.2.2 静态联编与动态联编

编译系统要根据已有的信息，对同名函数的调用做出判断。对于调用同一类族中的虚函数，应当在调用时用一定的方式告诉编译系统，你要调用的是哪个类对象中的函数。这样编译系统在对程序进行编译时，即能确定调用的是哪个类对象中的函数。确定调用的具体对象的过程称为联编（binding）。

这里是指把一个函数名与一个类对象捆绑在一起，建立联编。一般地说，联编指把一个标识符和一个存储地址联系起来。前面所提到的函数重载和通过对象名调用的虚函数，在编译时即可确定其调用的虚函数属于哪一个类，其过程称为静态联编（static binding），由于是在运行前进行联编的，故又称为早期联编（early binding）。函数重载属静态联编。在上一小节程序中看到了怎样使用虚函数，在调用虚函数时并没有指定对象名，那么系统是怎样确定联编的呢？是通过基类指针与虚函数的结合来实现多态性的。

先定义了一个指向基类的指针变量，并使它指向相应的类对象，然后通过这个基类指针去调用虚函数。显然，对这样的调用方式，编译系统在编译该行时是无法确定调用哪一个类对象的虚函数的。因为编译只做静态的语法检查，仅从语句形式是无法确定调用对象的。在这样的情况下，编译系统把它放到运行阶段处理，在运行阶段确定联编关系。在运行阶段，基类指针变量先指向了某一个类对象，然后通过此指针变量调用该对象中的函数。此时调用哪一个对象的函数无疑是确定的。

由于是在运行阶段把虚函数和类对象"绑定"在一起的，因此，此过程称为动态联编（dynamic binding）。这种多态性是动态的多态性，即运行阶段的多态性。在运行阶段，指针可以先后指向不同的类对象，从而调用同一类族中不同类的虚函数。由于动态联编是在编译以后的运行阶段进行的，因此也称为滞后联编（late binding）。

11.2.3 应当声明虚函数的情况

使用虚函数时，需要注意，第一，只能用 virtual 声明类的成员函数，使它成为虚函数，而不能将类外的普通函数声明为虚函数。因为虚函数的作用是允许在派生类中对基类的虚函数重新定义。显然，它只能用于类的继承层次结构中。第二，一个成员函数被声明为虚函数后，在同一类族中的类就不能再定义一个非 virtual 的但与该虚函数具有相同的参数（包括个数和类型）和函数返回值类型的同名函数。

根据什么考虑是否把一个成员函数声明为虚函数呢？主要考虑以下几点：

(1) 看成员函数所在的类是否会作为基类，然后看成员函数在类的继承后有无可能被更改功能，如果希望更改其功能的，一般应该将它声明为虚函数。

(2) 如果成员函数在类被继承后功能不需修改，或派生类用不到该函数，则不要把它声明为虚函数。不要仅仅考虑到要作为基类而把类中的所有成员函数都声明为虚函数。

(3) 应考虑对成员函数的调用是通过对象名还是通过基类指针或引用去访问，如果是通过基类指针或引用去访问的，则应当声明为虚函数。

(4) 有时，在定义虚函数时，并不定义其函数体，即函数体是空的。它的作用只是定义了一个虚函数名，具体功能留给派生类去添加。

需要说明的是：使用虚函数，系统要有一定的空间开销。当一个类带有虚函数时，编译系统会为该类构造一个虚函数表(virtual function table，简称 vtable)，它是一个指针数组，存放每个虚函数的入口地址。系统在进行动态联编时的时间开销是很少的，因此，多态性是高效的。

11.2.4 虚析构函数

析构函数的作用是在对象撤销之前做必要的"清理现场"的工作。当派生类的对象从内存中撤销时一般先调用派生类的析构函数，然后再调用基类的析构函数。但是，如果用 new 运算符建立了临时对象，若基类中有析构函数，并且定义了一个指向该基类的指针变量，在程序用带指针参数的 delete 运算符撤销对象时，会发生一个情况：系统会只执行基类的析构函数，而不执行派生类的析构函数。

例 11.2 基类中有非虚析构函数时的执行情况。

```
# include <iostream>
using namespace std;
class A
{
public:
    A(){ }
    ~A(){ cout<<"A is deconstructing"<<endl; }
};
class B:public A
{
public:
    B(){ }
    ~B(){ cout<<"B is deconstructing"<<endl; }
};
int main()
{
    A * p=new B;//用 new 开辟动态存储空间
    delete p;//用 delete 释放动态存储空间
    return 0;
}
```

程序运行的结果为：

例 11.2▶

```
A is deconstructing
```

这只是一个示意的程序。p 是指向基类的指针变量，指向 new 开辟的动态存储空间，希望用 delete 释放 p 所指向的空间。但运行结果只调用了基类 A 的析构函数，而没有执行派生类 B 的析构函数。如果希望能执行派生类 B 的析构函数，可以将基类的析构函数声明为虚析构函数，如：

```
virtual ~A(){ cout<<"A is deconstructing"<<endl; }
```

程序其他部分不改动，再运行程序，结果为：

程序运行的结果为：

```
B is deconstructing
A is deconstructing
```

先调用了派生类的析构函数，再调用了基类的析构函数，符合人们的愿望。当基类的析构函数为虚函数时，无论指针指的是同一类族中的哪一个类对象，系统会采用动态联编，调用相应的析构函数，对该对象进行清理工作。如果将基类的析构函数声明为虚函数，由该基类所派生的所有派生类的析构函数也都自动成为虚函数，即使派生类的析构函数与基类的析构函数名字不相同。最好把基类的析构函数声明为虚函数，这将使所有派生类的析构函数自动成为虚函数。

如果程序中显式地用了 delete 运算符准备删除一个对象，而 delete 运算符的操作对象用了指向派生类对象的基类指针，则系统会调用相应类的析构函数。虚析构函数的概念和用法很简单，但它在面向对象程序设计中却是很重要的技巧。专业人员一般都习惯声明虚析构函数，即使基类并不需要析构函数，也显式地定义一个函数体为空的虚析构函数，以保证在撤销动态分配空间时能得到正确的处理。注意，构造函数不能声明为虚函数。这是因为在执行构造函数时类对象还未完成建立过程，当然谈不上函数与类对象的绑定。

11.3 纯虚函数和抽象类

11.3.1 纯虚函数

有时在基类中将某一成员函数定为虚函数，并不是基类本身的要求，而是考虑到派生类的需要，在基类中预留了一个函数名，具体功能留给派生类根据需要去定义。

例如在本章的例 11.1 程序中，基类 Base 有可能没想好要如何定义 who()函数，学习时自然会想到，在这种情况下应当将 who()声明为虚函数并同时在函数体内不写任何内容，即可以把基类 Base 中的 who()函数声明为：

```
void who() {return 0; }
```

其返回值为 0，表示没有内容。其实，在基类中并不使用这个函数，其返回值也是没有意义的。为简化，可以不写出这种无意义的函数体，只给出函数的原型，并在后面加上"=0"，如：

```
virtual void who()=0;//纯虚函数
```

纯虚函数是在声明虚函数时被"初始化"为 0 的函数。声明纯虚函数的一般形式是：

```
virtual 函数类型 函数名 (参数表列)=0;
```

> **注意：**
> (1) 纯虚函数没有函数体；
> (2) 最后面的"=0"并不表示函数返回值为0,它只起形式上的作用,告诉编译系统这是纯虚函数；
> (3) 这是一个声明语句,最后应有分号。

纯虚函数只有函数的名字而不具备函数的功能,不能被调用。它只是通知编译系统,在这里声明一个虚函数,留待派生类中定义。在派生类中对此函数提供定义后,它才能具备函数的功能,可被调用。纯虚函数的作用是在基类中为其派生类保留一个函数的名字,以便派生类根据需要对它进行定义。如果在基类中没有保留函数名字,则无法实现多态性。如果在一个类中声明了纯虚函数,而在其派生类中没有对该函数定义,则该虚函数在派生类中仍然为纯虚函数。

11.3.2 抽象类

如果声明了一个类,一般可以用它定义对象。但是在面向对象程序设计中,往往有一些类,它们不用来生成对象。定义这些类的唯一目的是用它作为基类去建立派生类,它们作为一种基本类型提供给用户,用户在这个基础上根据自己的需要定义出功能各异的派生类,用这些派生类去建立对象。

一个优秀的软件工作者在开发一个大的软件时,决不会从头到尾都由自己编写程序代码,他会充分利用已有资源(例如类库)作为自己工作的基础。这种不用来定义对象而只作为一种基本类型用作继承的类,称为抽象类(abstract class),由于它常用作基类,通常称为抽象基类(abstract base class)。凡是包含纯虚函数的类都是抽象类。因为纯虚函数是不能被调用的,包含纯虚函数的类是无法建立对象的。抽象类的作用是作为一个类族的共同基类,或者说,为一个类族提供一个公共接口。一个类层次结构中当然也可不包含任何抽象类,每一层次的类都是实际可用的,是可以用来建立对象的。但是,许多好的面向对象的系统,其层次结构的顶部是一个抽象类,甚至顶部有好几层都是抽象类。

如果在抽象类所派生出的新类中对基类的所有纯虚函数进行了定义,那么这些函数就被赋予了功能,可以被调用。这个派生类就不是抽象类,而是可以用来定义对象的具体类(concrete class)。如果在派生类中没有对所有纯虚函数进行定义,则此派生类仍然是抽象类,不能用来定义对象。虽然抽象类不能定义对象(或者说抽象类不能实例化),但是可以定义指向抽象类数据的指针变量。当派生类成为具体类之后,就可以用这种指针指向派生类对象,然后通过该指针调用虚函数,实现多态性的操作。

11.3.3 应用实例

例 11.3 虚函数和抽象类的应用。

```
# include<iostream.h>
class figure
{
protected:
    double x,y;
```

例 11.3▶

```
public:
    void set_dim(double i, double j) { x=i;  y=j; }
    virtual void show_area()=0;
};
class triangle:public figure
{
public:
    void show_area()
    {
        cout<<"Triangle with high"<<x<<"and base"<<y;
        cout<<"has an area of"<<x*0.5*y<<"\n";
    }
};
class square:public figure
{
public:
    void show_area()
    {
        cout<<"Square with dimension"<<x<<"*"<<y;
        cout<<"has an area of"<<x*y<<"\n";
    }
};
class circle:public figure
{
public:
    void show_area()
    {
        cout<<"Circle with radius"<<x;
        cout<<"has an area of"<<3.14*x*x<<"\n";
    }
};
void main()
{
    triangle t;
    square s;
    circle c;
    figure*pf;
    pf=&t;
    pf->set_dim(3.0,4.0);
    pf->show_area();
    pf=&s;
    pf->set_dim(5.0,6.0);
    pf->show_area();
```

```
    pf=&c;
    pf->set_dim(7.0,0);
    pf->show_area();
}
```

程序运行的结果为：

```
Triangle with high 3 and base 4 has an area of 6
Square with dimension 5* 6 has an area of 30
Circle with radius 7 has an area of 153.86
```

从本例可以进一步明确以下结论：

(1) 一个基类如果包含一个或一个以上纯虚函数，就是抽象基类。抽象基类不能也不必要定义对象。

(2) 抽象基类与普通基类不同，它一般并不是现实存在的对象的抽象，它可以没有任何物理上的或其他实际意义方面的含义。

(3) 在类的层次结构中，顶层或最上面的几层可以是抽象基类。抽象基类体现了本类族中各类的共性，把各类中共有的成员函数集中在抽象基类中声明。

(4) 抽象基类是本类族的公共接口，或者说从同一基类派生出的多个类有同一接口。

(5) 区别静态联编和动态联编。

(6) 如果在基类声明了虚函数，则在派生类中凡是与该函数有相同的函数名、函数类型、参数个数和类型的函数，均为虚函数(不论在派生类中是否用 virtual 声明)。

(7) 使用虚函数提高了程序的可扩充性。

把类的声明与类的使用分离，这对于设计类库的软件开发商来说尤为重要。开发商设计了各种各样的类，但不向用户提供源代码，用户可以不知道类是怎样声明的，但是可以使用这些类来派生出自己的类。利用虚函数和多态性，程序员的注意力集中在处理普遍性，而让执行环境处理特殊性。多态性把操作的细节留给类的设计者(他们多为专业人员)去完成，而让程序人员(类的使用者)只需要做一些宏观性的工作，告诉系统做什么，而不必考虑怎么做，极大地简化了应用程序的编码工作，大大减轻了程序员的负担，也降低了学习和使用 C++编程的难度，使更多的人能更快地进入 C++程序设计的大门。

习题11

1. 设计一个 CBase 类，派生出 Derived 类，定义其对象并调用。

试输入以下程序进行编译，并观察编译情况，如有错误请修改程序。其正确的运行结果要求：

[测试数据]

输出：

```
调用函数 CBase::func1()!
调用函数 CBase::func2()!
调用函数 CBase::func3()!
调用函数 Derived::func1()!
调用函数 CBase::func2()!
调用函数 Derived::func3()!
```

[源程序]

```
# include <iostream>
```

```
using namespace std;
class CBase
{
public:
    void func1(){cout<<"调用函数 CBase::func1()!"<<endl;}
    virtual void func2(){cout<<"调用函数 CBase::func2()!"<<endl;}
    void func3(){cout<<"调用函数 CBase::func3()!"<<endl;}
};
class Derived:private CBase
{
public:
    void func1(){cout<<"调用函数 Derived::func1()!"<<endl;}
    void func3(){cout<<"调用函数 Derived::func3()!"<<endl;}
};
int main()
{
    CBase obj_b;
    Derived obj_d;
    CBase * p;
    p= &obj_b;
    p->func1();
    p->func2();
    p->func3();
    p=&obj_d;
    p->func1();
    p->func3();
}
```

2. 设计一个 CBase 类，派生出 Derived 类，定义其对象并调用。

试输入以下程序进行编译，并观察编译情况，如有错误请修改程序。其正确的运行结果要求：

[测试数据]

输出：

调用构造函数 CBase()!

调用函数 CBase::func()!

调用构造函数 Derived()!

调用函数 Derived::func()!

调用函数 Derived::func()!

[源程序]

```
# include <iostream>
using namespace std;
class CBase
{
```

```
    public:
        CBase()
        {
            cout<<"调用构造函数 CBase()!"<<endl;
            func();
        }
        void func()
        {
            cout<<"调用函数 CBase::func()!"<<endl;
        }
    };
    class Derived:public CBase
    {
    public:
        Derived()
        {
            cout<<"调用构造函数 Derived()!"<<endl;
            func();
        }
        void func(){cout<<"调用函数 Derived::func()!"<<endl;}
    };
    int main()
    {
        Derived d;
        CBase * p;
        p=&d;
        p.func();
    }
```

3.按如下要求编写程序。

设计一个 Fruits 的水果类作为基类，要求有：保护成员单价 price；构造函数初始化；析构函数；虚函数 show()函数，显示该水果的价格(价格=price)。设计一个 Banana 的香蕉派生类(继承 Fruits)：增加保护成员重量 weight，构造函数初始化；析构函数；虚函数 show()函数，显示香蕉的价格(价格=weight * price)。设计一个 online_Banana 的网购香蕉派生类(继承 Banana)：增加保护成员运费 freight；构造函数；析构函数；虚函数 show()函数，显示网购香蕉的价格(价格=weight * price+freight)。

主函数：定义基类和派生类对象，并初始化。定义一个基类指针，分别指向基类和派生类对象，求出购买水果所花费的总价格(水果价格+香蕉价格+网购香蕉价格)，要求实现函数多态性。

4.编写一个程序，定义基类 shape，同时定义一个求面积的 show 函数，并由其派生出 2 个派生类 Circle(圆形)、Square(正方形)，同时改写求面积的 show 函数。要求定义相关的成员数据、成员函数和构造函数。

在 main 函数中创建圆形类、正方形类对象并存入一个 shape 类指针数组中，通过 for 循环将数组中各类图形的面积输出。

5. 设计一个 CBase 类，派生出 CDerived 类，定义其对象并调用。

试输入以下程序进行编译，并观察编译情况，如有错误请修改程序。其正确的运行结果要求：

[测试数据]

输出：

```
HELLO
HI
china
hello
CDerived()
CBase()
CDerived()
CBase()
```

[源程序]

```
# include <iostream>
# include <string>
using namespace std;
class CBase{
protected:
    char * ch;
public :
    CBase(char * c)
    { ch=new char[20]; strcpy(ch,c); }
    virtual void func()=0;
    virtual void func1(){ cout <<ch <<endl; }
    ~CBase()
    {
        delete [] ch; cout <<"CBase()"<<endl; }
    };
class CDerived ::public CBase
{
protected:
    char * ch;
public :
    CDerived(char * c1, char * c2) :CBase(c2)
    {ch=new char[20]; strcpy(ch, c1); }
void func()
    {cout<<CBase::ch <<endl;}
void func1(){cout <<ch <<endl;}
~CDerived() {
        delete [] ch; cout <<"CDerived()"<<endl; }
    };
```

```
int main()
{
    CBase obj1("HELLO","HI"), * p;
    p=obj1;
    p->func1();
    p->func();
    p= new CDerived("china","hello");
    p->func1();
    p->func();
    delete p;
    return 0;
}
```

6. 设计一个 CShape 类，派生出 CTriangle 类、CSquare 类和 CCircle 类，定义其对象并调用。试输入以下程序进行编译，并观察编译情况，如有错误请修改程序。其正确的运行结果要求：

[测试数据]

输出：

调用基类构造函数 CShape
调用三角形构造函数 CTriangle()
高为 4 底为 5 的三角形面积为 10
10
调用基类构造函数 CShape
调用正方形构造函数 CSquare()
边长为 4 的正方形面积为 16
16
调用基类构造函数 CShape
调用圆形构造函数 CCircle()
半径为 5 的圆的面积为 78.5397
78.5397

[源程序]

```
# include <iostream>
using namespace std;
class CShape
{
protected:
    double dradius;
public:
    CShape(double dr)
    {
        dradius=dr;
        cout<<"调用基类构造函数 CShape"<<endl;
    }
```

```
    virtual double area()=1;
    ~CShape(){}
};
class CTriangle :public CShape
{
private:
    double dwidth;
public:
    CTriangle(double h,double w) :CShape(h)
    {
        cout <<"调用三角形构造函数 CTriangle()"<<endl;
    }
    double area()
    {
        cout <<"高为"<<dradius <<"底为"<<dwidth<<"的三角形面积为"<<dradius *
        dwidth<<endl;
        return dradius * dwidth;
    }
    ~CTriangle(){}
};
class CSquare :public CShape
{
public:
    CSquare(double h) :CShape(h)
    {
        cout <<"调用正方形构造函数 CSquare()"<<endl;
    }
    double area()
    {
        cout<<"边长为"<<dradius <<"的正方形面积为"<<dradius * dradius <<endl;
        return dradius * dradius;
    }
    ~CSquare(){}
};
class CCircle:public CShape
{
public:
CCircle(double h):CShape(h)
{
    cout <<"调用圆形构造函数 CCircle()"<<endl;
}
```

```
    double area();
    {
        cout<<"半径为"<<dradius<<"的圆的面积为"<<3.14159 * dradius * dradius <<
endl;
        return 3.14159 * dradius * dradius;
    }
    ~CCircle(){}
    };
    int main()
    {
        double darea(0);
        CTriangle tri(4,5);
        darea=tri.area();
        cout<<darea<<endl;
        CSquare squ(4);
        darea=squ.area();
        cout<<darea<<endl;
        CCircle cir(5);
        darea=cir.area();
        cout<<darea <<endl;
        return 0;
    }
```

7. 改写第3题的程序，将水果类声明成抽象类，并实现其功能。

8. 设计一个抽象类 Employee(雇员)，纯虚函数 wages()用于后续派生类计算工资，定义成员变量固定工资；设计类 Manager(管理员)继承基类 Employee，重写 wages()方法，管理员工资为固定工资＋绩效，定义成员变量绩效；设计类 HourWorker(小时工)继承基类 Employee，重写 wages()方法，小时工工资为固定工资＋工时×8，定义成员变量工时；设计类 PieceWorker(计件工)继承基类 Employee，重写 wages()方法，计件工工资为固定工资＋计件数×20，定义成员变量计件数。

在 main 函数中创建类对象并存入一个 Employee 类指针数组中，通过 for 循环将数组中各类人员的工资输出并求总和。

第12章 运算符重载

12.1 运算符重载的概念

所谓重载，就是重新赋予新的含义。函数重载就是对一个已有的函数赋予新的含义，使之实现新功能。运算符也可以重载。实际上，我们已经在不知不觉之中使用了运算符重载。现在要讨论的问题是：用户能否根据自己的需要对C++已提供的运算符进行重载，赋予它们新的含义，使之一名多用。譬如，能否用“+”号进行两个复数的相加。在C++中不能在程序中直接用运算符“+”对复数进行相加运算。用户必须自己设法实现复数相加。例如用户可以通过定义一个专门的函数来实现复数相加，参见例12.1。

例12.1 通过函数来实现复数相加。

```
#include <iostream>
using namespace std;
class Complex//定义Complex类
{
public:
    Complex(){real=0;imag=0;}//定义构造函数
    Complex(double r,double i){real=r;imag=i;}//构造函数重载
    Complex complex_add(Complex &c2);//声明复数相加函数
    void display();//声明输出函数
private:
    double real;//实部
    double imag;//虚部
};
Complex Complex::complex_add(Complex &c2)
{
    Complex c;
    c.real=real+c2.real;
    c.imag=imag+c2.imag;
    return c;
}
void Complex::display()//定义输出函数
{
    cout<<"("<<real<<","<<imag<<"i)"<<endl;
```

◀例12.1

```
}
int main()
{
    Complex c1(1,2),c2(7,8),c3;//定义 3 个复数对象
    c3=c1.complex_add(c2);//调用复数相加函数
    cout<<"c1="; c1.display();//输出 c1 的值
    cout<<"c2="; c2.display();//输出 c2 的值
    cout<<"c1+c2="; c3.display();//输出 c3 的值
    return 0;
}
```

程序运行的结果为：

```
c1=(1,2i)
c2=(7,8i)
c1+c2=(8,10i)
```

结果无疑是正确的，但调用方式不直观，使用起来非常不方便。设想是否能像整数的加法运算一样，直接用加号"＋"来实现复数运算呢，如"c3＝c1＋c2;"，编译系统就会自动完成 c1 和 c2 两个复数相加的运算。如果能做到，就为对象的运算提供了很大的方便。这就需要对运算符"＋"进行重载。

12.2 运算符重载的方法和规则

12.2.1 运算符重载的方法

运算符重载的方法是定义一个重载运算符的函数，在需要执行被重载的运算符时，系统就自动调用该函数，以实现相应的运算。也就是说，运算符重载是通过定义函数实现的。运算符重载实质上是函数的重载。重载运算符的函数一般格式如下：

```
函数类型 operator 运算符名称 (形参表列)
{
    对运算符的重载处理
}
```

例如，想将"＋"用于 Complex 类(复数)的加法运算，函数的原型可以是这样的：

```
Complex operator+ (Complex& c1,Complex& c2);
```

在定义了重载运算符的函数后，可以说：函数 operator＋重载了运算符＋。为了说明在运算符重载后，执行表达式就是调用函数的过程，可以把两个整数相加也想象为调用下面的函数：

```
int operator+(int a,int b)
{
    return (a+b);
}
```

如果有表达式 1＋2，就调用此函数，将 1 和 2 作为调用函数时的实参，函数的返回值为 3。这就是用函数的方法理解运算符。可以在例 12.1 程序的基础上重载运算符"＋"，使之

用于复数相加，如例 12.2 所示。

例 12.2 重载运算符“+”，使之能用于两个复数相加。

```
# include <iostream>
using namespace std;
class Complex//定义 Complex 类
{
public:
    Complex(){real=0;imag=0;}//定义构造函数
    Complex(double r,double i){real=r;imag=i;}//构造函数重载
    Complex operator+(Complex &c2);//声明重载运算符的函数
    void display();//声明输出函数
private:
    double real;//实部
    double imag;//虚部
};
Complex Complex::operator+(Complex &c2)//定义重载运算符的函数
{
    Complex c;
    c.real=real+c2.real;
    c.imag=imag+c2.imag;
    return c;
}
void Complex::display()//定义输出函数
{
    cout<<"("<<real<<","<<imag<<"i)"<<endl;
}
int main()
{
    Complex c1(1,2),c2(7,8),c3;//定义 3 个复数对象
    c3=c1+c2;//运算符+用于复数运算
    cout<<"c1="; c1.display();//输出 c1 的值
    cout<<"c2="; c2.display();//输出 c2 的值
    cout<<"c1+c2="; c3.display();//输出 c3 的值
    return 0;
}
```

程序运行的结果为：

```
c1=(1,2i)
c2=(7,8i)
c1+c2=(8,10i)
```

请比较例 12.1 和例 12.2，只有两处不同：

(1) 在例 12.2 中以 operator+函数取代了例 12.1 中的 complex_add 函数，而且只是函数名不同，函数体和函数返回值的类型都是相同的。

◀例 12.2

(2) 在 main 函数中，以“c3 = c1 + c2;”取代了例 12.1 中的“c3 = c1.complex_add(c2);”。在将运算符+重载为类的成员函数后，C++编译系统将程序中的表达式 c1+c2 解释为“c1.operator+(c2);”，其中 c1 和 c2 是 Complex 类的对象，即以 c2 为实参调用 c1 的运算符重载函数 operator+(Complex &c2)进行求值，得到两个复数之和。

虽然重载运算符所实现的功能完全可以用函数实现，但是使用运算符重载能使用户程序易于编写、阅读和维护。在实际工作中，类的声明和类的使用往往是分离的，假如在声明 Complex 类时，对运算符+，-，*，/都进行了重载，那么使用这个类的用户在编程时可以完全不考虑函数是怎么实现的，放心大胆地直接使用+，-，*，/进行复数的运算即可，十分方便。

对上面的运算符重载函数 operator+还可以改写得更简练一些：

```
Complex Complex::operator+(Complex &c2)
{
    return Complex(real+c2.real, imag+c2.imag);
}
```

说明：

运算符被重载后，其原有的功能仍然保留，没有丧失或改变。通过运算符重载，扩大了 C++已有运算符的作用范围，使之能用于类对象。运算符重载对 C++有重要的意义，把运算符重载和类结合起来，可以在 C++程序中定义出很有实用意义而且使用方便的新的数据类型。运算符重载使 C++具有更强大的功能、更好的可扩充性和适应性，这是 C++最吸引人的特点之一。

12.2.2 运算符重载的规则

重载运算符在使用的过程中，需要了解以下规则：

(1) C++不允许用户自己定义新的运算符，只能对已有的 C++运算符进行重载。

(2) C++允许重载的运算符如表 12.1 所示。

表 12.1 C++允许重载的运算符

类　型	说　明
双目算术运算符	+，-，*，/，%
关系运算符	==，!=，<，>，<=，>=
逻辑运算符	||，&&，!
单目运算符	+，-，*，&
自增自减运算符	++，--
位运算符	|，&，~，^，<<，>>
赋值运算符	=，+=，-=，*=，/=，%=，|=，^=，<<=，>>=
空间申请与释放	new，delete，new[]，delete[]
其他运算符	()，->，->*，,，[]

不能重载的运算符只有 5 个：

.　　（成员访问运算符）

.*　　(成员指针访问运算符)

::　　(域运算符)

sizeof　(长度运算符)

?:　　(条件运算符)

前两个运算符不能重载是为了保证访问成员的功能不被改变,域运算符和 sizeof 运算符的运算对象是类型而不是变量或一般表达式,不具重载的特征。

(3) 重载不能改变运算符运算对象(即操作数)的个数。

(4) 重载不能改变运算符的优先级别。

(5) 重载不能改变运算符的结合性。

(6) 重载运算符的函数不能有默认的参数,否则就改变了运算符参数的个数,与前面第(3)点矛盾。

(7) 重载的运算符必须和用户定义的自定义类型的对象一起使用,其参数至少应有一个是类对象(或类对象的引用)。也就是说,参数不能全部是 C++ 的标准类型,以防止用户修改用于标准类型数据的运算符的性质。

(8) 用于类对象的运算符一般必须重载,但有两个例外,运算符"="和"&"不必用户重载。

① 赋值运算符(=)可以用于每一个类对象,可以利用它在同类对象之间相互赋值。

② 地址运算符 & 也不必重载,它能返回类对象在内存中的起始地址。

(9) 应当使重载运算符的功能类似于该运算符作用于标准类型数据时所实现的功能。

(10) 运算符重载函数可以是类的成员函数(如例 12.2),也可以是类的友元函数,还可以是既非类的成员函数也不是友元函数的普通函数。

在本章例 12.2 程序中对运算符"+"进行了重载,使之能用于两个复数的相加。在该例中运算符重载函数 operator+ 作为 Complex 类中的成员函数,"+"是双目运算符,为什么在例 12.2 程序中的重载函数中只有一个参数呢。实际上,运算符重载函数有两个参数,由于重载函数是 Complex 类中的成员函数,有一个参数是隐含的,运算符函数是用 this 指针隐式地访问类对象的成员的。

12.3 运算符重载函数作为类成员函数和友元函数

重载函数 operator+ 访问了两个对象中的成员,一个是 this 指针指向的对象中的成员,一个是形参对象中的成员,如 this->real+c2.real,this->real 就是 c1.real。在 12.2 节中已说明,在将运算符函数重载为成员函数后,如果出现含该运算符的表达式,如 c1+c2,编译系统把它解释为"c1.operator+(c2);",即通过对象 c1 调用运算符重载函数,并以表达式中第二个参数(运算符右侧的类对象 c2)作为函数实参。运算符重载函数的返回值是 Complex 类型,返回值是复数 c1 和 c2 之和(Complex(c1.real+c2.real,c1.imag+c2.imag))。运算符重载函数除了可以作为类的成员函数外,还可以是非成员函数。可以将例 12.2 改写为例 12.3。

例 12.3　将运算符"+"重载为适用于复数加法,重载函数不作为成员函数,而放在类外,作为 Complex 类的友元函数。

◀例 12.3

```
# include <iostream.h>
class Complex//定义 Complex 类
{
public:
    Complex(){real=0;imag=0;}//定义构造函数
    Complex(double r,double i){real=r;imag=i;}//构造函数重载
    friend Complex operator+(Complex &c1,Complex &c2);//重载函数作为友元函数
    void display();//声明输出函数
private:
    double real;//实部
    double imag;//虚部
};
Complex operator+(Complex &c1,Complex &c2) //定义作为友元函数的重载函数
{
    return Complex(c1.real+c2.real,c1.imag+c2.imag);
}
void Complex::display()//定义输出函数
{
    cout<<"("<<real<<","<<imag<<"i)"<<endl;
}
int main()
{
    Complex c1(1,2),c2(7,8),c3;//定义 3 个复数对象
    c3=c1+c2;//运算符+用于复数运算
    cout<<"c1="; c1.display();//输出 c1 的值
    cout<<"c2="; c2.display();//输出 c2 的值
    cout<<"c1+c2="; c3.display();//输出 c3 的值
    return 0;
}
```

程序运行的结果为：

```
c1=(1,2i)
c2=(7,8i)
c1+c2=(8,10i)
```

与例 12.2 相比较，只做了一处改动，将运算符函数不作为成员函数，而把它放在类外，在 Complex 类中声明它为友元函数。同时将运算符函数改为有两个参数。在将运算符“＋”重载为非成员函数后，C＋＋编译系统将程序中的表达式 c1＋c2 解释为：“operator＋(c1,c2);”，即执行 c1＋c2 相当于调用以下函数：

```
Complex operator+(Complex &c1, Complex &c2)
{
    return Complex(c1.real+c2.real, c1.imag+c2.imag);
}
```

求出两个复数之和，运行结果与之前的例题结果相同。为什么把运算符函数作为友元

函数呢？因为运算符函数要访问 Complex 类对象中的成员，如果运算符函数不是 Complex 类的友元函数，而是一个普通的函数，它是没有权力访问 Complex 类的私有成员的。

12.4 重载单目、双目运算符

12.4.1 重载单目运算符

单目运算符只有一个操作数，如！a，－b，&c，＊p，还有最常用的＋＋i 和－－i 等。重载单目运算符的方法与重载双目运算符的方法是类似的，但由于单目运算符只有一个操作数，因此运算符重载函数只有一个参数，如果运算符重载函数作为成员函数，则还可省略此参数。下面以自增运算符"＋＋"为例，介绍单目运算符的重载。

例 12.4 设计一个 second 类，模拟秒表每次走一秒，满 60 秒清零重新计时。

```
# include <iostream>
using namespace std;
class second
{
public:
    second(){s=0;}//默认构造函数
    second(int ss):s(ss){ }//构造函数重载
    second operator ++();//声明运算符重载函数
    void show(){cout<<"second="<<s<<endl;}//定义输出时间函数
private:
    int s;
};
second second::operator ++()//定义运算符重载函数
{
    if(++s>= 60)
    {
        s-=60;//满 60 秒清零
    }
    return * this;//返回当前对象值
}
int main()
{
    second second1(0);
    for(int i=0;i< 60;i++)
    {
         ++second1;
        second1.show();
    }
    return 0;
```

◀例 12.4

```
}
```

程序运行的结果为：

```
second=1
second=2
second=3
…
second=58
second=59
second=0
```

可以看到在程序中对运算符“++”进行了重载，使它能用于 second 类对象。但是“++”和“--”运算符有两种使用方式，前置自增运算符和后置自增运算符，它们的作用是不一样的，在重载时怎样区别这二者呢？针对“++”和“--”这一特点，C++约定：在自增（自减）运算符重载函数中，增加一个 int 型形参，就是后置自增（自减）运算符函数。

例 12.5 在例 12.4 程序的基础上增加对后置自增运算符的重载。

```
# include <iostream>
using namespace std;
class second
{
public:
    second(){s=0;}//默认构造函数
    second(int ss):s(ss){ }//构造函数重载
    second operator ++();//声明运算符重载函数
    second operator ++(int);//声明后置自增运算符"++"重载函数
    void show(){cout<<"second="<<s<<endl;}//定义输出时间函数
private:
    int s;
};
second second::operator ++()//定义运算符重载函数
{
    if(++s>=60)
    {
        s-=60;//满 60 秒清零
    }
    return * this;//返回当前对象值
}
second second::operator ++(int)//定义后置自增运算符"++"重载函数
{
    second temp( * this);
    s++;
    if(s>=60)
    {
        s-=60;
```

```
    }
    return temp;  //返回的是自加前的对象
}
int main()
{
    second second1(0),second2;
    second1.show();
    second2=second1++;
    second2.show();
    second2=++second1;
    second2.show();
    return 0;
}
```

程序运行的结果为：

```
second=0
second=0
second=2
```

请注意前置自增运算符“++”和后置自增运算符“++”二者作用的区别。前者是先自加，返回的是修改后的对象本身；后者返回的是自加前的对象，然后对象自加。请仔细分析后置自增运算符重载函数。可以看到，重载后置自增运算符时，多了一个 int 型的参数，增加这个参数只是为了与前置自增运算符重载函数有所区别，此外没有任何作用。编译系统在遇到重载后置自增运算符时，会自动调用此函数。

12.4.2 重载双目运算符

下面将举例定义一个字符串类 word，用来存放不定长的字符串，重载运算符“==”，“<”和“>”，用于两个字符串的等于、小于和大于的比较运算。

例 12.6 使用字符串类 word 定义，对“>”运算符重载。

```
# include <iostream.h>
# include <string>
class word
{
public:
    word(){ p=NULL; }
    word(char * wor){ p=wor; }
    void show(){ cout<<p<<endl; }
    friend bool operator>(word &word1,word &word2);
private:
    char * p;
};
bool operator>(word &word1,word &word2)//定义运算符重载函数
{
    if(strcmp(word1.p,word2.p)>0)
```

◀例 12.6

```
        return true;
        else return false;
    }
    int main()
    {
        word word1("One"),word2("Two");
        word1.show();
        word2.show();
        if(word1>word2)
            cout<<"One>Two"<<endl;
        else
            cout<<"One<Two"<<endl;
        return 0;
    }
```

程序运行的结果为：

```
One
Two
One<Two
```

这只是一个部分完善的程序，已经完成了实质性的工作了，运算符重载成功了。其他两个运算符的重载如法炮制即可。同学们在学习过程中可以扩展到对多个运算符重载。例如在 word 类体中声明 3 个成员函数：

```
friend bool operator>(word &word1, word &word2);
friend bool operator<(word &word1, word &word2);
friend bool operator==(word &word1, word& word2);
```

在类外分别定义 3 个运算符重载函数：

```
bool operator>(Word &word1, Word &word2) //对运算符">"重载
{
    if(strcmp(word1.p, word2.p)>0)
        return true;
    else
        return false;
}
bool operator<(Word &word1, Word &word2) //对运算符"<"重载
{
    if(strcmp(word1.p, word2.p)<0)
        return true;
    else
        return false;
}
bool operator==(Word &word1, Word &word2)//对运算符"=="重载
{
    if(strcmp(word1.p, word2.p)==0)
```

```
            return true;
        else
            return false;
    }
```

通过这个例子，不仅可以学习到有关双目运算符重载的知识，而且还可以学习怎样去编写 C++程序。

本章总结

同学们在学习运算符重载的过程中应该注意，编程方法的指导思想是先搭框架，逐步扩充，由简到繁，最后完善，边编程，边调试，边扩充。千万不要企图在一开始时就解决所有的细节，类是可扩充的，需要一步一步地完善它的功能。最好直接在计算机上写程序，每一步都要上机调试，调试通过了前面一步再做下一步，这样编程和调试的效率是比较高的，读者可以试验一下。

虽然运算符重载所实现的功能完全可以用函数替代，但运算符重载使得程序的书写更加人性化，易于阅读。运算符被重载后，原有的功能仍然保留，没有丧失或改变。运算符重载，扩大了 C++已有运算符的功能，使之能用于对象。同学们在学习的过程中应该善用运算符重载，要具体问题具体分析，什么时候应该使用运算符重载更利于程序可靠性、高效性、安全性，什么时候不应该使用运算符重载，这都是需要时间和经验慢慢积累起来的过程。

习题12

1. 设计一个 CComplex 类，并实现其对象的加法运算。

试输入以下程序进行编译，并观察编译情况，如有错误请修改程序。其正确的运行结果要求：

[测试数据]

输出：

obj.real=120

obj.imag=60

[源程序]

```
# include<iostream.h>
class CComplex
{
public:
    CComplex()
    {
        real=0;
        imag=0;
    }
    CComplex(int x=0,int y=0)
    {
        real=x;
```

```
            imag=y;
        }
        int real;
        int imag;
        int operator-(CComplex obj1)
        {
            CComplex obj2(real+obj1.real, imag+obj1.imag);
            return obj2;
        }
    };
    void main()
    {
        CComplex obj1(100,30);
        CComplex obj2(20, 30);
        CComplex obj;
        obj=obj1+obj2;
        cout<<"obj.real="<<obj.real<<endl;
        cout<<"obj.imag="<<obj.imag<<endl;
    }
```

2. 在第 1 题基础上编写程序，把第 1 题的程序改造成采取友元函数重载方式来实现“＋”运算符，并采取友元函数重载方式增加前置和后置“＋＋”以及“－－”运算符重载，同时设计主函数来验证重载运算符的用法。

3. 设计一个 CComplex 类，并实现其对象的基本运算。

试输入以下程序进行编译，并观察编译情况，如有错误请修改程序。其正确的运行结果要求：

[测试数据]

输出：

```
obj1=2.1+3.2i
obj2=3.6+2.5i
befor++, obj3=5.7+5.7i
after++, obj3=6.7+6.7i
after--, obj3=5.7+5.7i
obj4=6.7+6.7i
```

[源程序]

```
# include<iostream.h>
class CComplex
{
public:
    CComplex()
    {
        real=0.0;
        imag=0.0;
```

```
    }
    CComplex(float x, float y)
    {
        real=x;
        imag=y;
    }
    CComplex operator+(CComplex &obj1, CComplex &obj2)
    {
        CComplex obj3(obj1.real+obj2.real, obj1.imag+obj2.imag);
        return obj3;
    }
    CComplex &operator ++(CComplex &obj)
    {
        obj.real +=1;
        obj.imag +=1;
        return obj;
    }
    void print()
    {
        cout<<real<<"+ "<<imag<<"i"<<endl;
    }
private:
    float real;
    float imag;
};
CComplex &operator--(CComplex &x)
{
    x.real-=1;
    x.imag-=1;
    return x;
}
void main()
{
    CComplex obj1(2.1,3.2);
    CComplex obj2(3.6,2.5);
    cout<<"obj1=";
    obj1.print();
    cout<<"obj2=";
    obj2.print();
    CComplex obj3=obj1+obj2;
    cout<<"befor++, obj3=";
```

```
    obj3.print();
    ++obj3;
    cout<<"after++, obj3=";
    obj3.print();
    --obj3;
    cout<<"after--, obj3=";
    obj3.print();
    CComplex obj4=++obj3;
    cout<<"obj4=";
    obj4.print();
}
```

4. 编写程序，设计一个复数类，并实现运算符重载，实现复数的加减乘除四则运算，以及自加自减运算，设计运算符重载函数时，试在类内和类外两种不同的方式下实现运算符重载，并比较其区别。

第13章　输入输出流

13.1　C++的输入输出流

C语言中，输入和输出的功能是通过调用scanf函数和printf函数来实现的，在C++中输入和输出则是通过对流对象的使用来实现的。在C++中，I/O数据是一些从源设备到目标设备的字节序列，称为字节流，C++的I/O操作发生在字节流中。如果字节流是从设备(如键盘、磁盘驱动器、网络连接设备等)流向内存的，这叫作输入操作。如果字节流是从内存流向设备(如显示屏、打印机、磁盘驱动器、网络连接设备等)的，这叫作输出操作。

C++程序为了从键盘中输入数据和将数据输出到显示器上，必须包含头文件iostream.h，包括了输入流istream和输出流ostream两种数据类型，并且用这两种数据类型定义了两个变量“istream cin”和“ostream cout”。输入流对象cin和输出流对象cout，输入时需要使用到流提取运算符“＞＞”，输出时需要用到流插入运算符“＜＜”。

cout和cin并不是C++语言中提供的语句，它们是iostream类的对象，在未学习类和对象时，在不致引起误解的前提下，为叙述方便，把它们称为cout语句和cin语句。

C++编译系统提供了用于输入输出的iostream类库。iostream即i-o-stream，意为输入输出流。在iostream类库中包含许多用于输入输出的类，这个执行输入和输出操作的类体系叫作流类，提供流类实现的系统叫作流类库。简化的流类库如图13.1所示，它反映了流类之间的继承关系。

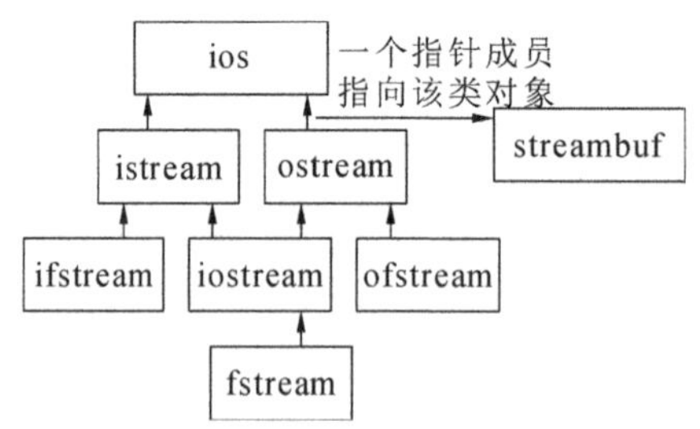

图13.1　简化的流类库的基本类等级图

ios类中一个指针成员指向streambuf类的对象。streambuf类管理流的缓冲区。由于数据隐蔽和封装的需要，普通用户只使用ios、istream和ostream类提供的公有接口，完成流的提取和插入操作。

ios类是istream类和ostream类的虚基类；从ios类公有派生出istream类和ostream类，分别提供对流进行提取和插入操作的成员函数。

iostream 类通过组合 istream 类和 ostream 类支持对一个流进行双向操作，它并没有提供新成员函数。iostream 中预定义四个流对象，它们分别是 cin、cout、cerr、clog。事实上可以将 cin 视为 istream 的一个对象，将 cout 视为 ostream 的一个对象。

C＋＋的流类库预定义的四个流所连接的设备如表 13.1 所示。

表 13.1　C＋＋的流类库预定义的四个流所连接的设备

流	设　备
cin	标准输入设备
cout	标准输出设备
cerr	标准错误输出设备(非缓冲方式)
clog	标准错误输出设备(缓冲方式)

iostream 类库中不同的类的声明被放在不同的头文件中，用户在程序中用＃include 命令包含所需的头文件就相当于在程序中声明了所需的类。

与 iostream 类库有关的头文件如下：

iostream　　输入输出流操作

fstream　　管理文件的 I/O 操作

strstream　　字符流的 I/O 操作

stdiostream　　混合使用 C 和 C＋＋

iomanip　　使用格式化 I/O 操作

13.2 标准输出流

1. 标准输出流的概念

标准输出流是流向标准输出设备的数据。

ostream 类定义 cout、cerr 和 clog 三个流对象。

cout 流在内存中开辟一个缓冲区存放流中的数据，当遇到 endl 时，立即输出流中的所有数据，然后插入一个换行符并清空缓冲区。

cerr 流对象是标准出错流，它向标准出错设备输出有关出错的信息。

cout 的输出可以定向到一个文件中，而 cerr 必须输出在显示器上。

clog 流对象也是标准出错流，它与 cerr 的区别是：cerr 不经过缓冲区直接向显示器输出出错信息；clog 把出错信息存放在缓冲区，当缓冲区满或遇到 endl 时向显示器输出出错信息。

为什么使用 cerr 和 clog 呢？比如，当程序遇到调用栈用完了的威胁(比如无限，没有出口的递归)时，到什么地方借内存来存放错误信息呢？所以有了 cerr，其目的就是在程序最需要它的紧急情况下，还能得到输出功能的支持。缓冲区的目的，就是减少刷屏的次数。有了缓冲，你将看到若干句子“同时”就出现在了屏幕上(由内存翻新到显存，然后刷新屏幕)。

例 13.1　有一元二次方程 $ax^2+bx+c=0$，其一般解为 $x1,x2=(-b\pm\sqrt{b^2-4ac})/2a$，但若 $a=0$，或 $b^2-4ac<0$ 时，用此公式出错。

编程序，从键盘输入 a,b,c 的值，求 x1 和 x2。如果 a=0 或 $b^2-4ac<0$，输出出错信息。

```
# include <iostream>
# include <cmath>
using namespace std;
int main()
{float a,b,c,disc;
cout<<"please input a,b,c:";
cin>>a>>b>>c;
if (a==0)
cerr<<"a is equal to zero,error!"<<endl;
//将有关出错信息插入 cerr 流,在屏幕输出
else
if ((disc=b * b-4 * a * c)<0)
cerr<<"disc= b * b-4 * a * c<0"<<endl;   //将有关出错信息插入 cerr 流,在屏幕输出
else
{   cout<<"x1="<<(-b+sqrt(disc))/(2 * a)<<endl;
    cout<<"x2="<<(-b-sqrt(disc))/(2 * a)<<endl;
}
return 0;
}
```

在输出数据时，如不指定格式，则采用系统给定的默认格式。可以通过控制符或流成员函数设置输出格式。

2. 用控制符设置输出格式

表 13.2 列出了输出格式的控制符。这些控制符在头文件 iomanip 中定义。

表 13.2　输入输出流的控制

控制符	作用
dec	设置整数的基数为 10
hex	设置整数的基数为 16
oct	设置整数的基数为 8
setbase(n)	设置整数的基数为 n(n 只能是 8,10,16 三者之一)
setfill(c)	设置填充字符 c,c 可以是字符常量或字符变量
setprecision(n)	设置实数的精度为 n 位。在以一般十进制小数形式输出时 n 代表有效数字。在以 fixed(固定小数位数)形式和 scientific(指数)形式输出时 n 为小数位数
setw(n)	设置字段宽度为 n 位
setiosflags(ios::fixed)	设置浮点数以固定的小数位数显示
setiosflags(ios::scientific)	设置浮点数以科学记数法(即指数形式)显示
setiosflags(ios::left)	输出数据左对齐
setiosflags(ios::right)	输出数据右对齐

续表

控 制 符	作 用
setiosflags(ios::skipws)	忽略前导的空格
setiosflags(ios::uppercase)	在以科学记数法输出 E 和以十六进制输出字母 X 时以大写表示
setiosflags(ios::showpos)	输出正数时给出"+"号
resetioflags()	终止已设置的输出格式状态,在括号中应指定内容

例 13.2 用控制符控制输出格式。

```
int main()
{int a;
cout<<"input a:";
cin>>a;
cout<<"dec:"<<dec<<a<<endl;
cout<<"hex:"<<hex<<a<<endl;
cout<<"oct:"<<setbase(8) <<a<<endl;
char * pt="China";
cout<<setw(10) <<pt<<endl;
cout<<setfill('*') <<setw(10) <<pt<<endl;
double pi= 22.0/7.0;
cout<<setiosflags(ios::scientific)<<setprecision(8);
cout<<"pi="<<pi<<endl;
cout<<"pi="<<setprecision(4) <<pi<<endl;
cout<<"pi="<<setiosflags(ios::fixed) <<pi<<endl;
return 0;
}
```

3. 流成员函数控制输出格式

用于控制输出格式的流成员函数如表 13.3 所示。

表 13.3 用于控制输出格式的流成员函数

流成员函数	与之作用相同的控制符	作 用
precision(n)	setprecision(n)	设置实数的精度为 n 位
width(n)	setw(n)	设置字段宽度为 n 位
fill(c)	setfill(c)	设置填充字符 c
setf()	setiosflags()	设置输出格式状态,括号中应给出格式状态,内容与控制符 setiosflags 括号中的内容相同
unsetf()	resetioflags	终止已设置的输出格式状态,在括号中应指定内容

流成员函数 setf 和控制符 setiosflags 括号中的参数是格式标志,在类 ios 中定义它是枚举值,在引用这些格式标志时要以 ios::开始。设置格式状态的格式标志如表 13.4 所示。

表 13.4 设置格式状态的格式标志

格式标志	作用
ios::left	输出数据在本域宽范围内向左对齐
ios::right	输出数据在本域宽范围内向右对齐
ios::internal	数值的符号位在域宽内左对齐，数值右对齐，中间由填充字符填充
ios::dec	设置整数的基数为 10
ios::oct	设置整数的基数为 8
ios::hex	设置整数的基数为 16
ios::showbase	强制输出整数的基数(八进制数以 0 打头，十六进制数以 0x 打头)
ios::showpoint	强制输出浮点数的小点和尾数 0
ios::uppercase	在以科学记数法格式 E 和以十六进制输出字母时以大写表示
ios::showpos	对正数显示"+"号
ios::scientific	浮点数以科学记数法格式输出
ios::fixed	浮点数以定点格式(小数形式)输出
ios::unitbuf	每次输出之后刷新所有的流
ios::stdio	每次输出之后清除 stdout，stderr

例 13.3 用流控制成员函数输出数据。

```
int main()
{int a=21;
cout.setf(ios::showbase);  //强制输出整数的基数(0,0x)
cout<<"dec:"<<a<<endl;
cout.unsetf(ios::dec);
cout.setf(ios::hex);
cout<<"hex:"<<a<<endl;
cout.unsetf(ios::hex);
cout.setf(ios::oct);
cout<<"oct:"<<a<<endl;
char * pt="China";
cout.width(10);
cout<<pt<<endl;
cout.width(10);
cout.fill('*');
cout<<pt<<endl;
double pi=22.0/7.0;
cout.setf(ios::scientific);
cout<<"pi=";
cout.width(14);
cout<<pi<<endl;
```

```
cout.unsetf(ios::scientific);
cout.setf(ios::fixed);
cout.width(12);
cout.setf(ios::showpos);  //正数输出"+"号
cout.setf(ios::internal);  //数符出现在左侧
cout.precision(6);
cout<<pi<<endl;
return 0;
}
```

前面例13.2和例13.3分别用控制符和流成员函数设置输出流中的数据基数，虽然它们的功能相似，但是还是有区别：

用控制符设置输出流的数据基数后，这个设置会一直保留到下一次的设置；用成员函数setf()设置的格式，必须用函数unsetf()终止后才能重新设置，并且函数setf()设置的基数仅仅在本次输出流中生效，之后无论是否用函数unsetf()终止，下次输出流数据又以默认的十进制基数显示。

格式：

```
cout.put(字符/数字)[.put(…) …]
```

如是字符，直接输出该字符；如是数字，可以用八进制、十进制或十六进制表示整数，用该数字对256取模，输出对应的ASCII码字符。

例13.4　按相反的顺序输出“BASIC”。

```
int main()
{char * a="BASIC";
for(int i=4;i>=0;i--)
    cout.put( * (a+i));
cout.put('\n');
return 0;
}
```

13.3 标准输入流

1. cin输入流

cin是istream类的对象，从标准输入设备读取数据。

流提取运算符>>在流中提取数据时通常跳过流中的空格、Tab键、换行符等。

只有输入回车键时输入的数据才进入键盘缓冲区，形成输入流，提取运算符才能提取数据。

当遇到无效字符(与变量数据类型不一致)或文件结束符时，输入流cin就处于出错状态，此时对cin流的所有操作都被终止。

当输入流出错时，cin的值是false，所以可以根据cin的值判断流对象是否处于正常状态。

例13.5　测试cin的值，判断流对象的状态。

```
int main()
{float grade;
cout<<"enter grade:";
while(cin>>grade)
  {if(grade>=85) cout<<grade<<"GOOD!"<<endl;
   if(grade<60) cout<<grade<<"fail!"<<endl;
   cout<<"enter grade:";
  }
cout<<"The end."<<endl;
return 0;
}
```

2. 输入字符的流成员函数

用 get 函数读入一个字符，格式：

```
cin.get()
```

函数的类型是字符，函数的功能是从输入流中提取一个字符作为函数值返回。

如在流中遇到文件结束符 EOF 时，返回－1。

例 13.6 用 get 函数读入字符。

```
int main()
{char c;
cout<<"enter a sentence:"<<endl;
while((c=cin.get())!=EOF)
  cout.put(c);
return 0; }
```

带三个参数的 get 函数的格式：

```
cin.get(字符指针,n,终止字符)
```

函数从键盘缓冲区最多顺序提取 n－1 个字符，顺序放入字符指针所指的字符数组。

如果在提取过程中遇到终止字符，无论是否满足指定的字符个数都要终止提取。

```
void main()
{char ch[20];
cout<<"enter a sentence:"<<endl;
cin.get(ch,10,'\n');
cout<<ch<<endl;
}
```

cin. get() 中不带参数和只带一个参数的函数，都是以文件结束符作为终止提取的控制符。如提取一个字符结束会把指针移到下一个字符。

cin. get() 中带三个参数的函数，以字符个数或指定终止提取字符为终止提取的控制符。如提取字符结束不会把指针移到下一个字符。

cin. get()函数族不忽略提取的空白字符。

成员函数 getline 读入一行字符，格式：

```
cin.getline(字符指针,n,终止字符)
```

该函数的功能与带三个参数的 get 函数的类似。

带三个参数的 cin. get 和 cin. getline 相同的是它们都不忽略提取过程中遇到的空白字符，当遇到终止字符时就停止提取。

带三个参数的 cin. get 和 cin. getline 不同的是停止提取时，cin. getline 会把指针移到终止字符后相邻的字节，而带三个参数的 cin. get 函数不会。

```
int main(int argc, char * argv[])
{
char ch[20];
char c1;
cout<<"输入一句话:"<<endl;
cin>>ch;
cout<<"第一次 cin 提取的字符串是:"<<ch<<endl;
c1=cin.get();
cout<<"第二次 cin.get() 提取的字符串是:"<<c1<<endl;
cin.get(c1);
cout<<"第三次 cin.get(c1) 提取的字符串是:"<<c1<<endl;
cin.get(ch, 20,'/');
cout<<"第四次 cin.get(ch, 20, '/') 提取的字符串是:"<<ch<<endl;
cin.getline(ch,20,'/');
cout<<"第五次 cin.getline (ch,20,'/')提取的字符串是:"<<ch<<endl;
cin.getline(ch,20,'/');
cout<<"第六次 cin.getline (ch,20,'/')提取的字符串是:"<<ch<<endl;
return 0;
}
```

cin 和 cin. getline 都具有从键盘缓冲区按指针所指提取字符串的功能。它们有以下区别：

cin 忽略起始的空白字符；而 cin. getline 不忽略起始的空白字符。

cin 当提取到非空白字符后，遇到空白字符时就终止提取，指针就停留在空白字符处；而 cin. getline 是提取到规定的终止字符或规定的字符个数后终止提取，指针停留在提取的最后一个字符后面相邻的字节。

通过对>> 的重载，cin 可以提取其他类型的数据；而 cin. getline 只能输入字符串。

例 13.7 用成员函数 getline 读入一行字符。

```
# include <iostream>
using namespace std;
void main()
{char ch[20];
cout<<"输入一句话:"<<endl;
cin>>ch;
cout<<"第一次 cin 提取的字符串是:"<<ch<<endl;
cin.getline(ch,20,'/');
cout<<"第二次 cin.getline 提取的字符串是:"  <<ch<<endl;
cin.getline(ch,20);
```

```
cout<<"第三次 cin.getline 提取的字符串是:"<<ch<<endl;
}
```

与使用 cin. get 函数的情况进行对比。

```
# include <iostream>
using namespace std;
void main()
{char ch[20];
cout<<"输入一句话:"<<endl;
cin>>ch;
cout<<"第一次 cin 提取的字符串是:"<<ch<<endl;
cin.get(ch, 20,'/');
cout<<"第二次 cin.get 提取的字符串是:"<<ch <<endl;
cin.getline(ch,20);
cout<<"第三次 cin.getline 提取的字符串是:"<<ch<<endl;
}
```

3. eof()函数

当输入缓冲区的指针遇到文件结束符时函数值为真,否则为假。从键盘用 Ctrl+Z 输入文件结束符。

例 13.8 从键盘输入字符串,以文件结束符作为结束标志,逐个输出非空格字符。

```
void main()
{char c;
while(! cin.eof())
  if((c=cin.get())!='  ')
     //cout.put(c);
      cout<<c;
}
```

13.4 文件流和对数据文件的操作

1. 文件的概念

文件是指存储在存储介质上的数据集合。

操作系统把存储介质上的相关数据抽象为文件,用标识符为其取名并由文件系统管理文件。操作系统可以按名存取文件信息。

根据文件中数据的表示形式,文件分为 ASCII 文件和二进制文件。ASCII 文件就是文本文件,每个字节表示一个字符。二进制文件是把内存中的数据、指令按其在内存的格式存放在磁盘上。

字符信息在内存中也是以 ASCII 码形式存放的,所以字符在 ASCII 码文件和在二进制文件中形式是一样的。对于数值数据,两者是不一样的。

例如,一个十进制长整数 100000,用二进制表示时用四个字节;而用 ASCII 码表示时用六个字节。

文件流是以外存文件为输入输出对象的数据流。输出文件流是从内存流向外存文件的数据流;输入文件流是从外存文件流向内存的数据流。

为了弥补访问内存和访问外存的速度差,每个文件流都有一个内存缓冲区。

在C++的I/O类库里定义了几种文件类,专门用于文件的输入和输出操作。

文件流与文件对象的关系可以用图13.2来表示。

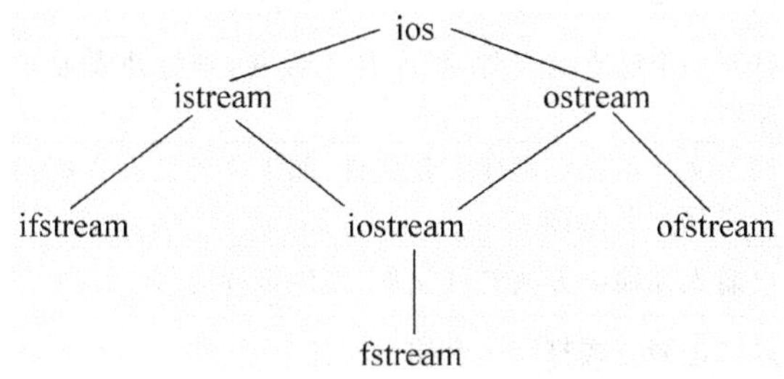

图13.2 文件流与文件对象的关系

标准输入、输出流类派生出三个文件流类:ifstream类,支持从磁盘文件输入;ofstream类,支持向磁盘文件输出;fstream类,支持对磁盘文件输出和输出。

2. 文件的打开与关闭

打开文件是指在读写文件前做必要的准备工作,包括在文件流对象和磁盘文件之间建立关联,以及指定文件的格式和操作方式。

打开文件有两种方法。

(1) 建立文件流对象,用对象调用类成员函数open,例如:

```
ofstream outfile;
outfile.open("f1.txt", ios::out);
```

调用成员函数的一般形式为:

```
文件流对象.open(文件名,输入输出方式);
```

文件名可以包括路径,如省略路径,默认文件在当前目录(工程文件目录)。输入输出方式在ios类中定义,它们是枚举常量,有多种选择。

(2) 在定义文件流对象时指定参数:

```
文件流类对象(文件名,输入输出方式);
```

例如:

```
ofstream outfile ("f1.txt", ios::out);
```

打开文件操作可能成功也可能失败,可以测试文件流对象判定。文件流对象是真,表示成功;否则表示失败。文件输入输出设置方式如表13.5所示。

表13.5 文件输入输出设置方式

方　式	作　用
ios::in	以输入方式打开文件
ios::out	以输出方式打开文件(这是默认方式),如果已有此名字的文件,则将其原有内容全部清除
ios::app	以输出方式打开文件,写入的数据添加在文件末尾
ios::ate	打开一个已有的文件,文件指针指向文件末尾

续表

方　式	作　用
ios::trunc	打开一个文件，如果文件已存在，则删除其中全部数据，如文件不存在，则建立新文件。如已指定了 ios::out 方式，而未指定 ios::app，ios::ate，ios ::in，则同时默认此方式
ios::binary	以二进制方式打开一个文件，如不指定此方式，则默认为 ASCII 方式
ios::nocreate	打开一个已有的文件，如文件不存在，则打开失败。nocreate 的意思是不建立新文件
ios::noreplace	如果文件不存在则建立新文件，如果文件已存在则操作失败，noreplace 的意思是不更新原有文件
ios::in | ios::out	以输入和输出方式打开文件，文件可读可写
ios::out | ios:binary	以二进制方式打开一个输出文件
ios::in | ios::binary	以二进制方式打开一个输入文件

关闭磁盘文件：文件使用结束，必须关闭文件，用文件流对象调用关闭文件成员函数实现。格式：

```
文件流对象.close();
```

功能：解除文件流对象与磁盘文件的关联。

3. 对 ASCII 码文件的操作

ASCII 码文件也是文本文件，文件中一个字节存放一个字符。

对 ASCII 码文件的操作包括向文件写入字符和从文件读取字符。

读写 ASCII 码文件有用文件流对象与提取、插入运算符和用文件流对象调用类的成员函数 put，get，getline 两种方法。

例 13.9 定义一个有 10 个元素的整型数组，从键盘输入 10 个整数，将它们放入数组，同时用插入运算符将它们写入当前目录下的 f1.txt 文件。

```
int main()
{int a[10];
ofstream outfile("f1.txt");
if(! outfile)
  {cerr<<"open error!"<<endl;
   exit(1);
  }
cout<<"enter 10 integer numbers:"<<endl;
for(int i=0;i<10;i++)
  {cin>>a[i];
   outfile<<a[i]<<"";}
outfile.close();
return 0;
}
```

程序中用文件流类 ofstream，它是在头文件 fstream 中定义的，源代码中要把这个头文件包含进来。

建立输出流对象默认就是向文件输出，所以对文件的操作方式可以省略。

对文本文件写数值数据时，两个数据之间要用空格或换行符隔开，便于读文件。

例 13.10 从例 13.9 建立的 f1.txt 文件中读取 10 个整数放入数组中，找出并输出最大数和它的下标值。

```
int main()
{
int a[10],max,i,order;
ifstream infile("f1.txt",ios::in);
if(! infile)
  {cerr<<"open error!"<<endl;
   exit(1);
  }
for(i=0;i<10;i++)
   {   infile>>a[i];
       cout<<a[i]<<"";
   }
cout<<endl;
infile.close();
max=a[0];
order=0;
for(i=1;i<10;i++)
    if(a[i]>max)
       {  max=a[i];
          order=i;
       }
cout<<"max="<<max<<endl<<"order="<<order <<endl;
return 0;
}
```

例 13.11 从键盘读入一行字符，把其中的字母字符存放到磁盘文件 f2.txt 中。再从 f2.txt 读入数据，把其中的小写字母改写为大写字母并存入磁盘文件 f3.txt。

分析：程序中使用两个文件，其中 f2 先做输出文件（写入字母），再做输入文件（读取字母），f3 做输出文件（写入大写字母）。

```
void save_to_file()  //写文件
{ofstream outfile("f2.txt");
if(! outfile)
  {cerr<<"open f2.txt error!"<<endl;
   exit(1);  }
char c[80];
cin.getline(c,80);
for(int i=0;c[i]!=0;i++)
  if(c[i]>=65 && c[i]<=90||c[i]>=97 && c[i]<=122)
    {outfile<<(c[i]);
```

```
        cout<<c[i];  }
      cout<<endl;
      outfile.close(); }
    void get_from_file()
    {char ch;
    ifstream infile("f2.txt",ios::in);
    if(! infile)
      {cerr<<"open f2.txt error!"<<endl;
       exit(1);
      }
    ofstream outfile("f3.txt");
    if(! outfile)
      {cerr<<"open f3.txt error!"<<endl;
       exit(1);
      }
    while(infile.get(ch))
      {  if(ch>=97 && ch<=122)
         ch=ch-32;
         outfile<<ch;
         cout<<ch;  }
    cout<<endl;
    infile.close();
    outfile.close();
    }
    int main()
    {  save_to_file();
       get_from_file();
       return 0;  }
```

读文件程序：

```
    void display_file(char * filename)
    {       ifstream infile(filename,ios::in);
            if(! infile)
                  {     cerr<<"open error!"<<endl;
                       exit(1);  }
            char ch;
            while(infile.get(ch))
            cout<<(ch);
            cout<<endl;
            infile.close();  }
    int main()
        {  display_file("f3.txt");
           return 0;  }
```

二进制文件是按内存中的数据存储形式写入磁盘文件的，因此又称为内存数据的映象文件。

对二进制文件操作与对文本文件操作相似的是先定义文件流对象，然后打开文件，使用完要关闭文件。

在打开时必须指定文件的存储形式是二进制形式，二进制文件既可以作为输入文件，也可以作为输出文件，还可以作为既能输入又能输出的文件。这是与 ASCII 文件不同的地方。

4. 对二进制文件的操作

分别用成员函数 read 和 write 读写文件。读二进制文件用 istream 类 read 成员函数；写二进制文件用 ostream 类 write 成员函数。它们的函数原型分别是：

```
istream&read(char * bu, int len);
ostream&write(const char * bu, int len);
```

字符指针 bu 指向内存要读或写的数据起始位置。len 是一次要读写的数据字节个数（数据长度）。调用格式：

```
输入文件流对象.read(内存指针, 长度);
输出文件流对象.write(内存指针, 长度);
```

例 13.12 把一批数据以二进制形式写入磁盘文件。

```
# include <iostream>
# include <fstream>
using namespace std;
struct student
{char name[20];
int num;
int age;
char sex;
};
int main()
{ student
stud[3]={"Li", 3469  1001,18,'f',     "Fun",1002,19,'m',
            "Wang",1004,17,'f'};
ofstream outfile("stud.dat",ios::binary);
if(! outfile)
  {  cerr<<"open error!"<<endl;
     abort();  }
outfile.write((char * )&stud,sizeof(stud));
outfile.close();
return 0;}
```

例 13.13 从例 13.12 产生的文件中读数据并显示到屏幕上。

分析：从文件读取数据必须先放入内存，所以必须设置一个与文件数据格式相同的数据结构即结构数组；然后再将结构数组元素逐个输出。

```
# include <iostream>
# include <fstream>
using namespace std;
```

```
struct student
{char name[20];
int num;
int age;
char sex;
};
int main()
{student stud[3];
int i;
ifstream infile("stud.dat",ios::binary);
if(! infile)
{cerr<<"open error!"<<endl;
abort();
}
infile.read((char * )stud,sizeof(stud));
infile.close();
for(i=0;i<3;i++)
{
cout<<"NO."<<i+ 1<<endl;
cout<<"姓名:"<<stud[i].name<<endl;
cout<<"学号:"<<stud[i].num<<endl;
cout<<"年龄:"<<stud[i].age<<endl;
cout<<"性别:"<<stud[i].sex<<endl;
}
return 0;
}
```

5. 与文件指针有关的流类成员函数

为了随机读取二进制文件中的数据，磁盘文件用一个指针表示当前要访问的位置。

每次读或写文件后会自动修改指针，使指针总是指向当前要访问的位置。

对于二进制文件，允许程序控制指针移动，实现随机访问文件。文件流类提供了有关文件指针的成员函数。文件流与文件指针相关成员函数如表 13.6 所示。

表 13.6　文件流与文件指针相关成员函数

成员函数	作　用
gcount()	返回最后一次输入所读入的字节数
tellg()	返回输入文件指针的当前位置
seekg(文件中的位置)	将输入文件中指针移到指定的位置
seekg(位移量,参照位置)	以参照位置为基础移动若干字节
tellp()	返回输出文件指针当前的位置
seekp(文件中的位置)	将输出文件中指针移到指定的位置
seekp(位移量,参照位置)	以参照位置为基础移动若干字节

这些函数名头或尾字母不是 g 就是 p。带 g 的用于输入，带 p 的用于输出。对于输入输出文件不区分 g 和 p。函数参数文件中的位置和位移量以字节为单位，是长整型。

参照位置表示以什么作为移动起点。ios 类定义为：

ios::beg　　以文件开始为起点，这是默认值。

ios::cur　　以指针当前位置为起点。

ios::end　　以文件结尾为起点。

例如：

```
infile.seekg(100);
infile.seekg(-50,ios::cur);
outfile.seekp(-75,ios::end);
```

利用流类的成员函数移动文件指针，实现随机访问文件中任何一个字节里的数据。

例 13.14　有五个学生的数据，要求：把它们写入磁盘文件；从磁盘文件读第 1,3,5 个学生的数据并显示；修改第 3 个学生的数据并保存到原来位置；从磁盘文件读入修改过的 5 个学生的数据并显示。

```
struct student
{  int num;
   char name[20];
   float score;};
int main()
{int i;
student stud[5]={1001,"Li",85,1002,"Fun",97.5,
    1004, "Wang",54, 1006,"Tan",76.5,1010,"ling",96};
fstream iofile("stud.dat",ios::in|ios::out|ios::binary);
if(! iofile)
  {cerr<<"open error!"<<endl;
   abort();  }
for(i=0;i<5;i++)
   iofile.write((char *)&stud[i],sizeof(stud[i]));
student stud1[5];
for(i=0;i<5;i=i+2)
   {iofile.seekg(i * sizeof(stud[i]),ios::beg);
    iofile.read((char *)&stud1[i/2],sizeof(stud1[i]));

cout<<stud1[i/2].num<<" "<<stud1[i/2].name<<" "<<stud1[i/2].score<<endl;   }
cout<<endl;
stud[2].num=1012;
strcpy(stud[2].name,"Wu");
stud[2].score=60;
iofile.seekp(2 * sizeof(stud[0]),ios::beg);
iofile.write((char *)&stud[2],sizeof(stud[2]));
iofile.seekg(0,ios::beg);
for(i=0;i<5;i++)
```

```
    {iofile.read((char * )&stud[i],sizeof(stud[i]));
     cout<<stud[i].num<<""<<stud[i].name<<""<<stud[i].score<<endl;
    }
iofile.close();
return 0;
}
```

13.5 字符串流

字符串流以内存中用户定义的字符数组(字符串)为输入输出对象,即将数据写入内存数组,或从内存字符数组读取数据。

字符串流也需要缓冲区,读取或写入时,流缓冲区中的数据不断增加,待缓冲区满或遇到换行符时,缓冲区中的数据一起写入字符数组或赋予指定变量。

ostrstream 类的构造函数原型是

```
ostrstream::ostrstream(char * bu, int n, int mode=ios::out);
```

bu 是指向字符数组首地址的指针,n 是指定流缓冲区的长度,第三个参数可省略,默认是 ios::out。

例如 ostrstream strout(ch1,20); 建立字符流对象 strout,并与字符数组 ch1 关联(通过字符串流把数据写入字符数组 ch1),流缓冲区长度是 20 个字节。

```
istrstream::istrstream(char * bu, int n);
istrstream::istrstream(char * bu);
```

bu 是指向字符数组首地址的指针,n 是流缓冲区的长度,如没有 n,表示缓冲区的长度与字符串数组长度相同。

```
istrstream  strin(ch2); istrstream  strin(ch2, 20);
```

第一条语句是建立读取字符串流对象 strin,将字符数组 ch2 所有数据作为读取字符串流的内容;第二条语句是建立读取字符串流对象 strin,将字符数组 ch2 前 20 个字符作为读取字符串流的内容。

例 13.15 建立写字符串流对象。

```
struct student
{  int num;   char name[20];   float score;};
int main()
{student    stud[3]={1001,"Li",78,1002,"Wang",89.5,1004,"Fun",90 };
char c[50];
ostrstream strout(c,30);  //strout 与 c 关联
for(int i=0;i<3;i++)
     strout<<stud[i].num<<stud[i].name<<stud[i].score;
strout<<ends;  //插入一个'\0'
cout<<"array c:"<<endl<<c<<endl;
return 0;}
```

例 13.16 在一个字符数组 c 中存放 10 个整数，以空格为分隔符，要求将它们放到整型数组中排升序，然后再写入原来的字符数组中。

```
int main()
{char c[50]="12 34 65 -23 -32 33 61 99 321 32";
int a[10],i,j,t;
cout<<"array c:"<<c<<endl;
istrstream strin(c,sizeof(c));  //建立 strin 并与 c 关联
for(i=0;i<10;i++)
     strin>>a[i];  //从 c 读入 10 个整数赋值给 a
cout<<"array a:";
for(i=0;i<10;i++)     cout<<a[i]<<"";
cout<<endl;
for(i=0;i<9;i++)
   for(j=0;j<9-i;j++)
       if(a[ j ]>a[ j+1 ])
         {t=a[j];a[j]=a[j+1];a[j+1]=t;}  //起泡法排序
ostrstream strout(c,sizeof(c));   //strout 与 c 关联
for(i=0;i<10;i++)   strout<<a[i]<<""; //将整数存放到 c
strout<<ends; //加入'\0'
cout<<"array c:"<<c<<endl;
return 0; }
```

本章总结

C++的输出操作将一个对象的状态转换成一个字符序列，输出到某个地方。输入操作则是从某个地方接收一个字符序列，然后将其转换成一个对象的状态所要求的格式。

标准输出流是流向标准输出设备的数据。ostream 类定义 cout、cerr 和 clog 三个流对象。

cin 是 istream 类的对象，从标准输入设备读取数据。

流提取运算符>>在流中提取数据时通常跳过流中的空格、Tab 键、换行符等。

文件流是以外存文件为输入输出对象的数据流；输出文件流是从内存流向外存文件的数据流；输入文件流是从外存文件流向内存的数据流。

字符串流以内存中用户定义的字符数组（字符串）为输入输出对象，即将数据写入内存数组，或从内存字符数组读取数据。

第3篇

实践篇

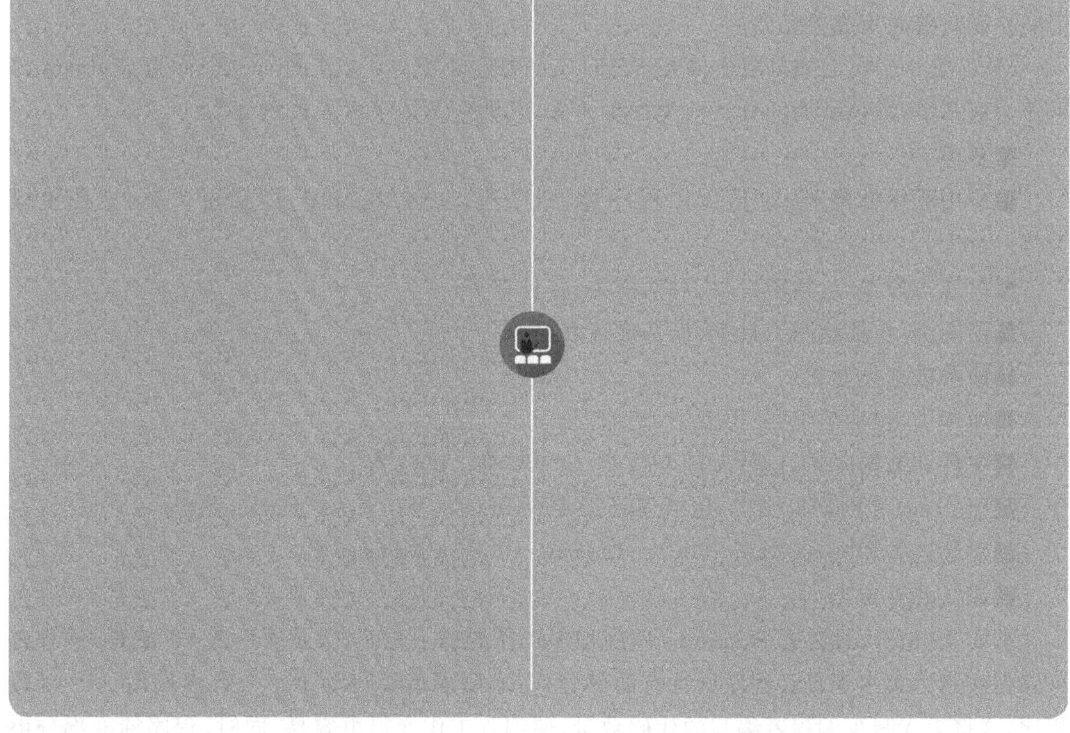

第14章 MFC编程概述

14.1 什么是 MFC

MFC 是微软基础类库(Microsoft foundation class)的缩写。与 API 不同,MFC 不是 Windows 操作系统的组成部分,而是微软公司专为 VC++开发的配套软件包。MFC 充分使用了面向对象方法中的继承和多态性技术,以类的方式封装了 Windows 应用程序所涉及的几乎所有的标准部件,如 Windows 应用程序的架构、各种标准的图形界面元素,其核心是以 C++的形式封装了 Windows API 的大部分函数。

MFC 是面向对象程序设计与 Application framework 的完美结合,它是把 Win API 进行封装的类库,它是类的集合。它通过覆盖 Windows API,为编程提供了一个面向对象的界面。它使 Windows 程序员能够利用 C++面向对象的特性进行编程,并且创建了程序的一般框架,只要随便添加几行代码,就能形成自己的程序。它是用 C++编写的,该类库提供了一些必要的代码,可用来管理窗口、菜单和对话框,执行基本的输入/输出操作,以及完成存储数据对象的集成等任务。

MFC 是一个很大的类层次体系(MFC 6.0 中包含了 200 多个类),一个称为 CObject 的类作为根基类,其他类大部分从该类派生而来,其整个类体系可大致划分为:

■基类。

■应用程序框架类,包括应用程序类、命令类、文档/视窗类、框架窗口类、文档模板类等。

■可视对象类,包括窗口类、对话框类、控件类等。

■绘图类,包括绘图工具类、设备描述表类等。

■简单数据类型类。

■通用类,包括数组类、类表类、映像类。

■文件和数据库类,包括文件 I/O 类、ODBC 类、ADO 类。

■Internet 和网络工作类,包括 Win32 Internet 类、Windows Socket 类等。

■对象连接和嵌入(OLE, Object Linking and Embedding)类。

■调试和异常类。

事实上,MFC 封装了 Windows 应用程序操作的每一方面,因此使用 MFC 编程,编程者可以把注意力集中于自己程序所特有的部分,不需要事事亲自动手。与直接调用 API 函数相比,这将大大减少编程者编写的代码数量,使编程工作变得更容易;同时,程序标准部分由 MFC 的类来提供,可使程序变得更规范,更具可读性,效率也更高。

对于编程新手来说,MFC 的最大优点是它以高效简洁的方式为编程者做了所有标准部分的工作,特别是编程者可以在不需要写一行代码的情况下完成一个完整的应用。

MFC 中包含了成千上万行功能强大的、经过优化的 Windows 程序代码。编程者只要定义了某个 MFC 类的对象,就可以调用该类的成员函数,轻轻松松完成本该由编程者自己一行行编写的程序代码。从这点上说,MFC 极大地降低了程序开发难度。

MFC 的核心:以 C++的形式封装的 Windows API 类库中包含窗口、对话框、设备环境、通用 GDI 对象(如画刷和画笔)、控制和其他的标准 Windows 项等类。同时,MFC 具有一个附加的应用功能层,它相当于一个 Windows 工作应用框架,提供了 Windows 应用程序中所能用到的大多数通用用户界面,包括工具条、状态条、打印、打印预览、数据库支持等。

14.2 MFC 的设计运行原理

MFC 向软件开发者提供一组服务,来协调应用程序。在很多情况下,MFC 在幕后执行一系列复杂的操作,它向程序员提供了更加简单的编程界面,并可掩盖 Windows API 的一些缺点(MFC 类的许多成员函数,如 MessageBox()中提供了缺省参数,这减轻了程序员编程的负担)。从物理角度看,它是一个庞大的类库,包含可控制计算机系统方方面面的类库,它对应的是 Windows 系统目录下的一系列 mfc *.dll 文件;从逻辑角度看,它是一个面向对象的应用程序框架,程序员可以使用这一框架创建 Windows 应用程序。MFC 的组织是以 C++类的层次形式组织在一起的,几个高层类提供一般功能,而低层类实现更具体的功能,每一个低层类都是从高层类派生而来的,因此继承了高层类的功能。

MFC 采用面向对象的设计方法,将 Windows API 中的相关部分组合到 C++类或对象中。例如 CWnd 类封装了大部分有关窗口处理的 API 函数。编程人员不必记忆大量的 API 函数,需要做的只是实例化 CWnd 类的一个实例,并调用相应的成员函数即可。

虽然程序在功能上千差万别,但从本质上看,都可以分为用户界面设计、文件操作、数据库访问及多媒体使用等几部分,这些都可以通过一些类来实现。MFC 提供了一个标准化的程序结构,使开发人员不必从头设计一个 Windows 应用程序。

尽管每个应用程序具体实现的功能不同,但同一类程序的基本结构是相同的。因此,通常采用 MFC AppWizard 创建一个 MFC 应用程序框架。

MFC 不仅仅是一个类库,它还提供了一层建立在 MFC 类对象封装上的附加应用程序框架。应用程序框架是为了生成一般的应用程序所必需的各种软组件的集成,是类库的一种超集。

MFC 应用程序框架提供了构建应用程序所需要的类,在程序运行时能够生成运行时类的对象,如应用程序对象、文档对象、视图对象和框架窗口对象。应用程序对象 theApp 是唯一的一个全局变量,它的主要功能是通过调用 WinMain()主函数启动程序的运行。

MFC 应用程序框架也有一个作为程序入口点的 WinMain()主函数,但在源程序中看不见该函数,它在 MFC 中已定义好并同应用程序相连接。MFC 应用程序对象之间的关系如图 14.1 所示。

MFC 应用程序的 CWinApp 派生类对象 theApp 是一个全局变量,代表了应用程序运行的主线程。它在程序整个运行期间都存在,它的销毁意味着运行程序的消亡。

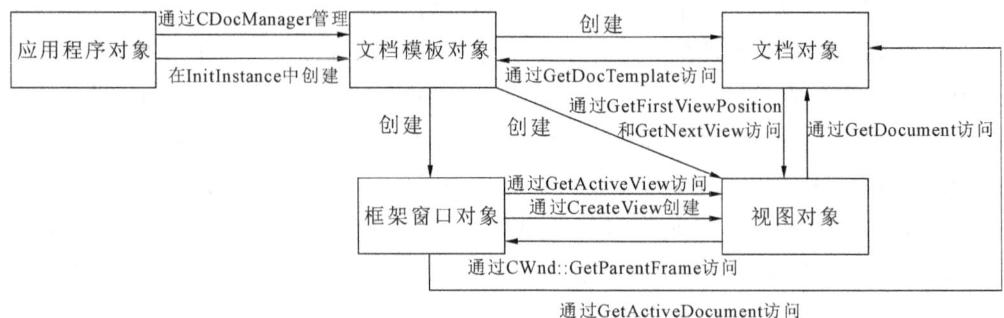

图 14.1　MFC 应用程序对象之间的关系

MFC 应用程序启动时，首先创建应用程序对象 theApp，这时将自动调用应用程序类的构造函数初始化对象 theApp，然后由应用程序框架调用 MFC 提供的 AfxWinMain()主函数。

AfxWinMain()主函数首先通过调用全局函数 AfxGetApp()获取应用程序对象 theApp 的指针 pApp，然后通过 pApp 调用应用程序对象的有关成员函数，完成程序的初始化和启动工作，最后调用成员函数 Run()，进入消息循环。

程序运行后将收到 WM_PAINT 消息，调用 OnPaint()函数绘制客户区窗口。如果 Run()收到 WM_QUIT 消息，则结束消息循环，然后调用函数 ExitInstance()，结束程序运行。

MFC 程序运行后各函数调用关系如图 14.2 所示。

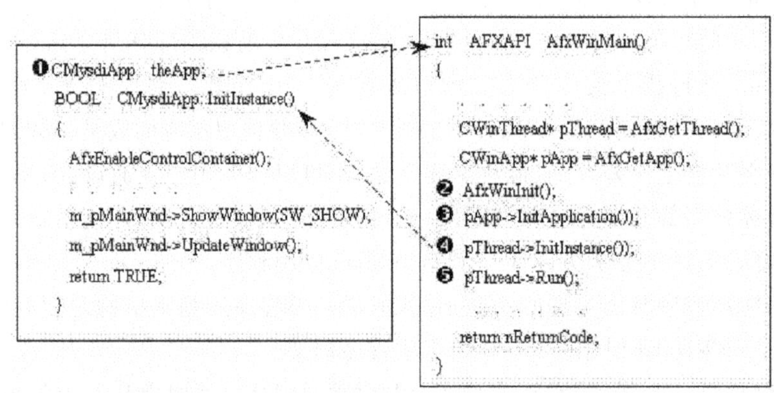

图 14.2　MFC 程序运行后各函数调用关系

InitInstance()函数是派生类唯一需要重载的函数，它负责应用程序的初始化，如初始化数据、创建文档模板、处理命令行以及显示应用程序主窗口。

14.3　MFC 的优点

MFC 作为面向对象程序设计方式，首先具有可复用性、代码和数据紧密地绑定等优点。类是面向对象程序设计的核心概念，程序中不仅可以使用自己建立的类，还可以使用系统所提供的类，一个好的类库可以大大减少编码的数量。MFC 的成功之处在于，它是一个类库、一个包罗计算机系统方方面面的类库、一个集 Microsoft 各路软件高手之大成的类库。通过从 MFC 继承自己所需要的类，可以充分利用基类所具有的各种功能。

另外，MFC 将类、类的继承、动态约束、类的关系和相互作用等应用程序概念封装起来，可以使开发者高效、轻松地建立 Windows 应用程序，而不受设备限制并且由事件进行驱动。封装有助于编程人员在处理好简单接口后，集中精力处理高层次开发的工作，MFC 能被广泛使用也正是有此优点。用户界面等的编程是底层的十分复杂和困难的事，MFC 给解决了。程序员只管自己特定的任务，编程的效率和可靠性大大提高。

MFC 的接口处理方式是其另一个优点。在类中必须有一部分成员函数置为公有，专供类外程序语句访问，这些函数亦称接口函数。其余成员函数是故意对外隐蔽起来的操作，它们是最复杂最关键的部分，越是复杂越是关键就越能体现出使用类封装的必要和优越。类中故意的隐藏也为以后的升级扩展留下了余地，只要接口不变，内部再变，也不必修改原来的程序，就像 MFC（微软基础类）升级后，由 MFC 底层类所编的程序完全不必修改，自动升级。

MFC 具有良好的通用性和可移植性，它定义了应用程序的轮廓，并提供了用户接口的标准实现方法，程序员所要做的工作就是通过 VC 所提供的各种工具来完成这个工作。

使用标准化的程序代码结构，有利于程序员之间的交流。

Visual C＋＋为 MFC 提供了大量的工具支持，提高了编程效率。如利用 MFC AppWizard 创建 MFC 应用程序框架，利用 ClassWizard 方便地对 Windows 消息进行管理。

MFC 应用程序的效率较高，并且在 MFC 应用程序中还允许混合使用传统的 Windows API 函数。

其他优势：完全支持 Windows 所有的函数、控件、消息、菜单及对话框；具有良好的稳定性和兼容性，更符合微软的风格等。

14.4 MFC 的层次结构

MFC 是一个包含了超过 200 个不同类的很庞大的类库。利用它们，开发者可以完成许多标准的 Windows 编程任务，并且可以在应用程序中加入许多复杂的特性。在设计思想上，MFC 将面向对象的方法与事件驱动结合得很好，因此要理解庞大的 MFC 类库中的常用类的功能，要利用面向对象的思想进行理解和分析。在 MSDN 中显示的 MFC 类的层次结构如图 14.3 所示。

其中，CObject 类是 MFC 的抽象基类（不能派生对象），是 MFC 中多数类和用户自定义类的根类。它为程序员提供了许多公共操作和基本服务，主要包括对象的动态建立与删除、序列化（即串行化）的支持、对象诊断输出、运行时信息以及集合类的兼容等。它使得 MFC 以及基于 MFC 的应用程序更加稳固和易于调试。

消息映射类 CCmdTarget 是 CObject 的子类，是 MFC 类库中所有具有消息映射属性的基类。消息映射规定了当对象接到命令消息时，应调用哪一个函数对该消息进行处理。由 CCmdTarget 派生出的主框架类包括 CView、CWinApp、CDocument、CWnd 和 CframeWnd，它们都可处理命令消息。程序员若需要一个新类来处理消息，可以从 CCmdTarget 派生出一个新类。一般程序员很少从 CCmdTarget 类中直接派生出新类，而是从其子类 CView、CWinApp 来派生。

窗口应用程序类 CWinApp：每一个使用 MFC 的应用程序只能包含一个从 CWndApp 派生的应用程序对象，当 VC 的其他全局对象被构造时，这个对象也同时被构造，当 Windows 调用 WinMain()函数时，产生的对象已经有效了。

应用程序线程类 CWinThread 为线程的基类，CWinApp 是从 CWinThread 派生而来的。该对象描述程序线程的执行，主线程的执行通常由一个 CWinApp 的派生对象提供。

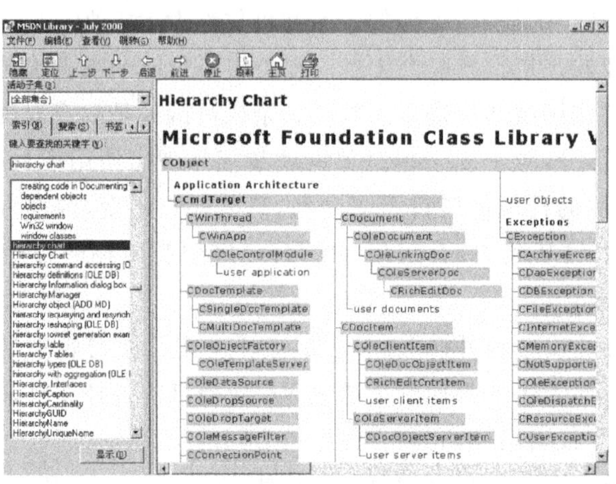

图 14.3　MFC 类的层次结构

文档/视图类：文档对象由文档模板对象创建，管理应用程序的数据。视图对象表示一个窗口的客户区，它显示文档数据并允许用户与之交互。

CDocTemplate 类：文档模板的基类。它负责协调文档、视窗和框架窗口的创建。

CMultiDocTemplate 类：多文档界面(MDI)的文档模板。

CSingleDocTemplate 类：单文档界面(SDI)的文档模板。

CDocument：应用程序所用文档的基类。

CView：显示文档数据的应用程序专用视图的基类。

14.5　消息和消息映射

14.5.1　消息

所谓消息就是用于描述某个事件发生的信息，而事件是对于 Windows 的某种操作。

事件和消息密切相关，事件是因，消息是果，事件产生消息，消息对应事件。所谓消息的响应，其实质就是事件的响应。

消息驱动是 Windows 应用程序的核心，所有的外部响应(如键盘、鼠标和计时器等)都被 Windows 先拦截，转换成消息后再发送到应用程序中的目标对象，应用程序根据消息的具体内容进行处理。

消息不仅可由 Windows 发出，它也可由应用程序本身或其他程序产生。Windows 为每一个应用程序都维护一个或多个消息队列，发送到每个程序窗口的消息都排成一个队列。消息队列在应用程序中的轮询处理过程如图 14.4 所示。

一个消息由一个消息名称(UINT)和两个参数(WPARAM，LPARAM)组成。当用户

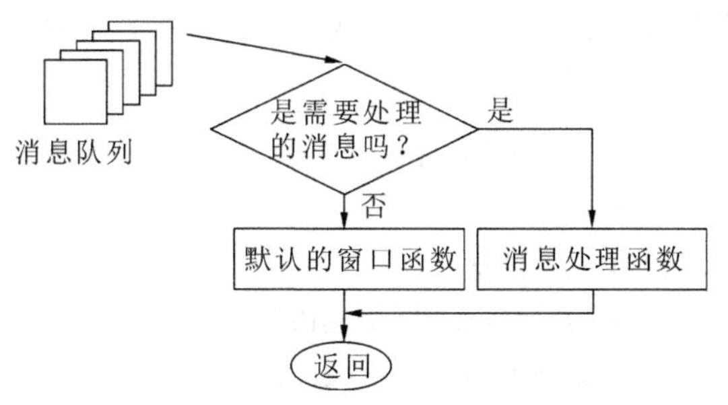

图 14.4 消息队列在应用程序中的轮询处理

进行了输入或是窗口的状态发生改变时系统都会发送消息到某一个窗口。例如当菜单转中之后会有 WM_COMMAND 消息发送，WPARAM 的高字中(HIWORD(wParam))是命令的 ID 号，对菜单来讲就是菜单 ID。当然用户也可以定义自己的消息名称，也可以利用自定义消息来发送通知和传送数据。

消息必须由一个窗口接收。在窗口的过程(WNDPROC)中可以对消息进行分析，对自己感兴趣的消息进行处理。例如希望对菜单选择进行处理，那么可以定义对 WM_COMMAND 进行处理的代码；如果希望在窗口中进行图形输出，就必须对 WM_PAINT 进行处理。

Windows 中的消息众多，一般分为三种类型：标准 Windows 消息、控件通知(Control Notification)消息、命令(Command)消息。

(1) 标准 Windows 消息：以 WM_为前缀(但不包括 WM_COMMAND)的消息，包括鼠标消息、键盘消息和窗口消息，如 WM_MOVE、WM_PAINT 等。

(2) 控件通知消息：对控件操作引起的消息，是控件和子窗口向其父窗口发出的 WM_COMMAND 通知消息。例如，当用户修改了编辑控件中的文本后，编辑控件向其父窗口发送 WM_COMMAND 通知消息。

(3) 命令消息：由菜单项、工具栏按钮、快捷键等用户界面对象发出的 WM_COMMAND 消息。命令消息与其他消息不同，它可被更广泛的对象如文档、文档模板、应用程序对象、窗口和视图等处理。

消息要携带一些与消息相关的信息，如消息标识、消息参数等。在 Windows 中消息一般用 MSG 结构表示：

```
typedef  struct  tagMSG {
      HWND  hWnd;// 目标窗口句柄
      UINT  message;// 消息标识
      WPARAM  wParam;// 消息参数 1(附加信息，16 位)
      LPARAM  lParam;// 消息参数 2(附加信息，32 位)
      DWORD  time;// 消息发送时间
      POINT  pt; // 消息发送时鼠标的屏幕坐标
} MSG;
```

该结构中，目标窗口句柄 hWnd 说明该消息将发送至哪个窗口；消息标识 message 是利用宏定义好的消息名标识，这些标识对应一个整数；消息参数 1 wParam 和消息参数 2 lParam 用于提供消息的附件信息，如键值的编码、标志、鼠标坐标等。

例 14.1 为程序 Hello 添加键盘消息处理功能，判断当前按下的键是不是 A 或 a 键，并给出相应的提示。

打开程序项目 Hello，在文件 Hello. cpp 的窗口函数 WndProc()的 switch 消息处理分支中添加键盘消息的处理代码：

```
case WM_KEYDOWN://处理键盘消息
    if(wParam==0x41)  // A 或 a 键的虚键码为 0x41
        MessageBox(NULL,"The key you pressed is A
        or a !","KEYDOWN",NULL);
    else  MessageBox(NULL,"The key you pressed
        is not A or a !","KEYDOWN",NULL);
    break;
```

Windows 程序首先识别消息标识 message，然后转到相应的处理语句，根据消息参数的值对消息进行具体的处理，实现了相应的消息处理机制。

14.5.2 消息映射

MFC 由 CWinApp 类检索和派送消息给相应的窗口函数，但是所有的 MFC 窗口函数都使用同一个窗口函数。MFC 把设计窗口的任务细化为设计若干消息处理函数，程序员要做的是为每一个要处理的消息提供一个消息处理(Handling Messages)函数，然后系统通过 MFC 提供的一套消息映射系统(messages mapping system)来调用相应的消息处理函数。消息映射就是消息与消息处理函数一对一的联系。

MFC 采用消息映射(message map)机制取代 C/C++语言中的 switch…case 结构来处理消息。MFC 消息映射机制包括一组消息映射宏。一条消息映射宏把一个 Windows 消息和其消息处理函数联结起来。

MFC 应用程序框架提供了消息映射功能。在类的实现源文件中用 BEGIN_MESSAGE_MAP()和 END_MESSAGE_MAP()宏来定义消息映射。在类定义的结尾用 DECLARE_MESSAGE_MAP()宏来声明使用消息映射。

例 14.2 MFC 消息映射宏的一个示例。

```
BEGIN_MESSAGE_MAP(TheClass, BaseClass)
//{{AFX_MSG_MAP(TheClass)
ON_WM_CREATE()        //  MFC 预定义的消息映射宏
ON_COMMAND(ID_FONT_DROPDOWN, DoNothing)
ON_MESSAGE(message, memberFxn)
     //用户自定义的消息映射宏
.  .  .  .  .  .  .
//}}AFX_MSG_MAP
END_MESSAGE_MAP()
```

在该示例中，TheClass 是拥有消息映射的派生类名，BaseClass 是其基类名。消息映射宏以 ON_起始，其后是消息名。比如 ON_WM_CREATE()是消息 WM_CREATE()的消息宏映射。ON_COMMAND 是消息 WM_COMMAND 的消息宏映射。ON_MESSAGE()是自定义的消息宏映射。

消息映射宏在预编译时会被具体的源代码所替换。经过编译后，代码被替换为如下形式(该例只是示例性代码)：

```
//BEGIN_MESSAGE_MAP(TheClass, BaseClass)
CMainFrame::newWndProc(...)
{
    switch(...)
    {
        //{{AFX_MSG_MAP(CMainFrame)
        //ON_WM_CREATE()
        case(WM_CREATE):
            OnCreate(...);
        break;
        //}}AFX_MSG_MAP
        //ON_COMMAND(ID_FONT_DROPDOWN, DoNothing)
        case(WM_COMMAND):
                if(HIWORD(wP)==ID_FONT_DROPDOWN)
                {
                        DoNothing(...);
                }
        break;
    //END_MESSAGE_MAP()
    }
}
```

newWndProc就是窗口过程，只要是该类的实例生成的窗口都使用该窗口过程。所以，了解了Windows的消息机制再加上对消息映射的理解，就很容易了解MFC开发的基本思路了。

例14.3 利用ClassWizard为框架类添加消息WM_CLOSE、WM_DESTROY及菜单项"Edit|Copy"的消息处理函数，分析ClassWizard完成了哪些工作。

启动ClassWizard，添加要求的三个消息处理函数。ClassWizard将在类的实现文件中添加三个消息映射宏和消息处理函数。消息映射宏如下：

```
    BEGIN_MESSAGE_MAP(CMainFrame, CFrameWnd)
        //{{AFX_MSG_MAP(CMainFrame)
        ON_WM_CREATE()
      // 由 MFC AppWizard程序向导自动生成的消息映射
    ON_WM_CLOSE()      //由 ClassWizard类向导添加
    ON_WM_DESTROY()
    ON_COMMAND(ID_EDIT_COPY, OnEditCopy)
    //}}AFX_MSG_MAP
END_MESSAGE_MAP()
```

ClassWizard在类的定义中声明了消息处理函数：

```
class  CMainFrame:CFrameWnd
{
```

```
public:
      CMainFrame();
protected:
      //{{AFX_MSG(CMainFrame)// 声明消息处理函数原型
      afx_msg  int OnCreate(LPCREATESTRUCT  lpCreateStruct);
      // 由程序向导自动生成
      afx_msg  void  OnClose();  //由 ClassWizard 类向导添加
      afx_msg  void  OnDestroy();
      afx_msg  void  OnEditCopy();
      //}}AFX_MSG
      DECLARE_MESSAGE_MAP()  //声明使用消息映射宏
};
```

14.6 MFC 基于框架的 Hello World 程序

MFC 是一种应用程序架构的设计思想，应用程序架构就是在特定的领域中程序之间的共同结构，它是某领域中的程序员，依照共同结构来开发程序，使得程序之间具有一致性，增加了程序的清晰度，以此来降低程序的设计和维护费用。

从应用方面讲，架构就是整个或部分系统的可复用设计，表现为一组抽象组件及其实例间交互的方法；从目的方面讲，架构就是可被应用程序开发者定制的应用骨架。

可以说，一个应用程序架构就是一个可复用的设计组件。它规定了应用程序的体系结构，阐明了整个设计、协作组件之间的依赖关系、责任分配和控制流程。应用程序架构包括应用程序的总体组织和全局控制、通信协议、同步、数据存取，给设计元素分配特定功能，设计元素的组织、规模和性能，以及在各个设计方案间进行选择。

应用程序架构本质上是一种软件高层次复用，它可以在具有相似需求的多个系统中得到复用，这比代码级的复用具有更大的意义。

对应用程序架构抽象可以使设计者对一些经过时间证明是非常有效的体系结构进行复用，从而保证新的软件开发能够成功，提高软件开发的效率。在软件设计过程中，我们常常会发现，对一个体系结构部件进行抽象就可以将它应用到其他的设计中，从而降低设计的复杂度。

建立项目架构(skeleton)，类似于一个项目的总体设计，它需要确定项目的类型，根据项目类型创建并组织各种基本组件，包括所有的类、一些基本对象、项目所需的必要资源等，从而为项目搭建起一个完整的架构。

窗口是 Windows 图形用户界面的最基本和最重要的部件，每一个 Windows 程序至少有一个窗口。故 Windows 图形用户界面也称窗口界面。

例 14.4 用 MFC 编写基于框架结构的 Hello World 应用程序。

1. 生成程序框架

在 VC 的集成开发环境下选择“File | New”，并在“Projects”选项卡中选择“Win32 Application”，在项目名称 Project name 编辑框中输入“MfcHello”，路径 Location 编辑框中输入一个工程所存放的路径(如 e:\vcpp)后，单击“OK”按钮后，出现“Win32 Application-Step 1 of 1”对话框。选择生成一个空工程并按下“Finish”按钮。

2. 在工程 MfcHello 中添加 hello. h 头文件

再次使用"File|New",并在"Files"选项卡中选择"C/C++ Header File",在文件名 File 编辑框中输入"Hello",路径 Location 使用缺省路径,然后按"OK"按钮,就在当前的工程 MfcHello 中添加了一个头文件 hello. h。

编辑该头文件的内容如下:

```
class CMyApp:public CWinApp{
public:
virtual BOOL InitInstance (); //超载的虚函数
};
class CMainWindow:public CFrameWnd
{
public:
CMainWindow (); //构造函数
protected:
afx_msg void OnPaint (); //WM_PAINT 的消息响应函数
DECLARE_MESSAGE_MAP () //声明消息映射};
```

3. 在工程 MfcHello 中添加实现文件 hello. cpp

再次使用"File|New",并在"Files"选项卡中选择"C++ Source File",在文件名 File 编辑框中输入"Hello",路径 Location 使用缺省路径,然后按"OK"按钮,就在当前的工程 MfcHello 中添加了一个 C++实现文件 hello. cpp。

编辑该实现文件的内容如下:

```
# include <afxwin.h>
# include"Hello.h"
CMyApp TheApp;  //由应用程序类实例化一个对象
BOOL CMyApp::InitInstance ()
{
m_pMainWnd=new CMainWindow;
//m_pMainWnd 是 CMyApp 的公有数据成员,它从类 CWinApp 继承而来,存放主窗口的指针
m_pMainWnd->ShowWindow (m_nCmdShow);
m_pMainWnd->UpdateWindow ();
return TRUE;}
BEGIN_MESSAGE_MAP (CMainWindow, CFrameWnd)   //开始消息映射
ON_WM_PAINT ()
END_MESSAGE_MAP ()             //结束消息映射
CMainWindow::CMainWindow ()  //框架窗口的构造函数
{
Create(NULL,"The First MFC Application"); //创建窗口
}
void CMainWindow::OnPaint ()
{
CPaintDC dc (this);
```

```
CRect rect;
GetClientRect (&rect);44
dc.DrawText ("您好!,这是利用 MFC 开发的第一个程序", -1, &rect,
DT_SINGLELINE | DT_CENTER | DT_VCENTER);}
```

4. 设置动态连接到 MFC 类库

在 VC 的集成开发环境下选择"Project|Setting",弹出"Project Setting" 对话框。在该对话框左方的"General"选项卡中通过组合框 "Microsoft Foundation Class"选择使用 MFC 类库的方法为"Use MFC in a Shared DLL"(以动态连接库方式使用 MFC),该种方式依赖于 Windows 操作系统目录下存放的 mfc * . dll 库文件。选项"Not Using MFC"代表程序中不使用 MFC,"Use MFC in a Static DLL"代表以静态方式连接到 MFC,该方式的优点是程序的运行不依赖 mfc * . dll 文件,但它的代价是可执行文件的长度大,而且对内存的利用不够充分。

5. 运行程序

编译、连接并运行该程序,在屏幕上出现了一个显示信息的具有 Windows 界面的窗口。它具有可以移动、最大化、最小化等常见的窗口功能。

14.7 AppWizard 和 ClassWizard 的用法

1. AppWizard

AppWizard 用来创建基于 MFC 的 Windows 应用程序。它的功能非常强大,使用 AppWizard 可快速产生具有下面特征的应用程序:

- 单文档、多文档或基于对话框的应用程序。
- OLE 支持和数据库(ODBC 和 DAO)支持。
- 工具条、状态条、上下文敏感帮助和三维界面。
- 文件的内部功能,如打开、打印命令等。
- 窗口边框风格的控制。

MFC AppWizard 显示一系列对话框,用户可从对话框中选择满足应用程序和新需要的选项。在定义完应用程序和项目选项后,WFC AppWizard 生成创建应用程序所需要的开始文件,使这些文件与 ClassWizard 兼容。

在可视化开发环境下,生成一个应用程序要做的工作主要包括编写源代码、添加资源和设置编译方式。向导实质上是一个源代码生成器,利用应用程序向导可以快速创建各种风格的应用程序框架,自动生成程序通用的源代码,同时自动生成程序框架所需要的支持文件。我们可以为 Visual C++ MFC 编程做一个形象的总结,MFC 应用程序框架使我们的程序设计工作犹如做填充题,Developer Studio 中的集成工具使我们的程序设计工作犹如做选择题,程序员犹如软件集成装配车间里的技术工人。

前面我们利用 AppWizard 创建了一个应用程序框架,它除了显示一个 Windows 的多文档界面以外,目前还没有任何实际的用处,我们必须为它添加实际的功能。事实上,大多数 Visual C++程序员都是在这个应用程序框架的基础上从事添加各种功能模块的工作,包括设计自己的类,编写具有一定功能的成员函数。Visual C++的集成开发环境向用户提供了一个功能很强的操作类的工具——ClassWizard，我们可以利用该工具非常方便地向应用程序中添加类、向类中添加消息处理函数、成员函数以及添加成员变量等。利用 ClassWizard，我们再也不用手工编写那些烦琐的代码，只需使用简单的鼠标和键盘操作就能够完成大量的工作，相当于用机器制造机器。

首先建立一个 MFC AppWizard 工程，工程名为 Test，类型为单文档窗口，如图 14.5 和图 14.6 所示。

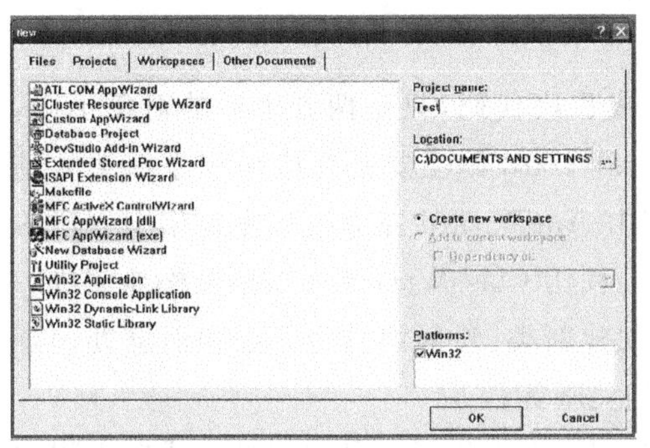

图 14.5　建立一个 MFC AppWizard 工程

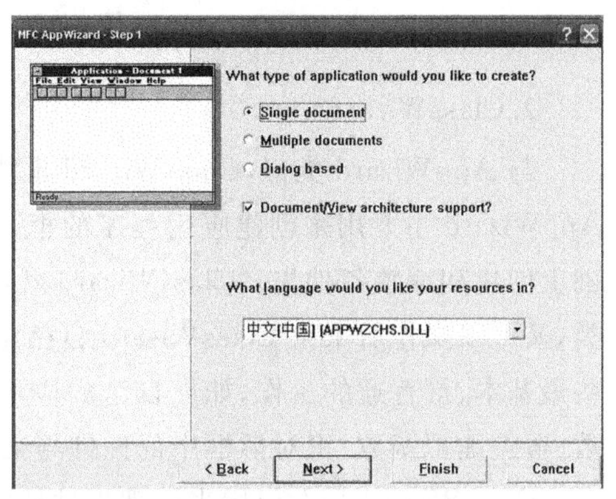

图 14.6　选择应用类型和语言

建立完成后，会出现图 14.7 所示的视图，在类视图中 CMainFrame 的名字是不会变的，而 APP、Doc、View 是以 C＋工程名＋类的方式出现的。可以看到，在上面工程中并未找到入口函数 WinMain，其实它的位置在安装目录下 VC98\MFC\SRC 里面的 APPMODUL. CPP 中，如图 14.8 所示。

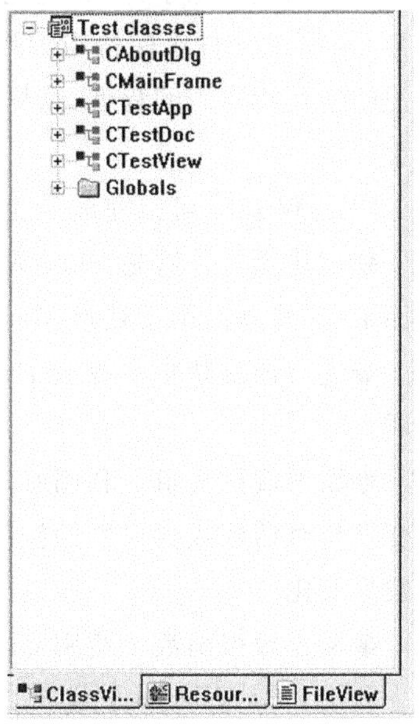

图 14.7　建立完成后的类视图

事实上，_tWinMain 是个宏，单击右键转到定义处就会发现 ＃define _tWinMain WinMain 这样一个宏定义。我们在_tWinMain 函数里设置一个断点并调试运行，就会发现程序确实在这里停了，说明进入了这个函数。

接下来一个比较重要的问题是全局对象 CTestApp，如图 14.9 所示。

CTestApp 是从 CWinApp 派生出来的一个类，而 theApp 是 CTestApp 实例化的一个对象，它唯一地表示应用程序本身。CTestApp ( ) 导致 CWinApp:: CWinApp (LPCTSTR lpszAppName)的调用，这个函数主要做程序运行前的初始化工作。

```
extern "C" int WINAPI
_tWinMain(HINSTANCE hInstance, HINSTANCE hPrevInstance,
    LPTSTR lpCmdLine, int nCmdShow)
{
    // call shared/exported WinMain
    return AfxWinMain(hInstance, hPrevInstance, lpCmdLine, nCmdShow);
}
```

图 14.8　WinMain 的位置

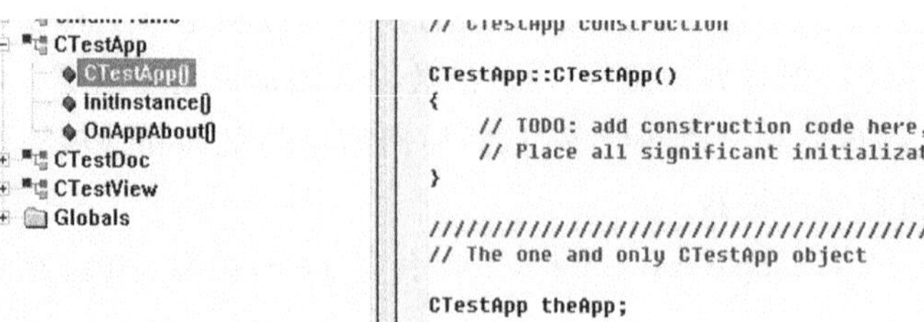

图 14.9　全局对象 CTestApp

2. ClassWizard

与 AppWizard 类似，ClassWizard 也能自动生成程序代码，只是两者生成的对象不同，AppWizard 主要用来创建应用程序的框架，而 ClassWizard 则主要是在应用程序框架的基础上创建和编辑各种类。ClassWizard 既可以操作由 AppWizard 在应用程序框架中创建的类，又可以操作后来由 ClassWizard 自己添加的类。利用 ClassWizard 可以很轻松地完成一些最基本、最普通的工作，如在自己的应用程序中创建新类、映射消息为其添加消息处理函数、覆盖虚拟函数、将对话框中的控件与某个变量相关联等。

ClassWizard 是专门用来管理事件控制消息的工具，它提供了一种快捷的方式向工程中添加有关界面元素的消息处理代码，如果不增加这样的代码，编译后的应用程序就会根据缺省设置来响应消息事件，而这些缺省信息都隐藏在 MFC 之中，ClassWizard 通过存取一个后缀为 CLW 的文件来保持与源代码的同步。随着版本的不断提高，Visual C＋＋ 6.0 的跟踪能力已达到相当高的程度，这样可减少过去手工添加例行的数据交换和数据有效化的代码，非常省事。

ClassWizard 可以完成的主要功能如下：

◆创建新类。这是 ClassWizard 最基本的用途之一。创建的新类由一些主要的基类派生而来，这些基类用于处理 Windows 的消息，对于一般用户来说，这些基类已经足够了。

◆进行消息映射。这些消息主要和窗口、菜单、工具栏、对话框、控件以及加速键相关联。

◆添加成员变量。利用 ClassWizard，可以很方便地向类中添加成员变量，并将这些成员变量与对话框或窗口中的控件关联起来，当控件的值改变时，所对应的成员变量的值也跟着发生变化。

◆覆盖虚拟函数。使用 ClassWizard 可以方便地覆盖基类中定义的虚拟函数。

利用 ClassWizard 创建新类的方法为：

(1) 从 View 菜单选择 ClassWizard 命令，弹出 MFC ClassWizard 对话框。

(2) 单击“Addclass”按钮，从弹出菜单中选择 New 命令。

(3) 选择后弹出“New Class”对话框，如图 14.10 所示。

(4) 在 Name 文本框中输入新的类的名称，如“NewOne”。从 Base class 下拉列表框中选择用于派生新类的基类，如“Cone”。

(5) 若要改变头文件(.h)或者实现文件(.cpp)的缺省名字，请单击“Change”按钮。

(6) 从 Automation 框中选择具体选项。

(7) 单击“OK”按钮，ClassWizard 自动将该类的框架信息加到相应的头文件和实现文

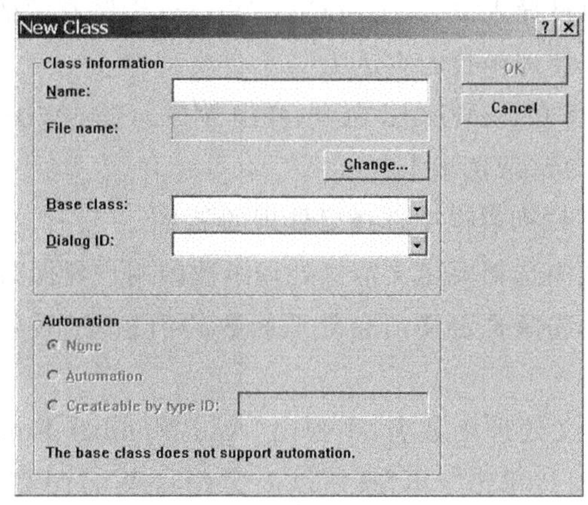

图 14.10 “New Class”对话框

件中。

(8) 如果新创建的类要实现 Active 控制功能，则可使用 MFC Class Wizard 对话框的 ActiveX Events 选项卡来添加 ActiveX 文件，这些文件在某一特定动作派生时被初始化。

例 14.5 利用 ClassWizard 创建新类，并添加相应文件，实现计算矩形面积。

利用 ClassWizard 创建新类如图 14.11 所示，更改头文件和执行文件名称如图 14.12 所示。

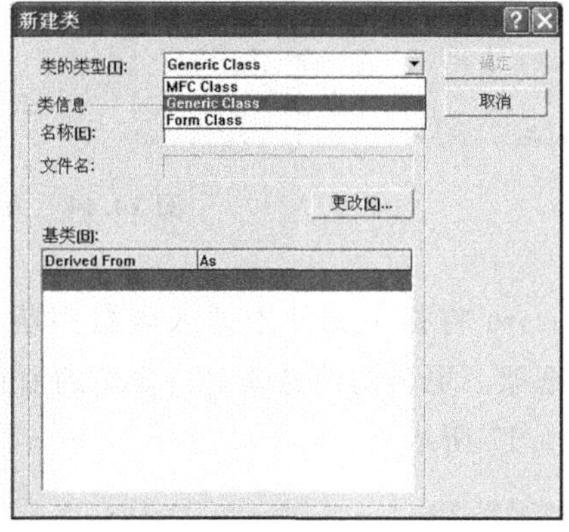

图 14.11 利用 ClassWizard 创建新类

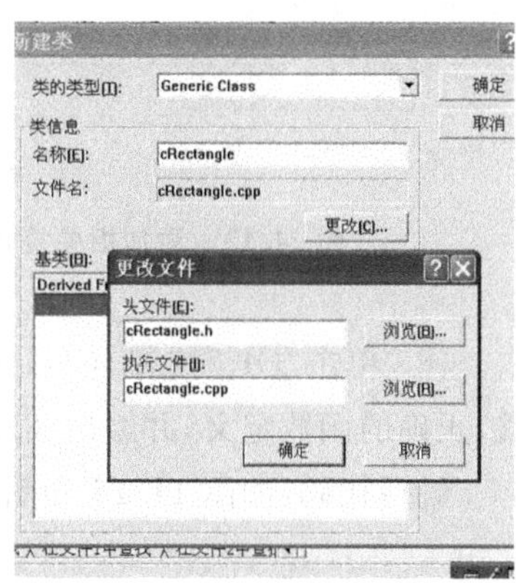

图 14.12 更改头文件和执行文件名称

类的定义如下：

```
class cRectangle
{
private:
    int m_long=10;
    int m_short;
public:
    cRectangle();
    virtual~cRectangle();
};
```

创建新类或从其他项目导入类后，可用ClassWizard浏览有关的信息并快速定义相应的消息处理函数。定义消息处理函数的方法为：

(1) 从View菜单选择ClassWizard命令，弹出MFC ClassWizard对话框。

(2) 切换到Message Maps选项卡。

(3) 从Class name下拉列表框中选择要处理的类名。

(4) 在Object IDS框中选择要定义消息处理函数的用户界面对象。

(5) 在Message框中选择要定义消息处理函数的消息，然后单击"Add Function"按钮(或双击消息名)。

(6) 若消息没有预定义处理函数名，则弹出"Add Member Function"对话框，键入消息处理函数名并按回车，或直接单击"OK"按钮以接受ClassWizard建议的名字。

(7) 如果要添加多个消息处理函数，则重复第(5)和第(6)两步的操作。图14.13至图14.15为添加多个消息处理的结果。

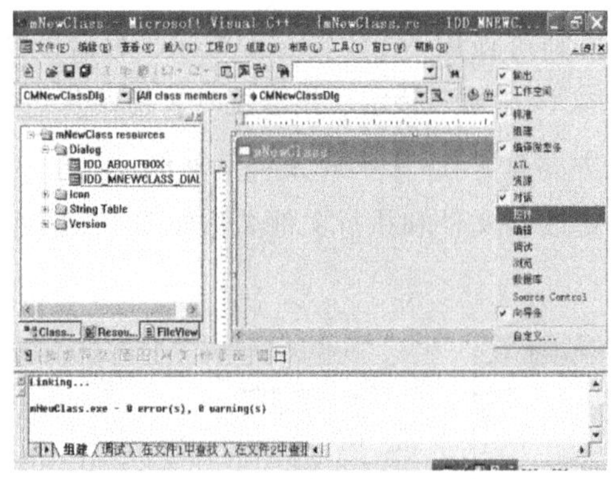

图14.13 添加相关控件

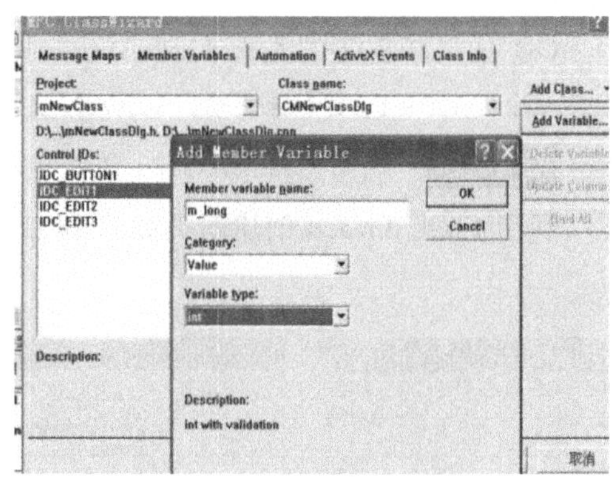

图14.14 为类添加成员变量

(8) 单击"OK"按钮，ClassWizard将往头文件中插入函数声明，往实现文件中插入完整、正确的函数定义，并给出实现框架。更新的消息映射包含新的消息处理函数。

编写代码，如图14.16和图14.17所示。

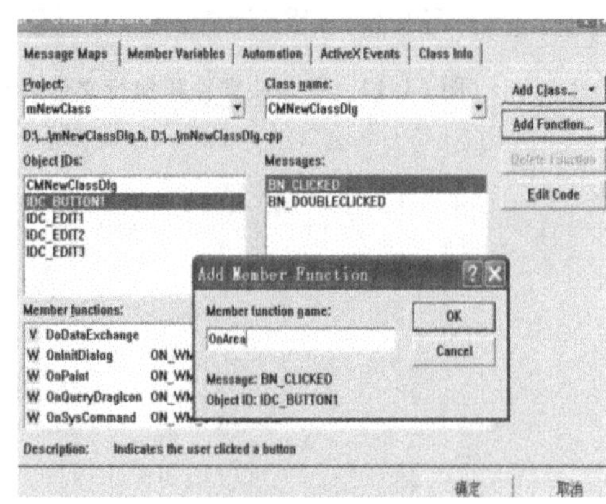

图14.15 为控件添加关联成员函数

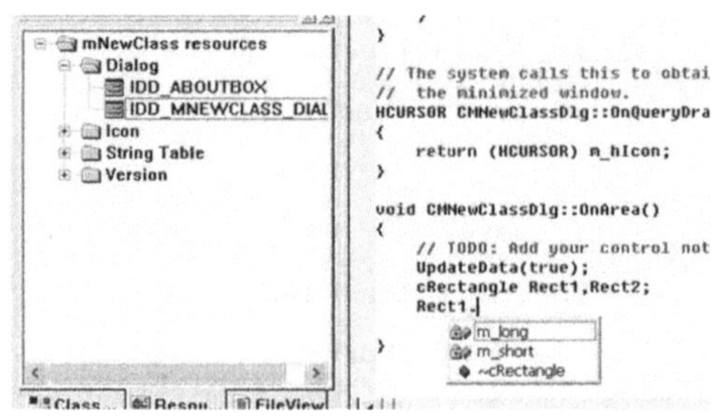

图14.16 编写成员函数代码

注：在默认的情况下，cRectangle类的数据是私有的，m_long在类外不能访问，即赋值。

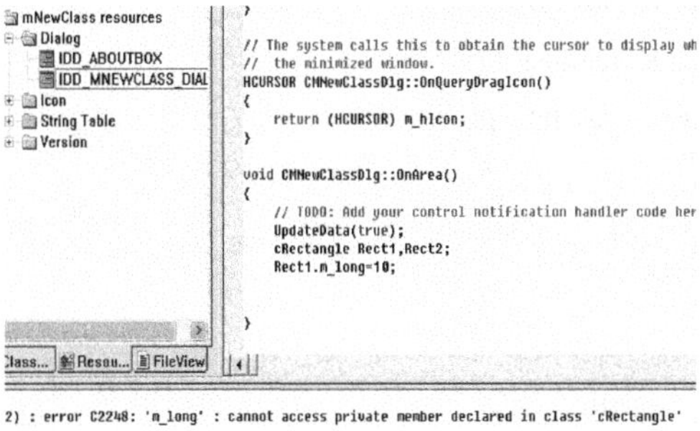

图 14.17 添加代码,计算面积

```
class cRectangle
{
    int m_long;
    int m_short;
    public:
    cRectangle();
    virtual~cRectangle();
};
void CMNewClassDlg::OnArea()
{
    // TODO:Add your control notification handler code here
    UpdateData(true);
    cRectangle Rect1,Rect2;
    Rect1.m_long=10;
}
```

可以通过类的成员函数来访问类的私有数据,cRectangle 类的数据是私有的,可以通过 SetLong 函数访问之,即赋值。

```
class cRectangle
{
    int r_long;
    int r_width;
public:
    cRectangle();
    setLong (int out_long)
    { r_long=out_long;}
    setWidth (int out_width)
    { r_width=out_width;}
    virtual ~cRectangle();
};
void CMNewClassDlg::OnArea()
{
    // TODO:Add your control notification handler code here
    UpdateData(true);
```

```
        cRectangle Rect1,Rect2;
        Rect1.setLong(m_long);
        Rect1.setWidth(m_width);
    }
```

完整程序:

```
    class cRectangle
    class cRectangle
    {
        int r_long;
        int r_width;
    public:
        cRectangle();
        setLong (int out_long)
        { r_long=out_long;}
        setWidth (int out_width)
        { r_width=out_width;}
        int setArea()
        {
            int area;
            area=r_long * r_width;
            return (area);
            }
    virtual~cRectangle();
    void CMNewClassDlg::OnArea()
    {
        UpdateData(true);
        cRectangle Rect1,Rect2;
        Rect1.setLong(m_long);
        Rect1.setWidth(m_width);
        m_area= Rect1.setArea();
        UpdateData(false);
    }
```

运行程序,实现功能,如图 14.18 所示。

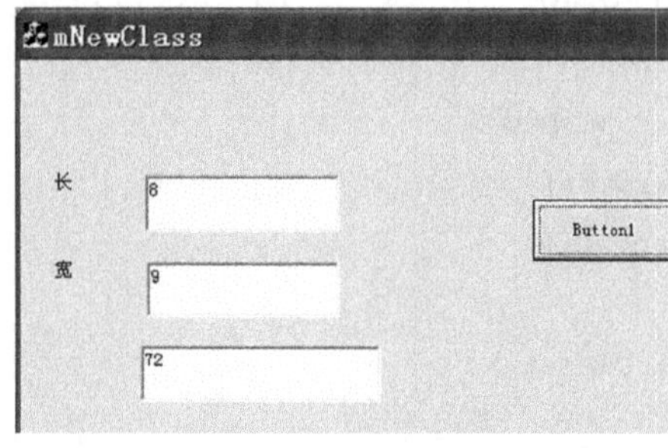

图 14.18　运行程序,实现功能

本章总结

MFC采用面向对象的程序设计方法，将大部分Windows功能函数封装在相关的MFC类中，并通过应用程序向导创建应用程序框架，从而降低了Windows编程难度，提高了应用程序的开发效率。

MFC将类、类的继承、动态约束、类的关系和相互作用等应用程序概念封装起来，可以使开发者高效、轻松地建立Windows应用程序，而不受设备限制并且由事件进行驱动。另外，MFC具有良好的通用性和可移植性。

CObject类是MFC的抽象基类（不能派生对象），是MFC中多数类和用户自定义类的根类，它为程序员提供了许多公共操作和基本服务。

消息映射机制是MFC编程最重要的机制，MFC把设计窗口的任务细化为设计若干消息处理函数，系统通过MFC提供的一套消息映射系统来调用相应的消息处理函数。消息映射就是消息与消息处理函数一对一的联系。

Visual C＋＋为MFC提供了大量的工具支持，提高了编程效率。如利用MFC AppWizard创建MFC应用程序框架，利用ClassWizard方便地对Windows消息进行管理。

第15章 窗口和对话框

15.1 框架窗口

框架窗口是应用程序的主窗口，负责管理其包容的其他窗口。一个应用程序的最顶层的框架窗口是应用程序启动时创建的第一个窗口。

MFC 提供了由基类 CWnd（窗口类）派生的 4 个框架窗口类，即 CFrameWnd、CMDIFrameWnd、CMDIChildWnd 和 Cdialog，用于支持三种标准框架窗口。

■单文档(Single document)窗口：由 CFrameWnd 类支持。文档窗口主要由边框、标题栏、菜单栏、工具栏、编辑区等组成。

■多文档(Multiple documents)窗口：由多个文档窗口组成，其中第一个打开的是主框架窗口，由 CMDIFrameWnd 类支持，其他为子框架窗口，由 CMDIChildWnd 类支持。子框架窗口没有菜单栏和工具栏，它们共享主窗口的菜单栏和工具栏。

■对话框(Dialog based)：一种特殊类型的窗口，它没有菜单栏和工具栏，且一般不能改变窗口的大小。对话框由 Cdialog 类支持。

1. 文档应用程序的 MFC 类结构

图 15.1 所示是单文档应用程序 Ex_SDI 和多文档应用程序 Ex_MDI 的 MFC 类结构。

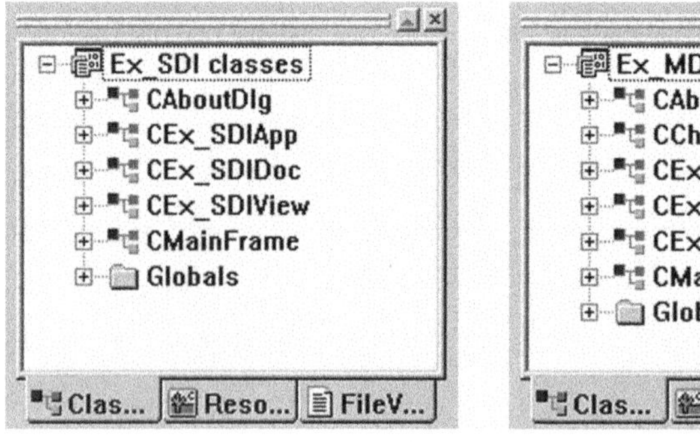

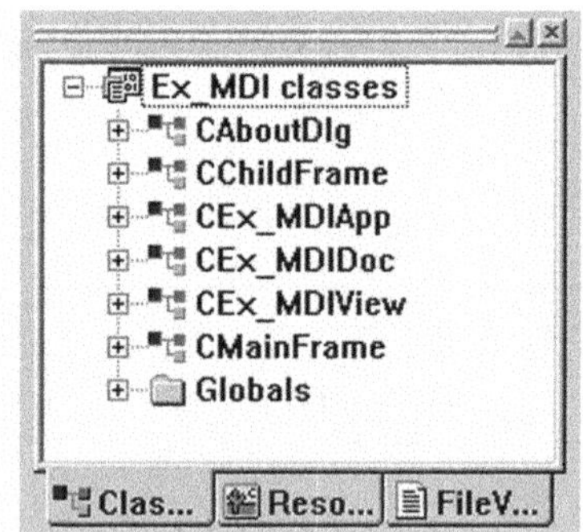

图 15.1 单文档和多文档应用程序类结构

CAboutDlg 是每一个应用程序框架都有的，用来显示本程序的有关信息。

CEx_SDIApp 和 CEx_MDIApp 是应用程序类，是从 CWinApp 类派生而来的，负责应用程序创建、运行和终止，每一个应用程序都需要这样的类。

CEx_SDIDoc 和 CEx_MDIDoc 是文档类，它们是从 CDocument 类派生而来的，负责应用程序文档数据管理。

CEx_SDIView 和 CEx_MDIView 是视图类，它们既可以从基类 CView 派生，也可以从 CView 派生类派生，负责数据的显示、绘制和与其他用户交互。

CMainFrame 类用来负责主框架窗口的显示和管理，包括工具栏和状态栏等界面元素的初始化。对于单文档应用程序来说，主框架窗口类是从 CFrameWnd 派生而来的；而对于多文档应用程序来说，主框架窗口是从 CMDIFrameWnd 派生的。

CChildFrame 类是从 CMDIChildWnd 派生而来的，专门用来管理多文档应用程序中的文档窗口。无论是 CMDIChildWnd 还是 CMDIFrameWnd 类，它们都是从 CFrameWnd 派生而来的。对于基于对话框的应用程序，一般有 CAboutDlg 类、应用程序类和对话框类。

上述 MFC 类之间的继承和派生关系如图 15.2 所示。

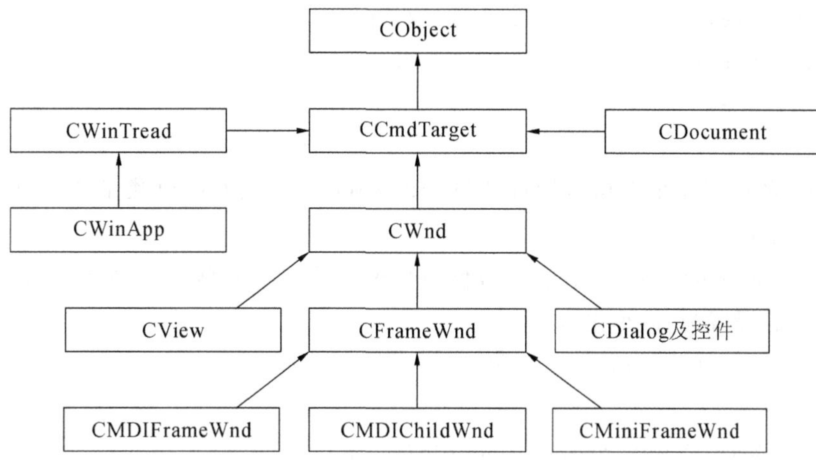

图 15.2 MFC 类的基本层次结构

2. 主框架窗口和文档窗口

主框架窗口是直接放置在桌面(DeskTop)上的那个窗口，每个应用程序只能有一个主框架窗口。主框架窗口负责管理各个用户交互对象并根据用户操作相应地创建或更新文档窗口及其视图。

文档窗口对于 SDI 程序来说，和主框架窗口是一致的，主框架窗口就是文档窗口；对于 MDI 程序来说，文档窗口是主框架窗口的子窗口，如图 15.3 所示。

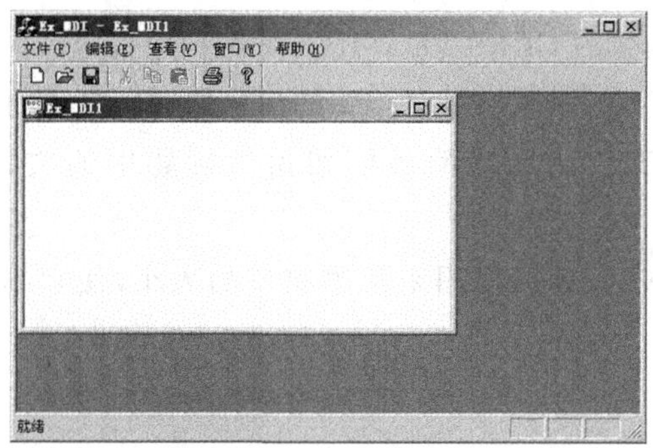

图 15.3 文档窗口

文档窗口一般都有相应的可见边框，它的客户区(除了窗口标题栏、边框外的区域)是由相应的视图来构成的，因此可以说视图是文档窗口内的子窗口。文档窗口时刻跟踪当前处于活动状态的视图的变化，并将用户或系统产生的消息传递给当前活动视图。

3. 窗口状态的改变

MFC AppWizard 为每个窗口设置了相应的大小和位置。

运行程序时，会自动调用框架内部的 WinMain 函数，并自动查找该应用程序类的全局变量 theApp，然后自动调用用户应用程序类的虚函数 InitInstance，该函数会进一步调用相应的函数来完成主窗口的构造和显示工作，代码：

```
BOOL CEx_SDIApp::InitInstance()
{…
m_pMainWnd->ShowWindow(SW_SHOW);// 显示窗口
m_pMainWnd->UpdateWindow();// 更新窗口
return TRUE;
}
```

m_pMainWnd 是主框架窗口指针变量，ShowWindow 是 CWnd 类的成员函数，用来按指定的参数显示窗口。

通过指定 ShowWindow 函数的参数值可以改变窗口显示状态。例如下面的代码是将窗口的初始状态设置为“最小化”：

```
BOOL CEx_SDIApp::InitInstance()
{...
m_pMainWnd->ShowWindow(SW_SHOWMINIMIZED);
m_pMainWnd->UpdateWindow();
return TRUE;
}
```

4. 窗口风格的设置

窗口风格通常有一般和扩展两种形式。可在函数 CWnd::Create 或 CWnd::CreateEx 参数中指定，CreateEx 函数可同时支持以上两种风格，CWnd::Create 只能指定窗口的一般风格。控件和对话框的窗口风格可直接通过其属性对话框来设置。

除了上述风格外，框架窗口还有以下三个自己的风格。它们都可以在 PreCreateWindow 重载函数的 CREATESTRUCT 结构中指定。

- FWS_ADDTOTITLE：该风格指定相关的信息如文档名添加到框架窗口标题的后面。
- FWS_PREFIXTITLE：该风格使得框架窗口标题中的文档名显示在应用程序名之前。
- FWS_SNAPTOBARS：该风格用来调整窗口的大小，使它刚好包含框架窗口中的控制栏。

例如：

```
cs.cx=300;
cs.cy=200;
cs.style=cs.style &~FWS_ADDTOTITLE;     //取反
cs.lpszName="桂林电子科技大学信息科技学院";
```

5. 改变窗口的大小和位置

CWnd类的成员函数SetWindowPos或MoveWindow可以改变窗口的大小和位置。SetWindowPos可以改变窗口的大小、位置，还可以改变所有窗口在堆栈排列的次序(Z次序)，这个次序是根据它们在屏幕上出现的先后来确定的。

```
BOOL SetWindowPos(const CWnd * pWndInsertAfter, int x, int y, int cx, int cy, UINT
nFlags);
```

参数pWndInsertAfter表示窗口对象指针，下列为预定义窗口对象的地址：

wndBottom　将窗口放置在Z次序中的底层；

wndTop　将窗口放置在Z次序中的顶层；

wndTopMost　设置最顶窗口；

wndNoTopMost　将窗口放置在所有最顶层的后面，若此窗口不是最顶窗口，则此标志无效。

x和y表示窗口新的左上角坐标，cx和cy分别表示窗口新的宽度和高度，nFlags表示窗口新的大小和位置方式。

函数CWnd::MoveWindow也可用来改变窗口的大小和位置，必须在MoveWindow函数中指定窗口的大小。

```
void MoveWindow(int x, int y, int nWidth, int nHeight, BOOL bRepaint=TRUE);
void MoveWindow(LPCRECT lpRect, BOOL bRepaint=TRUE);
```

参数x和y表示窗口新的左上角坐标，nWidth和nHeight表示窗口新的宽度和高度，bRepaint用于指定窗口是否重绘，lpRect表示窗口新的大小和位置。

例如，在CEx_SDIApp::InitInstance中“return TRUE;”语句之前添加下列代码，可以使主框架窗口移动到屏幕的(100,100)处：

```
// 若使用 SetWindowPos 函数，则可以有
m_pMainWnd->SetWindowPos(NULL,100,100,0,0,SWP_NOSIZE|SWP_NOZORDER);
// 或使用 MoveWindow 函数，则有
CRect rcWindow;
m_pMainWnd->GetWindowRect(rcWindow);
m_pMainWnd->MoveWindow(100,100,rcWindow.Width(),rcWindow.Height(),TRUE);
```

CRect是一个矩形类，GetWindowRect是一个CWnd类的成员函数，用来获取窗口在屏幕上的位置和大小。

15.2 创建对话框

对话框是应用程序用于显示或提示，并且等待用户输入信息的弹出式窗口。对话框是一种特殊类型的窗口，是Windows程序的一种资源，绝大多数Windows程序都通过对话框与用户进行交互。使用对话框上的各种控件，可以实现相应的功能。对话框是Windows应用程序中最重要的用户界面元素，是应用程序与用户进行交互的主要部件。在Visual C++中，对话框既可以单独组成一个简单的应用程序，又可以成为文档/视图结构程序的资源。

15.2.1 对话框的类型

对话框分为两种：模态对话框和非模态对话框。

1. 模态对话框

模态对话框：当对话框被弹出时，用户必须在对话框中做出相应的操作，在退出对话框之前，对话框所在的应用程序不能继续执行。当一个模态对话框工作时，其他窗口将失去输入焦点。只有当该模态对话框关闭后，用户才能对其他窗口进行操作。例如，Microsoft Word 中对图片进行操作时的“题注”对话框、“设置图片格式”对话框（见图 15.4）和“插入超链接”对话框都是模态对话框。

2. 非模态对话框

非模态对话框：当对话框被弹出后，一直保留在屏幕上，可继续在对话框所在的应用程序中进行其他操作；需要使用对话框时，单击对话框所在的区域即可激活。非模态对话框与模态对话框相反，当其工作时，单击其他窗口，被单击的窗口可以获得输入焦点。例如，Microsoft Word 中常用的“查找和替换”对话框（见图 15.5），就是非模态对话框。

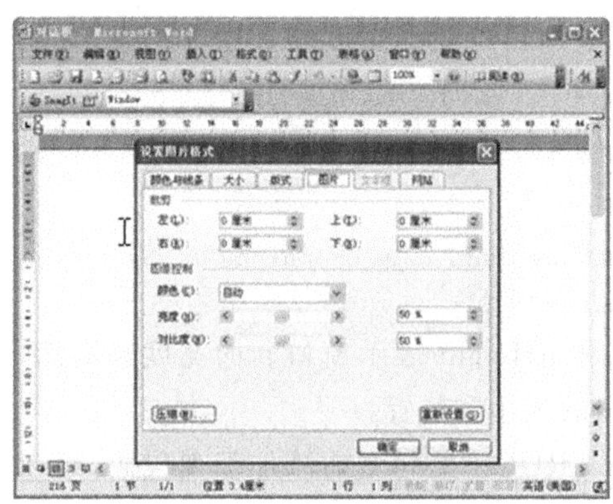

图 15.4 “设置图片格式”对话框

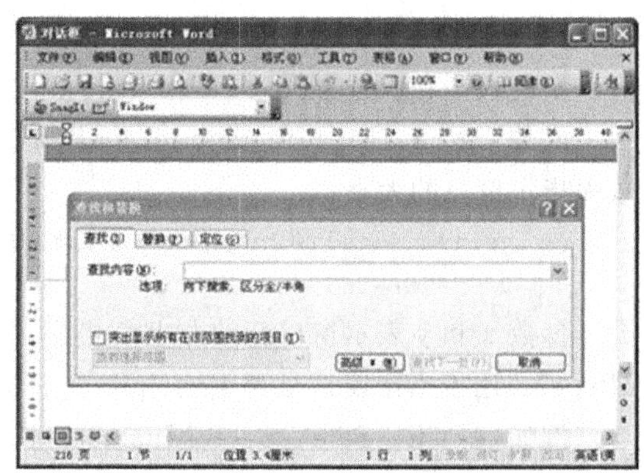

图 15.5 “查找和替换”对话框

模态对话框与非模态对话框的区别：

(1) 模态对话框由 CDialog::DoModal 函数创建，而非模态对话框由 CDialog::Create 函数来创建。

(2) CDialog::DoModal 函数负责显示其所创建的模态对话框，而非模态对话框需要调用 CDialog::ShowWindow 函数来显示。

(3) CDialog::DoModal 函数负责销毁其所创建的模态对话框，而非模态对话框必须调用 CWnd::DestoryWindow 函数来关闭。

15.2.2 创建对话框

1. 创建模态对话框

创建模态对话框的方法是调用 CDialog::DoModal()。下面的代码演示了这种用法：

```
CYourView::OnOpenDlg()
{
    CYourDlg dlg;
    int iRet=dlg.DoModal();
}
```

CDialog::DoModal()的返回值为 IDOK 或 IDCANCEL，表明操作者在对话框上选择

"确认"或是"取消"。由于在对话框销毁前 DoModal 不会返回，所以可以使用局部变量来引用对象。在退出函数体后对象同时也会被销毁。而对于非模态对话框则不能这样使用。

需要根据 DoModal()的返回值来决定下一步的动作，而得到返回值也是使用模态对话框的一个原因。

2. 创建非模态对话框

创建非模态对话框需要调用 BOOL CDialog::Create(UINT nIDTemplate, CWnd * pParentWnd=NULL);之后还需要调用 BOOL CDialog::ShowWindow(SW_SHOW);进行显示，否则非模态对话框将是不可见的。相关代码如下：

```
void CYourView::OnOpenDlg(void)
{
/* 假设 IDD_TEST_DLG 为已经定义的对话框资源的 ID 号 */
    CTestDlg * dlg= new CTestDlg;
    dlg->Create(IDD_TEST_DLG,NULL);
    dlg->ShowWindows(SW_SHOW);
    /* 不要调用 delete dlg; */
}
```

在上面的代码中我们新生成了一个对话框对象，而且在退出函数时并没有销毁该对象。

15.3 使用对话框

15.3.1 打开对话框编辑器

将项目工作区窗口切换到 ResourceView 页面，双击 Dialog 目录下任意一个对话框 ID。或者选择"Insert"→"Resource"菜单命令(或按快捷键 Ctrl+R)，选择 Dialog 项，单击 New。打开的对话框编辑器如图 15.6 所示。

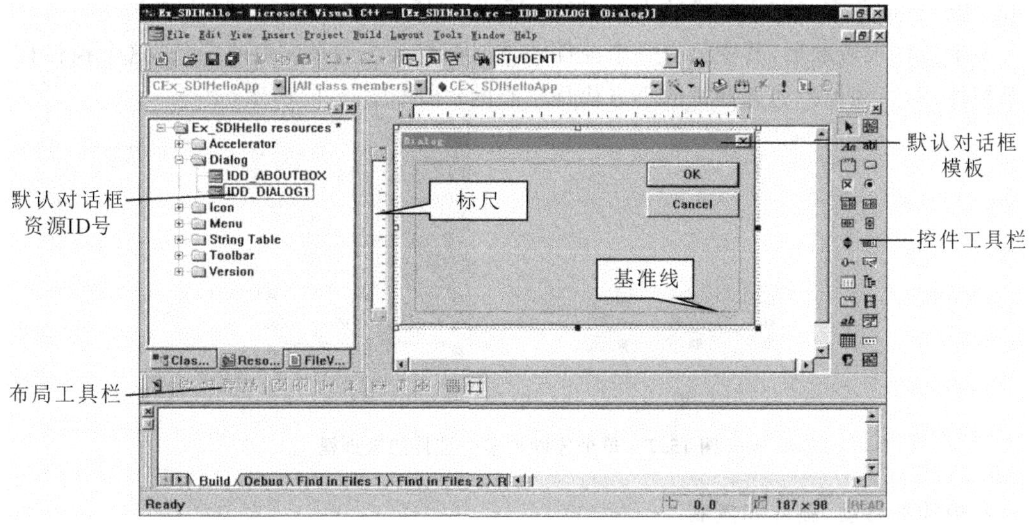

图 15.6 打开的对话框编辑器

15.3.2 在对话框中添加和编辑控件

1. 控件添加的方法

在对话框中添加一个控件的方法有下列几种：

(1) 在控件工具栏中单击某控件，鼠标箭头在对话框内变成“十”字形状；在对话框指定位置单击鼠标左键，再拖动选择框可改变控件的大小和位置。

(2) 在控件工具栏中单击某控件，鼠标箭头在对话框内变成“十”字形状；在指定位置处单击鼠标左键不放，拖动鼠标至满意位置，释放鼠标。

(3) 用鼠标左键点中控件工具栏中的某控件，并按住鼠标左键不放；在移动鼠标到对话框的指定位置的过程中，会看到一个虚线框，下面带有该控件的标记；释放鼠标。

2. 单个控件的选取

(1) 鼠标选取：保证选择按钮是被选中的，移动鼠标指针至指定的控件上，单击鼠标左键。

(2) 助记符选取：在相应的控件上右击，选择“Properties”菜单项，对话框中的 Caption 框用来输入控件的标题，在标题中的某个字母之前键入“&”符号，则该字母就是此控件的助记符。

(3) Tab 键选取：利用 Tab 键，可在对话框内的控件中进行选择。每按一次 Tab 键，依次选取对话框中的下一个控件；若按住 Shift 键，再按 Tab 键，则选取上一个控件。

3. 多个控件的选取

在对话框内按住鼠标左键不放，拖出一个大的虚框，释放鼠标，则被该虚框所包围的控件都将被选取。

先按住 Shift 键不放，用鼠标选取控件，直到所需要的多个控件选取之后再释放 Shift 键。若在选取时，对已选取的控件再选取一下，则该控件取消选取。

一旦单个控件被选取后，其四周由选择框包围着，选择框上还有几个(通常是八个)蓝色实心小方块，拖动它可改变控件的大小，如图 15.7(a)所示。

多个控件被选取后，其中只有一个控件的选择框有几个蓝色实心小方块，这个控件称为主要控件，而其他控件的选择框的小方块是空心的，如图 15.7(b)所示。

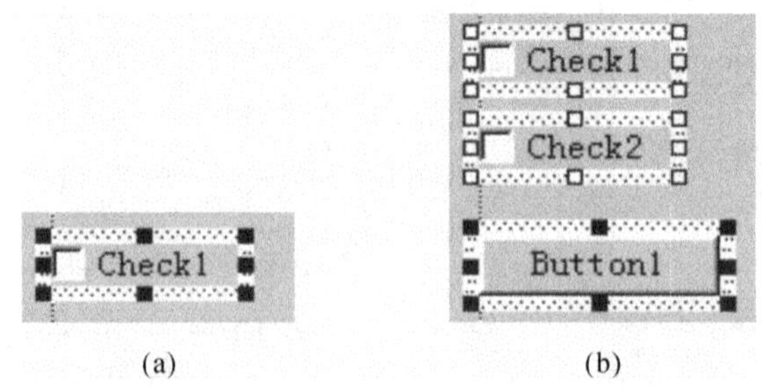

(a) (b)

图 15.7 单个控件和多个控件的选择框

4. 控件的移动、删除和复制

当单个控件或多个控件被选取后，按方向键或用鼠标拖动控件的选择框可移动控件。若在鼠标拖动过程中按住 Ctrl 键，则可复制控件。若按 Delete 键，可将选取的控件删除。

5. 设定控件的 Tab 键次序

一是改变用 Tab 键选择控件的次序，二是当两个或两个以上的控件构成一组时，需要它们的 Tab 键次序连续。

对话框内控件的 Tab 键次序设定步骤如下：

首先，选择"Layout"的"Tab Order"命令，或按 Ctrl+D，此时每个控件的左上方都有一个数字，表明了当前 Tab 键次序，如图 15.8 所示。

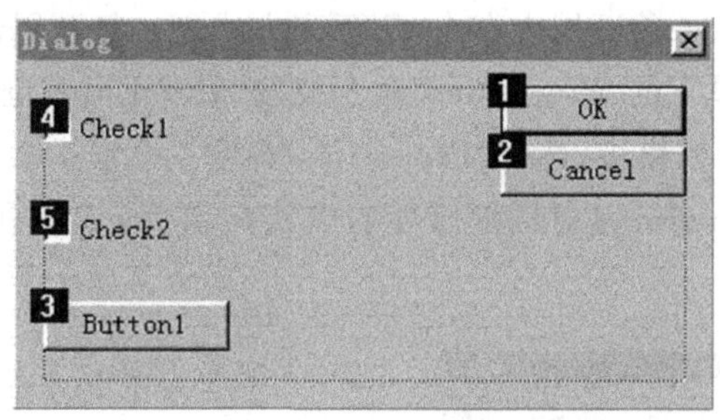

图 15.8　控件的 Tab 键次序

其次，按新的次序依次用鼠标单击各个控件，新的 Tab 键即可生成。

最后，单击对话框空白处或按 Enter 键结束 Tab Order 方式。

6. 对话框的控件布局

布局工具栏的功能如图 15.9 所示。

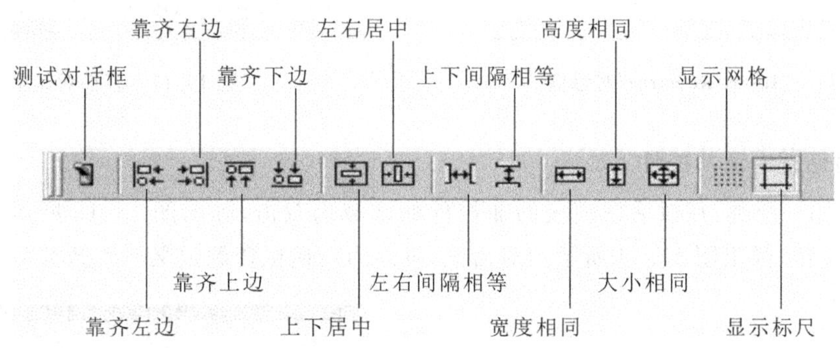

图 15.9　控件布局工具栏

大多布置控件的命令使用前，需要选取多个控件，且主要控件起到了关键作用。多个控件的布置过程中，常需要重新设置主要控件。设置的方法是按住 Ctrl 或 Shift 键，用鼠标单击所要指定的控件。

系统提供了网格、标尺等辅助工具。在图 15.9 的控件布局工具栏的最后两个按钮分别用于显示网格和标尺。一旦网格显示，添加或移动控件时都将自动定位在网格线上。"Layout"菜单下的"Guide Settings"命令提供了设置网格单元大小的功能，如图 15.10 所示。

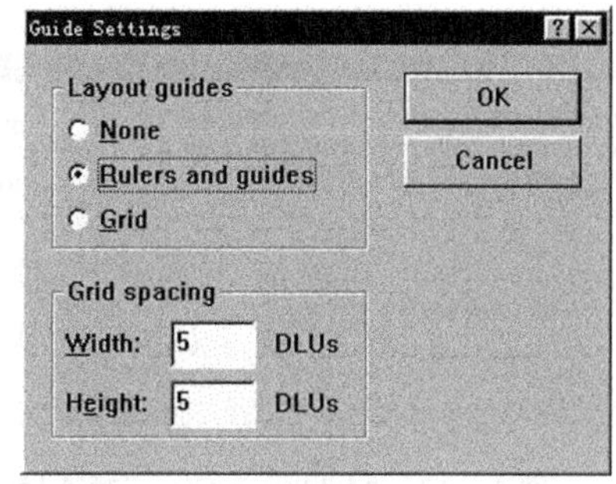

图 15.10　"Guide Settings"对话框

15.3.3 对话框的编程

1. 添加对话框资源

选择“Insert”下的“Resource”菜单命令(或按 Ctrl+R),弹出“Insert Resource”对话框,若单击 Dialog 项左边的“+”号,将展开对话框资源的不同类型选项,如图 15.11 所示。

2. 改变对话框的属性

在对话框模板的非控件的区域内左击,用下列方式之一打开属性对话框:

(1) 选择“View”菜单下的“Properties”命令或按 Alt+Enter 键。

(2) 用鼠标右击对话框模板,选取“Properties”命令。

如图 15.12 所示,General 是对话框属性的默认显示页面,其中列有对话框的标识符名称框、标题框等。

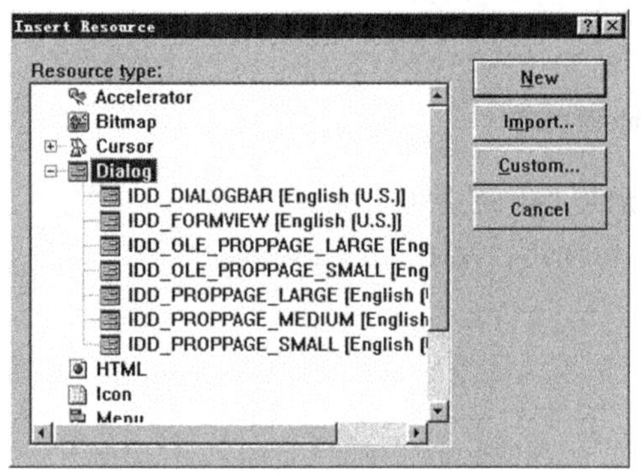

图 15.11 “Insert Resource”对话框

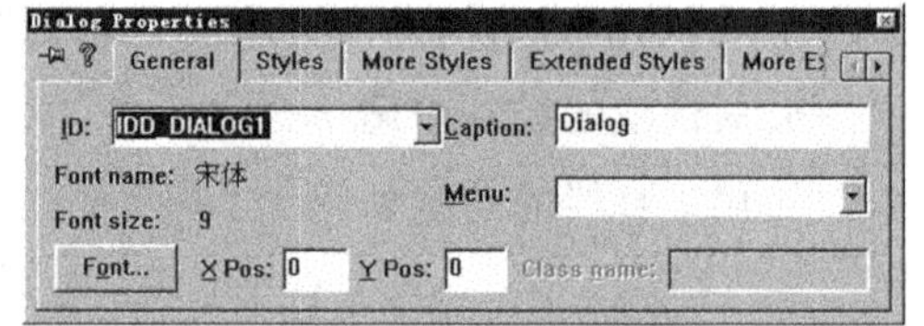

图 15.12 属性对话框

3. 向对话框内添加控件

(1) 添加一个类:在对话框模板的非控件的区域内双击,弹出图 15.13 所示的对话框。单击“OK”按钮,弹出图 15.14 所示的对话框,可以为对话框资源定义一个新类名。

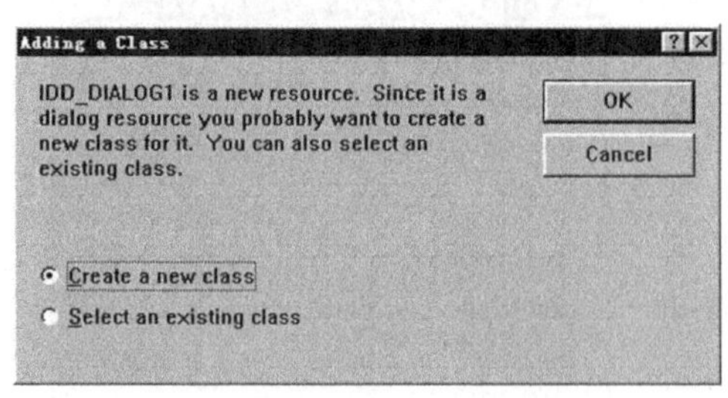

图 15.13 “Adding a Class”对话框

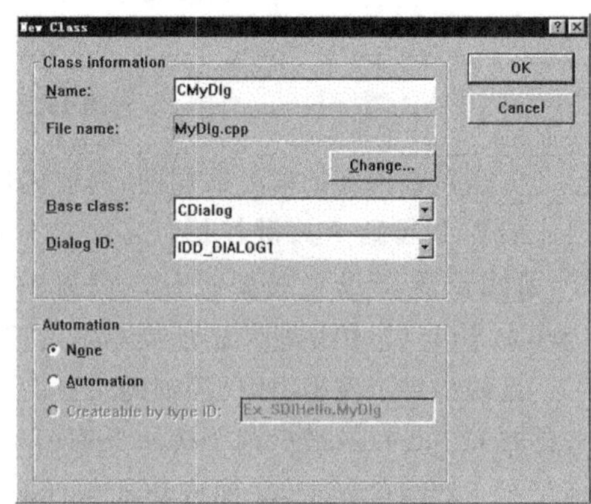

图 15.14 “New Class”对话框

(2) 消息映射。

单击“OK”按钮,出现“MFC ClassWizard”对话框,如图 15.15 所示。选定 IDC_

BUTTON1 的 BN_CLICKED，双击左键或单击“Add Function”按钮。

对话框中，可以对添加的成员函数名重新定义，如图 15.16 所示，单击“OK”按钮。选定成员函数 OnButton1 项，双击左键或单击“Edit Code”按钮，为此成员函数添加代码。

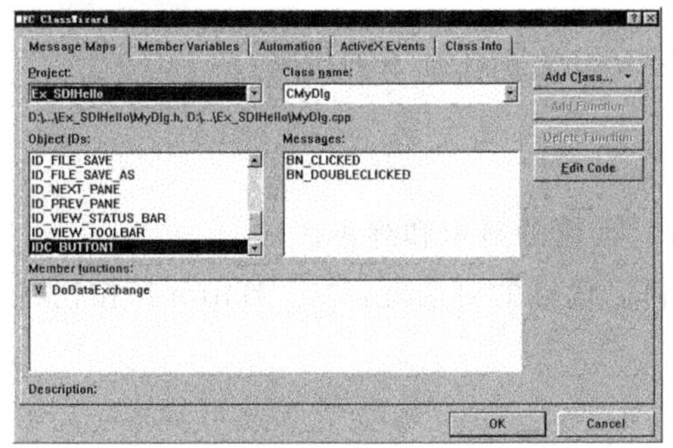

图 15.15 “MFC ClassWizard”对话框

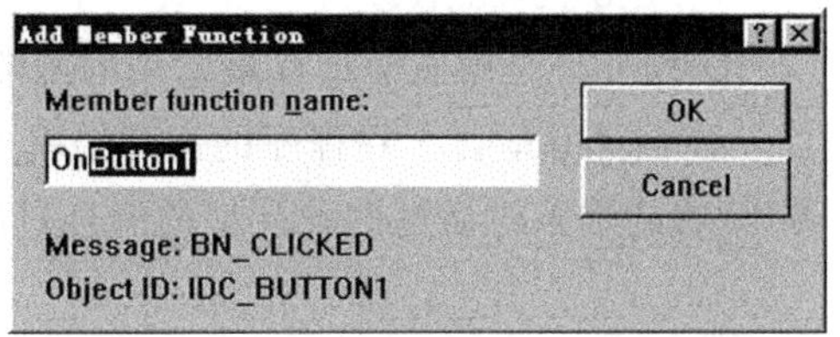

图 15.16 “Add Member Function”对话框

不同资源对象（控件、菜单命令等）的消息是不相同的。例如，按钮控件 IDC_BUTTON1 的消息有两个，即 BN_CLICKED 和 BN_DOUBLECLICKED，分别表示当用户单击或双击该按钮时产生的消息。

一般不需要对图 5.10 所示对话框中的“OK”（确定）与“Cancel”（取消）按钮进行消息映射，因为系统已自动设置了这两个按钮的动作，当用户单击这两个按钮时都将自动关闭对话框。

（3）添加用户代码。

① 在头文件（MyDlg.h 文件）中声明消息处理函数 OnButton1：

```
protected:
//{{AFX_MSG(CMyDlg)
afx_msg void OnButton1();
//}}AFX_MSG
```

② 在 MyDlg.cpp 源文件开头部分的消息映射入口，添加消息映射宏：

```
BEGIN_MESSAGE_MAP(CMyDlg, CDialog)// 消息映射开始
//{{AFX_MSG_MAP(CMyDlg)
ON_BN_CLICKED(IDC_BUTTON1, OnButton1)
//}}AFX_MSG_MAP
END_MESSAGE_MAP()// 消息映射结束
```

它表明消息及其处理函数之间的联系。单击按钮控件 IDC_BUTTON1 时，系统将自动调用 OnButton1 函数。

③ 在 MyDlg.cpp 文件中写入一个空的消息处理函数的模板，以便用户填入具体代码，如下面的框架：

```
void CMyDlg::OnButton1()
{
// TODO:Add your control notification handler code here
}
```

(4) 在程序中使用对话框。

① 利用项目工作区的 ClassView 标签项,将 Ex_SDIHello.cpp 源文件打开。

② 在 Ex_SDIHello.cpp 源文件的前面加上包含类 CMyDlg 的头文件:

```
# include"MyDlg.h"
```

③ 在 InitInstance 函数体中的"return TRUE;"语句之前添加下列代码:

```
CMyDlg dlg;
dlg.DoModal();
```

DoModal 是模态对话框最常用的函数,它负责对话框的显示和终止。

④ 编译并运行。在程序的一开始就出现用户自己设计的对话框,单击"Button1"按钮将弹出"欢迎进入对话框的设计!"的消息对话框。

15.4 通用对话框和消息对话框

通用对话框是 Windows 为用户提供的一组用户标准接口对话框,它是 Windows 程序中有着特定功能的对话框,负责从用户那里收集常见的几类信息,但并不对信息进行任何处理。用户不必设计这类对话框,因为 Windows 系统本身提供了支持这类对话框的函数。通过调用这些函数,可以启动通用对话框来进行文件的打开和保存、搜索和替换、颜色选择、字体选择以及打印。

通用对话框是 Windows 提供的标准用户界面对话框,它们都有相应的 MFC 库中的类来支持。所有这些通用对话框类都是从一个公共的基类 CCommonDialog 派生而来的。表 15.1 列出了这些通用对话框。

表 15.1 MFC 通用对话框

对 话 框	用 途
CColorDialog	颜色对话框,允许用户选择或创建颜色
CFileDialog	文件对话框,允许用户打开或保存一个文件
CFindReplaceDialog	查找替换对话框,允许用户查找或替换指定字符串
CPageSetupDialog	页面设置对话框,允许用户设置页面参数
CFontDialog	字体对话框,允许用户从列出的可用字体中选择一种字体
CPrintDialog	打印对话框,允许用户设置打印机的参数及打印文档

消息对话框是最简单的一类对话框,只是用来显示信息的。用户可以直接调用消息对话框函数来使用它,而不需要自己创建。Visual C++提供了三种消息对话框函数,函数原型如下:

```
int AfxMessageBox(LPCTSTR lpszText, UINT nType=MB_OK, UINT nIDHelp=0);
int CWnd::MessageBox(LPCTSTR lpszText, LPCTSTR lpszCaption=NULL, UINT nType=MB_OK);
int MessageBox(HWnd hWnd,LPCTSTR lpszText,LPCTSTR lpCaption, UINT UType);
```

- hWnd:表示拥有该消息对话框的父级窗口。如果为 NULL,则表示该消息对话框没有窗口。

- lpszText:表示用于指向将被显示的字符串的指针。
- lpCaption:表示用于指向该消息对话框标题的字符串的指针。
- UType:表示该消息对话框的风格。

消息对话框常用图标类型如表15.2所示。

表15.2 消息对话框常用图标类型

图标类型	含义
MB_ICONHAND、MB_ICONSTOP、MB_ICONERROR	用来表示
MB_ICONQUESTION	用来表示
MB_ICONEXCLAMATION、MB_ICONWARNING	用来表示
MB_ICONASTERISK、MB_ICONINFORMATION	用来表示

消息对话框常用按钮类型如表15.3所示。

表15.3 消息对话框常用按钮类型

按钮类型	含义
MB_ABOUTRETRYIGNORE	表示含有“关于”“重试”“忽略”按钮
MB_OK	表示含有“确定”按钮
MB_OKCANCEL	表示含有“确定”“取消”按钮
MB_RETRYCANCEL	表示含有“重试”“取消”按钮
MB_YESNO	表示含有“是”“否”按钮
MB_YESNOCANCEL	表示含有“是”“否”“取消”按钮

本章总结

对话框是人机交互的窗口,除了用来显示提示信息,其主要功能是用于接收用户输入的数据。在MFC中,对话框的功能被封装在CDialog类中,CDialog类是CWind类的派生类,因此对话框实际上也是一个窗口,具有窗口的所有功能。

框架窗口是应用程序的主窗口,负责管理其包容的其他窗口。一个应用程序的最顶层的框架窗口是应用程序启动时创建的第一个窗口。对窗口主要的操作包括状态的改变、风格的设置、位置和大小的设置等。

对话框分为模态对话框和非模态对话框,根据不同的对话框类型,创建时所调用的函数也不同,模态对话框由CDialog::DoModal函数创建,而非模态对话框由CDialog::Create函数来创建。

对话框的使用,首先是使用对话框编辑器,然后是编辑对话框控件,包括控件的选取、移动、复制、删除、布局等,最后再进行对话框编程。

通用对话框是一种由Windows系统定义的对话框,将不同用户的同一类操作标准化,以通用的形式实现对话框的复杂功能。消息对话框是最简单的一类对话框,只是用来显示信息的。

第16章 常用控件

16.1 创建和使用控件

在 Windows 应用程序中，控件也是人机交互的一个重要角色。例如，对话框中的按钮、下拉列表框、编辑框等都是控件。在 Visual C++中，MFC 提供了许多控件类。通过这些封装好的控件类，用户可以方便地创建和使用控件。

Visual C++提供了许多常用的标准控件，如表 16.1 所示。

表 16.1 Visual C++中的标准控件

控制名称	MFC 类
按钮	CButton
静态文本	CStatic
单选按钮	CButton
复选框	CButton
分组框	CStatic
列表框	CListBox
下拉列表框	CComboBox
图片	CStatic
选项卡	CTabCtrl
树控件	CTreeCtrl
水平滚动条	CScrollBar
垂直滚动条	CScrollBar
进度条	CProgressCtrl
日历控件	CMonthCalCtrl
IP 地址控件	CIPAddressCtrl

16.1.1 控件的创建方法

在 Visual C++中，创建控件有两种方法：一种是静态创建，另一种是动态创建。

静态创建：在对话框模板中利用控件工具栏，直接将控件拖动到对话框上，然后通过 ClassWizard 为控件添加变量、消息响应函数。这种方法实际上是在对话框模板中用编辑器指定控件，也就是说，将控件的父窗口指定为对话框。

动态创建：在编写代码时，利用控件对应的控件类构造一个控件对象，然后调用 Create()函数来创建该控件。这种创建方法实际上是将控件看作任一窗口的子窗口。

静态创建比较简单，下面通过示例简要介绍动态创建方法。

(1) 打开 CMyDlg 的头文件 MyDlg. h，添加一个按钮类 CButton 指针变量：

```
class CMyDlg:public CDialog
{
    // Construction
    public:
    CMyDlg(CWnd * pParent=NULL);    // standard constructor
    CButton * m_btnWnd;//动态创建
    …
}
```

(2) 按 Ctrl+W 快捷键打开对话框，切换到 Message Maps 页面，在 Object IDs 列表中选定"CMyDlg"项，并在 Message 列表中找到 WM_INITDIALOG 消息，双击鼠标左键，然后单击"Edit Code"按钮，添加下列代码：

```
BOOL CMyDlg::OnInitDialog()
{CDialog::OnInitDialog();
    // TODO:Add extra initialization here
    m_btnWnd=new CButton();// 构造按钮控件
    m_btnWnd->Create("你好", WS_CHILD | WS_VISIBLE | BS_PUSHBUTTON,CRect(20, 20,
  120, 60), this, 201); // 创建
    CFont * font=this->GetFont();// 获取对话框的字体
    m_btnWnd->SetFont(font);// 设置控件字体
    return TRUE;   // return TRUE unless you set the focus to a control
            // EXCEPTION:OCX Property Pages should return FALSE
}
```

Create 用来创建一个按钮控件，第一个参数指定按钮的标题，第二个参数指定控件的风格，第三个参数指定它在父窗口中的位置和大小，第四个参数指定父窗口指针，最后一个参数指定该控件的标识值。

(3) 编译并运行。

16.1.2 控件的数据传递及校验示例

例如，为 CMyDlg 类的按钮控件 IDC_BUTTON1 添加并使用其成员变量 m_MyBtn，其相应的过程如下：

(1) 启动 MFC ClassWizard，切换到 Member Variables 页面，如图 16.1 所示。

(2) 选定 Class name 为 CMyDlg，然后在 Control IDs 列表中，选定所要关联的控件 ID 号 IDC_BUTTON1，双击鼠标左键或单击"Add Variables"按钮，弹出图 16.2 所示对话框。

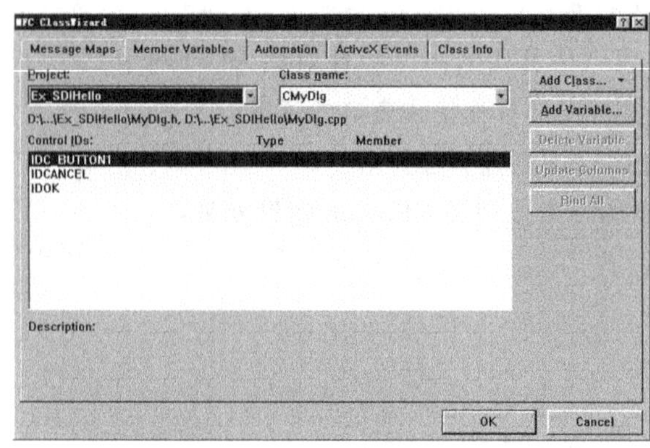

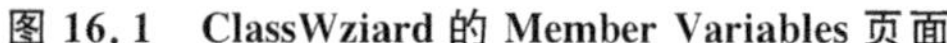
图 16.1　ClassWziard 的 Member Variables 页面

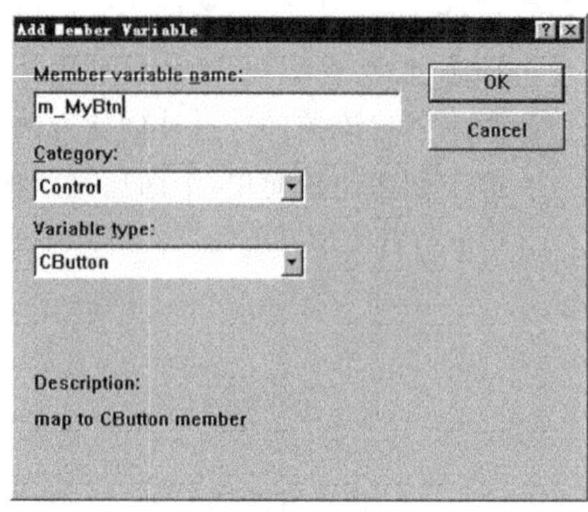

图 16.2　"Add Member Variable"对话框

(3) 在 Member variable name 框中填好与控件相关联的成员变量，单击"OK"按钮，在 Control IDs 列表中会出现刚才添加的内容。

需要说明的是，在 DDV/DDX 技术中，允许为同一个控件关联多个数据成员变量，但必须保证这些变量名是互不相同的，且这些变量在同一个类型下不能有多个变量。

如果添加的成员变量是数值类型，则在 Mm_MyBtnFC ClassWizard 对话框的 Member Variables 页面下方还要求用户输入变量的范围，这就是控件的数据校验设置。

(4) 单击"OK"按钮，会发现 ClassWizard 做了以下三个方面的修改。

在 MyDlg. h 文件中，添加与控件关联的成员变量的声明，代码如下：

```
// Dialog Data
//{{AFX_DATA(CMyDlg)
enum { IDD= IDD_DIALOG1 };
CButtonm_MyBtn;//控件型变量，即 CButton 类的对象
CStringm_strEdit;//字符串变量
//}}AFX_DATA
```

在 MyDlg. cpp 文件中的 CMyDlg 构造函数实现代码处，添加数据成员变量的初始化代码：

```
CMyDlg::CMyDlg(CWnd * pParent /* =NULL * /)
:CDialog(CMyDlg::IDD, pParent)
{    //{{AFX_DATA_INIT(CMyDlg)
    m_strEdit=_T("");
    //}}AFX_DATA_INIT
}
```

在 MyDlg. cpp 文件中的 DoDataExchange 函数体内，添加控件的 DDX/DDV 代码。

```
void CMyDlg::DoDataExchange(CDataExchange * pDX)
{CDialog::DoDataExchange(pDX);// 调用此函数作为 DDX 的开始
    //{{AFX_DATA_MAP(CMyDlg)
    DDX_Control(pDX, IDC_BUTTON1, m_MyBtn);
    DDX_Text(pDX, IDC_EDIT1, m_strEdit);
    DDV_MaxChars(pDX, m_strEdit, 20);
```

```
    //}}AFX_DATA_MAP
}
```

(5) 为一个控件定义一个关联的数据成员变量后，就可以使用 CWnd::UpdateData 函数实现控件的控制，包括控件相关数据的输入和读取。在 OnButton1()函数中添加如下代码：

```
CWnd * pWnd=GetDlgItem(IDC_BUTTON1);
GetDlgItemText(IDC_EDIT1,m_strEdit);
SetDlgItemText(IDC_BUTTON1,m_strEdit);
```

运行该程序，在编辑框中输入"Hello"后，单击"Button1"按钮，则此时该按钮的名称就变成了编辑框控件中的内容"Hello"，如图 16.3 所示。

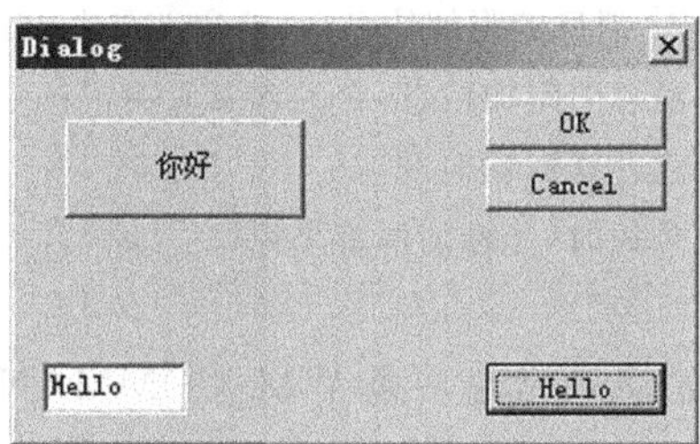

图 16.3 使用控件的数据成员变量

16.1.3 控件的通用属性

按钮控件的属性对话框如图 16.4 所示，控件的通用属性说明如表 16.2 所示。

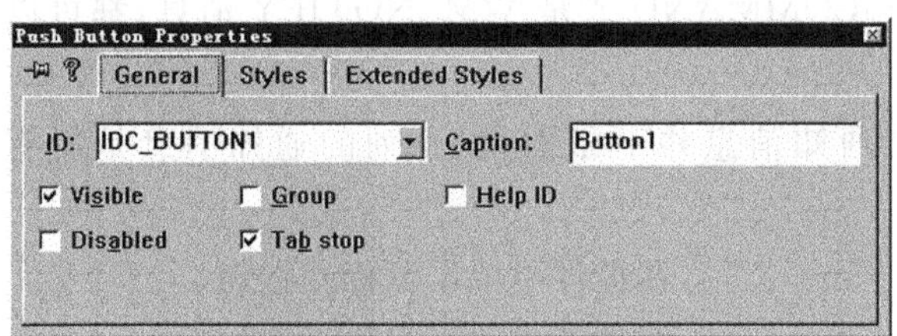

图 16.4 按钮控件的属性对话框

表 16.2 控件的通用属性

项　目	说　明
ID	控件的标识符。每种控件都有默认的 ID，例如按钮控件为 IDC_BUTTON1
Caption	控件的标题，大多数控件都有默认的标题，例如按钮控件为 Button1
Visible	指定控件初始化时是否可见
Group	指定控件组中的第一个控件，如果该项被选中，则此控件后的所有控件均被看成同一组。成组的目的是可以让用户用键盘方向键在同一组控件中进行切换
Help ID	若该项被选中，则为该控件建立一个上下文相关的帮助标识符
Disabled	指定控件初始化时是否禁用
Tab stop	若该项被选中，则用户可以使用 Tab 键来选择控件

16.1.4 控件的消息

在控件的编程和使用过程中，可以向控件发送消息来完成特定的任务，或者根据控件产生的消息执行特定的代码。

应用程序创建一般控件或公共控件之后，控件的状态发生改变时，控件就会向其父窗口发送消息，这个消息称为通知消息。对于每个消息，系统都会用一个 MSG 结构来记录。MSG 具有下列结构：

```
typedef struct tagMSG {      // msg
    HWND   hwnd;  // 接收到消息的窗口句柄
    UINT   message;// 消息
    WPARAM wParam;   // 消息的附加信息，它的含义取决于 message
    LPARAM lParam;// 消息的附加信息，它的含义取决于 message
    DWORD  time;// 消息传送时的时间
    POINT  pt;// 消息传送时，光标的屏幕坐标
} MSG;
```

对于一般控件来说，通知消息通常是一条 WM_COMMAND 消息，这条消息的 wParam 数的低位字中含有控件标识符，wParam 参数的高位字则为通知代码，lParam 参数则是指向控件的句柄。

对于公共控件，通知消息通常是一条 WM_NOTIFY 消息，wParam 参数是发送通知消息的控件标识符，lParam 参数是指向 NMHDR 结构的指针。对于有些控件的通知消息，lParam 参数是指向一个更大的结构，且结构中的第一个成员还必须具有 NMHDR 结构。

对于控件的 WM_COMMAND 或是 WM_NOTIFY 消息，都可以用 ClassWizard 对它们加以映射。

尽管控件的各自通知消息并不相同，但下列的通知消息是所有 Windows 控件所共有的：

NM_CLICK	在控件中单击鼠标左按钮
NM_DBLCLK	在控件中双击鼠标左按钮
NM_RCLICK	在控件中单击鼠标左按钮
NM_RDBLCLK	在控件中双击鼠标右按钮
NM_RETURN	当控件具有输入焦点时按下 Enter 键
NM_SETFOCUS	控件得到输入焦点
NM_KILLFOCUS	控件失去输入焦点
NM_OUTOFMEMORY	没有足够的内存使控件完成操作

16.2 静态控件和按钮

16.2.1 静态控件

一个静态控件是用来显示一个字符串、框、矩形、图标、位图或增强的图元文件。它可以被用来作为标签、框，或用来分隔其他的控件。一个静态控件一般不接收用户输入，也不产

生通知消息。在对话框编辑器的控件工具栏中，属于静态控件的有静态文本框、组合框和静态图片三种。

静态文本框是最简单的控件。它主要用来显示文本信息，不能接收用户输入，一般不需要连接变量，也不需要处理消息。

静态文本框的重要属性有：

(1) ID：所有静态文本框的缺省 ID 都是 IDC_STATIC，一般不需要重新设置。

(2) 标题：需要显示的文本信息是在这里设置的。

(3) 边框：边框属性在 Styles 选项卡中，决定是否带有边框。

静态图片控件的 General 和 Styles 属性对话框如图 16.5 所示。

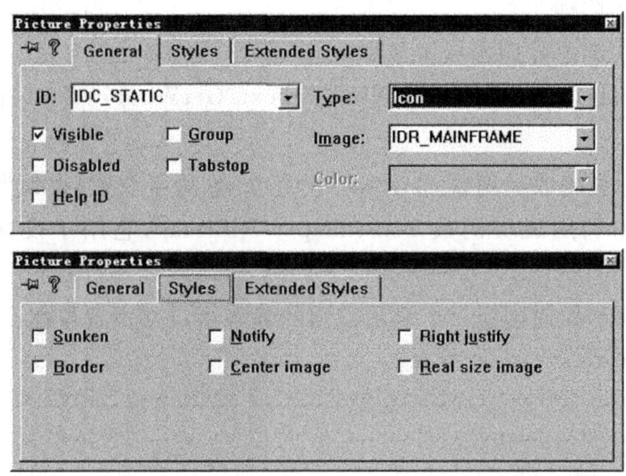

图 16.5　静态图片控件的 General 和 Styles 属性对话框

静态控件通用属性如表 16.3 所示。

表 16.3　静态控件通用属性

属　性	说　明
Align Text	指定文本的对齐方式，包括左对齐(Left，默认值)、居中对齐(Center)和右对齐(Right)
Border	指定控件是否有边框
Caption	控件显示的文本
Client Edge	指定控件是否具有带凹陷边缘的边框
Disabled	指定是否禁用控件
Modal Frame	指定控件是否具有双边框
No Wrap	指定文本不换行
Simple	指定文本为单行左对齐文本
Static Edge	指定控件是否具有三维边框
Sunken	指定控件是否具有半凹陷边框
Transparent	指定控件是否支持透明背景
Visible	指定控件最初是否可见
Word Ellipsis	指定截断在控件矩形中放不下的任何字符，并在结尾处添加省略号

静态控件的功能比较简单,可用于显示字符串、图标、位图。创建一个窗口可以使用成员函数:BOOL CStatic::Create(LPCTSTR lpszText, DWORD dwStyle, const RECT& rect, CWnd * pParentWnd, UINT nID=0xffff)。其中 dwStyle 将指明该窗口的风格,除了子窗口常用的风格 WS_CHILD 和 WS_VISIBLE 外,还可以针对静态控件指明专门的风格。

- SS_CENTER,SS_LEFT,SS_RIGHT 指明字符显示的对齐方式。
- SS_GRAYRECT 显示一个灰色的矩形。
- SS_NOPREFIX 如果指明该风格,对于字符 & 将直接显示,否则 & 将作为转义符,& 将不显示而在其后的字符将有下划线,如果需要直接显示 & 必须使用 && 表示。
- SS_BITMAP 显示位图。
- SS_ICON 显示图标。
- SS_CENTERIMAGE 图像居中显示。

控制显示的文本利用成员函数 SetWindowText/GetWindowText,它用于设置/得到当前显示的文本。

控制显示的图标利用成员函数 SetIcon/GetIcon,它用于设置/得到当前显示的图标。

控制显示的位图利用成员函数 SetBitmap/GetBitmap,它用于设置/得到当前显示的位图。

下面一段代码演示如何创建一个显示位图的静态窗口并设置位图:

```
CStatic * pstaDis=new CStatic;
pstaDis->Create("",WS_CHILD|WS_VISIBLE|SS_BITMAP|SSCENTERIMAGE,
CRect(0,0,40,40),pWnd,1);
CBitmap bmpLoad;
bmpLoad.LoadBitmap(IDB_TEST);
pstaDis->SetBitmap(bmpLoad.Detach());
```

16.2.2 按钮

1. 按钮控件的类型

按钮控件分为以下三类。

(1) 按键按钮:通常可以立即产生某个动作、执行某个命令,常被称为命令按钮。两种风格:标准按键按钮和默认按键按钮。从外观上来说,默认按键按钮是在标准按键按钮的周围加上一个黑色边框,这个黑色边框表示该按钮已接收到键盘的输入焦点,只需按回车键就能按下该按钮。具体设定的方法是在按键按钮属性对话框的 Styles 页面中选中"Default button"项。

(2) 单选按钮:外形是在文本前有一个圆圈,被选中时,就标上一个黑点,可分为一般和自动两种类型。自动类型中,若选中同组按钮中的某个单选按钮,则其余的单选按钮的选中状态就会清除,保证了多个选项始终只有一个被选中。

(3) 复选框:外形是在文本前有一个空心方框,被选中时,复选框中就加上一个"✓"标记,三态复选框还有种处于灰框状态,表示"不确定"。设定成三态复选框的方法是在复选框属性对话框的 Styles 页面中选中"Tri-state"项。

2. 按钮控件的通用属性

按钮控件的通用属性如表 16.4 所示。

表 16.4　按钮控件的通用属性

属　性	说　明
Bitmap	指定在按钮控件中显示位图，而不是文本
Caption	指定按钮控件中显示的文本
Default Button	指定控件是对话框的默认命令按钮
Disabled	指定最初禁用按钮控件
Flat	指定按钮控件的外观是二维的
Icon	指定在按钮控件中显示图标，而不是文本
Multiline	如果控件文本对于控件的宽度而言太长，则将文本显示为多行

3. 按钮的消息

常见的按钮消息只有两个：BN_CLICKED 和 BN_DOUBLE_CLICKED。

4. 按钮选中操作

最常用的按钮操作是设置或获取一个或多个按钮的选中状态。CButton 类的成员函数 SetCheck 和 GetCheck 用于设置或获取指定按钮的选中状态，其原型为：

```
void SetCheck(int nCheck);
int GetCheck() const;
```

nCheck 和 GetCheck 函数返回的值可以是：0 表示不选中，1 表示选中，2 表示不确定(仅用于三态按钮)。

对于多个单选按钮的选中状态的设置或获取，需要使用 CWnd 类的成员函数 CheckRadioButton 和 GetCheckedRadioButton，其原型为：

```
void CheckRadioButton(int nIDFirstButton, int nIDLastButton, int nIDCheckButton);
int GetCheckedRadioButton(int nIDFirstButton, int nIDLastButton);
```

nIDFirstButton 和 nIDLastButton 指定这组单选按钮的第一个和最后一个按钮 ID 值，nIDCheckButton 指定要设置选中状态的按钮 ID 值，函数 GetCheckedRadioButton 返回被选中的按钮 ID 值。

单选按钮能处理的消息是 BN_CLICKED。

5. 重要函数

(1) 设定单选按钮选中状态。初始时，可使用 Windows API 函数 CheckRadioButton() 设定一组单选按钮中选中的按钮。形式：

```
void CheckRadioButton(int nIDFirstButton, int nIDLastButton, int nIDCheckButton);
```

说明：

① nIDFirstButton 是一组中第一个单选按钮的 ID；

② nIDLastButton 是一组中最后一个单选按钮的 ID；

③ nIDCheckButton 为初始时设置为选中的那个单选按钮的 ID。

(2) 判定单选按钮是否被选定。形式：

```
UINT IsDlgButtonChecked(int nIDButton)const;
```

说明：

如果 ID 为 nIDButton 的按钮被选定，则该函数的返回值为 true，否则为 false。

例 16.1 设计一个图 16.6(a)所示的程序。当单击“确定”按钮后，用 AfxMessageBox 函数显示一个图 16.6(b)所示的消息框。

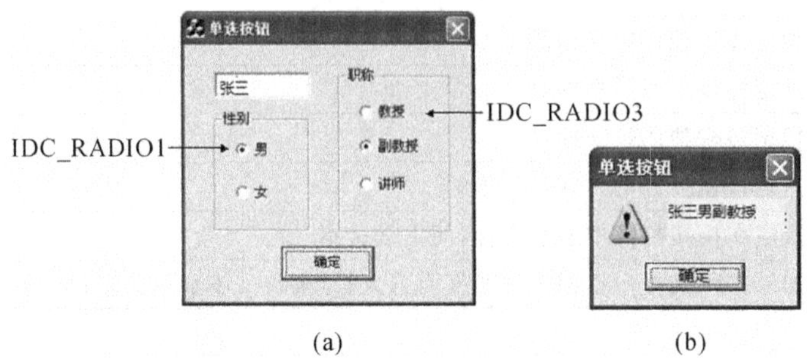

(a) (b)

图 16.6 单选按钮应用示例

(1) 界面设计。首先创建一个对话框程序框架，然后放置各控件，进行属性设置，将编辑框连接到 Cstring 类型的 m_e 变量，其余控件不需要连接变量。将“男”和“副教授”对应的单选按钮的 Group 属性勾上。

(2) 初始化。单选按钮的初始化工作在对话框的初始化函数中实现。

```
BOOL CTESTDlg::OnInitDialog()
{
            ⋮
CheckRadioButton(IDC_RADIO1, IDC_RADIO2, IDC_RADIO1);
CheckRadioButton(IDC_RADIO3, IDC_RADIO5, IDC_RADIO3);
            ⋮
};
```

(3) 消息处理函数：

```
void CTESTDlg::OnButton1()
{
// TODO:Add your control notification handler code here
UpdateData(TRUE);
CString s;
      s+=m_e;
      if(IsDlgButtonChecked(IDC_RADIO1))
      s+="男";
      else
      s+="女";
  if(IsDlgButtonChecked(IDC_RADIO3))
      s+="教授";
  else if(IsDlgButtonChecked(IDC_RADIO4))
      s+="副教授";
      else
      s+="讲师";
   AfxMessageBox(s);
}
```

16.3 编辑框和旋转按钮控件

16.3.1 编辑框

编辑框是用来接收用户输入最常用的一个控件。

1. 属性设置

编辑框的属性主要在 Styles 选项卡中设置。重要属性有：

(1) Multiline：定义该编辑框为多行文本框。

(2) Number：限定输入的字符只能是数字字符。

(3) Border：为控件创建边界。

(4) Read-only：编辑框成为只读的，禁止用户编辑。

编辑框的属性(风格)对话框如图 16.7 所示。

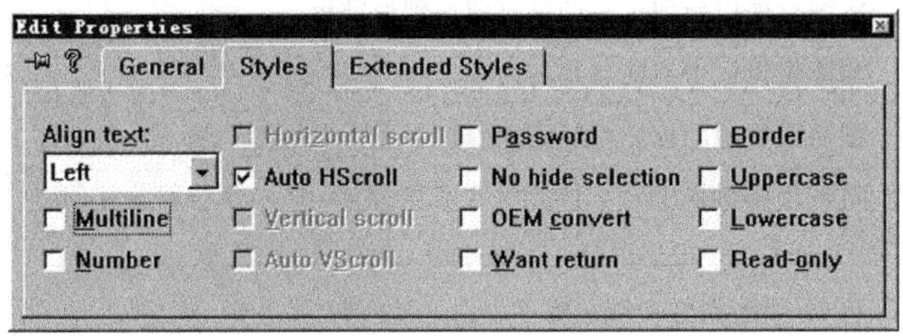

图 16.7 编辑框的属性(风格)对话框

编辑框控件属性如表 16.5 所示。

表 16.5 编辑框控件属性

项　　目	说　　明
Align text	各行文本对齐方式(Left、Certer、Right)，默认时为 Left
Multiline	选中时为多行编辑框，否则为单行编辑框
Number	选中时控件只能输入数字
Horizontal scroll	水平滚动，仅对多行编辑框有效
Auto HScroll	当用户在行尾键入一个字符时，文本自动向右滚动
Vertical scroll	垂直滚动，仅对多行编辑框有效
Auto VScroll	当用户在最后一行按 Enter 键时，文本自动向上滚动一页，仅对多行编辑框有效
Password	选中时，键入编辑框的字符都将显示为"＊"，仅对单行编辑框有效
No hide selection	通常情况下，当编辑框失去键盘焦点时，被选择的文本仍然反色显示。选中时，则不具备此功能
OEM convert	选中时，实现对特定字符集的字符转换
Want return	选中时，用户按下 Enter 键，编辑框中就会插入一个回车符
Border	选中时，在控件的周围存在边框

续表

项　　目	说　　明
Uppercase	选中时，键入在编辑框的字符全部转换成大写形式
Lowercase	选中时，键入在编辑框的字符全部转换成小写形式
Read-only	选中时，防止用户键入或编辑文本

2. 成员函数

编辑框控件常用成员函数如表 16.6 所示。

表 16.6　编辑框控件常用成员函数

成员函数	功　　能	应用示例
SetSel(n,m)	选定编辑框中从第 n 个字符到第 m 个字符的内容。SetSel(0,－1)的作用是选定所有的内容	m_e. Setsel(0,－1);
Copy()	将编辑框中当前选定的内容复制到剪贴板	m_e. Copy();
Cut()	将编辑框中当前选定的字符剪切到剪贴板	m_e. Cut();
Clear()	删除编辑框中当前选定的内容	m_e. Clear();
Paste()	把剪贴板中的内容粘贴到编辑框中光标所在的位置	m_e. Paste();
GetLine(n,ch)	将多行编辑框中第 n 行的内容复制到 ch 中。ch 一般为字符数组	char ch[80]; m_e. Get Line(0,ch);
ReplaceSel(ch)	将 ch 中的内容替换编辑框中选定的内容	char ch[80]="abcd"; m_e. ReplaceSel(ch);
Undo()	撤销对编辑框的最后一次操作	m_e. Undo();

此外，编辑框还可以使用 CWnd 类的成员函数。CWnd 类的重要成员函数有：

(1) 获取编辑框中的内容。

形式 1：void GetWindowText(CString& rString) const;

说明：将编辑框中的内容复制到 CString 类对象 rString 中。

示例：将编辑框 m_e 中的内容复制到 CString 类对象 ch 中。

```
CString ch;
m_e.GetWindowText(ch);
```

形式 2：int GetWindowText(LPTSTR lpszStringBuf, int nMaxCount) const;

说明：将编辑框中的内容复制到 lpszStringBuf 中，最多复制 nMaxCount 个字符。lpszStringBuf 是字符数组或字符指针。

示例：将编辑框 m_e 中的内容复制到字符数组 ch 中。

```
char ch[80];
m_e.GetWindowText(ch,80);
```

(2) 设置编辑框中的内容。

形式：void SetWindowText(LPCTSTR lpszString);

说明：将 lpszString 中的内容替换编辑框中原有内容，lpszString 是字符数组或字符指针。

示例：设置编辑框中的内容为"abcdefg"。

```
char ch[20]="abcdefg";
m_e.SetWindowText(ch);
```

创建一个输入窗口可以使用成员函数：

```
BOOL CEdit::Create(LPCTSTR lpszText, DWORD dwStyle, const RECT& rect, CWnd *
pParentWnd, UINT nID=0xffff);
```

其中 dwStyle 将指明该窗口的风格，除了子窗口常用的风格 WS_CHILD 和 WS_VISIBLE 外，还可以针对输入控件指明专门的风格。

- ES_AUTOHSCROLL，ES_AUTOVSCROLL 指明输入文字超出显示范围时自动滚动。
- ES_CENTER，ES_LEFT，ES_RIGHT 指定对齐方式。
- ES_MULTILINE 是否允许多行输入。
- ES_PASSWORD 是否为密码输入框，如果指明该风格则输入的文字显示为*。
- ES_READONLY 是否为只读。
- ES_UPPERCASE，ES_LOWERCASE 显示大写/小写字符。

控制显示的文本利用成员函数 SetWindowText/GetWindowText，它用于设置/得到当前显示的文本。

通过 GetLimitText/SetLimitText 可以得到/设置在输入框中输入的字符数量。

由于在输入时用户可能选择某一段文本，所以通过调用 void CEdit::GetSel(int& nStartChar, int& nEndChar)得到用户选择的字符范围，通过调用 void CEdit::SetSel(int nStartChar, int nEndChar, BOOL bNoScroll=FALSE)可以设置当前选择的文本范围，如果指定 nStartChar = 0，nEndChar = －1，则表示选中所有的文本。void ReplaceSel(LPCTSTR lpszNewText, BOOL bCav nUndo=FALSE)可以将选中的文本替换为指定的文字。

3. 为文本编辑框添加控件

为文本编辑框添加变量对话框如图 16.8 所示。文本编辑控件的常用函数如表 16.7 所示。

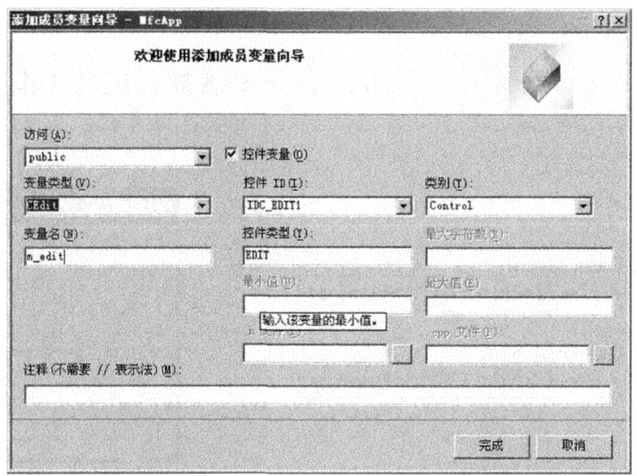

图 16.8 为文本编辑框添加变量对话框

表 16.7　文本编辑控件常用函数

函　数	说　明
Create	创建一个 CEdit 控件
SetReadOnly	设置文本为只读格式，不能编辑文本
SetSel	选择编辑框中的文本范围
GetSel	获取用户在文本中的选择
GetLine	获取控件中的一行文本
GetLineCount	获取多行文本控件的文本行数
LimitText	限制文本长度
Clear	清除选定的文本

4. 连接变量

编辑框在连接变量时，除了要指定变量名之外，还要确定变量类别。变量类别有两个可选择：一是 Control，意味着该变量做控件使用，对应的变量类型只能是 Cedit，可以使用该控件类的成员函数；二是 Value，意味着该变量当作 C/C++中普通的变量使用，对应的变量类型有 CString、int、double 等，可以使用这些数据类型的函数，但是不能使用控件的成员函数。

若一个编辑框连接了一个 Value 类别的变量，则该变量就表示这个编辑框，编辑框中显示的内容就是变量的值。但是，改变了编辑框的内容并不会自动更新对应的变量的值，同样，改变了变量的值也不会自动刷新编辑框的内容。若要保持一致，需要使用 UpdateData()函数更新，如图 16.9 所示。若编辑框的内容改变了，则应使用语句 UpdateData(TRUE)；更新对应的变量的值；若变量的值改变了，则应使用语句 UpdateData(FALSE)；刷新编辑框的内容。

5. 消息处理函数

在编辑框能处理的消息中最重要的是 EN_CHANGE，这是编辑框中的文本被修改后发出的消息。

例 16.2　输入一元二次方程 $ax^2+bx+c=0$ 的系数 a、b、c，计算并输出两个根 x1、x2，如图 16.10 所示。

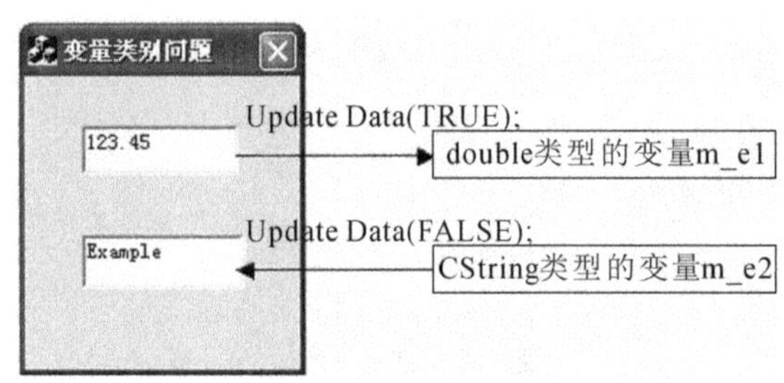

图 16.9　编辑框与变量之间的内容更新

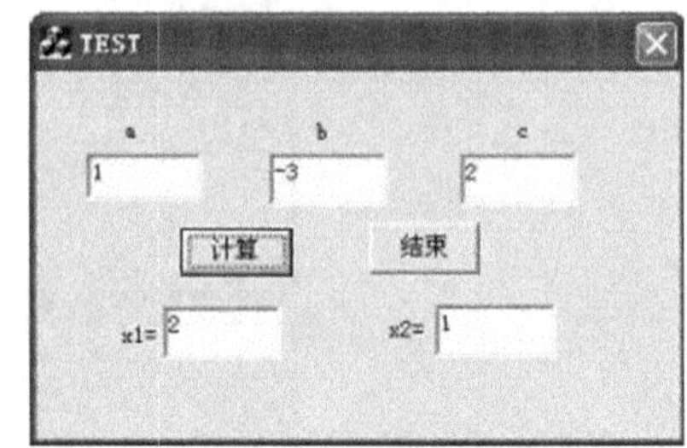

图 16.10　求方程的根

对话框上有 5 个静态文本框、5 个编辑框和 2 个命令按钮。编辑框按表 16.8 连接变量，其余控件不需要连接变量。

表 16.8 编辑框连接的变量

控件	ID	变量	类型	数据类型
Edit Box	缺省	m_a	value	double
	缺省	m_b	value	double
	缺省	m_c	value	double
	缺省	m_x1	value	double
	缺省	m_x2	value	double

为了计算 b^2-4ac 的平方根，需要使用 sqrt() 函数，因此在 TESTDlg.cpp 文件的开始添加了文件包含命令：

```
# include"math.h"  //"计算"按钮的函数
        ………………………………………………………………………
void CTESTDlg::OnCalc()
{
// TODO:Add your control notification handler code here
UpdateData(TRUE);
      double a=m_a;
      double b=m_b;
      double c=m_c;
      m_x1=(-b+sqrt(b*b-4*a*c))/(2*a);
      m_x2=(-b-sqrt(b*b-4*a*c))/(2*a);
      UpdateData(FALSE);
}
// "结束"按钮的函数
        ………………………………………………………………………
void CTESTDlg::OnOk()
{
// TODO:Add your control notification handler code here
CDialog::OnOK();            //OnOK();
}
        ………………………………………………………………………
```

16.3.2 旋转按钮

旋转按钮通常与另一个控件(下称伙伴窗口)一起使用。伙伴窗口是 Tab 键次序正好在旋转按钮之前的控件，通常为编辑控件。旋转按钮与伙伴窗口结合在一起，就像一个单一控件，可接收用户的输入等。

旋转按钮类：在 MFC 中，滚动条由 CSpinButtonCtrl 类进行管理。

旋转按钮的风格设置：为使旋转按钮正常使用，应在“Spin Properties”对话框中按图 16.11 所示进行设置。

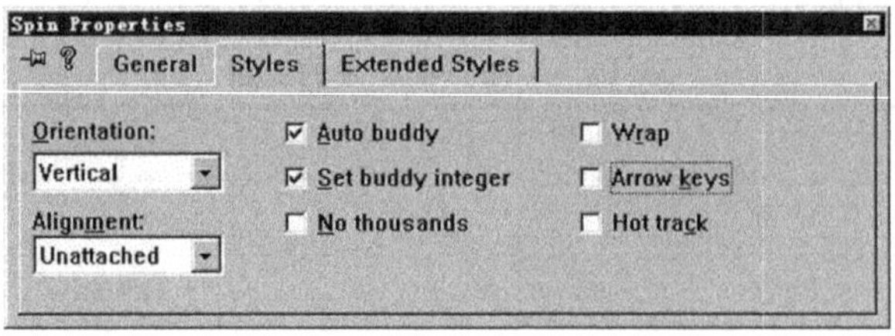

图 16.11　旋转按钮的属性设置

常用函数：

```
void SetRange(int nLower, int nUpper);
```

作用：设定旋转按钮的范围。

参数：nLower——旋转按钮的下限；nUpper——旋转按钮的上限。

旋转按钮的 UDN_DELTAPOS 消息：

(1) 用旋转按钮滚动箭头改变控件的位置值时发送此消息。

(2) 在 ClassWizard 中可添加 UDN_DELTAPOS 消息的映射函数如下：

一个旋转按钮控件可以自动定位在它的伙伴窗口的旁边，看起来就像一个单一的控件。通常，将一个旋转按钮控件与一个编辑控件一起使用，以提示用户进行数字输入。点击向上箭头使当前位置向最大值方向移动，而点击向下箭头使当前位置向最小值的方向移动。缺省时，最小值是 100，最大值是 0，当用户点击向上箭头则减少数值，而点击向下箭头则增加数值，这看起来就像颠倒一样，因此我们还需使用成员函数 CSpinButtonCtrl::SetRange 来改变最大值和最小值。

数值调节钮控件（Spin Control，也称为 up-down 控件）提供一对箭头键，用户可以单击它们来调整数值。该值称为当前位置。该位置保持在数值调节钮范围内。当用户单击上箭头键，该位置移向最大值；当用户单击下箭头键，该位置移向最小值。

数值调节钮控件在 MFC 中由类 CSpinButtonCtrl 表示。

成员函数 SetBase 是用来设置其基数的，函数的原型如下：

```
int SetBase(int nBase);
```

成员函数 SetPos 和 SetRange 用来设置旋转按钮控件的当前位置和范围，它们的函数原型如下：

```
int SetPos(int nPos);
void SetRange(int nLower, int nUpper);
```

成员函数 SetAccel 和 GetAccel 用来设置和获取旋转按钮控件的加速度。其中函数 SetAccel 的原型如下：

```
BOOL SetAccel(int nAccel, UDACCEL * pAccel);
```

参数 nAccel 表示由 pAccel 指定的 UDACCEL 结构的数目。pAccel 指向一个 UDACCEL 结构数组的指针，该数组包含了加速信息，其结构如下：

```
typedef struct {
UINT nSec; // 位置改变前所等待的秒数
UINT nInc; // 位置增量
}UDACCEL, FAR * LPUDACCEL;
```

旋转按钮控件的通知消息只有一个，即 UDN_DELTAPOS，它是当控件的当前数值将要改变时向其父窗口发送的。

例 16.3 数值范围调节按钮。

```
BOOL CStandardStepSetPage::OnInitDialog()
{
CPropertyPage::OnInitDialog();
((CEdit * )GetDlgItem(IDC_EDIT1))->SetWindowText(_T("1"));
CSpinButtonCtrl * pSpin=(CSpinButtonCtrl * )GetDlgItem(IDC_SPIN1);
pSpin->SetRange(1,5);
}
```

16.4 列表框

16.4.1 列表框的重要属性

列表框是 CListBox 类的对象,列表框的重要属性如表 16.9 所示。

表 16.9 列表框的重要属性

属　性	说　明
MultiColumn	指定水平滚动的多列列表框
Selection	指定列表框中的列表项如何被选取,可选值为 Single (单项)、Multiple (多项)、Extended (扩展)和 None (无)
Sort	对添加到列表框的字符串进行自动排序
Want Key Input	指定如果在列表框具有焦点时按下某个键,列表框的所有者将收到 WM_VKEYTOITEM 消息

16.4.2 列表框的风格

列表框的风格在图 16.12 所示的对话框中设置。

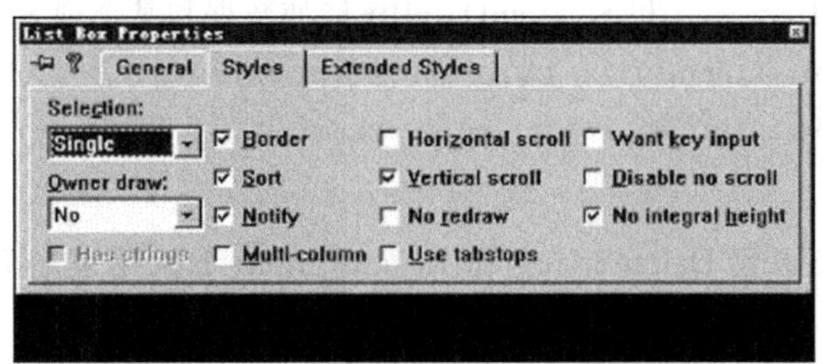

图 16.12 列表框的属性(风格)设置

列表框的风格选项如表 16.10 所示。

表 16.10 列表框的风格选项

选　项	说　明
Selection	指定列表框的类型:单选(Single)、多选(Multiple)、扩展多选(Extended)、不选(None)

续表

选　　项	说　　明
Owner draw	自画列表框，默认为 No
Has strings	选中时，在自画列表框中的项目中含有字符串文本
Border	选中时，使列表框含有边框
Sort	选中时，列表框的项目按字母顺序排列
Notify	选中时，如果用户对列表框操作，就会向父窗口发送通知消息
Multi-column	选中时，指定一个具有水平滚动的多列列表框
Horizontal scroll	选中时，在列表框中创建一个水平滚动条
Vertical scroll	选中时，在列表框中创建一个垂直滚动条
No redraw	选中时，列表框发生变化后不会自动重画
Use tabstops	选中时，允许使用停止位来调整列表项的水平位置
Want key input	选中此项，当用户按键且列表框有输入焦点时，就会向列表框的父窗口发送相应消息
Disable no scroll	选中时，即使列表框的列表项能全部显示，垂直滚动条也会显示，但此时是禁用的（灰显）
No integral height	选中时，在创建列表框的过程中，系统会把用户指定的尺寸完全作为列表框的尺寸，而不管是否会有项目在列表框不能完全显示出来

16.4.3 列表框的基本操作

1. 添加列表项

列表框创建时是一个空的列表，需要添加或插入一些列表项。CListBox 类成员函数 AddString 和 InsertString 用来向列表框增加列表项，其原型为：

```
int AddString(LPCTSTR lpszItem);
int InsertString(int nIndex, LPCTSTR lpszItem);
```

CListBox 的 SetItemData 和 SetItemDataPtr 能使数据和某个列表项关联起来。

```
int SetItemData(int nIndex, DWORD dwItemData);
int SetItemDataPtr(int nIndex, void * pData);
```

2. 删除列表项

CListBox 类成员函数 DeleteString 和 ResetContent 分别用来删除指定的列表项和清除列表框所有项目。它们的函数原型如下：

```
int DeleteString(UINT nIndex);// nIndex 指定要删除的列表项的索引
void ResetContent();
```

若在添加列表项时使用 SetItemDataPtr 函数，不要忘记在进行删除操作时及时将关联数据所占的内存空间释放出来。

3. 查找列表项

CListBox 类成员函数 FindString 和 FindStringExact 分别用来在列表框中查找所匹配的列表项，其中 FindStringExact 的查找精度最高。

```
int FindString(int nStartAfter, LPCTSTR lpszItem) const;
int FindStringExact(int nIndexStart, LPCTSTR lpszFind) const;
```

lpszFind 和 lpszItem 指定要查找的列表项文本，nStartAfter 和 nIndexStart 指定查找的开始位置，若为-1，则从头至尾查找。查到后，这两个函数都将返回所匹配列表项的索引，否则返回 LB_ERR。

4. 列表框的单项选择

当选中列表框中某个列表项时，可以使用 CListBox::GetCurSel 来获取这个结果，与该函数相对应的 CListBox::SetCurSel 函数是用来设定某个列表项呈选中状态(高亮显示)。

```
int GetCurSel() const;// 返回当前选择项的索引
int SetCurSel(int nSelect);
```

nSelect 指定要设置的列表项索引，错误时这两个函数都将返回 LB_ERR。

若要获取某个列表项的字符串，可使用下列函数：

```
int GetText(int nIndex, LPTSTR lpszBuffer) const;
void GetText(int nIndex, CString& rString) const;
```

nIndex 指定列表项索引，lpszBuffer 和 rString 用来存放列表项文本。

5. 列表框的多项选择

在列表框的 Styles 属性对话框中选中多选(Multiple)或扩展多选(Extended)类型后，就可以在列表框中进行多项选择。要想获得选中的多个选项，需要用 ClassWizard 映射 LBN_SELCHANGE 消息，添加类似代码：

```
void CListBoxDlg::OnSelchangeList1()
{int nCount=m_list.GetSelCount();// 获取用户选中的项数
    if (nCount !=LB_ERR)
    {int * buffer=new int[nCount];// 开辟缓冲区
        m_list.GetSelItems(nCount,buffer);
        CString allStr, str;
        allStr.Empty();// 字符串清空
        for (int i=0; i<nCount; i++)
        {m_list.GetText(buffer[i], str);
            allStr=allStr+"["+str+"]";}
        delete []buffer;// 释放内存
        // MessageBox(allStr);// 处理获得的文本
    }
}
```

6. 常用成员函数

(1) 添加项目：

格式：int AddString(LPCTSTR lpszItem)；

例如：语句 m_l. AddString("陈蓉")；把"陈蓉"添加到了列表框 m_l 中。

(2) 删除项目：

格式：int DeleteString(UINT nIndex)；

说明：nIndex 表示被删除项目在列表框中的位置，对于第一个选项，nIndex 应为 0。

例如:语句 m_l. DeleteString (4) ;删除列表框中的第 5 个项目。

(3) 获取当前被选定的项目的序号:

格式:int GetCurSel() const;

例如:语句 int I=m_l. GetCurSel(); 将使 I 获得 m_l 列表框中当前选定的项目的序号。

(4) 获取列表框中指定的项目:

格式 1:int GetText(int nIndex, LPTSTR lpszBuffer) const;

格式 2:void GetText(int nIndex, CString& rString) const;

说明:将列表框中第 nIndex 个选项的文本送到 lpszBuffer 或 rString 中。

例如:假定有说明语句 char s1[20]; CString s2;则语句 m_l. GetText(4, s1); 和 m_l. GetText(4, rString); 把第 5 项内容分别送到 s1 和 s2 中。

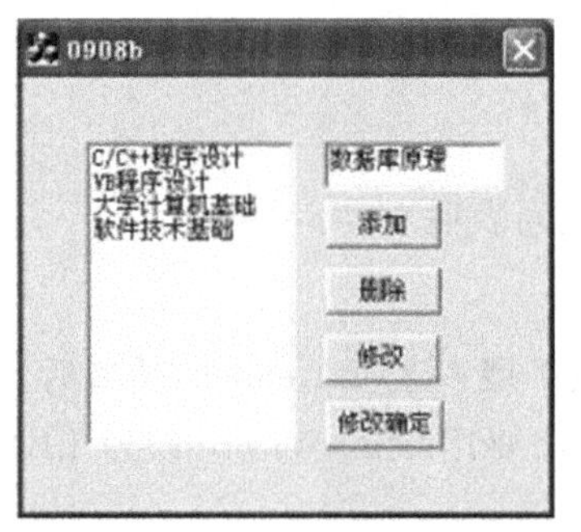

图 16.13 列表框应用示例

例 16.4 编写一个能对列表框进行项目添加、修改和删除操作的应用程序,如图 16.13 所示。"添加"按钮的功能是将文本框中的内容添加到列表框,"删除"按钮的功能是删除列表框中选定的选项。如果要修改列表框,则首先选定选项,然后单击"修改"按钮,所选的选项显示在文本框中,在文本框中修改完之后再单击"修改确定"按钮更新列表框。

(1) 界面设计。首先创建一个对话框应用程序框架,然后放置按钮。列表框和命令按钮连接变量,其余控件不需要连接变量。

(2) 初始化。列表框的选项在对话框的初始化函数中用 AddString 函数添加。

```
BOOL CTESTDlg::OnInitDialog()
{
        ⋮
    // TODO:Add extra initialization here
    m_l.AddString("大学计算机基础");
    m_l.AddString("C/C++程序设计");
    m_l.AddString("VB 程序设计");
    m_l.AddString("软件技术基础");
        ⋮
}
```

(3) 消息处理函数:

```
………………………………………………………………
void CTESTDlg::OnButton1() // 选择"添加"后执行的函数
{
// TODO:Add your control notification handler code here
UpdateData(TRUE);
m_l.AddString(m_e);
m_e="";
```

```
UpdateData(FALSE);
}
        ……………………………………………………………
void CTESTDlg::OnButton2() // 选择"删除"后执行的函数
{
// TODO:Add your control notification handler code here
int n= m_l.GetCurSel();
m_l.DeleteString(n);
}
        ……………………………………………………………
void CTESTDlg::OnButton3() // 选择"修改"后执行的函数
{
// 将选定的项目送编辑框供修改
// TODO:Add your control notification handler code here
CString s;
int n= m_l.GetCurSel();
m_l.GetText(n,s);
m_e= s;
UpdateData(FALSE);
}
        ……………………………………………………………
void CTESTDlg::OnButton4() // 选择"修改确定"后执行的函数
{
// 将修改后的项目送回列表框中,替换原项目,实现修改
// TODO:Add your control notification handler code here
UpdateData(TRUE);
int n= m_l.GetCurSel();
m_l.DeleteString(n);
m_l.InsertString(n,m_e);
m_e="";
UpdateData(FALSE);
}
        ……………………………………………………………
```

7. 列表框的通知消息

例 16.5 将一个 SCORE 结构(含有三门成绩的数据成员)数据和列表框中每一个学生姓名列表关联起来。用户单击“添加记录”按钮时,学生成绩记录中的“姓名”被添加在列表框中,该学生的成绩与该列表项关联。单击“删除记录”时,列表框中当前选择项被删除,相关联的数据所占的内存空间被释放。任何时候选中列表框中的某个学生,相应的记录数据都被显示出来。

(1) 打开前面创建的基于对话框应用程序的项目 Ex_CommCtrls。

(2) 向应用程序中添加一个对话框资源 IDD_LISTBOX,标题定为“使用列表框”,用 ClassWizard 将此对话框类定义为 CListBoxDlg。

(3) 删除原来的 Cancel 按钮，用编辑器为对话框添加表 16.11 所示的控件。

表 16.11　列表框控件及其属性

控　件	ID　号	标　题	属　性
组合框	默认	学生成绩记录	默认
静态文本	默认	姓名	默认
静态文本	默认	成绩 1	默认
静态文本	默认	成绩 2	默认
静态文本	默认	成绩 3	默认
编辑框	IDC_STU_NAME	—	默认
编辑框	IDC_STU_SCORE1	—	默认
编辑框	IDC_STU_SCORE2	—	默认
编辑框	IDC_STU_SCORE3	—	默认
按钮	IDC_DATA_ADD	添加记录	默认
按钮	IDC_DATA_DEL	删除记录	默认
列表框	IDC_LIST1	—	默认
按钮	IDOK	退出	Default button，其余默认

(4) 打开 ClassWizard 的 Member Variables 页面，在 Class name 中选择 CListBoxDlg，选中所需的控件 ID 号，双击鼠标或单击 Add Variable 按钮。

(5) 切换到 ClassWizard 的 Messsage Maps 页面，为按钮 IDC_DATA_ADD 添加 BN_CLICKED 的消息映射，增加代码：

```
void CListBoxDlg::OnDataAdd()
{UpdateData(TRUE);
    if (m_strName.IsEmpty())// 判断 m_strName 是否为空
    {MessageBox("姓名不能为空!");
        return;}
    m_strName.TrimLeft();// 裁剪 m_strName 左边的空格
    m_strName.TrimRight();// 裁剪 m_strName 右边的空格
    if ((m_List.FindString(-1,m_strName)) !=LB_ERR)
    {MessageBox("列表框中已有相同姓名,不能添加!");
        return;}
    int nIndex=m_List.AddString(m_strName);// 向列表框中添加学生姓名
    // 将该学生成绩与新增的列表项关联起来
    SCORE data;
    data.score1=m_nScore1;
    data.score2=m_nScore2;
    data.score3=m_nScore3;
    m_List.SetItemDataPtr(nIndex, new SCORE(data));
}
```

(6) 用 ClassWizard 为按钮 IDC_DATA_DEL 添加 BN_CLICKED 的消息映射，增加代码：

```
void CListBoxDlg::OnDataDel()
{int nIndex=m_List.GetCurSel();// 获得当前选择项的索引
    if (nIndex != LB_ERR)
    {m_List.DeleteString(nIndex);// 删除当前选择项
        m_strName.Empty();
        m_nScore1=m_nScore2=m_nScore3=0;
        UpdateData(FALSE);
    }
    else MessageBox("当前没有选择项或列表框操作失败!");
}
```

(7) 用 ClassWizard 为按钮 IDC_LIST1 添加 LBN_SELCHANGE 的消息映射，增加代码：

```
void CListBoxDlg::OnSelchangeList1()
{int nIndex=m_List.GetCurSel();
    if (nIndex != LB_ERR)
    {m_List.GetText(nIndex, m_strName);
        SCORE * data=(SCORE *)m_List.GetItemDataPtr(nIndex);
        m_nScore1=data->score1;
        m_nScore2=data->score2;
        m_nScore3=data->score3;
        UpdateData(FALSE);
    }
}
```

(8) 用 ClassWizard 为对话框添加 WM_DESTROY 的消息映射，增加代码：

```
void CListBoxDlg::OnDestroy() // 此消息是当对话框关闭时发送的
{for (int nIndex=m_List.GetCount()-1; nIndex>=0; nIndex--)
    {// 删除所有与列表项相关联的 SCORE 结构数据，并释放内存
        delete (SCORE *)m_List.GetItemDataPtr(nIndex);
    }
    CDialog::OnDestroy();// 关闭对话框
}
```

对话框被清除时发送 WM_DESTROY 消息。用户在此消息的映射函数中添加一些对象删除代码，以便在对话框清除前有效地释放内存空间。列表框控件如图 16.14 所示。

(9) 打开 ListBoxDlg.h 源文件，在类 CListBoxDlg 定义的 public 处添加下列代码：

```
public:
struct SCORE
{   int score1;
    int score2;
    int score3;
};
```

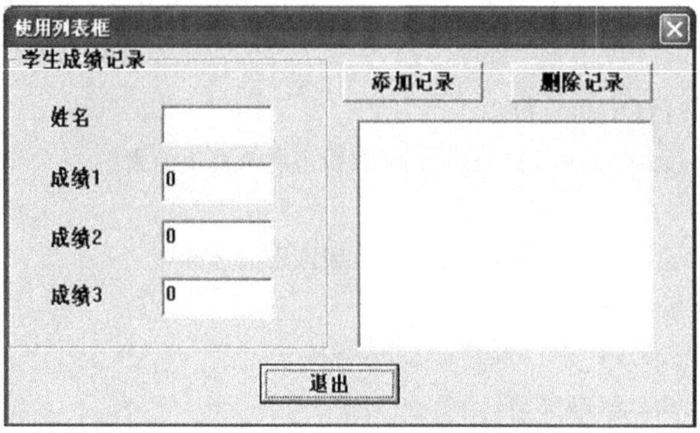

图 16.14　列表框控件

(10) 定位到 CEx_CommCtrlsDlg::OnButton1 函数处，修改代码如下：

```
if (nID==IDC_RADIO2)
{   CListBoxDlg dlg;
    dlg.DoModal();
}
```

(11) 在 Ex_CommCtrlsDlg.cpp 文件的开始处，增加包含 CListBoxDlg 的头文件。

```
# include "ListBoxDlg.h"
```

(12) 编译运行并测试。

16.5 组合框

组合框是一个很简单的控件，它实际上是其他控件的一个集合。它是组合了编辑框和列表框的特性而形成的一种控件。在列表框中列出可供用户选择的项，当用户选定某项后，该项内容自动装入编辑框中。

从表面上看，组合框是由一个编辑框和一个下拉列表框组合而成的。用户可以从组合框预定义的列表中进行选择，也可以从编辑框中进行输入。

16.5.1 属性设置

组合框的主要属性如表 16.12 所示。

表 16.12　组合框的主要属性

属　性	说　明
Lowercase	将组合框中的所有文本转换为小写
Sort	对添加到组合框的字符串进行自动排序
Type	组合框的类型，包括 Simple、Dropdown 和 Droplist
Uppercase	将组合框中的所有文本转换为大写

组合框的属性(风格)对话框如图 16.15 所示。

(1) 类(Type)属性用于指定组合框的类型，共有三个选择，即 Simple、Dropdown 和 Droplist，默认值为 Dropdown。

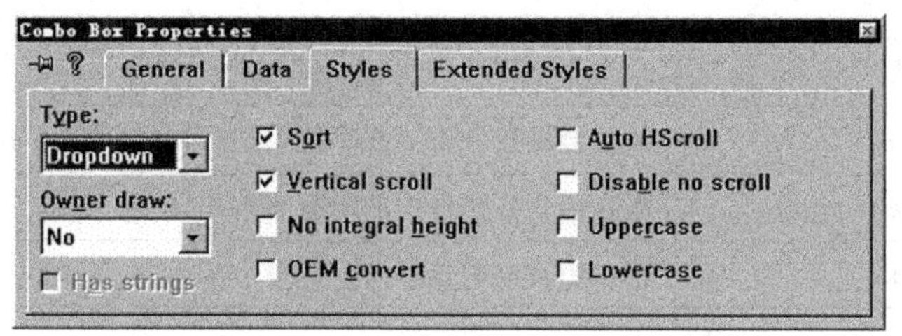

图 16.15　组合框的属性(风格)对话框

(2) 键入列表框项。在列表框的属性对话框的"Data"选项卡中有一个键入列表框项，这是在设计阶段输入选项的地方，如图 16.16 所示。每当输入一项后按 Ctrl+Enter 键才能输入下一项。(注意在设计 ComboBox 时，单击向下箭头，然后将控件下边向下拉，之后输入数据，这样才能显示出 ComboBox 的下拉选项；或者在新建该控件时往下拖放足够大的区域。)

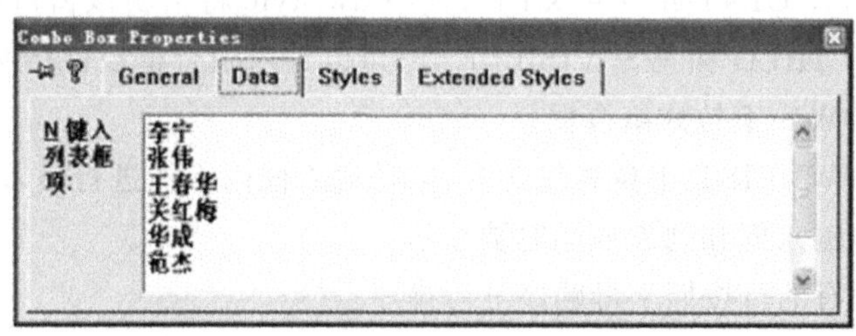

图 16.16　组合框属性对话框的"Data"选项卡

16.5.2　常用成员函数

编辑框和列表框的成员函数几乎都可以用于组合框，但是列表框的成员函数 GetText()在组合框中是 GetLBText()。

形式 1：int GetLBText(int nIndex, LPTSTR lpszText) const;

形式 2：void GetLBText(int nIndex, CString& rString) const;

说明：使用 GetLBText 函数可以将组合框中的第 nIndex 个项目的文本送入 lpszText 或 rString 中。

组合框的主要函数如表 16.13 所示。

表 16.13　组合框的主要函数

函　数	说　明
Create	创建一个 CComboBox 控件
GetCount	获取组合框中字符串的数量
GetCurSel	获取选择的字符串的索引，从 0 开始
SetCurSel	选定组合框的一个项目
AddString	向组合框控件中添加一个字符串
InsertString	在指定的索引处插入一个字符串
DeleteString	删除组合框控件的一个字符串

续表

函　数	说　明
SelectString	从组合框控件中寻找字符串，如果找到，则该字符串被选中
ResetContent	删除组合框控件中的所有字符串
GetLBText	获取组合框中选择的字符串

16.5.3 组合框发出的消息

(1) CBN_SELECTCHANGE：组合框的列表框中的选项改变时发出。

(2) CBN_EDITCHANGE：组合框的编辑框中的文本改变时发出。

组合窗口是由一个输入框和一个列表框组成的。创建一个组合窗口可以使用成员函数 BOOL CListBox::Create(LPCTSTR lpszText, DWORD dwStyle, const RECT& rect, CWnd * pParentWnd, UINT nID=0xffff)；其中 dwStyle 将指明该窗口的风格。除了子窗口常用的风格 WS_CHILD 和 WS_VISIBLE 外，可以针对组合框控件指明专门的风格。

CBS_DROPDOWN 下拉式组合框。

CBS_DROPDOWNLIST 下拉式组合框，但是输入框内不能进行输入。

CBS_SIMPLE 输入框和列表框同时被显示。

LBS_SORT 所有的行按照字母顺序进行排序。

由于组合框内包含了列表框，所以列表框的功能都能够使用，如可以利用 int AddString(LPCTSTR lpszItem)添加行，利用 int DeleteString(UINT nIndex)删除指定行，利用 int InsertString(int nIndex, LPCTSTR lpszItem)将行插入指定位置，利用 void ResetContent()删除列表框中的所有行，调用 int GetCount()得到当前列表框中行的数量。

如果需要得到/设置当前被选中的行的位置，可以调用 int GetCurSel()/int SetCurSel(int iIndex)。调用 int GetLBText(int nIndex, LPTSTR lpszText)，可以得到列表框内指定行的字符串。

此外，调用 int FindString(int nStartAfter, LPCTSTR lpszItem)，可以在当前所有行中查找指定的字符串的位置，其中 nStartAfter 指明从哪一行开始进行查找。调用 int SelectString(int nStartAfter, LPCTSTR lpszItem)，可以选中包含指定字符串的行。

输入框的功能都能够使用，如可以利用 DWORD GetEditSel()/BOOL SetEditSel(int nStartChar, int nEndChar)得到或设置输入框中被选中的字符位置。利用 BOOL LimitText(int nMaxChars)设置输入框中可输入的最大字符数。

输入框的剪贴板功能(Copy,Clear,Cut,Paste)都可以使用。

16.5.4 组合框常见操作

组合框的操作大致分为两类，一类是对组合框中的列表框进行操作，另一类是对组合框中的编辑框进行操作。这些操作都可以调用 CComboBox 成员函数来实现。

16.5.5 组合框的通知消息

需要更新或重新绘制窗口的外观时，应用程序就会发送 WM_PAINT 消息。用

ClassWizard 在对话框中映射 WM_PAINT 消息的目的是执行绘图代码。

防止用系统默认的颜色向对话框进行重复绘制，须调用 UpdateWindow 函数。UpdateWindow 是 CWnd 的无参数的成员函数，目的是绕过系统的消息列队，直接发送或停止发送 WM_PAINT 消息。窗口没有需要更新的区域时，就停止发送。绘制完图形时，没有 WM_PAINT 消息的发送，系统不会用默认的颜色对窗口进行重复绘制。

如果对话框中的任何部分变为无效，对话框的 OnPaint 函数都会自动调用。可以通过调用 Invalidate 函数来通知系统此时的窗口状态已变为无效，强制系统调用 WM_PAINT 消息函数 OnPaint 重新绘制。

例 16.6 设计一个图 16.17(a)所示的对话框。如果单击“确定”按钮，则用 MessageBox 显示图 16.17(b)所示的信息框。

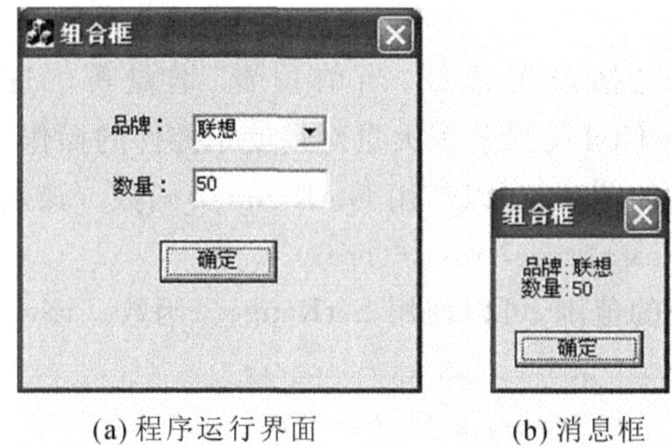

(a) 程序运行界面　　(b) 消息框

图 16.17　组合框应用示例

(1) 首先创建一个对话框程序框架，然后放置各控件，进行属性设置，组合框的选项在设计阶段直接输入，按表 16.14 连接变量，其余控件不需要连接变量。

表 16.14　变量连接表

控　件	变 量 名	变 量 类 别	变 量 类 型
组合框	m_c	Value	CString
编辑框	m_e	Value	CString

(2) 消息处理函数：

```
void CTESTDlg::OnButton1()
{
// TODO:Add your control notification handler code here
UpdateData(TRUE);
CString s;
s="品牌 :";
s= s+ m_c;
s= s+ "\n";
s= s+ "数量 :";
s= s+ m_e;
MessageBox(s);
}
```

16.6 进度条和日历控件

16.6.1 进度条

进度条控件(Progress)用于显示程序的进度。进度条由一个范围和一个当前位置组成。

1. 进度条的风格

进度条控件的风格可以通过其属性对话框进行设置。进度条控件的属性对话框如图16.18所示。Border指定进度条是否有边框,Vertical指定进展是水平的还是垂直的。Smooth表示平滑地填充进度条。

2. 进度条的基本操作

进度条的基本操作包括设置范围、当前位置、增量等。进度条控件对应的类为CProgressCtrl。CProgressCtrl类封装了大量对进度条控件的操作。

如果想要获取进度条的范围,可以使用GetRange()函数。该函数的原型如下:

```
void GetRange (int& nLower, int& nUpper);
```

如果想要设置进度条的范围,可以使用SetRange()函数。该函数的原型如下:

```
void SetRange (short nLower, short nUpper);
void SetRange32 (int nLower, int nUpper);
```

如果想要获取进度条当前的位置,可以使用GetPos()函数。该函数的原型如下:

```
int GetPos();
```

如果想要设置进度条当前的位置,可以使用SetPos()函数。该函数的原型如下:

```
int SetPos (int nPos);
```

如果想要在进度条上偏移一定的位置,可以使用OffsetPos()函数。该函数的原型如下:

```
int OffsetPos (int nPos);
```

如果想要设置进度条的步长,可以使用SetStep()函数。该函数的原型如下:

```
int SetStep (int nStep);
int StepIt();
```

该函数将当前位置向前移动一个步长并重画进度条以反映新的位置,如图16.19所示。

图16.18 进度条控件属性对话框

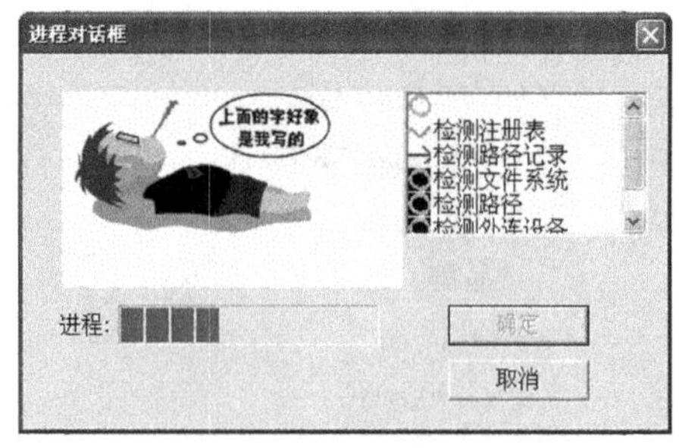

图16.19 进程对话框

16.6.2 日历控件

Win32 API 提供了一个显示日期的彩色日历控件，日期的显示模式是基于控制面板中的区域性设置，或者说是依赖于用户的操作系统。具体的日历控件如图 16.20 所示。

这个常用的日历控件的标题条包含两个按钮和两个标签，左边的按钮准许用户单击选择前一个月份，右边的标签显示当前选择的月份，左边的标签显示当前日期中的年份，右边的按钮是让用户选择下一个月份。日历控件可以配置成显示多个月份。

2019年8月						
周一	周二	周三	周四	周五	周六	周日
29	30	31	1	2	3	4
5	6	7	8	9	10	11
12	13	14	15	16	17	18
19	20	21	22	23	24	25
26	27	28	29	30	31	1
2	3	4	5	6	7	8

图 16.20 日历控件显示效果

如果要让日历控件显示多个月份，按钮的个数将通过前月或后月列表来增加或减少。例如，如果控件正在显示 4 月或 5 月，这时用户点击了左边的按钮，控件将显示 3 月或 4 月；如果用户点击了右边的按钮，控件将显示 5 月或 6 月。

此外，选择当前年份中的任意一个月份，用户可以点击标题框中的月份名，这时候将显示一个月份列表供用户来选择。

如果要更改年份，用户可以点击年份标签，这时候将显示旋转按钮，用户可以通过点击旋转按钮的上下键来更改年份，也可以使用键盘上的上下箭头键来更改年份。

在标题条的下面，根据控制面板的格式显示着星期的简写，在一些地区，每个星期的第一天通常是星期日。开发人员可以改变控件中的第一天设置。

控件上，当前选择的日期上有一圆圈。用户可以点击欲选择的日期来在控件上选择一个日期。在大部分地区，日期以数字的形式显现在一个白色背景上。

背景颜色乃至控件上的任何颜色都可以通过程序来改变。默认的情况下，控件显示一个椭圆围绕的当前日期。使用标题条按钮、月份和年份标签，用户可以更改日期。如果控件显示的不是当前日期，用户可以通过点击控件底部显示今天日期的标签来使控件显示今天的日期。（程序员可以隐藏控件底部这个显示今天日期的标签。）

我们可以在窗口、对话框、工具条及其他任何容器窗口中创建日历控件。日历控件对应着 CmonthCalCtrl 类，所以要动态创建一个日历控件，需要声明一个 CmonthCalCtrl 变量或指向 CmonthCalCtrl 的指针，代码如下：

```
// Exercise1Dlg.h:header file
class CExercise1Dlg:public CDialog {
// Construction public:
CExercise1Dlg(CWnd * pParent=NULL); // standard constructor private:
CMonthCalCtrl * ctlCalendar; };
```

CmonthCalCtrl 类像 MFC 中其他控件对应的类一样，提供了一个 Create()方法用来在容器窗口中动态创建日历控件，代码如下：

```
CExercise1Dlg:: CExercise1Dlg ( CWnd * pParent /* = NULL */): CDialog
(CExercise1Dlg::IDD, pParent) {
//{{AFX_DATA_INIT(CExercise1Dlg) //}}AFX_DATA_INIT // Note that LoadIcon does not
require a subsequent DestroyIcon in Win32 m _ hIcon = AfxGetApp ( )-> LoadIcon ( IDR _
```

```
MAINFRAME); ctlCalendar=new CMonthCalCtrl; }
    ///////////////////////////////////////////////////////////////////////////////
    // CExercise1Dlg message handlers BOOL CExercise1Dlg::OnInitDialog() {
    CDialog::OnInitDialog();
    // Set the icon for this dialog. The Framework does this automatically // when the
application's main window is not a dialog SetIcon(m_hIcon, TRUE); // Set big icon
SetIcon(m_hIcon, FALSE); // Set small icon // TODO:Add extra initialization here
```

在对话框或窗口中创建一个日历控件后，它仅显示当前的月份并仅仅只能显示一个月份，这是因为，按照默认的设计，控件的长、宽、高只能容纳一个月的日期，如果要显示两个月，就要增加控件的宽度（同样的道理，也可以通过增加高度来显示两个月份）。

作为一个可视化对象，日历控件可以用不同的颜色来表现背景、星期日、标题条文本、标题条背景等。开发人员可以通过程序来更换这些颜色，当然是要在不影响控件亲和力的情况下。改变日历控件的颜色，需要调用 CMonthCalCtrl::SetColor() 方法，该方法的语法是：

```
COLORREF SetColor(int nRegion, COLORREF ref);
```

默认情况下，控件的标题条显示蓝色背景，如果要改变它，需要向 nRegion 参数传递 MCSC_TITLEBK 值，向 ref 参数传递所要显示的颜色。如果更改标题条上文本的颜色，需要向 nRegion 参数传递 MCSC_TITLETEXT 值。

上文说过，在标题条的下方显示着星期，在一些国家，一个星期的第一天是星期日，如果想更改一个星期的第一天，可以调用函数 SetFirstDayOfWeek()，它的语法是：

```
BOOL SetFirstDayOfWeek(int iDay, int * lpnOld=NULL);
```

第一个参数必须是对应的表示星期的整数值，星期日为 0，星期一为 1，依次类推。

如果想要获知日历控件的星期中具体哪一天设置为第一天，可以调用函数 GetFirstDayOfWeek()，它的语法是：

```
int GetFirstDayOfWeek(BOOL * PBLocal=NULL) const;
```

该函数返回一个整数值。

星期的名字使用的颜色与使用 SetColor() 函数传递 MCSC_TITLETEXT 时使用的颜色一致，在星期的下面是一个水平分割线，默认情况下它是黑色的，但这里它却与选择的日期一个颜色。在分割线下是日期列表，默认情况下背景是 Windows 默认的白色，如果要改变它，需要向 nRegion 参数传递 MCSC_MONTHBK 值，向 ref 参数传递所要显示的颜色。

表示日期的数字显示有两种颜色，当前选择的月份中的日期以黑色表示，如果要改变这种颜色，可以向 nRegion 参数传递 MCSC_TRAILINGTEXT 值，向 ref 参数传递所要显示的颜色。

日历控件习惯于用两种形式来让用户了解当前的日期，一是在列表中以椭圆将当前日期圈起来，另一种方式是在底部以句子的形式显示。在创建控件时，将"today"属性设置为"NO"将不显示今天的日期。

为了控制用户是否可以选择两个以上的日期，在创建控件时可以相应地设置多项选择属性。例如，如果想让用户在控件中选择一定范围的日期，可以将多项选择属性设置为真。为了动态设置多日期选择，应用 MCS_MULTISELECT 属性，代码如下：

```
BOOL CExercise1Dlg::OnInitDialog() {
```

```
CDialog::OnInitDialog();
ctlCalendar->Create(WS_TABSTOP | WS_CHILD | WS_VISIBLE | WS_BORDER |
return TRUE; // return TRUE unless you set the focus to a control }
```

通过属性设置，用户可以在日历控件中选择多个日期，当然，也可以通过动态编程来选择多个日期，这时，可以调用 CMonthCalCtrl::SetSelRange()方法，它有三个不同的版本，语法是：

```
BOOL SetSelRange(const COleDateTime& pMinRange, const COleDateTime& pMaxRange);
BOOL SetSelRange(const CTime& pMinRange, const CTime& pMaxRange);
BOOL SetSelRange(const LPSYSTEMTIME pMinRange, const LPSYSTEMTIME pMaxRange);
```

如果想获取一个日历控件的可选择范围，可以调用 CMonthCalCtrl::GetSelRange()方法。

为了控制用户可选择的日期范围，可以调用 CMonthCalCtrl::SetRange()方法，它也有三种不同的形式，分别是：

```
BOOL SetRange(const COleDateTime * pMinRange, const COleDateTime * pMaxRange);
BOOL SetRange(const CTime * pMinRange, const CTime * pMaxRange);
BOOL SetRange(const LPSYSTEMTIME pMinRange, const LPSYSTEMTIME pMaxRange);
```

第一个参数 nMinRange 是选择范围的开始日期，参数 nMaxRange 是可供选择的最大日期。

16.7 滚动条和滑动条

16.7.1 滚动条

滚动条是 CScrollBar 类的对象，是 Windows 应用程序中一个很重要的控件，通常附在对话框上用来协助观察数据或确定位置，也可以用来作为数据输入的工具。滚动条有水平和垂直两种。滚动条外观如图 16.21 所示。

1. 滚动条的基本操作

在 MFC 的 CScrollBar 类中，函数 SetScrollRange 是用来设置滚动条的滚动范围的，其原型如下：

```
SetScrollRange(int nMinPos, int nMaxPos, BOOL bRedraw=TRUE);
```

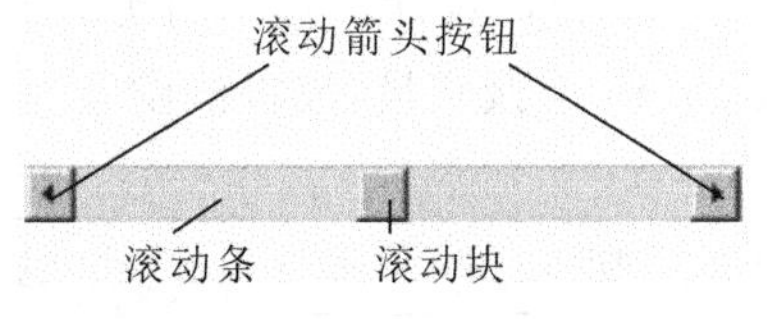

图 16.21　滚动条外观

在 CScrollBar 类中，设置滚动块位置的操作是由 SetScrollPos 函数来完成的，其原型如下：

```
int SetScrollPos(int nPos, BOOL bRedraw=TRUE);
```

与 SetScrollRange 和 SetScrollPos 相对应的两个函数分别用来获取滚动条的当前范围和当前滚动位置：

```
void GetScrollRange(LPINT lpMinPos, LPINT lpMaxPos);
int GetScrollPos();
```

需要说明的是：在 CScrollBar 类的成员函数中，还可以用 SetScrollInfo 和 GetScrollInfo 来代替上面提到的四个函数。与前面的函数相比，使用 SetScrollInfo 函数还能使滚动块的大小随内容的多少而改变。

2. WM_HSCROLL 或 WM_VSCROLL 消息

滚动条进行操作时，会向父窗口发送 WM_HSCROLL 或 WM_VSCROLL 消息。通过 ClassWziard 在其对话框中进行映射，产生相应的消息映射函数 OnHScroll 和 OnVScroll，函数原型为：

```
afx_msg void OnHScroll(UINT nSBCode, UINT nPos, CScrollBar * pScrollBar);
afx_msg void OnVScroll(UINT nSBCode, UINT nPos, CScrollBar * pScrollBar);
```

滚动条的通知消息说明如表 16.15 所示。

表 16.15 滚动条的通知消息说明

通知消息	说明
SB_LEFT、SB_RIGHT	滚动到最左端或最右端时发送此消息
SB_TOP、SB_BOTTOM	滚动到最上端或最下端时发送此消息
SB_LINELEFT、SB_LINERIGHT	向左或右滚动一行(或一个单位)时发送此消息
SB_LINEUP、SB_LINEDOWN	向上或下滚动一行(或一个单位)时发送此消息
SB_PAGELEFT、SB_PAGERIGHT	向左或右滚动一页时发送此消息
SB_PAGEUP、SB_PAGEDOWN	向上或下滚动一页时发送此消息
SB_THUMBPOSITION	滚动到某绝对位置时发送此消息
SB_THUMBTRACK	拖动滚动块时发送此消息
SB_ENDSCROLL	结束滚动

例 16.7 建立一个水平滚动条，最小值为 0，最大值为 100，单击滚动条两端箭头时滑块移动的增量值为 2，单击滚动条中的空白处(滑块与两端箭头之间的区域)时滑块移动的增量值为 10。另有一个只读的编辑框，显示了滑块当前位置所代表的值。

假定工程名为 TEST。

(1) 界面设计。首先创建一个对话框应用程序框架，然后放置水平滚动条、编辑框，按表 16.16 连接变量，编辑框设置为只读。

表 16.16 控件连接的变量

控件	变量名	变量类别	变量类型
滚动条	m_s	Control	CScrollBar
编辑框	m_e	Value	int

(2) 初始化。滚动条的初始化就是设置最小值、最大值，以及初始时滑块所代表的值。滚动条初始化在对话框的初始化函数中完成，涉及两个函数：

① 设置最大值和最小值：

形式：void SetScrollRange(int nMinPos, int nMaxPos, BOOL bRedraw=TRUE);

说明：nMinPos 表示最小值，nMaxPos 表示最大值。当 bRedraw 为 TRUE 时重画滚动条。

② 设置滑块的位置：

格式:int SetScrollPos(int nPos, BOOL bRedraw=TRUE);

说明:nPos 表示滑块的位置。当 bRedraw 为 TRUE 时重画滚动条。

滚动条初始化代码如下:

```
BOOL CTESTDlg::OnInitDialog()
{
        ⋮
    // TODO:Add extra initialization here
    m_s.SetScrollRange(0,100);
    m_s.SetScrollPos(50);
    m_e= 50; // 初始时,编辑框显示 50
    UpdateData(FALSE); // 更新编辑框显示的内容
          ⋮
};
```

(3) 编写消息处理函数。当用户在滚动条上进行操作时,滚动条接收不到任何消息。但是对话框却能接收到 WM_HSCROLL(水平滚动条)或 WM_VSCROLL(垂直滚动条)消息,也就是说,程序对滚动条的操作只能在 OnHScroll() 或 OnVScroll() 中编写代码。

滚动条处理 WM_HSCROLL 消息的函数为:

```
void CTESTDlg::OnHScroll(UINT nSBCode, UINT nPos, CScrollBar * pScrollBar)
{
// TODO:Add your message handler code here and/or call default
Cdialog::OnHScroll(nSBCode, nPos, pScrollBar);
}
```

如图 16.22 所示,单击“Add and Edit”按钮就把 OnHScroll 函数添加进去了。

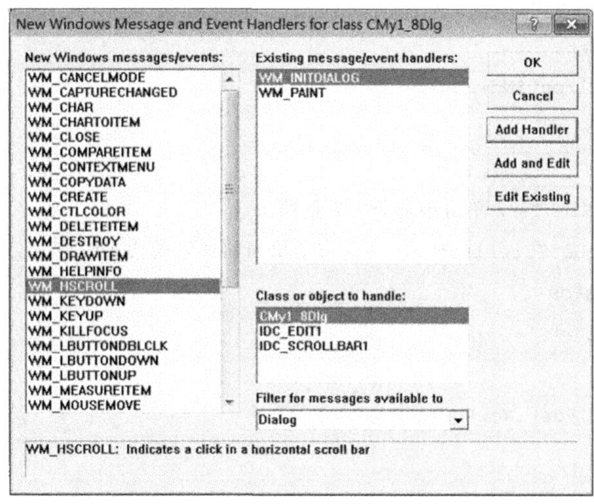

图 16.22 添加消息处理函数

说明:

① pScrollBar 指向用户正在进行操作的滚动条。

② nPos 表示滑块当前的位置。

③ nSBCode 指示用户正在进行的操作,其取值及其意义如表 16.17 所示。

表 16.17 滚动条的通知消息

消 息	用户操作
SB_THUMBTRACK	拖动滑块
SB_LINELEFT/SB_LINEUP	单击向左/上的箭头
SB_LINERIGHT/SB_LINEDOWN	单击向右/下的箭头
SB_PAGELEFT/SB_PAGEUP	单击向左/上箭头与滚动块之间的区域
SB_PAGERIGHT/SB_PAGEDOWN	单击向右/下箭头与滚动块之间的区域

程序代码：

```
……………………………………………………………………
void CTestDlg::OnHScroll(UINT nSBCode, UINT nPos, CScrollBar * pScrollBar)
{// TODO:Add your message handler code here and/or call default
if (pScrollBar== &m_s)
{ int iNowPos;
      switch(nSBCode)
  { case SB_THUMBTRACK:// 拖动滑块时
            m_s.SetScrollPos(nPos);
            m_e=nPos;
             break;
   case SB_LINELEFT:// 单击滚动条向左的箭头
iNowPos= m_s.GetScrollPos(); //获取滑块当前位置所代表的值
    iNowPos=iNowPos-2;
    if(iNowPos<0)
   iNowPos=0;
m_s.SetScrollPos(iNowPos);
m_e=iNowPos;
break;
case SB_LINERIGHT:// 单击滚动条向右的箭头
iNowPos=m_s.GetScrollPos(); // 获取滑块当前位置所代表的值
iNowPos=iNowPos+2;
if(iNowPos>100)
iNowPos=100;
m_s.SetScrollPos(iNowPos);
m_e=iNowPos;
break;
case SB_PAGELEFT:// 单击滚动条左边的箭头与滑块之间的区域
iNowPos=m_s.GetScrollPos(); // 获取滑块当前位置所代表的值
iNowPos=iNowPos-10;
if(iNowPos<0)
iNowPos=0;
m_s.SetScrollPos(iNowPos);
```

```
m_e=iNowPos;
break;
case SB_PAGERIGHT://单击滚动条右边的箭头与滑块之间的区域
iNowPos=m_s.GetScrollPos(); // 获取滑块当前位置所代表的值
iNowPos=iNowPos+10;
if(iNowPos>100)
iNowPos=100;
m_s.SetScrollPos(iNowPos);
m_e=iNowPos;
break;
}
}
UpdateData(FALSE);
CDialog::OnHScroll(nSBCode, nPos, pScrollBar);
}
```

16.7.2 滑动条

滑动条控件是 Windows 中最常用的控件之一。一般而言，它由一个滑动条、一个滑块和可选的刻度组成，用户可以通过移动滑块在相应的控件中显示对应的值。通常，在滑动条控件附近一定有标签控件或编辑框控件，用于显示相应的值。滑动条控件在应用程序中用途极为广泛。

1. 属性设置

带刻度线的滑动条如图 16.23 所示。

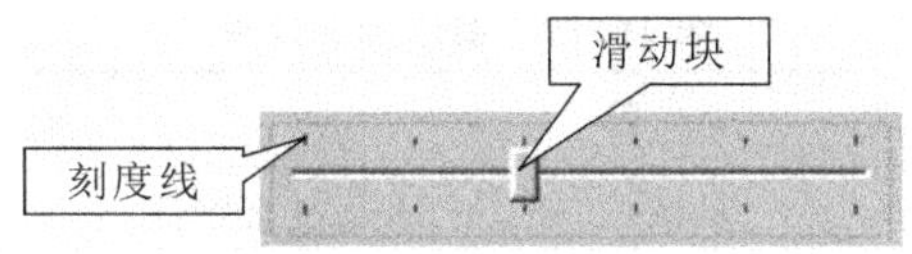

图 16.23 带刻度线的滑动条

滑动条控件的 Styles 属性如表 16.18 所示。

表 16.18 滑动条控件的 Styles 属性

项　目	说　明
Orientation	控件放置方向：Vertical(垂直)、Horizontal(水平，默认)
Point	刻度线在滑动条控件中放置的位置：Both(两边都有)、Top/Left(水平滑动条的上边或垂直滑动条的左边，同时滑动块的尖头指向有刻度线的那一边)、Bottom/Right(水平滑动条的下边或垂直滑动条的右边，同时滑动块的尖头指向有刻度线的那一边)
Tick marks	选中此项，在滑动条控件上显示刻度线
Auto ticks	选中此项，滑动条控件上的每个增量位置处都有刻度线，并且增量大小自动根据其范围来确定
Border	选中此项，控件周围有边框
Enable selection	选中此项，控件中供用户选择的数值范围高亮显示

2. 滑动条的基本操作

成员函数 SetPos 和 SetRange 用来设置滑动条的位置和范围，原型如下：

```
void SetPos(int nPos);
void SetRange(int nMin, int nMax, BOOL bRedraw=FALSE);
```

成员函数 SetTic 用来设置滑动条控件中的一个刻度线的位置。函数成功调用后返回非零值；否则返回 0。函数原型如下：

```
BOOL SetTic(int nTic);
```

成员函数 SetTicFreq 用来设置显示在滑动条中的刻度线的疏密程度。原型如下：

```
void SetTicFreq(int nFreq);
```

成员函数 ClearTics 用来从滑动条控件中删除当前的刻度线。函数原型如下：

```
void ClearTics(BOOL bRedraw=FALSE);
```

成员函数 SetSelection 用来设置一个滑动条控件中当前选择的开始和结束位置。其函数原型如下：

```
void SetSelection(int nMin, int nMax);
```

3. 滑动条的通知消息

消息代码都来自 WM_HSCROLL 或 WM_VSCROLL 消息。

例 16.8 用滚动条、滑动条和旋转按钮控件分别来调整 RGB 的三个颜色分量，根据指定的颜色填充一个矩形区域。

(1) 打开前面创建的基于对话框应用程序的项目 Ex_CommCtrls。

(2) 向应用程序中添加一个对话框资源 IDD_SCROLL，标题定为“使用滚动条、旋转按钮控件和滑动条”，用 ClassWizard 将此对话框类定义为 CScrollDlg。

(3) 删除原来的 Cancel 按钮，用编辑器为对话框添加表 16.19 所示的一些控件。

表 16.19 要添加的控件

控 件	ID 号	标 题	属 性
静态文本	IDC_DRAW	默认	Static edge，其余默认
组合框	默认	颜色设置	默认
静态文本	默认	红(R)	默认
编辑框	IDC_EDIT1	—	默认
滚动条	IDC_SCROLLBAR1	—	默认
静态文本	默认	绿(G)	默认
编辑框	IDC_EDIT2	—	默认
滑动条	IDC_SLIDER1	—	默认
静态文本	默认	蓝(B)	默认
编辑框	IDC_EDIT3	—	默认
旋转按钮控件	IDC_SPIN1	—	Auto buddy、Set buddy integer，Alignment Right，其余默认
按钮	IDOK	退出	Default button，其余默认

颜色对话框如图 16.24 所示。

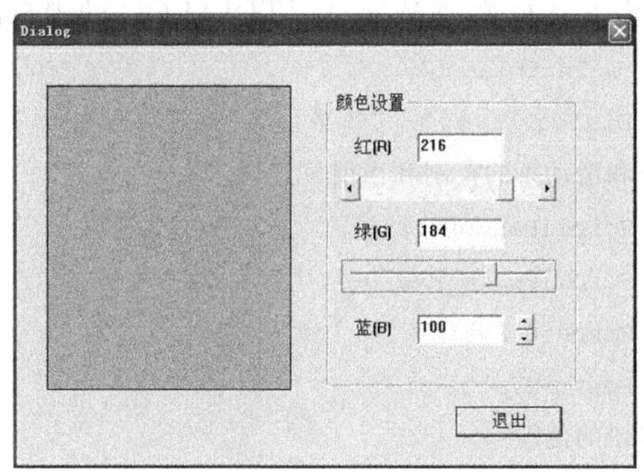

图 16.24　颜色对话框

（4）打开 ClassWizard 的 Member Variables 页面，在 Class name 中选择 CScrollDlg，选中所需的控件 ID 号，双击鼠标或单击“Add Variables”按钮。依次为表 16.20 所示控件增加成员变量。

表 16.20　控件列表

控件 ID 号	变量类型	变量名	范围和大小
IDC_EDIT1	int	m_RValue	0～255
IDC_EDIT2	int	m_GValue	0～255
IDC_EDIT3	int	m_BValue	0～255
IDC_SCROLLBAR1	CScrollBar	m_Scroll	—
IDC_SLIDER1	CSliderCtrl	m_Slider	—
IDC_SPIN1	CSpinButtonCtrl	m_Spin	—

（5）切换到 ClassWizard 的 Messsage Maps 页面，为编辑框 IDC_EDIT1、IDC_EDIT2 和 IDC_EDIT3 添加 EN_CHANGE 的消息映射，使用它们的消息处理函数名都设为 OnChangeEdit，并增加下列代码：

```
void CScrollDlg::OnChangeEdit()
{if (! m_bEditOK) return;
    UpdateData();
    m_Scroll.SetScrollPos(m_RValue);
    m_Slider.SetPos(m_GValue);
    Draw();
}
```

（6）用 ClassWizard 为对话框添加 WM_PAINT 的消息映射，增加代码：

```
void CScrollDlg::OnPaint()
{CPaintDC dc(this); // device context for painting
    CWnd * pWnd= GetDlgItem(IDC_DRAW);
    pWnd->UpdateWindow();
    Draw();
}
```

(7) 用 ClassWizard 为对话框添加 WM_INITDIALOG 的消息映射，增加代码：

```
BOOL CScrollDlg::OnInitDialog()
{CDialog::OnInitDialog();
    //设置滚动条和滑动条的范围和当前位置
    m_Scroll.SetScrollRange(0,255);
    m_Scroll.SetScrollPos(m_RValue);
    m_Slider.SetRange(0,255);
    m_Slider.SetPos(m_GValue);
    //设置旋转按钮的范围
    m_Spin.SetRange(0,255);
    UpdateData(FALSE);//将数据传给控件
    m_bEditOK=TRUE;
    return TRUE;
}
```

(8) 用 ClassWizard 为对话框添加 WM_HSCROLL 的消息映射，增加代码：

```
void CScrollDlg::OnHScroll(UINT nSBCode, UINT nPos, CScrollBar * pScrollBar)
{int nID=pScrollBar->GetDlgCtrlID();
    if (nID==IDC_SLIDER1) //滑动条产生水平滚动消息
    {m_GValue=m_Slider.GetPos();}//获得滑动条当前的位置
    if (nID==IDC_SCROLLBAR1) //滚动条产生水平滚动消息
    {switch(nSBCode)
        {case SB_LINELEFT:m_RValue--;break;
            case SB_LINERIGHT:m_RValue ++;break;
            case SB_PAGELEFT:m_RValue -=10;break;
            case SB_PAGERIGHT:m_RValue +=10;break;
            case SB_THUMBTRACK:m_RValue=nPos;break;
        }
        if (m_RValue<0) m_RValue=0;
        if (m_RValue>255) m_RValue=255;
        m_Scroll.SetScrollPos(m_RValue);
    }
UpdateData(FALSE);
Draw();
CDialog::OnHScroll(nSBCode, nPos, pScrollBar);
}
```

(9) 将项目工作区切换到 ClassView 页面，用鼠标右击“CScrollDlg”项，在弹出的快捷菜单中选中“Add Member Function”，将要增加的函数名设为 Draw，函数类型为 void，并添加下列代码：

```
void CScrollDlg::Draw()
{CWnd * pWnd=GetDlgItem(IDC_DRAW);
    CDC * pDC=pWnd->GetDC();//获得窗口当前的设备环境指针
    CBrush drawBrush;//定义画刷变量
```

```
    drawBrush.CreateSolidBrush(RGB(m_RValue,m_GValue,m_BValue));
    // 创建一个填充色画刷
    // 颜色分量转换成一个 32 位的 RGB 颜色值
    CBrush * pOldBrush=pDC->SelectObject(&drawBrush);
    CRect rcClient;
    pWnd->GetClientRect(rcClient);
    pDC->Rectangle(rcClient);
    pDC->SelectObject(pOldBrush);
}
```

(10) 为 CScrollDlg 类添加一个 BOOL 型成员变量 m_bEditOK，并在其构造函数中将其初值设为 FALSE。

(11) 定位到 CEx_CommCtrlsDlg::OnButton1 函数处，修改代码如下：

```
if (nID==IDC_RADIO4)
{CScrollDlg dlg;
    dlg.DoModal();
}
```

(12) 在 Ex_CommCtrlsDlg.cpp 文件的开始处，增加包含 CScrollDlg 的头文件。

```
# include "ScrollDlg.h"
```

(13) 编译运行并测试。

在同时使用编辑框和旋转按钮控件时，可能会出现运行错误。为了解决这个问题，本例使用一个办法，即使用一个 BOOL 型成员变量 m_bEditOK 作为控制条件，使得所有初始化代码(包括设置旋转按钮控件范围)执行后，才允许编辑框工作。

由于滚动条和滑动条等许多控件都能产生 WM_HSCROLL 或 WM_VSCROLL 消息，因此当它们处在同一方向(水平或垂直)时，就需要添加相应代码判断消息是谁产生的。

由于滚动条中间的滚动块在默认时是不会停止在用户操作的位置处的，因此需要调用 SetScrollPos 函数来进行相应位置的设定。

本章总结

控件是嵌入对话框或其他父窗口中，完成具体输入、输出功能的独立部件。作为程序与用户的一个接口，对话框通过控件与用户进行交互。从功能上讲，控件也是一种窗口，具有窗口的一般属性与功能，可以通过窗口管理函数实现对控件的操作及属性设置。

控件的创建方法包括动态和静态两种，一般多采用静态创建方法。控件的使用主要包括数据的传递检验、公共属性设置、消息处理等方面。

常用控件包括静态控件、按钮、编辑控件、旋转按钮、列表框、组合框等，还有一些公共控件，如进展控件、日历控件、滚动条、滑动条等，每种控件都具有不同的属性、成员函数及基本操作。

第17章　基本界面元素

17.1　图标

图标通常是一个位图，代表着一个应用程序，当我们用鼠标左键双击图标时，就会执行该应用程序。对图标资源的使用可以由 VC 自带的图标资源管理器来进行操作。

对图标资源的操作和位图操作类似，包括图标的创建、图标在资源文件中的定义、图标的加载等过程。

1. 图标的创建

在创建 MFC 应用程序的时候，往往 VC 会自动生成一个图标，图标表现为 ，这是 MFC 应用程序的默认图标。当然，一个好的图标往往对于应用程序来说是非常重要的，很多品牌的产品都会为自己的图标花费较多的资源去设计。

在创建 MFC 应用程序的时候，系统会自动为其生成默认图标。例如，首先创建一个 MFC 对话框应用程序 ABCtest，建立完成后，点击资源视图(ResourceView)，在 Icon 目录下有一个默认的图标 IDR_MAINFRAME，双击它就可以在主窗口中看到应用程序的图标，如图 17.1 所示。

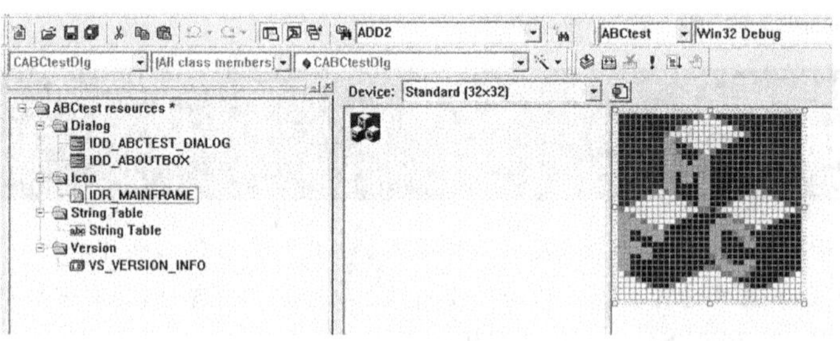

图 17.1　MFC 默认图标

对应用程序图标可以进行编辑，也可以采用本地主机内的图标来替换。替换的方法为鼠标右键单击资源对话框内的 Icon 目录，然后在弹出的菜单中选择 Insert 选项，而后在弹出的对话框中选择资源类型为 Icon，再选择 Import 命令，接着会弹出插入资源对话框，进行路径选择，选中要选择的图标(文件名为 *.ico 的文件)，鼠标左键单击 Import 即可为应用程序加入新的图标。此时在资源对话框的 Icon 目录下出现了新的图标，默认名为 IDI_ICON1。如果要将应用程序的图标更换为该图标，则只需要将程序语句 m_hIcon = AfxGetApp() ->LoadIcon(IDR_MAINFRAME)中的参数 IDR_MAINFRAME 替换为 IDI

_ICON1 即可。值得注意的是，如果在导入的时候导入图标是真彩色的，则编译器可能会出现错误提示：ABCtest. rc (70)：error RC2176：old DIB in 图标\action. ico; pass it through SDKPAINT，这是因为 VC6.0 只支持 256 色的。

出于通用性考虑，Windows 系统提供了一些图标供使用，具体如表 17.1 所示。

表 17.1　Windows 系统提供的通用图标

标　识	形　状
IDI_APPLICATION	默认图标
IDI_ASTERISK	信息图标
IDI_EXCLAMATION	感叹号图标
IDI_HAND	停止图标
IDI_QUESTION	问号图标

2. 图标资源定义

对于图标资源可以使用 Windows 系统提供的通用图标资源，如表 17.1 所示，也可以使用用户自定义的图标资源。如果使用 Windows 系统所提供的图标资源，可以直接通过标识符进行访问。如果需要使用用户自定义的图标资源，则必须首先对图标进行定义，而且必须在资源文件中进行，定义格式为：

```
图标名　ICON 图标文件名(.ico)
```

17.2 光标

对于经常使用 Windows 系统的用户来说，光标是在操作过程中几乎时刻都会遇到的一个重要内容，光标展现的形式是各种各样的，诸如箭头光标、I 形光标、十字形光标、手形光标、沙漏光标等各种系统自带的光标。此外，用户还可以自定义光标，甚至可以使用第三方工具来定制个性化的光标。无论光标的样式如何千变万化，光标的根本作用却没发生改变，始终都是为了反映鼠标的位置所在。

对于 Windows 窗口应用程序来说，每个窗口都会对应一个 WNDCLASS 结构，其中包含了对光标的定义，比如以下代码：

```
typedef struct WNDCLASS
{
    UINT style ;
    WNDPROC IpfnWndProc;
    int cbClsExtra;
    int cbWndExtra;
    HANDLE hInstance;
    HICON hIcon;
    HCURSOR hCursor;          //光标
    HBRUSH hbrBackground;
    LPCTSTR lpszMenuName;
    LPCTSTR lpszClassName;
}WNDCLASS;
```

上述结构定义了一个窗口类的基本属性，其中数据成员 hCursor 就是用来定义保存光标的句柄变量。如果用户移动鼠标，Windows 系统通过重绘光标背景将光标从旧的位置清除。之后，系统对光标所在窗口发送命中测试码 WM_SETCURSOR 消息，窗口通过调用消息响应函数::OnSetCursor 判断光标所在区域，进而实现光标在新的位置呈现。如果光标在客户区内，显示类定义的光标；如果光标落在客户区以外，则显示箭头。光标显示的类型如表 17.2 所示。

表 17.2　光标类型

光标类型	类型说明
IDC_APPSTARTING	标准箭头附带沙漏光标
IDC_ARROW	标准箭头光标
IDC_CROSS	十字光标
IDC_IBEAM	I 形光标
IDC_NO	禁止光标
IDC_SIZEALL	四向箭头光标
IDC_SIZENESW	箭头光标，箭头方向为东北向、西南向
IDC_SIZENS	箭头光标，箭头方向为南北向
IDC_SIZENWSE	箭头光标，箭头方向为西北向、东南向
IDC_SIZEWE	箭头光标，箭头方向为东西向
IDC_UPARROW	箭头光标，箭头方向向上
IDC_WAIT	沙漏光标

下面将通过实例来实现沙漏光标。首先利用应用程序向导创建一个单文档应用程序，打开 MFC ClassWizard 应用程序向导，在弹出的对话框中，选择 Message Maps 选项卡，使用默认工程名称，选择类名 Class name 为 CMainFrame，在对象 Objects IDs 中选中 CMainFrame，消息 Messages 中选择 WM_SETCURSOR，如图 17.2 所示。

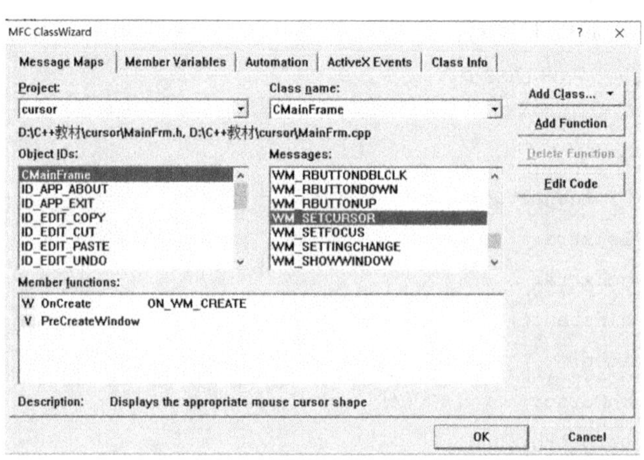

图 17.2　为光标添加处理函数

然后单击图 17.2 中的"Add Function"按钮为其添加处理函数，系统会自动生成响应函数 OnSetCursor，其默认情况的代码如下所示：

```
BOOL CMainFrame::OnSetCursor(CWnd * pWnd, UINT nHitTest, UINT message)
{
    // TODO:Add your message handler code here and/or call default
    return CFrameWnd::OnSetCursor(pWnd, nHitTest, message);
}
```

为了实现四向箭头光标，要对其添加代码，具体代码如下所示：

```
BOOL CMainFrame::OnSetCursor(CWnd * pWnd, UINT nHitTest, UINT message)
{
    // TODO:Add your message handler code here and/or call default
    HCURSOR m_myCursor;
    m_myCursor=AfxGetApp()->LoadStandardCursor(IDC_SIZEALL);
    if(nHitTest== HTCLIENT)
    {
        ::SetCursor(m_myCursor);
        return TRUE;
    }
    return CFrameWnd::OnSetCursor(pWnd, nHitTest, message);
}
```

该程序中首先通过函数 LoadStandardCursor 载入四向箭头光标，然后调用 API 函数 SetCursor 实现对光标形式的更改。

17.3 菜单

几乎所有的 Windows 应用程序都提供了菜单服务，菜单为用户与应用程序之间传递命令的一个便捷的途径。使用菜单可以避免在应用程序窗体上出现大量的命令按钮，使得界面简洁明了，既节省空间，又方便使用。接下来将介绍菜单的种类、菜单的设计与创建及菜单的消息处理等内容。

17.3.1 菜单种类

在目前所遇到的主流应用程序中，菜单形式主要有三种，分别是系统菜单、下拉式菜单和弹出式菜单。系统菜单往往出现在窗体的顶部，因此也称为顶层菜单。下拉式菜单是一般形式的菜单，也是最基本的界面元素，在用户左键单击菜单项时，会出现下拉式菜单选项列表。由于下拉式菜单是最常见的菜单形式，因此大多数情况下直接将其简称为菜单。下拉式菜单通常分为主菜单和子菜单两类。弹出式菜单也是一种常用的菜单形式，是鼠标在某个位置单击时会弹出的一个菜单选项，其外观形式与下拉式菜单的类似。

1. 系统菜单

系统菜单主要是指运行程序的时候，左键单击窗口左上角图标时出现的菜单；此外，系统菜单也包含了应用程序窗口右上角的三个控制按钮。系统菜单形式如图 17.3 所示。系统菜单主要用于移动窗口的位置，控制窗口大小，使窗口执行最大化、最小化、关闭操作和关于等。

其中对应用程序的“关于”介绍，也就是 About box，可以在创建 MFC 应用程序向导的 Step 2 通过勾选复选框“About box”来打开或关闭，如图 17.4 所示。

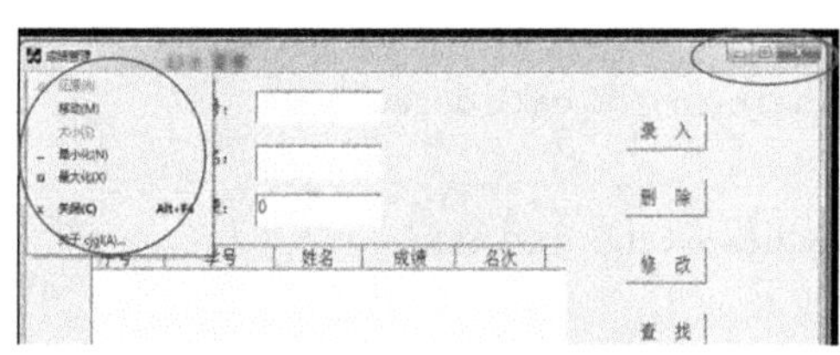

图 17.3　系统菜单

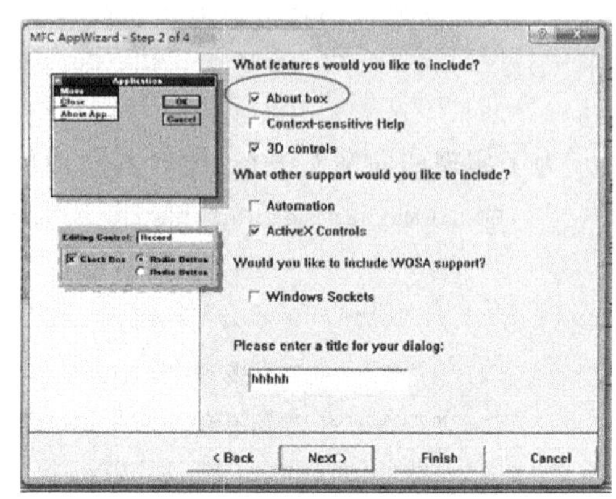

图 17.4　“关于”菜单的开关

可以在应用程序属性中，通过对“System menu”复选框的勾选来开关系统菜单，如图 17.5 所示。

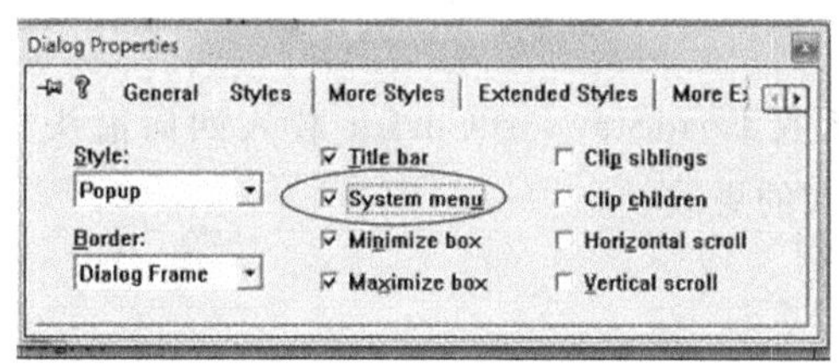

图 17.5　系统菜单开关

2. 下拉式菜单

下拉式菜单一般出现在应用程序窗口的顶部，分类别地排成一行，和某个类别相关的所有功能排在那个类别的下面。如果选中某个类别，其下就会拉出菜单，该菜单中有一系列具有相关功能的菜单项可供选择。

3. 弹出式菜单

弹出式菜单是用户在程序界面的一定区域内点击鼠标右键后出现的菜单选项。弹出式菜单多用于实现系统及其附加功能，其内容可随鼠标点击的位置不同而发生改变。弹出式菜单可以让系统功能的实现变得更加简洁高效，使用户操作更加便捷，但是由于其菜单的弹出会覆盖掉一部分空间，故而菜单选项的文字应当精炼。

通常当新建一个 MFC 应用程序时，AppWizard 都会生成一个常用的菜单。产生菜单的应用程序通常是基于文档的应用程序，单文档应用程序会自动生成标识符为 IDR_MAINFRAME 的菜单资源，而多文档应用程序自动生成标识符为 IDR_MAINFRAME 和 IDR_xxxTYPE 的菜单资源，其中 xxx 为工程名。以单文档应用程序为例，菜单程序在应用程序的成员函数 Initinstance 中产生，主要代码如图 17.6 所示。

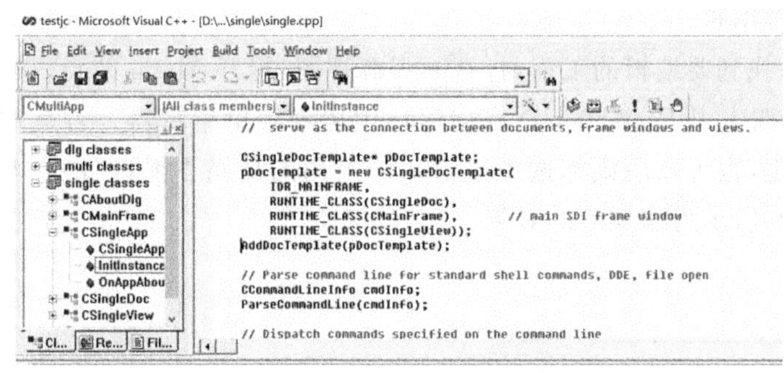

图 17.6 单文档应用程序菜单主要代码

17.3.2 菜单类 CMenu

MFC 提供了类 CMenu，用以实现对菜单的定义和操作，该类的直接基类是 CObject。类 CMenu 包含了一个数据成员 m_hMenu 和构造函数、初始化函数、菜单函数等成员函数。具体成员函数如表 17.3 所示。

表 17.3 CMenu 类的成员函数

成员函数	函数说明
CMenu	构造函数，用于创建 CMenu 类对象，进行初始化
Attach	把 Windows 菜单的句柄附加到 CMenu 类对象上
Detach	从 CMenu 类对象上解除 Windows 菜单句柄，将其返回
FromHandle	给定 Windows 菜单句柄时返回 Cmenu 类对象指针
GetSafeHmenu	返回 CMenu 类对象菜单句柄的成员
DeleteTempMap	删除由 FromHandle 创建的临时 CMenu 类对象
CreateMenu	创建 CMenu 类的空对象
LoadMenu	从可执行文件中加载菜单资源到 CMenu 类对象上
LoadMenuIndirect	从内存中载入菜单模板到 CMenu 类对象上
DestroyMenu	解除附加到 CMenu 类对象上的菜单并释放内存空间

17.3.3 创建菜单

在应用程序中通常需要使用到菜单，菜单的创建一般遵循以下步骤：① 在工程中添加自定义菜单资源；② 使用菜单编辑器对菜单进行设计编辑；③ 将设计好的菜单添加到应用程序中；④ 为让菜单正常工作必须为其进行正确的映射。

1. 插入菜单资源

单击 Visual Studio 6.0 菜单栏上的 Insert 菜单→Resource 命令，弹出插入资源对话框，如图 17.7 所示，选择菜单（Menu），单击"New"按钮就可以新增一个自定义菜单。

新增菜单也可以采用右键菜单的方式进行，在资源视图中右键单击菜单 Menu，会弹出右键菜单选项，在其中选择 Insert Menu，即可实现对菜单资源的新增。

2. 对菜单进行编辑

打开工作区，找到要编辑的工程，打开其资源视图，展开 Menu 节点，会看到自己新定义的菜单 MENU1，双击 IDR_MENU1，在主窗口中出现菜单编辑器。若是首次编辑菜单，可以直接按下回车键，也可以用鼠标选中主窗口左上角的高亮方框，双击。图 17.8 所示为添加菜单项，图 17.9 所示为添加后的效果。

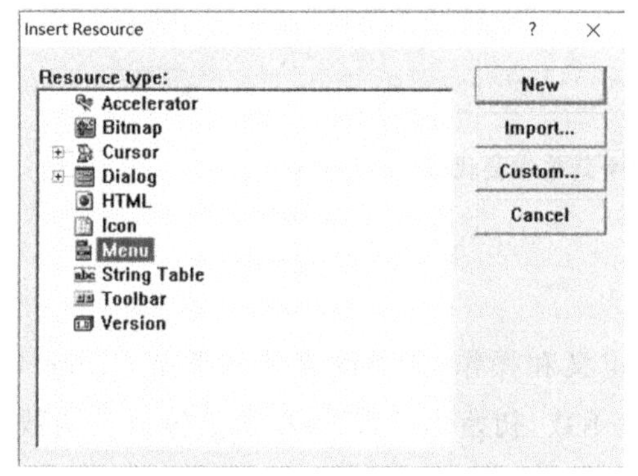

图 17.7　插入资源对话框

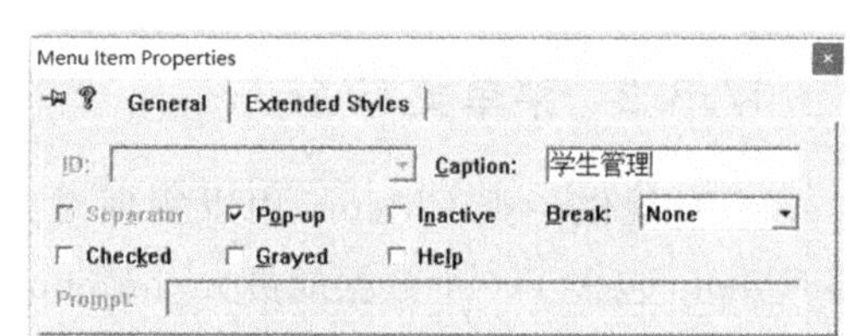

图 17.8　添加菜单项

在编辑好第一个菜单项后，可以直接进行后续菜单的编辑。在图 17.9 中可见，菜单项“学生管理”右侧和下方均可进行新菜单的编辑。若此时直接按下回车键，可以进入其下方编辑“学生管理”的子菜单；也可以使用鼠标进行选择，双击下方方框进行子菜单的编辑，双击右侧方框进行同级新菜单的编辑。在编辑的过程中，我们也可以通过属性窗口对菜单的属性进行修改。菜单项的 ID 代表它的身份并且需要在程序中引用；Caption 是菜单项显示在窗口上的名字，可以是英文，也可以是中文，可以包含数字、符号等，甚至可以在 Caption 文本框中定义某个菜单项的快捷键。给菜单加上快捷键的操作很简单，只需在 Caption 文本框中，在菜单标题中响应的字母前键入“&”即可。需要注意的是，当菜单项的名字是中文的时候，就必须用小括号把快捷键的说明括起来。比如为菜单项“新建”添加快捷键，我们可以在 Caption 项里面填写一串字符“新建[&N]\tCtrl+N”，表示“新建”菜单项的快捷键使用“&N”定义，可以使用 Ctrl+N 实现新建操作。建立菜单的形式如图 17.10所示。

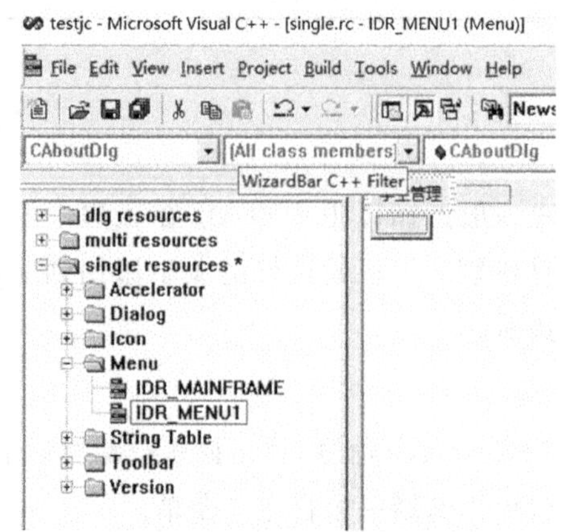

图 17.9　菜单编辑界面

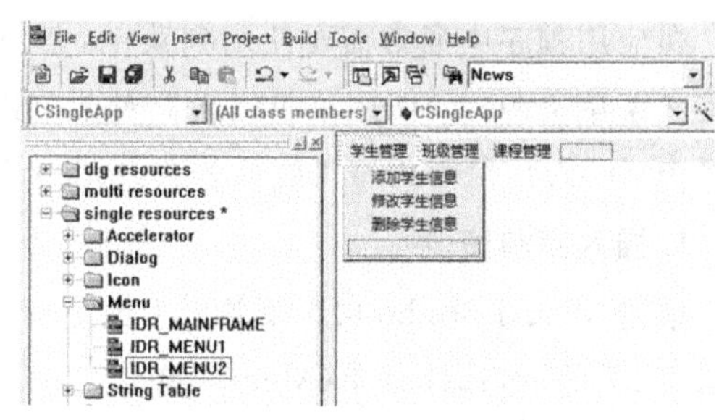

图 17.10　菜单编辑效果

3. 显示菜单

现在运行一下刚刚添加完“学生管理”菜单的程序，发现窗口上显示的菜单依然是 AppWizard 添加的标准菜单，而自己的菜单没有显示出来，为什么呢？因为一个应用程序只能有一个菜单，单文档应用程序会自动生成标识符为 IDR_MAINFRAME 的菜单资源，因此，在程序加载的时候，它只是加载了标识符为 IDR_MAINFRAME 的菜单。那么要想让我们自己定义的菜单显示出来，可以在框架类创建的时候，将我们自己定义的菜单加载进去，这项工作在 CMainFrame 类的 OnCreate 函数中进行，如图 17.11 所示。

在这部分程序中，仅有方框框起来的部分为新增部分，其余均为编译器系统自动生成的部分。在方框部分，新定义了一个 Menu 类对象 menu，使用该类成员函数 LoadMenu()进行加载，将自定义的菜单 ID 号 IDR_MENU1 作为参数载入菜单变量，并且使用 SetMenu()函数替换现有菜单，也就是替换掉 ID 为 IDR_MAINFRAME 的菜单。运行的效果如图 17.12 所示。

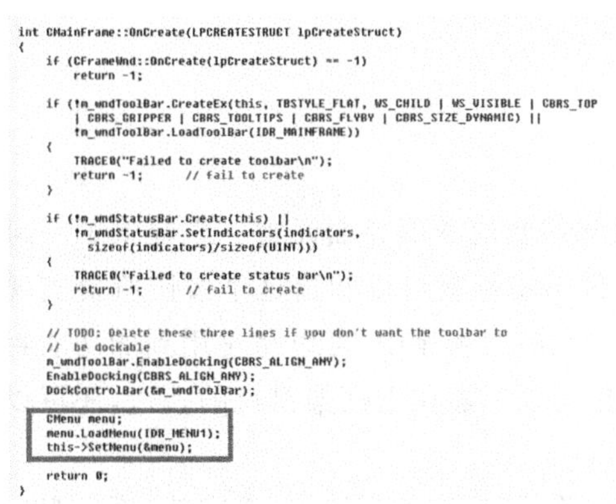

```
int CMainFrame::OnCreate(LPCREATESTRUCT lpCreateStruct)
{
    if (CFrameWnd::OnCreate(lpCreateStruct) == -1)
        return -1;

    if (!m_wndToolBar.CreateEx(this, TBSTYLE_FLAT, WS_CHILD | WS_VISIBLE | CBRS_TOP
        | CBRS_GRIPPER | CBRS_TOOLTIPS | CBRS_FLYBY | CBRS_SIZE_DYNAMIC) ||
        !m_wndToolBar.LoadToolBar(IDR_MAINFRAME))
    {
        TRACE0("Failed to create toolbar\n");
        return -1;      // fail to create
    }

    if (!m_wndStatusBar.Create(this) ||
        !m_wndStatusBar.SetIndicators(indicators,
          sizeof(indicators)/sizeof(UINT)))
    {
        TRACE0("Failed to create status bar\n");
        return -1;      // fail to create
    }

    // TODO: Delete these three lines if you don't want the toolbar to
    //  be dockable
    m_wndToolBar.EnableDocking(CBRS_ALIGN_ANY);
    EnableDocking(CBRS_ALIGN_ANY);
    DockControlBar(&m_wndToolBar);

    CMenu menu;
    menu.LoadMenu(IDR_MENU1);
    this->SetMenu(&menu);

    return 0;
}
```

图 17.11　加载自定义菜单程序

图 17.12　运行的效果

4. 关联菜单处理命令

现在所有菜单没有任何相应处理程序，所以什么工作也不能执行，需要为其添加菜单消息响应。具体方法如下：

第 1 步：鼠标右键单击代码编辑区，在弹出的快捷菜单中选择 ClassWizard 菜单项，弹出 MFC ClassWizard 对话框。

第 2 步：在 Class name 下面的下拉组合框中选择 CMainFrame 类，在 Object IDs 下面的列表项中选定 ID_STU_ADD，此时，Message 下面的列表框中只有两个消息，即 COMMAND(命令消息)和 UPDATE_COMMAND_UI(更新命令用户界面消息)，如图 17.13所示。

第 3 步：在 Message 下面的列表框中双击 COMMAND，此时会弹出 Add Member Function 对话框，应用程序自动给出默认的函数名 OnStuAdd()，此函数名可以更改，但建议使用默认的函数名。在单文档工程中，MFC AppWizard 生成的四个类都可以响应同一个菜单的 WM_COMMAND 消息。如果在这四个类里都加了同一个菜单的响应函数，四个响应函数将只有一个被执行，它们之间有一个优先顺序，依次是 View、Document、MainFrame、App。具体响应函数应该放在哪个类里，就要看在这个响应函数里，完成的是什么功能，放

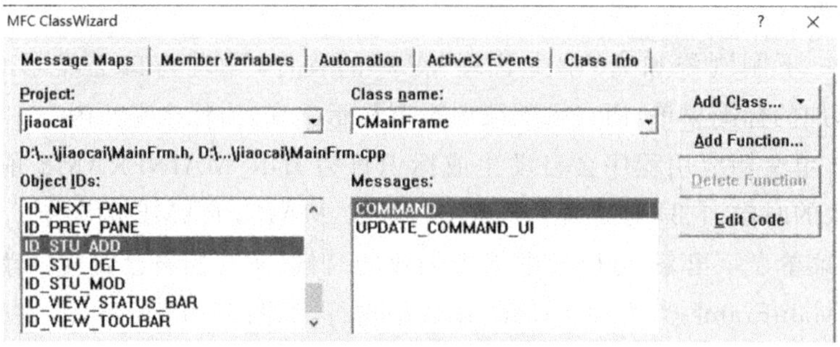

图 17.13　类向导

在哪个类里方便。比如点击一个菜单，想隐藏工具栏，它的响应函数就应放在 CMainFrame 里。

第 4 步：在类视图中展开 MainFrame 类，可以看到其成员函数 OnStuAdd()，双击它，就可以在代码编辑窗口进行响应程序的编写。

17.4　工具栏

工具栏是 Windows 应用程序中另一个非常重要的图形界面元素。它提供了一组顺序排列的带有位图图标的按钮。通常，用户通过位图图标就可以知道这个按钮所要实现的功能，因此操作工具栏比操作菜单栏更方便快捷。在应用程序中，可以将常用到的功能封装在工具栏中。工具栏是一个特殊的窗口对象，不仅可以停靠在主框架窗口的一边，还可以浮动在窗口中。

与菜单相比，工具栏可以被看作是图形化的菜单，是一种更快捷、更有效、更直观的命令输入方式。工具栏一般位于主框架窗口的上部，包含一组图形按钮或其他控件。当用户用鼠标单击某一按钮时，应用程序就会执行相应的命令。

在新建一个 MFC 框架的应用程序时，常用的三种类型是基于对话框、单文档和多文档的应用程序。基于对话框的应用程序自身是不附带工具栏的；单文档应用程序和多文档应用程序，如果在 MFC 应用程序向导中，按照默认设置将 Docking toolbar 复选框勾选，就会在应用程序中生成一个工具栏。接下来将介绍应用程序向导是如何生成工具栏，以及在工具栏编辑器中如何修改、设计工具栏的。在这之前，首先需要熟悉 CToolBar 类。

1. CToolBar 类

CToolBar 类是 MFC 类库中专门用来处理工具栏的类。CToolBar 类封装了工具栏的基本功能，其实现是通过其所包含的成员函数来完成的。主要函数包括：

(1) Create 函数：函数原型为 BOOL Create(CWnd * pParentWnd, DWORD dwStyle=WS_CHILD | WS_VISIBLE |CBRS_TOP, UINT nID=AFX_IDW_TOOLBAR)；该函数用于创建一个 Windows 工具栏，并将其连接到 CToolBar 对象上，给它设置为默认的高度。

参数说明：

- pParentWnd 表示工具栏所在的父窗口。
- dwStyle 表示工具栏的样式，其可选参数如下：

CBRS_TOP 工具栏处于框架窗口顶部；

CBRS_BOTTOM 工具栏处于框架窗口的底部；

CBRS_NOALIGN 对父窗口进行大小改变时工具栏位置不变；

CBRS_TOOLTIPS 工具栏显示工具提示；

CBRS_SIZE_DYNAMIC 工具栏是动态的；

CBRS_SIZE_FIXED 工具栏是固定的；

CBRS_FLOATING 工具栏是浮动的；

CBRS_FLYBY 在状态栏中显示工具栏按钮的提示信息；

CBRS_HIDE_INPLACE 工具栏对用户不可见。

该参数被缺省设置为 WS_CHILD | WS_VISIBLE | CBRS_TOP，即作为子窗口显示出来，停靠在框架窗口的顶部。

- nID 指的是工具栏的 ID 。

(2) CreateEx 函数：函数原型为 BOOL CreateEx(CWnd * pParentWnd, DWORD dwCtrlStyle= TBSTYLE_FLAT, DWORD dwStyle = WS_CHILD | WS_VISIBLE | CBRS_ALIGN_TOP, CRect rcBorders = CRect(0, 0, 0, 0), UINT nID = AFX_IDW_TOOLBAR)；该函数与 Create 方法类似，用于创建一个带有扩展风格的工具栏。

参数说明：

- pParentWnd：标识父窗口。
- dwCtrlStyle：标识工具栏的扩展风格，缺省设置为 TBSTYLE_FLAT。
- dwStyle：工具栏的风格，同 Create 函数的 dwStyle 参数。
- rcBorders：定义工具栏窗口边框的宽度，缺省设置为(0,0,0,0)，表示无边框。
- nID：工具栏的 ID。

(3) SetSizes 函数：函数原型为 void SetSizes(SIZE sizeButton, SIZE sizeImage)；该函数用于设置按钮和位图的大小。

参数说明：

- sizeButton：表示按钮的大小。
- sizeImage：表示位图的大小。

(4) SetHeight 函数：函数原型为 void SetHeight(int cyHeight)；该函数用于实现对工具栏高度的设置。其参数 cyHeight 表示工具栏的高度，单位是像素。

(5) LoadToolBar 函数：函数原型为 BOOL LoadToolBar(UINT nIDResource)；或 BOOL LoadToolBar(LPCTSTR lpszResourceName)；该函数用于实现对工具栏的加载。

- nIDResource：标识要装载的位图资源的 ID 号。
- lpszResourceName：标识要装载的位图资源的名称。

(6) LoadBitmap 函数：函数原型为 BOOL LoadBitmap(UINT nIDResource)；或 BOOL LoadBitmap (LPCTSTR lpszResourceName)；该函数实现从位图资源中引入工具栏位图。

参数说明：参数的使用同 LoadToolBar 函数中的参数。

2. 创建工具栏

工具栏可以使用应用程序向导进行创建。工具栏是停靠或浮动在主框架窗口上的，它和菜单、状态栏一样都是框架窗口的子窗口，因此工具栏的创建是在框架窗口类 OnCreate

函数中进行的。OnCreate 函数代码如图 17.14 所示。

在该函数中,标号①处实现了对工具栏的创建和工具栏资源的加载;标号②处实现了工具栏窗口可停靠;标号③处实现了主框架窗口可被停靠;标号④处实现了将工具栏停靠到主框架窗口。

此函数中 m_wndToolBar 并未进行声明,可见其应为全局变量或者作为 CMainFrame 类的成员变量。CMainFrame 类的定义代码如图 17.15 所示。

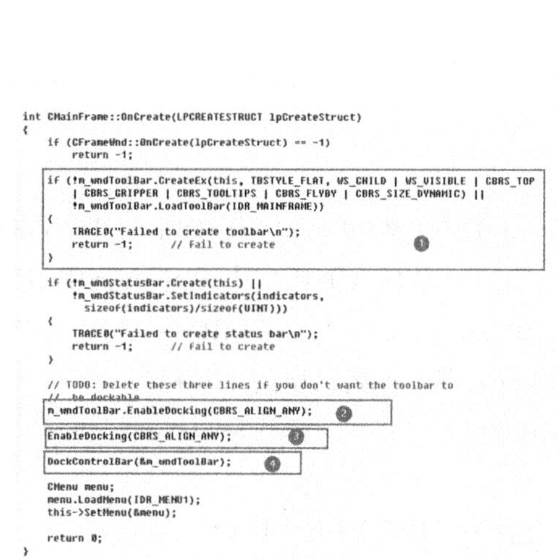

```
int CMainFrame::OnCreate(LPCREATESTRUCT lpCreateStruct)
{
    if (CFrameWnd::OnCreate(lpCreateStruct) == -1)
        return -1;

    if (!m_wndToolBar.CreateEx(this, TBSTYLE_FLAT, WS_CHILD | WS_VISIBLE | CBRS_TOP
        | CBRS_GRIPPER | CBRS_TOOLTIPS | CBRS_FLYBY | CBRS_SIZE_DYNAMIC) ||
        !m_wndToolBar.LoadToolBar(IDR_MAINFRAME))
    {
        TRACE0("Failed to create toolbar\n");
        return -1;      // fail to create                ①
    }

    if (!m_wndStatusBar.Create(this) ||
        !m_wndStatusBar.SetIndicators(indicators,
          sizeof(indicators)/sizeof(UINT)))
    {
        TRACE0("Failed to create status bar\n");
        return -1;      // fail to create
    }

    // TODO: Delete these three lines if you don't want the toolbar to
    //  be dockable
    m_wndToolBar.EnableDocking(CBRS_ALIGN_ANY);      ②
    EnableDocking(CBRS_ALIGN_ANY);      ③
    DockControlBar(&m_wndToolBar);      ④

    CMenu menu;
    menu.LoadMenu(IDR_MENU1);
    this->SetMenu(&menu);

    return 0;
}
```

图 17.14　OnCreate 函数

```
class CMainFrame : public CFrameWnd
{

protected: // create from serialization only
    CMainFrame();
    DECLARE_DYNCREATE(CMainFrame)

// Attributes
public:

// Operations
public:

// Overrides
    // ClassWizard generated virtual function overrides
    //{{AFX_VIRTUAL(CMainFrame)
    virtual BOOL PreCreateWindow(CREATESTRUCT& cs);
    //}}AFX_VIRTUAL

// Implementation
public:
    virtual ~CMainFrame();
#ifdef _DEBUG
    virtual void AssertValid() const;
    virtual void Dump(CDumpContext& dc) const;
#endif

protected:  // control bar embedded members
    CStatusBar  m_wndStatusBar;
    CToolBar    m_wndToolBar;

// Generated message map functions
protected:
    //{{AFX_MSG(CMainFrame)
    afx_msg int OnCreate(LPCREATESTRUCT lpCreateStruct);
    afx_msg void OnStuAdd();
    //}}AFX_MSG
    DECLARE_MESSAGE_MAP()
};
```

图 17.15　CMainFrame 类定义代码

可见 m_wndToolBar 是 CToolBar 类的对象,该对象作为 CMainFrame 类的保护成员。在图 17.14 中标号①处,if 语句的判断条件实际就是一个函数返回值,而该函数则是 CToolBar 类的成员函数 CreateEx 的调用,CreateEx 函数的调用实现了对工具栏的扩展风格创建。该处的 m_wndToolBar. LoadToolBar(IDR_MAINFRAME)则是 CToolBar 类对象对成员函数 LoadToolBar 函数的调用,实现了对资源 ID 号为 IDR_MAINFRAME 的工具栏资源加载。该工具栏资源 ID 号可以在资源视图中的 ToolBar 节点下找到,和 Menu 下的 IDR_MAINFRAME 一样都是应用程序向导自动生成的。

图 17.14 中标号②处的函数 EnableDocking 是 CControlBar 类的成员函数,它的作用是使一个控制条可以停靠,此处的控制条指的就是工具栏,由对象 m_wndToolBar 在调用成员函数的时候传入,参数 CBRS_ALIGN_ANY 表示允许工具栏停靠在客户区的任意一边。

对于图 17.14 中标号③处的函数 EnableDocking(CBRS_ALIGN_ANY);因为工具栏是要停靠在主框架窗口上的,如果主框架窗口不可被停靠,工具栏即使想停靠,它也靠不上去。为实现主框架窗口可被停靠,调用了 EnableDocking 函数,它看起来和标号②处调用的函数是同名的,但是它们并不是同一个。此处调用的 EnableDocking 函数是 CFrameWnd 类的成员函数,参数 CBRS_ALIGN_ANY 表示允许工具栏停靠在客户区的任意一边。

图 17.14 中标号④处的函数 DockControlBar(&m_wndToolBar)被调用,用以实现将一个控制条停靠在框架窗口的某一边,这里控制条是对象 m_wndToolBar,即工具栏;而调用函数 DockControlBar 的方式和标号③处相同,因为函数 DockControlBar 同样是

CFrameWnd 类的成员函数。

3. 编辑工具栏

工具栏在 Windows 中通常与菜单功能重复，但可视化明显增强。工具栏按钮是一些图标，能够形象地表示所代表的功能，人们对于形象图形的辨别速度要快于抽象文字，因此工具栏提供了比菜单更快捷的用户接口。Visual C++为用户提供了工具栏资源，使得工具栏的创建比以往更加方便灵活。用户可通过对应用程序默认工具栏进行修改或新建工具栏资源获取所需的工具栏命令操作和风格样式。用户可以对系统自动生成的工具栏进行编辑，也可以新建工具栏。

首先，新建工具栏的方法和新建菜单一样，在资源视图中右键单击某个节点，在弹出的快捷菜单中选择“Insert”选项，会弹出“Insert Resource”对话框，在其中选择 ToolBar，然后单击 New 按钮，就可以新建工具栏。

然后对新的工具栏进行编辑，其方法和对系统自动生成的工具栏的编辑方法基本是一样的，区别在于，编辑新建的工具栏要手动绘制图标，而编辑系统生成的工具栏则是对图标进行修改或者重新绘制。

在编辑完工具栏按钮之后，需要为其设置 ID，以方便之后使用。方法是选中工具栏按钮图标，双击或者按下回车键，都会弹出“Toolbar Button Properties”对话框，可以在其中设置按钮的 ID、宽度、高度和提示信息，如图 17.16 所示。

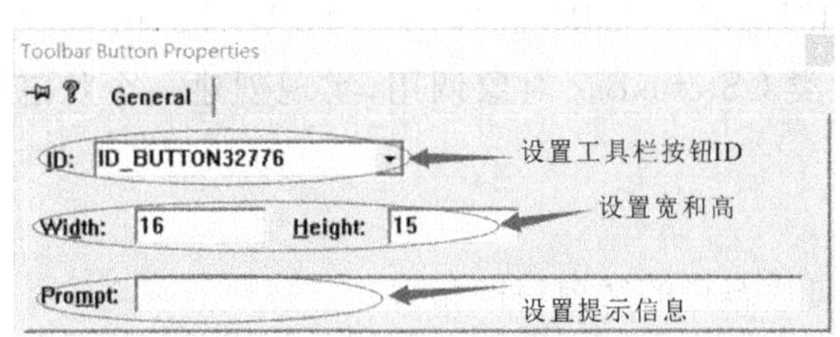

图 17.16　工具栏按钮属性

4. 工具栏按钮的处理响应

和菜单的处理响应一样，需要为每个工具栏按钮添加关联的处理函数，方法是：首先打开类向导，选择“Message Maps”选项卡，在 Class name 列表中找到并选择创建了工具栏的类，在 Object IDs 列表中选择工具栏按钮的 ID，在 Messages 列表中选择 COMMAND 项，如图 17.17 所示，单击“Add Function”按钮，弹出添加函数对话框，单击“OK”按钮，就可以开始编辑处理函数了。

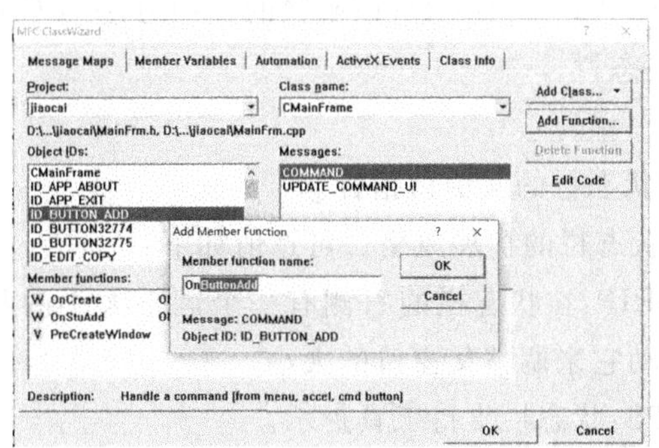

图 17.17　类向导

17.5 状态栏

状态栏通常位于主框架窗口的底部，可以划分为若干个部分（若干个窗格），用于显示应用程序的当前状态、系统时间或其他信息，也会在选择菜单或工具栏按钮时显示提示信息。状态栏的窗格大体分为两类：一类是处于状态栏左边的，用于显示菜单项命令或工具栏命令的提示信息或其他帮助信息，叫作提示行；另一类是在状态栏的右边，呈一格一格形式排列的，用于显示 SCROLL LOCK、NUMLOCK、CAPSLOCK 等开关状态或其他用户自添加状态等信息，称为状态指示器。

17.5.1 CStatusBar 类主要成员函数

在新建一个 MFC 框架的应用程序时，特别是新建单文档应用程序和多文档应用程序时，如果在应用程序向导中采用默认的形式进行，实际上就是将 Initial StatusBar 复选框选中，那么系统就会在应用程序中自动生成一个状态栏。在 MFC 中，状态栏的功能由类 CStatusBar 实现，类 CStatusBar 是类 CControlBar 的一个子类。在类 CStatusBar 中提供了诸多函数实现对状态栏的构造、初始化和相关属性的设置，具体如下。

(1) Create 函数：函数原型为 BOOL Create(CWnd * pParentWnd, DWORD dwStyle=WS_CHILD | WS_VISIBLE |CBRS_BOTTOM, UINT nID=AFX_IDW_STATUS_BAR)；该函数由状态栏类 CStatusBar 对象调用，实现创建一个状态栏窗口，同时设置初始字体和状态栏的高度。

参数说明：

- pParentWnd：指向状态栏的父窗口的指针。
- dwStyle：指示状态栏窗口的风格，可使用标准 Windows 窗口风格，还可以使用下列风格：

  CBRS_TOP：表示状态栏位于主框架窗口的顶部。

  CBRS_BOTTOM：表示状态栏位于主框架窗口的底部。

  CBRS_NOALIGN：当其父窗口大小改变时，状态栏的位置不变。
- nID：表示状态栏窗口的 ID 号。

(2) CreateEx 函数：函数原型为 BOOL CreateEx(CWnd * pParentWnd, DWORD dwCtrlStyle=0, DWORD dwStyle = WS_CHILD | WS_VISIBLE | CBRS_BOTTOM, UINT nID=AFX_IDW_STATUS_BAR)；该函数的使用方法与 Create 函数类似，同时该函数支持用扩展风格创建状态栏。

参数说明：

- pParentWnd：标识状态栏的父窗口指针。
- dwCtrlStyle：标识状态栏的扩展风格。可选值如下：

  SBARS_SIZEGRIP：在状态栏的右侧有一个调整大小的状态栏控件，它是一个特别的区域，可以单击并拖动它来调整父窗口的大小。

  SBT_TOOLTIPS：状态栏支持工具提示。
- dwStyle：标识状态栏窗口风格。

- nID：标识状态栏 ID。

(3) SetIndicators 函数：函数原型为 BOOL SetIndicators(const UINT * lpIDArray, int nIDCount)；该函数用于实现向状态栏中添加面板，同时可以设置添加的面板的 ID。该函数调用成功，返回非 0 值；调用不成功，返回 0。

参数说明：

- 参数 lpIDArray：表示指向一个 ID 数组的指针。
- 参数 nIDCount：由 lpIDArray 指向的 ID 数组元素的个数。

(4) GetPaneInfo 函数：函数原型为 void GetPaneInfo(int nIndex, UINT& nID, UINT& nStyle, int& cxWidth) const；该函数用于获取指定面板信息。

参数说明：

- 参数 nIndex：用来指示想要获取信息的面板的序号。
- 参数 nID：用于接收面板的 ID，返回值 UINT 型引用。
- 参数 nStyle：用于接收面板的风格，返回值 UINT 型引用。
- 参数 cxWidth：用于接收面板的宽度，返回值 UINT 型引用。

(5) SetPaneInfo 函数：函数原型为：void SetPaneInfo(int nIndex, UINT nID, UINT nStyle, int cxWidth)；该函数用于设置面板的 ID、风格和宽度等基本信息。

参数说明：

- 参数 nIndex：用于指定想要设置的面板的序号。
- 参数 nID：用于指定状态指示面板的新 ID 号。
- 参数 cxWidth：用于指定状态指示面板的新宽度。
- 参数 nStyle：用于指定状态指示面板新的风格，该参数支持下列值：

  SBPS_NOBORDERS 在窗格周围没有 3D 样式的边界；
  SBPS_POPOUT 反转边界以使文字突出；
  SBPS_DISABLED 使该状态指示器不可用；
  SBPS_STRETCH 扩展面板，填满不用的空间；
  SBPS_NORMAL 没有拉伸，没有边界，没有反转状态。

(6) GetPaneText 函数：函数原型为：CString GetPaneText(int nIndex) const；和 void GetPaneText(int nIndex, CString& rString) const；该函数用于得到状态栏中面板显示的文本内容。采用函数重载的形式给出，第一个函数形式返回一个包含状态栏面板中显示的文本内容的 CString 类对象；第二个函数是非返回类型，但是使用一个 CString 类的引用 rString 来保存状态栏面板中显示的文本信息。

参数说明：

- 参数 nIndex：表示目标面板的序号。
- 参数 rString：一个引用，用于保存返回的面板的文本内容。

(7) SetPaneText 函数：函数原型为：BOOL SetPaneText(int nIndex, LPCTSTR lpszNewText, BOOL bUpdate=TRUE)；该函数用于设置给定面板的文本信息。若函数调用成功，则返回一个非 0 值；如果不成功，则返回 0。

参数说明：

- 参数 nIndex：用于标识面板的 ID。

- 参数 lpszNewText：用于标识面板的文本内容。
- 参数 bUpdate：用于标识是否立即更新面板，默认值为立即更新。

(8) GetPaneStyle 函数：函数原型为 UINT GetPaneStyle(int nIndex) const；该函数用于实现获取状态栏面板的风格。其中参数 nIndex 用于标识目标面板的序号。

(9) SetPaneStyle 函数：函数原型为 void SetPaneStyle(int nIndex, UINT nStyle)；该函数用于实现对面板风格的设置。其中参数 nIndex 用于标识目标面板，nStyle 用于标识目标面板将要设置成的风格。

17.5.2 状态栏创建

在前文提到，在使用应用程序向导 AppWizard 创建应用程序的时候，如果使用了向导的默认选项，就会自动创建状态栏。CMainFrame 的定义如图 17.18 所示。

我们可以发现，在 CMainFrame 类中有保护成员 m_wndStatusBar，它的类型是 CStatusBar，说明该成员是一个状态栏类的对象，用它作为类的保护成员，意味着在主框架的创建过程中就需要创建状态栏，因此状态栏的创建应该在 CMainFrame::OnCreate 函数中完成。该函数代码如图 17.19 所示。

```
class CMainFrame : public CFrameWnd
{

protected: // create from serialization only
    CMainFrame();
    DECLARE_DYNCREATE(CMainFrame)
public:
    virtual BOOL PreCreateWindow(CREATESTRUCT& cs);
public:
    virtual ~CMainFrame();
#ifdef _DEBUG
    virtual void AssertValid() const;
    virtual void Dump(CDumpContext& dc) const;
#endif
protected:  // control bar embedded members

    CStatusBar  m_wndStatusBar;

    CToolBar    m_wndToolBar;
protected:
    afx_msg int OnCreate(LPCREATESTRUCT lpCreateStruct);
    afx_msg void OnStuAdd();
    DECLARE_MESSAGE_MAP()
};
```

图 17.18 CMainFrame 类定义

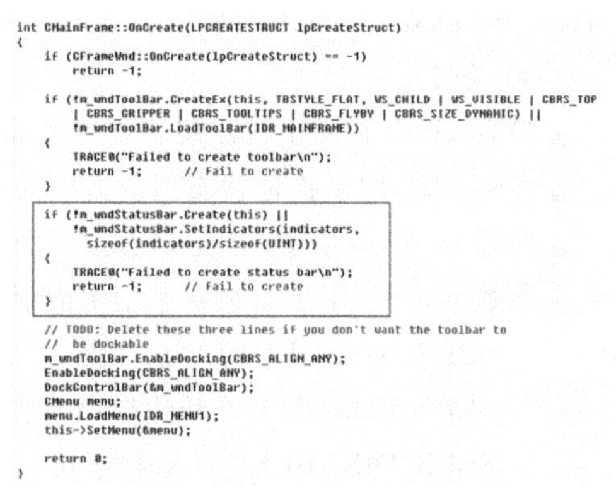

```
int CMainFrame::OnCreate(LPCREATESTRUCT lpCreateStruct)
{
    if (CFrameWnd::OnCreate(lpCreateStruct) == -1)
        return -1;

    if (!m_wndToolBar.CreateEx(this, TBSTYLE_FLAT, WS_CHILD | WS_VISIBLE | CBRS_TOP
        | CBRS_GRIPPER | CBRS_TOOLTIPS | CBRS_FLYBY | CBRS_SIZE_DYNAMIC) ||
        !m_wndToolBar.LoadToolBar(IDR_MAINFRAME))
    {
        TRACE0("Failed to create toolbar\n");
        return -1;      // fail to create
    }

    if (!m_wndStatusBar.Create(this) ||
        !m_wndStatusBar.SetIndicators(indicators,
          sizeof(indicators)/sizeof(UINT)))
    {
        TRACE0("Failed to create status bar\n");
        return -1;      // fail to create
    }
    // TODO: Delete these three lines if you don't want the toolbar to
    //  be dockable
    m_wndToolBar.EnableDocking(CBRS_ALIGN_ANY);
    EnableDocking(CBRS_ALIGN_ANY);
    DockControlBar(&m_wndToolBar);
    CMenu menu;
    menu.LoadMenu(IDR_MENU1);
    this->SetMenu(&menu);

    return 0;
}
```

图 17.19 CMainFrame::OnCreate 函数

在图 17.19 中方框圈起来的部分代码是一个 if 语句，在 if 的执行条件里面，则是两个函数的调用，这两个函数刚好就是 CStatusBar 的成员函数，对它们的调用是通过 CMainFrame 类的保护成员也是 CStatusBar 类的对象 m_wndStatusBar 来进行的。首先是通过调用函数 m_wndStatusBar.Create(this)，该函数用 this 指针作为参数实现了对状态栏的创建，创建的状态栏就是 m_wndStatusBar 所标示的，然后调用函数 m_wndStatusBar.SetIndicators()，实现了对状态栏窗格的分配设置，其中参数 indicators 是一个窗格（面板）数组，第二个参数表示的是窗格的总数。

通常情况下，一个应用程序只会有一个状态栏，如果需要在应用程序里面使用自定义的状态栏显示相关信息，一般的做法会是修改原有的状态栏，可以在原有状态栏上增加新的窗格来实现。

如果要增加窗格数，则意味着要修改窗格数组 indicators，增加该数组的元素的个数，就增加了窗格数。在 CMainFrame 的实现文件 MainFrm.cpp 里面有对 indicators 的定义代码，定义如下：

```
staticUINT indicators[]=
{
    ID_SEPARATOR,            // status line indicator
    ID_INDICATOR_CAPS,
    ID_INDICATOR_NUM,
    ID_INDICATOR_SCRL,
};
```

而且该数组的定义是放在主框架类 CMainFrame 的实现文件里，作为一个全局静态变量的定义出现的，数组中的第一个元素是 ID_SEPARATOR，用来显示提示信息，这些提示信息通常是关于菜单项命令或工具栏命令的提示信息；接下来的三个数组元素则都是字符串的 ID，我们可以在资源管理器中的 String Table 字符串资源中找到这三个字符串 ID，它们分别用于标识“大写”、“数字”和“滚动”，用来显示键盘状态。这些用于状态栏窗格的命令 ID 和字符串资源都是由系统预定义的。在默认情况下，状态栏的效果如图 17.20 所示。

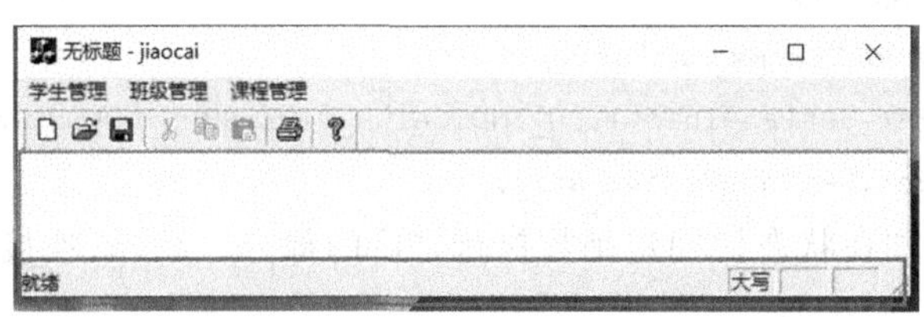

图 17.20　默认的状态栏效果

修改数组 indicators 的定义，使其定义发生改变，代码如下所示：

```
static UINT indicators[]=
{
    ID_SEPARATOR,            // status line indicator
    ID_SEPARATOR,
    ID_INDICATOR_NEW,
    ID_INDICATOR_CAPS,
    ID_INDICATOR_NUM,
    ID_INDICATOR_SCRL,
};
```

在上述代码中增加了第二元素 ID_SEPARATOR，它用来显示菜单命令或工具栏命令的提示信息，第三元素用于显示新增窗格，效果如图 17.21 所示。

图 17.21　修改后的状态栏效果

接下来，我们将以一个实例来结束对状态栏的相关内容的介绍。首先我们设置状态栏面板数组：

```
static UINT indicators[]=
{
```

```
        ID_SEPARATOR,             // 显示命令信息
        ID_INDICATOR_TIME,       // 显示当前系统时间
        ID_INDICATOR_NEW,        // 显示"新增窗格"
        ID_INDICATOR_CAPS,       // 显示大写
        ID_INDICATOR_NUM,       // 显示数字
        ID_INDICATOR_SCRL,       // 显示滚动
    };
```

然后修改 CMainFrame 成员函数 OnCreate,在其中添加对系统时间获取和显示的代码:

```
    SetTimer(1,1000,NULL);
    CTime t=CTime::GetCurrentTime();
    CString str;
    str.Format("%04d/%02d/%02d %02d:%02d:%02d",t.GetYear(),t.GetMonth(),t.GetDay
(),t.GetHour(),t.GetMinute(),t.GetSecond());
    CClientDC dc(this);
    CSize sz= dc.GetTextExtent(str);
    m_wndStatusBar.SetPaneInfo(1,ID_INDICATOR_TIME,SBPS_POPOUT,sz.cx);
    m_wndStatusBar.SetPaneText(1,str);
```

此段代码应该添加在状态栏创建函数执行之后的部分。编译、连接、执行后的效果如图 17.22 所示。

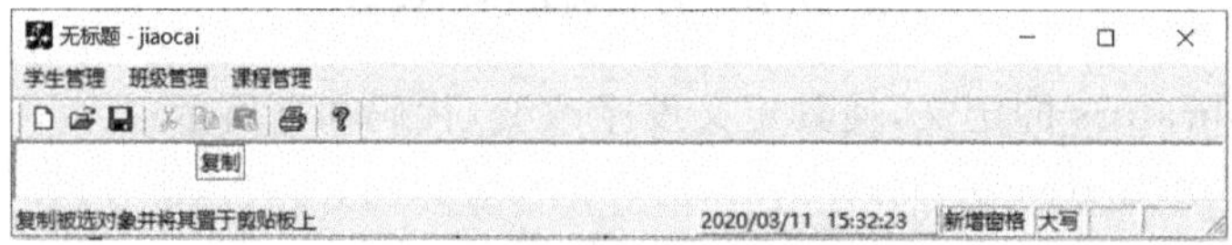

图 17.22 在状态栏显示系统时间效果

第18章　基于对话框的编程

对话框是用户经常使用到的一种应用程序界面，对话框的主要功能是信息输出和接收用户数据输入。在每个对话框内总是存在一些必要的控件，用户正是通过这些控件和对话框进行信息交互的。

设计一个基于对话框的应用程序，模拟实现形如Windows 7系统附件里的计算器的功能。Windows 7系统计算器的样式如图18.1所示。

为了演示对话框程序设计的方法，本章将其中一部分功能进行删减，仅介绍相应的菜单、各种按钮、编辑框等交互控件和命令。

图18.1　Windows 7系统计算器

18.1　创建计算器应用程序

创建基于对话框的应用程序，工程名为Calcul_Dialog，工程类型为MFC AppWizard (exe)，对于工程所在路径和工作区，此处选择默认状态，用户也可根据自己的需要修改，具体的操作过程如图18.2所示。

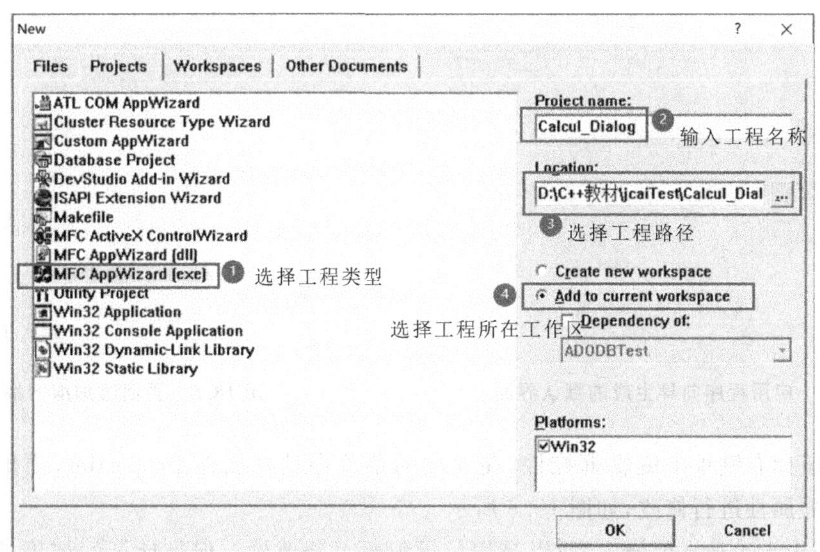

图18.2　创建计算器工程文件

单击图 18.2 中的"OK"按钮，弹出图 18.3 所示对话框，在其中选择工程类型为基于对话框 Dialog based，然后单击"Finish"按钮。当然此处也可以单击"Next"按钮进行后续设置。

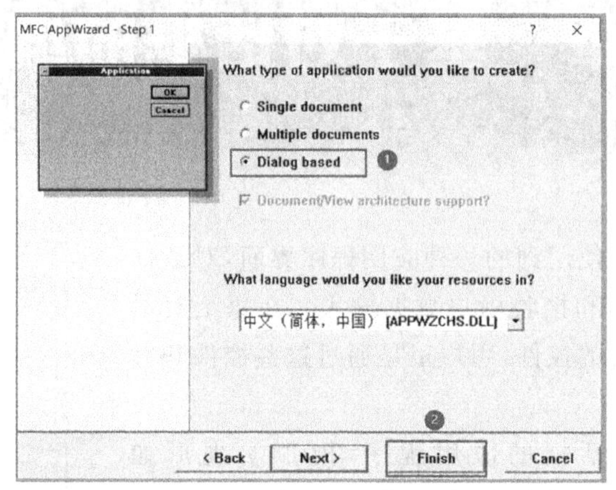

图 18.3　选择基于对话框的应用程序类型

18.2 绘制应用程序界面

单击图 18.3 中的"Finish"按钮后，应用程序向导完成应用程序的创建和初始化工作，并生成初始的界面，如图 18.4 所示。

将图 18.4 中的控件删除，并使用工具箱绘制自己的应用程序界面。需要从工具箱中拖入文本编辑框、按钮等控件。

拖入编辑框的方法是，在工具箱中找到按钮 abl，按下鼠标左键不放，拖动到窗口界面中，松开鼠标左键，界面中就会出现编辑框，如图 18.5 所示。

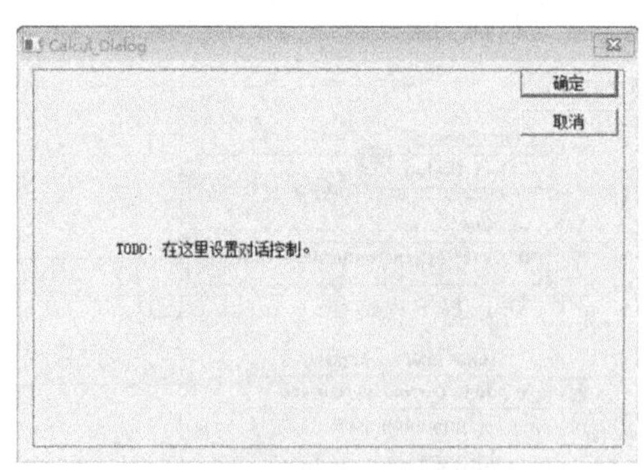

图 18.4　应用程序向导生成的默认界面

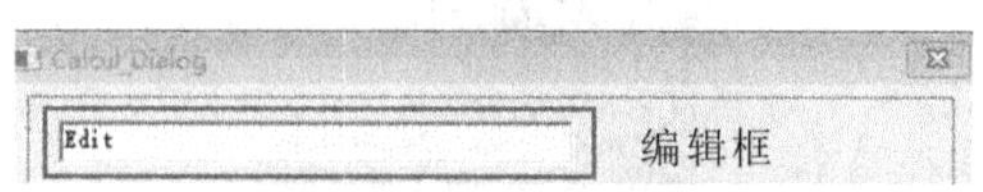

图 18.5　界面添加编辑框

然后，鼠标右键单击编辑框控件，在弹出的菜单中选择属性 Properties，弹出属性对话框，对编辑框属性进行修改，如图 18.6 所示。

编辑框用于表达式的输入，所以是用户可编辑可修改的。但是计算的结果是通过程序对表达式进行计算之后得到的结果，在很多情况下，用户是不会对该结果进行修改的。为了避免错误地按下按键导致对结果的误判，往往希望结果出现在一个不可编辑的位置，因此这里添加一个不可编辑的静态文本框，用于显示计算结果。静态文本框的添加方法是，在工具箱中找到静态文本框按钮 Aa，按下鼠标左键不放，将其拖到窗口界面中。对静态文本框的属性修改的方法如同文本编辑框一样。但是在静态文本框中有一个属性 Caption，是在程序运行初始时被显示出来的标题，默认显示的 Static。这个位置本来是用于显示结果的，所以在没有进行运算的时候我们往往希望结果显示的位置显示的是空的或者显示提示“结果”字样，那么这里我们可以修改 Caption 属性，将其设置为“结果”。

接下来在界面中添加相关的按钮，这些按钮用于数据表达式的输入和“＝”的输入，都可以使用按钮的形式来进行。添加按钮的方法是：找到工具箱中 Button 按钮，选中后按住鼠标左键不放，将其拖入窗口界面中，松开左键。然后修改按钮的属性，要修改的属性包括 ID 和 Caption。其中：ID 将在后续绑定控件和编写程序过程中使用，需要设置一个比较合适的 ID；Caption 是显示在界面上的标记，应该和该按钮实现的功能具有一致性。在计算器使用过程中，我们需要输入数据、运算符，当然也有消除输入信息的清屏和后退功能键。按钮拖入界面后效果如图 18.7 所示。

图 18.6　编辑框属性

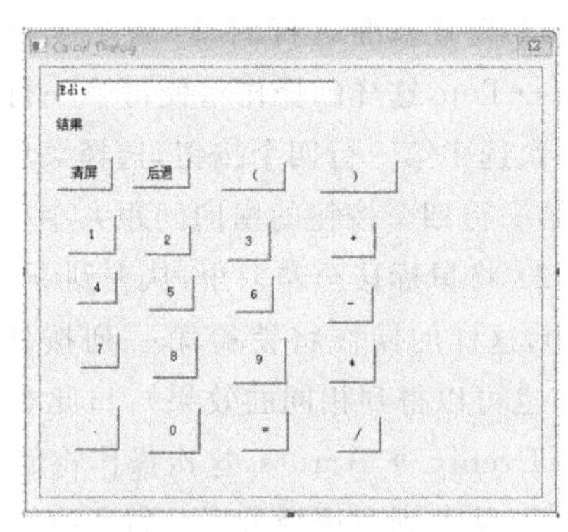

图 18.7　拖入按钮等控件的界面

在图 18.7 中，我们可以发现拖入的按钮大小不一，位置不一，这样的界面非常不美观。如果要对按钮逐一进行调整的话，将会是非常麻烦的工作，即便花费了大量的时间也不一定能够将按钮大小调整为一致。Visual C＋＋ 6.0 集成开发环境提供了一些便捷的功能，能够简化这一过程。具体步骤如下：

(1) 选中一个按钮，设置好它的大小，其他按钮需要设置为与此按钮一样的大小。为了便于设置，选择第一个按钮进行设置大小，方法很简单，就是选中按钮按住鼠标左键拖动，改变到大小合适为止。

(2) 因为刚才设置好的按钮为第一个按钮，也就是左上角的按钮，将鼠标移动到左上合适的位置，在拖动时可以框选所有按钮，从左上角开始向右下拖动，框选所有的按钮，此时会发现，第一个按钮和其他按钮的选择标记不太一样，第一按钮四周的框选点为选中标记，其他的都没有这种情况，如图 18.8 所示。

(3) 将鼠标移动到菜单栏，选择菜单 Layout → Make Same Size → Both，如图 18.9 所示。

(4) 单击步骤(3)中的菜单命令 Both 后，系统将所有选中按钮调整为统一大小，其基准为之前设置好的按钮大小，如图 18.10 所示。

在上述操作之后，我们发现按钮的大小统一了，但是各个按钮的位置分布参差不齐，需要进一步调整。

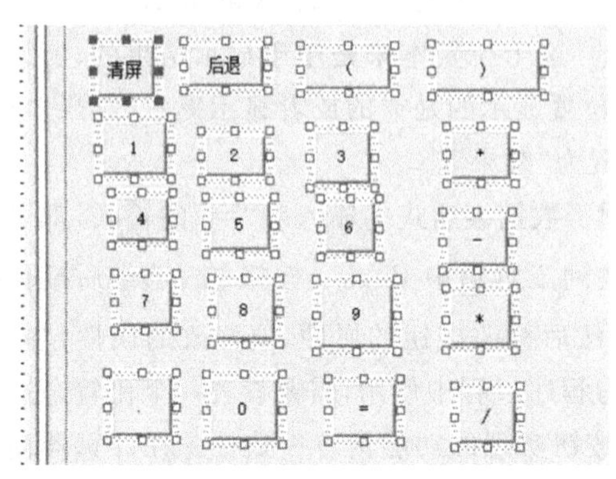

图 18.8　设置基准按钮并选中所有要调整按钮

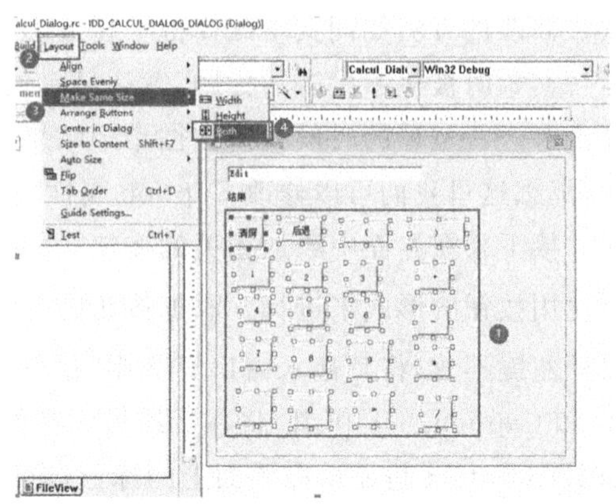

图 18.9　将按钮大小设置为一致的具体步骤

(1) 设置基准进行调整，从左上至右选中第一行四个按钮，选择菜单命令 Layout → Align → Top，这样的操作将使得第一行四个按钮，以第一个按钮为基准，顶部对齐；与此类似，再次选中第一行四个按钮，选择菜单命令 Layout → Space Evenly → Across，这次操作将使得第一行四个按钮的横向间距大小相同。

(2) 将鼠标移至左上角，从上到下选择第一列所有按钮，选择菜单命令 Layout → Align → Left，这样的操作将使得第一列按钮，以第一个按钮为基准，左对齐（此处操作若选择 Right 也可以得到相同的效果）；与此类似，再次选中第一列按钮，选择菜单命令 Layout → Space Evenly → Across，这次操作将使得第一列四个按钮的纵向间距大小相同。

(3) 从左到右选择最后一行所有按钮，执行步骤(1)的操作。

(4) 依次对第 2、3、4 列所有按钮重复步骤(2)的操作，完成后，所有按钮大小相等且分布均匀，效果如图 18.11 所示。

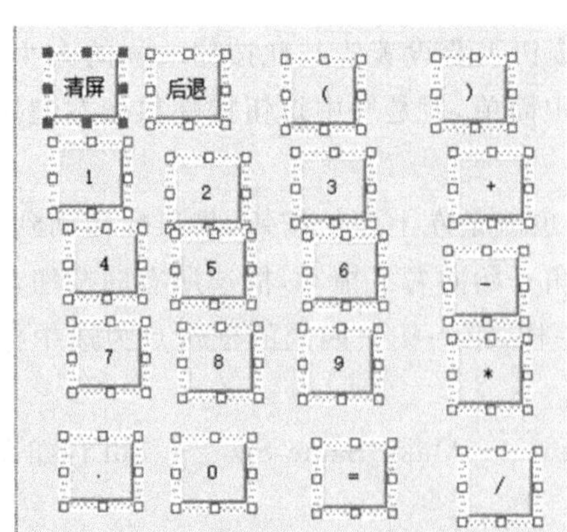

图 18.10　调整按钮大小统一后的效果

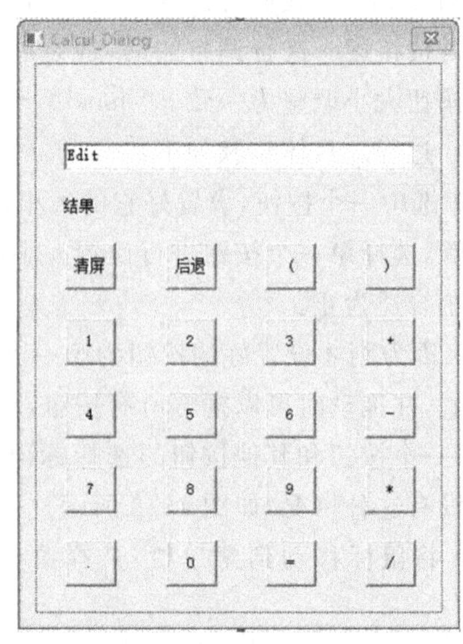

图 18.11　调整好的按钮布局效果

18.3 按钮响应行为的编码

在绘制好界面后，对应用程序进行编译、连接、执行，会发现程序可以运行，但是任何单击按钮都没有响应，因此需要对按钮行为进行响应设置，即编码。分析界面上所有的按钮，按功能进行分类，大致有清屏、后退、输入和计算。其中：清屏是清空屏幕上已经输入的或计算的所有内容，该功能由清屏按钮实现；后退是删除输入有误的情况，该功能由后退按钮实现；计算功能是在按下等号的时候进行，所以该功能由等号按钮实现；输入功能包括输入数据、运算符和括号，界面上除了清屏、后退和等号之外其他按钮都是用于实现输入功能的，且每按下一个按钮就应该在输入框中显示该按钮所对应的符号或数字。接下来分四个功能对按钮进行编程设计。

1. 绑定控件和变量

我们需要对输入的信息进行处理和运算，那么首先就需要有变量来保存这些输入的信息以及将要被输出的信息。对于变量来说我们可以在程序中随时用随时声明，但是声明的变量和界面中的控件如何产生关联呢？方法就是绑定控件和变量。我们知道文本编辑框是用来进行数据输出和显示的，静态文本框是用来显示计算结果的，那么首先就需要为这两个控件设置对应的变量并进行绑定。具体方法如下。

首先选中文本编辑框，单击右键，在弹出的右键菜单中选择类向导 ClassWizard，会弹出图 18.12 所示的对话框。

在图 18.12 所示的对话框中选择 Member Variables 选项卡，然后在 Object IDs 中选中文本编辑框所对应 ID，即 IDC_EDIT1_Input，单击添加变量“Add Variable”按钮，弹出添加成员变量对话框，在成员变量名里面输入变量名为 m_input，选择 Category 为 Value，变量类型为 CString，单击“OK”按钮，完成变量和文本编辑框控件的绑定，步骤如图 18.13 所示。

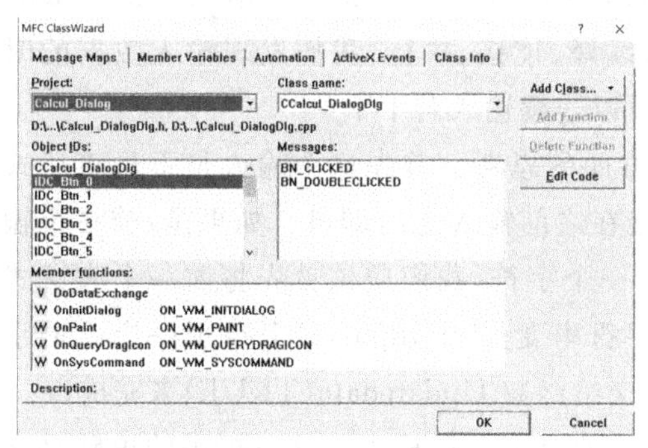

图 18.12 类向导界面

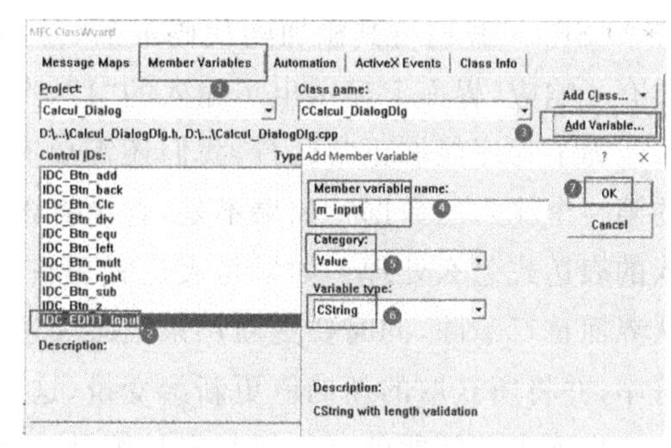

图 18.13 文本编辑框控件和对应变量的绑定步骤

对于静态文本框来说，是不能将 IDC_STATIC 和变量直接绑定的，必须首先对静态文本框的 ID 进行修改，方法是选中静态文本框，右键单击，在弹出的右键菜单中选择 Properties，在弹出来的对话框中将 ID 由 IDC_STATIC 修改为 IDC_STATIC_Result。然后再次利用类向导将静态文本框和对应的变量 m_result 进行绑定，绑定的方法和文本编辑框一样。绑定之后的控件和变量的对应如图 18.14 所示。

2. 输入信息

当按下数字键 0～9、小数点“.”、运算符“＋－＊/”和括号“()”的时候，我们希望能够在编辑框中将其显示出来，那么就需要将这些内容保存到文本编辑框所对应的变量里面。文本编辑框对应的变量为 CString 类型。接下来以输入数字“1”为例进行编程处理。

首先，双击按钮“1”，弹出添加成员函数的对话框，如图 18.15 所示。

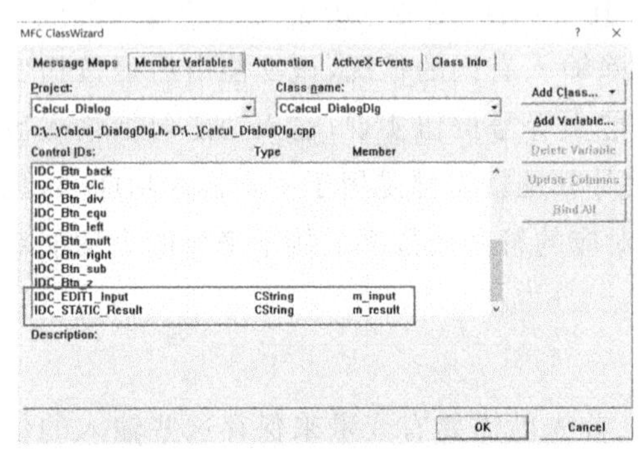

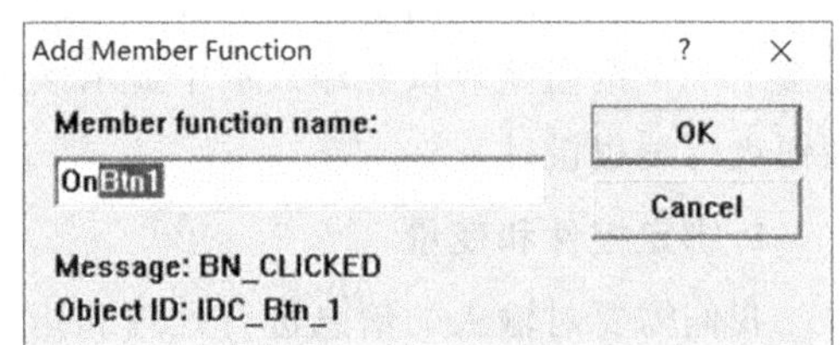

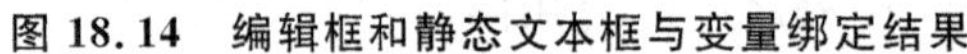

图 18.14　编辑框和静态文本框与变量绑定结果

图 18.15　添加成员函数

选择使用默认的函数，直接单击“OK”按钮，就会进入代码编辑窗口。按照刚才的思路，修改文本编辑框变量 m_input，在其后增加字符串“1”。编辑函数代码如下：

```
void CCalcul_DialogDlg::OnBtn1()
{    // TODO:Add your control notification handler code here
     m_input + ="1";
}
```

对程序进行编译、连接，都没有错误，执行程序后却发现，按钮“1”按下没有任何反应。这是因为虽然我们对函数进行了编制，也调用了函数，但是函数对数据成员 m_input 的修改却没有反馈给控件，要让变量的改变反馈给控件，需要为程序添加一个语句 Updatedata(FALSE)。我们将其添加到代码最后，然后再次编译、连接、执行，我们发现输入数据的时候有了响应，界面上显示出了输入的“1”，当然也可以连续输入若干个。

为了程序能够正常运行，我们还需要有其他方面的思考。首先这个输入是不是表达式的第一个输入的数据？如果不是，直接将该输入连在之前输入之后即可。如果是，前一个输入的表达式怎么处理？如果是表达式里输入的第一个字符，我们应该首先将前一个表达式从界面首行清除，同时要更新用来记录表达式的字符串变量 m_input，让其变成一个空的字符串，并将所获取的新的值更新给变量，这个工作交给函数 Updatedata(TRUE)来完成。

接下来的问题就是如何判定是否是一个表达式的首个字符输入。这里提供的思路是这样的：首先设置一个标识量比如 firstInput，给其初值为 true，一旦开始进行数据的输入，就更改其值为 false，如果表达式中输入了等号“＝”，就要计算表达式的值，那么此时就需要将 firstInput 的值再次设置为 true，再次有数据输入的时候就是新的计算式开始，就需要清除前面的表达式了。用户可以自定义一个函数 Clear()来实现这个工作。对于数据输入的函数可以写成如下的形式：

```
void CCalcul_DialogDlg::OnBtn1()
{
```

```
        // TODO:Add your control notification handler code here
        Clear();
        UpdateData(TRUE);
        m_input + = "1";
        UpdateData(FALSE);
    }
```

由于输入信息的情况处理基本类似，所以对其他按钮的处理都可以这样进行，按照类似的方法编制其他按钮的响应代码。至此，输入信息功能实现，但是目前没有任何运算过程。其处理后的效果是可以输入所有符号，如图 18.16 所示。

3. 清除表达式

清除表达式需要完成的任务有两个：第一删除输入框中所有的信息，显示为空白；第二将结果信息框中的内容清理掉，显示出“计算结果”字样。换句话来说，这个功能需要实现的是对两个变量进行赋值，为 m_input 赋值空串，为 m_result 赋值字符串“计算结果”。其函数可以写成如下形式：

```
    void CCalcul_DialogDlg::OnBtnClc()
    {
        // TODO:Add your control notification handler code here
        m_input="";
        m_result="计算结果";
        UpdateData(FALSE);
    }
```

对图 18.16 执行结果按下清屏按钮，结果如图 18.17 所示。

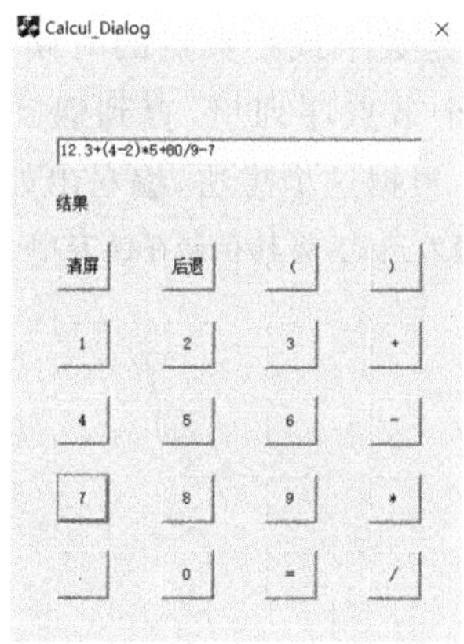

图 18.16　输入信息

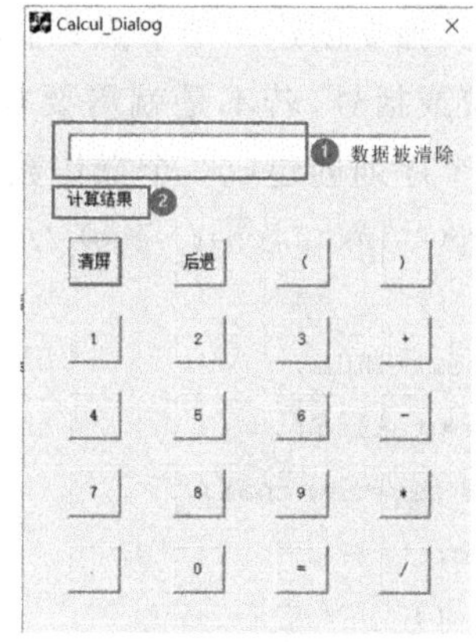

图 18.17　清屏效果

4. 后退功能

后退功能是为了删除前一个输入有误字符而设计的。如果输入错误出现在光标的前一个位置，只需要按一次后退，如果出现在当前光标的前两个位置，就需要按下两次后退，以此类推。由此可见，后退功能就是删除掉当前输入框中的最后一个字符。当前输入框所对应的变量是一个字符串变量，因此我们可以考虑使用字符串处理函数来实现这样的操作。在字符串处理函数中有一个 Left 函数可以用来实现获取字符串的左边多少个字符构成的一个字符串,也就是获取前面多少个字符构成的字符串,相对于本功能来说就是获取当前字符串的从左向右长度减一的字符构成的字符串,将这个字符串对输入框变量进行重新赋值。而获取字符串长度也可以通过字符串处理函数 GetLength 来获取。该功能的函数可以写成如下形式:

```
void CCalcul_DialogDlg::OnBtnback()
{
    // TODO:Add your control notification handler code here
    Clear();
    UpdateData(TRUE);
    m_input=m_input.Left(m_input.GetLength()-1);
    UpdateData(FALSE);
}
```

18.4 计算功能的实现

1. 表达式的中缀表达式存储

上一节实现了表达式的输入,但是表达式是被当作一个字符串输入的,那么表达式中有多少个运算数,有多少个运算符呢?我们需要对表达式进行处理。

为了处理的方便,我们假设表达式中只有数字、运算符、小数点和圆括号,而没有其他的符号。由于不清楚表达式中运算符和操作数的具体个数,我们需要使用一个链式存储结构来保存表达式,并且每一个节点要么保存一个运算数,要么保存一个运算符,节点的数据类型设置为字符串类型。创建表达式链表的时候需要注意,当遇到的是一个运算符或者圆括号的时候,需要为其独立创建一个节点;当遇到的是数字或小数点的时候,需要判断其前其后的是不是运算符或括号,若不是就需要放在一个节点序列里,直到遇到了运算符或操作数,此时需要将这个序列创建成一个操作数节点。根据这个想法,编写出如下算法:

```
void m_exp(SLink SL,char * exp) //获取中缀表达式,将其存储在链表中
{
    SL->next=NULL;
    LNode * tail=SL, * p;
    char * key=new char;
    char c;
    int i=0;
    int j=0;
    while(exp[i] !=0)
    {
        c= * (exp+i++);
        * (key+j++)=c;
        if(c=='(')
        {
            key[0]='(';
            key[1]=0;
```

```
    p=new LNode;
    strcpy(p->data,key);
    p->next=tail->next;
    tail->next=p;
    tail=p;

    j=0;
    key[0]=0;
}
if(c=='+'|| c=='-'|| c=='*'|| c=='/'|| c==')')
{
    if(exp[i-2]==')')
    {
        key[0]=c;
        key[1]=0;
        p=new LNode;
        strcpy(p->data,key);
        p->next=tail->next;
        tail->next=p;
        tail=p;
        j=0;
        key[0]=0;
    }
    else
    {
        key[j-1]=0;
        p=new LNode;
        strcpy(p->data,key);
        p->next=tail->next;
        tail->next=p;
        tail=p;

        j=0;
        key[j]=c;
        key[j+ 1]=0;
        p=new LNode;
        strcpy(p->data,key);
        p->next=tail->next;
        tail->next=p;
        tail=p;
        key[0]=0;
    }
}
```

```
        }
        if(key[j-1] !=')')
        {
            key[j]=0;
            p=new LNode;
            strcpy(p->data,key);
            p->next=tail->next;
            tail->next=p;
            tail=p;
        }
    }
```

该算法可以实现将输入的表达式字符串保存为一个字符串类型的单链表，链表中每个节点是表达式中的一个操作数或者一个运算符，链表按照中缀表达式的形式进行存储。

2. 中缀表达式转后缀表达式

虽然中缀表达式是最符合人们表达形式的一种表达式，但是由于在计算机中进行运算的时候需要考虑到运算符的优先级，尤其是当表达式中还有括号存在的时候，这种算法就更加复杂。而后缀表达式则没有考虑优先级这种烦恼，因此我们可以将表达式用后缀表达式的形式进行表示。那么，如何将中缀表达式转换成对应的后缀表达式呢？

转化过程需要遵循以下规则：

(1) 将中缀表达式从左到右进行遍历。

(2) 遍历过程中，如果遇到运算数，直接输出。

(3) 如果遇到左括号，就将左括号直接压入堆栈(括号是最高优先级，无须比较；入栈后要确保括号优先级降到最低，这样才可以确保其他符号正常入栈)。

(4) 如果遇到右括号，那么意味着括号已结束，因此需要将括号内运算符不断弹出栈顶，并输出，直到弹出左括号为止，但是左括号不输出。

(5) 如果遇到运算符，将该运算符与栈顶运算符进行比较，比较两者的优先级。如果遇到的运算符优先级高于栈顶运算符，则压入堆栈；如果遇到的运算符优先级低于或等于栈顶运算符，则将栈顶运算符弹出并输出，然后用该运算符的优先级与新的栈顶运算符的优先级进行比较，重复之前的操作，直至栈顶运算符优先级低于该运算符优先级或者栈为空，则将该运算符做入栈操作(低于弹出意味着前面部分可以运算，先输出的一定是高优先级运算符；等于弹出是因为同等优先级，从左到右运算)。

(6) 如果表达式中所有对象处理完毕，则按顺序弹出并输出栈中所有运算符。

下面用一个实例来解释如何将中缀表达式转化为后缀表达式。

比如我们输入的表达式为 a+b * c+(d * e+f) * g，处理过程如下：

(1) 从左向右遍历表达式，首先读到 a，直接输出(存入保存后缀表达式的链表中)。

(2) 读到"+"，将其放入栈中。

(3) 读到 b，直接输出。此时栈中有唯一元素"+"，单链表中保存了两个元素"a"和"b"。

(4) 读到"*"，因为栈顶元素"+"优先级比"*"低，所以将"*"直接压入栈中。

(5) 读到 c，直接输出。此时栈中保存元素有"+"和"*"(从栈底到栈顶的顺序)，单链表中保存的元素包括"a""b""c"三个数据元素。

(6) 读到"+",因为栈顶元素"*"的优先级比它高,所以弹出"*"并输出,同理,栈中下一个元素"+"优先级与读到的操作符"+"一样,所以也要弹出并输出。然后再将读到的"+"压入栈中。弹出的运算符需要按照弹出的先后顺序依次插入单链表的尾部,后续的运算符弹出栈的操作与此处相同。

(7) 下一个读到的为"(",它优先级最高,所以直接放入栈中,注意放入栈中要将其优先级变为最低,这样才可以保证其他运算符的正常入栈。在程序中是将其优先级设置为最低,但是在对运算符进行入栈操作的时候,将其单独处理,直接入栈,不像其他运算符要比较优先级。

(8) 读到 d,将其直接输出。

(9) 读到"*",由于只有遇到")"的时候左括号"("才会弹出,所以"*"直接压入栈中。

(10) 读到 e,直接输出。

(11) 读到"+",弹出"*"并输出,然后将"+"压入栈中。

(12) 读到 f,直接输出。

(13) 接下来读到")",此时将栈中元素依次弹出栈顶并输出到单链表中去,直到遇到"("为止,左括号弹出栈,但是不输出到单链表。这里右括号前只有一个操作符"+"被弹出并输出。

(14) 读到"*",压入栈中。读到 g,直接输出。

(15) 此时输入数据已经读到末尾,栈中还有两个操作符"*"和"+",直接弹出并输出。至此整个转换过程完成。

遵循这种规则,我们对中缀表达式转后缀表达式做如下编码。

```
void mTp_exp(SLink SL)
{
    SLink Op=new LNode;
    Op->next=NULL;
    LNode * p=SL->next, * tail, * p1;
    SL->next=NULL;
    tail=SL;
    while(p)
    {
        p1=p;
        p=p->next;
        if(! isOp(p1->data))
        {
            p1->next=tail->next;
            tail->next=p1;
            tail=p1;
        }
        else
        {
            if(p1->data[0]=='(')
            {
```

```
        p1->next=Op->next;
        Op->next=p1;
    }
    else if(p1->data[0]==')')
    {
        LNode * q=Op->next, * qq;
        while(q && q->data[0] !='(')
        {
            qq=q->next;
            Op->next=q->next;
            q->next=tail->next;
            tail->next=q;
            tail=q;
            q=qq;
        }
        if(q && q->data[0]=='(')
        {
            Op->next=q->next;
            free(q);
        }
    }
    else
    {
        char ch=p1->data[0];
        int pri=opPri(ch);
        LNode * p_Op=Op->next;
        if(! p_Op || pri >opPri(p_Op->data[0]))
        {
            p1->next=Op->next;
            Op->next=p1;
        }
        else
        {
            LNode * q_Op;
            while(p_Op && opPri(p_Op->data[0]) >=pri)
            {
                q_Op=p_Op->next;
                Op->next=p_Op->next;
                p_Op->next=tail->next;
                tail->next=p_Op;
                tail=p_Op;
                p_Op=q_Op;
            }
```

```
                    p1->next=Op->next;
                    Op->next=p1;
                }
            }

        }
    }
    LNode * q1=Op->next;
    LNode * qq1;
    while(q1)
    {
        qq1=q1->next;
        Op->next=q1->next;
        q1->next=tail->next;
        tail->next=q1;
        tail=q1;
        q1=qq1;
    }
}
```

该算法将中缀表达式转换为一个后缀表达式,并将转换后的后缀表达式保存在一个单链表中。单链表中的每个节点保存表达式中的一个对象,或为运算数,或为运算符,此时表达式中将不再包括括号,在运算的过程中也不必再考虑运算符的优先级问题,对运算进行了简化。

3. 计算表达式的值

转换成后缀表达式后,表达式存储在一个单链表中,链表中保存了表达式中所有的对象,包括运算数和运算符,都以字符串的形式进行存储,为了进行运算还需要进一步处理。处理的方法是从左到右扫描后缀表达式,遇到操作数,将其入栈;遇到运算符,将栈顶弹出,作为第二操作数,再次弹出新的栈顶作为第一操作数,进行运算,然后将运算结果做入栈操作。如此循环,直到所有链表中的表达式对象被使用完全,最后栈中剩下唯一的元素,就是计算的结果。

根据上述思路,编写如下代码来实现这个功能。

```
void Calcu(SLink SL)
{
    LNode * p=SL->next, * q;
    SL->next=NULL;
    while(p)
    {
        q=p;
        p=p->next;
        if(! isOp(q->data))
        {
```

```
        q->next=SL->next;
        SL->next=q;
    }
    else
    {
        string op2=new char[10];
        string op1=new char[10];
        string res=new char[10];
        LNode * LNOp2, * LNOp1, * LNRes=new LNode;
        LNOp2=pop(SL);
        LNOp1=pop(SL);
        for(int i=0; LNOp1->data[i] !=0; i++)
            op1[i]=LNOp1->data[i];
        op1[i]=0;
        for(i=0; LNOp2->data[i] !=0; i++)
            op2[i]=LNOp2->data[i];
        op2[i]=0;
        double dop2,dop1,dres;
        dop1=atof(op1.c_str());
        dop2=atof(op2.c_str());
        switch(q->data[0])
        {
        case'+':
            dres=dop1+dop2;
            break;
        case'-':
            dres=dop1 - dop2;
            break;
        case' * ':
            dres=dop1 * dop2;
            break;
        case'/':
            dres=dop1 * dop2;
            break;
        }
        stringstream ss;
        ss <<dres;
        ss >>res;
        for(i=0; res[i] !=0; i++)
            LNRes->data[i]=res[i];
        LNRes->data[i]=0;
        LNRes->next=SL->next;
        SL->next=LNRes;
```

```
        }
    }
    cout <<(SL->next)->data <<endl;
}
```

上述程序可以在输入表达式是合法表达式的时候正确运算，但是当表达式在输入的时候存在不合法问题，该程序就不能正确运算。如果需要所设计的程序对表达式的合法性进行检查，还必须对输入进行词法分析和语法分析，在这里就不做考虑。

18.5 菜单功能的实现

1. 为对话框绘制菜单栏

在资源视图下，展开 Calcul_Dialog 工程文件，在该工程文件的任一节点上单击右键，在弹出的右键菜单中选择“Insert”，就会弹出“Insert Resource”对话框，在其中选择“Menu”，再单击“New”按钮，就会进行菜单新建。进而对菜单进行编辑，如图 18.18 所示。

2. 菜单显示

当菜单编辑完成后，运行程序时还不能将菜单显示在对话框上，我们需要对程序进行相关的修改。首先，在对话框类的成员变量中添加一个菜单类的变量，如 CMENU m_menu；其次，修改对话框的初始化函数，为其加载菜单，在成员函数 OnInitDialog()中添加加载菜单的语句为 m_menu. LoadMenu(IDR_MENU1)；SetMenu(&m_menu)；最后，再次运行程序，发现对话框中有了刚添加的菜单，如图 18.19 所示。

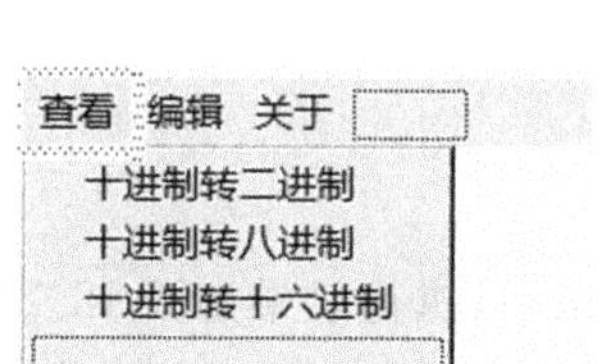

图 18.18　菜单编辑

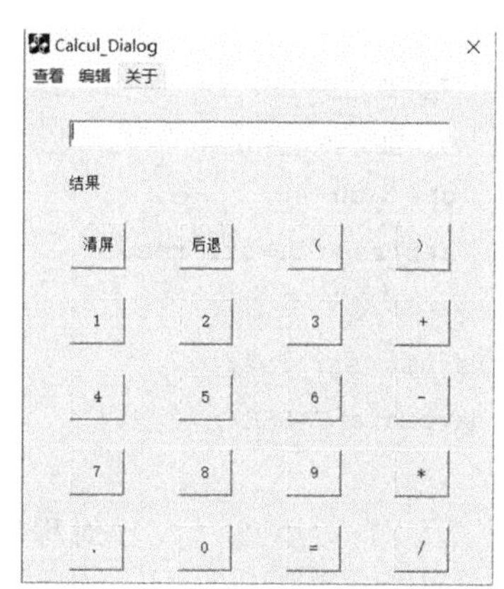

图 18.19　添加菜单后的界面

3. 添加菜单命令

经过上述操作后，菜单栏可以正常显示出来，但是在单击菜单命令时，菜单项没有任何响应，这是因为没有为菜单项添加对应的响应函数。接下来为菜单项添加响应函数。单击右键，选择弹出菜单中的类向导(ClassWizard)，可以进入类向导界面，如图 18.20 所示。

在类向导中选择 Message Maps 选项卡，然后在 Object IDs 中选中菜单项的 ID，可以通过菜单编辑窗口右键属性对其 ID 进行查看，接着在 Messages 中选择 COMMAND，再单击“Add Funtion”按钮，最后单击“OK”按钮，就完成了对菜单命令响应函数的添加。但是，函数的具体实现还需要进行代码的编辑。

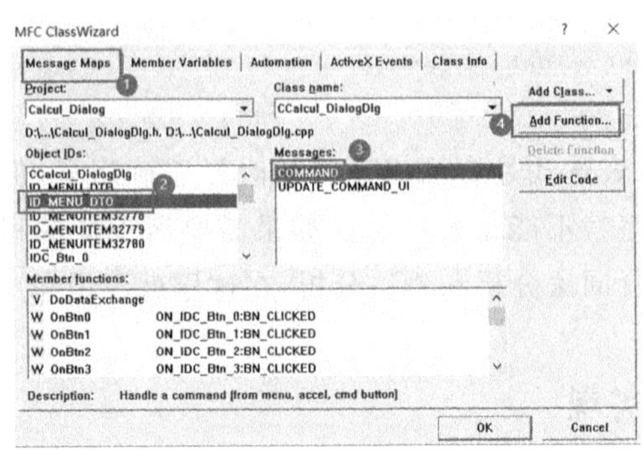

图 18.20 添加菜单命令的响应函数

单击文件视图 FileView，展开工程的源文件，双击 Calcul_Dialog.cpp，进入源文件的编辑界面，找到刚才添加的函数。这里以 OnMenuDtb 为例，编辑代码如下：

```
void CCalcul_DialogDlg::OnMenuDtb()
{
    // TODO:Add your command handler code here
    UpdateData(TRUE);
    CString str=m_input, str_res="";
    char ch;
    int d_input=atoi(str),d_ch;
    while(d_input)
    {
        d_ch=d_input %2;
        d_input=d_input / 2;
        ch=d_ch+48;
        str_res=ch+str_res;
    }
    m_result=str_res;
    UpdateData(FALSE);
}
```

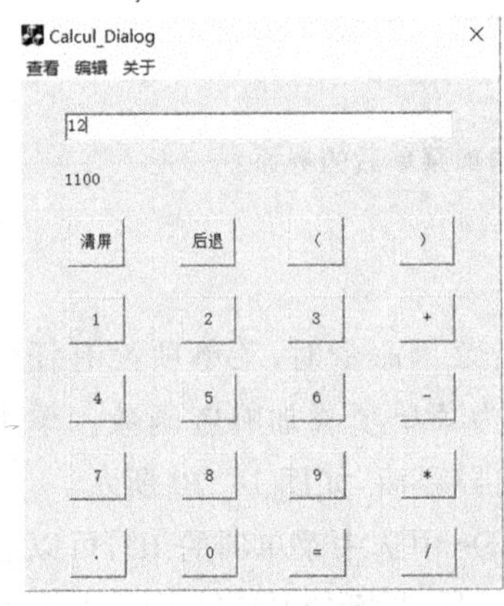

图 18.21 菜单命令进制转换效果

对程序进行调试后，执行效果如图 18.21 所示。

我们也可以对其他菜单功能采用类似的方法进行编制，在这里就不再一一赘述了。

这个简单的计算器可以实现一些基本的运算功能，具有一定的实用性。但是该计算器还有一些不足，比如虽然可以进行带括号的复杂表达式的运算，但是对表达式的合法性缺乏检验，对进制转换也仅仅只是进行了整数的进制转换，小数的进制转换没有进行，这些都是可以进一步完善的地方。此处仅仅是对话框应用程序的简单示例，希望能够起到抛砖引玉的作用。